Lars Oliver Laschinsky **Explosionsschutz in der Praxis**

Explosionsschutz in der Praxis

Konzeption – Betrieb – Instandhaltung – Prüfung

mit 11 Abbildungen und Musterformularen
und 3 Tabellen

Lars Oliver Laschinsky

Fachlehrer im technischen Ausbildungsdienst beim Institut für Sicherheits- und Gefahrentraining sowie Lehrbeauftragter im Studiengang Security & Safety Engineering der HFU Hochschule Furtwangen

Bibliografische Information der Deutschen Nationalbibliothek

Die Deutsche Nationalbibliothek verzeichnet diese Publikation in der Deutschen Nationalbibliografie; detaillierte bibliografische Daten sind im Internet über https://dnb.de abrufbar.

Herausgegeben vom FeuerTrutz Magazin.

Maßgebend für das Anwenden von Normen ist deren Fassung mit dem neuesten Ausgabedatum, die bei der Beuth Verlag GmbH, Burggrafenstraße 6, 10787 Berlin, erhältlich ist. Maßgebend für das Anwenden von Regelwerken, Richtlinien, Merkblättern, Hinweisen, Verordnungen usw. ist deren Fassung mit dem neuesten Ausgabedatum, die bei der jeweiligen herausgebenden Institution erhältlich ist. Zitate aus Normen, Merkblättern usw. wurden, unabhängig von ihrem Ausgabedatum, in neuer deutscher Rechtschreibung abgedruckt.

Das vorliegende Werk wurde mit größter Sorgfalt erstellt. Verlag und Autor können dennoch für die inhaltliche und technische Fehlerfreiheit, Aktualität und Vollständigkeit des Werkes und seiner elektronischen Bestandteile (CD-ROM, DVD, Internetseiten) keine Haftung übernehmen.

Wir freuen uns, Ihre Meinung über dieses Fachbuch zu erfahren. Bitte teilen Sie uns Ihre Anregungen, Hinweise oder Fragen per E-Mail: lektorat@feuertrutz.de oder Telefax: 0221 5497-140 mit.

Lektorat: Dr. Carolina Pasamonik, Köln
Satz und Umschlaggestaltung: Hardy Kettlitz, Berlin
Umschlagfoto: CEphoto, Uwe Aranas
Druck und Bindearbeiten: Westermann Druck Zwickau GmbH, Zwickau
Printed in Germany

ISBN 978-3-86235-343-9 (Buch-Ausgabe)
ISBN 978-3-86235-344-6 (E-Book-Ausgabe als PDF)
ISBN 978-3-86235-409-2 (Buch + E-Book)

Hinweise zum Download-Angebot

Die im Buch enthaltenen Formulare und Mustervorlagen stehen für Buchkäufer zum Download bereit unter:

www.feuertrutz.de/download-explosionsschutz

Alle downloadbaren Vorlagen sind im Buch mit diesem Symbol + gekennzeichnet:

Inhaltsverzeichnis

Teil B: Betrieb

Teil C: Instandhaltung

Teil D: Prüfungen

Vorwort

Explosionsgefahren können in allen Betrieben auftreten, in denen brennbare Stoffe gelagert werden oder mit ihnen umgegangen wird. Explosionsgefahr herrscht z. B. bei der Gewinnung, Herstellung, Lagerung und Fortleitung sowie beim Verarbeiten, Umfüllen und Umschlagen von brennbaren Stoffen, die eine explosionsfähige Atmosphäre bilden können. Solche Stoffe können brennbare Gase (z. B. Flüssiggas, Erdgas), brennbare Flüssigkeiten (z. B. Lösemittel, Treibstoffe) und Stäube brennbarer Feststoffe (z. B. Holz, Nahrungsmittel, Metalle, Kunststoffe) sein. Explosionen können in meist schwerwiegenden Personen- und Sachschäden resultieren. Personen sind besonders durch unkontrollierte Flammen- und Druckwirkungen in Form von Hitzestrahlung, Flammen, Druckwellen, durch umherfliegende Trümmer und durch schädliche Reaktionsprodukte gefährdet.

Schwere Explosionen sind im Bewusstsein der Öffentlichkeit sehr dramatische, jedoch insgesamt betrachtet seltene Ereignisse. Einzelne Beispiele aus der jüngeren Vergangenheit bleiben daher lange in Erinnerung:

- **Schiffsexplosion am 31. März 2016 –**
  Drei Tote bei Explosion auf Tankschiff in Duisburger Werft
  Bei Arbeiten auf dem Tankmotorschiff „Julius Rütgers" ist es in der Neuen Ruhrorter Werft im Duisburger Hafen zu einer Explosion gekommen, bei der zwei Menschen gestorben sind. Ein Mitarbeiter der Werft und Mitarbeiter einer Fremdfirma wollten an Bord offenbar einen Propellermotor versetzen. Im Ladebereich entzündete sich durch Schweißarbeiten ein explosionsfähiges Gemisch, sodass im Bugbereich des Schiffes ein Feuer ausbrach. Anwohner berichten von einer gewaltigen Druckwelle, die die nähere Umgebung erschütterte. Schwere Metallteile des Schiffes wurden in mehreren hundert Metern Entfernung gefunden. Durch die Druckwelle der Explosion wurden zwei Mitarbeiter mehrere hundert Meter durch die Luft geschleudert. Ein dritter Arbeiter galt als vermisst und wurde erst drei Wochen später unter der Wasseroberfläche an Bord der gesunkenen „Julius Rütgers" gefunden. Weitere drei Leichtverletzte, die sich zum Zeitpunkt des Unglücks an Bord eines Nachbarschiffes aufhielten, wurden vom Rettungsdienst versorgt und in ein Krankenhaus gebracht.
- **Verheerende Explosion bei BASF am 17. Oktober 2016 –**
  Fünf Tote und 28 verletzte Personen nach Brand mit Folgeexplosionen
  Im Hafen der BASF in Ludwigshafen, in dem alle im Werk verwendeten brennbaren Flüssigkeiten und verflüssigten Gase umgeschlagen werden (insgesamt rund 2,6 Millionen Tonnen pro Jahr), kam es zu einem mehr als zehn Stunden andauernden Brand und zwei Explosionen. Ursache für das Explosionsunglück war das Fehlverhalten eines

Fremdfirmenmitarbeiters: Anstatt ein geleertes Rohr schnitt er ein mit brennbarer Flüssigkeit gefülltes Rohr mit einem Winkelschleifer an. Das brennbare Raffinat lief aus, entzündete sich vermutlich durch Funkenflug und befeuerte weitere in dem Rohrgraben liegende Leitungen. Daraufhin kam es zu einem Großbrand mit Folgeexplosionen. Eine brennende Ethylenleitung wurde durch eine Explosion 30 Meter weit geschleudert. In Folge des Unglücks starben vier Werkfeuerwehrleute, die zwischenzeitlich versuchten, das Feuer zu löschen, und ein Matrose. 28 weitere Personen wurden verletzt, sechs davon schwer.

- **Heftige Explosion in Raffinerie in Vohburg am 1. September 2018 – 15 Verletzte und Schäden in der ganzen Umgebung**
  Eine über dutzende Kilometer hör- und spürbare Druckwelle erschütterte die Bayernoil-Raffinerie in Vohburg, als in dem Erdöl verarbeitenden Betrieb östlich von Ingolstadt ein Prozessteil für Flüssiggas explodierte. Von den zur Unglückszeit 30 bis 35 vergleichsweise wenigen anwesenden Beschäftigten und Fremdarbeitern auf dem Raffineriegelände mussten 15 Menschen ärztlich behandelt werden. Die meisten waren leicht verletzt, nur einer schwerer. Bis zu 600 Helfer von Feuerwehr, Polizei, Technischem Hilfswerk und Rotem Kreuz waren in der Spitze im Einsatz. Ihnen gelang es, ein Übergreifen der Flammen auf das große Tanklager und die Kesselwagen auf den Gleisen in der Raffinerie zu verhindern. Das Landratsamt Pfaffenhofen an der Ilm löste Katastrophenalarm mit Evakuierungen aus und forderte 2.200 Menschen in Teilen Vohburgs sowie den umliegenden Ortschaften Irsching und Knodorf auf, ihre Häuser zu verlassen. Der Sachschaden auf dem Raffinerieareal, auf dem fast alle Gebäude teils völlig zerstört sind, liegt bei einem dreistelligen Millionenbetrag, in der Umgebung wurden rund 1.000 Gebäude beschädigt.

Explosionsgefahren können jedoch nicht nur in komplexen verfahrenstechnischen Anlagen auftreten, sondern auch in vielen Betriebsbereichen von Industrieunternehmen sowie Gewerbe- und Handwerksbetrieben, z. B. in Labors, Lackierereien, Kläranlagen, Batterieladeräumen, Mühlen und Silos sowie Lagern von brennbaren Flüssigkeiten und Gasen. Hier ist die Nutzung sowie eine Be- und Verarbeitung von brennbaren Stoffen im Betriebsalltag selbstverständlich. Werden bei Tätigkeiten im Handwerk, der Produktion, der Verfahrenstechnik sowie der Instandhaltung mit brennbaren Stoffen entzündbare Gase oder brennbare Flüssigkeiten freigesetzt, kann die Bildung einer explosionsfähigen Atmosphäre nicht ausgeschlossen werden. Gleiches gilt für Arbeitsverfahren, durch die brennbare Feststoffe in Staubform entstehen. Da bereits kleine Mengen brennbarer Gase, Dämpfe oder Stäube durch geringe Zündenergien zu Explosionen mit Druck- und Flammenausbreitung führen können, ist der Schutz vor Explosionen in allen Betrieben relevant, in denen brennbare Stoffe hergestellt, be- bzw. verarbeitet, umgefüllt, gelagert, entsorgt oder transportiert werden.

- **Explosion bei Reinigungsarbeiten am 5. Januar 2019 – Mann nach Betriebsunfall verstorben**
  In Wadersloh kam es zu einer Explosion/Verpuffung. Anwohner hatten ein lautes Explosionsgeräusch gehört. Bei dem Betriebsunfall wurde eine Person verletzt und ins Krankenhaus gebracht. Der 49-Jährige führte Reinigungsarbeiten an einem größeren Tank durch, als es dabei aus unbekannten Gründen zu einer Verpuffung kam. Der Geschädigte erlitt durch die Explosion lebensgefährliche Verletzungen und verstarb am Folgetag. Ein in der Werkstatt anwesender Jugendlicher blieb unverletzt. Die Polizei informierte für weitere Ermittlungen das Dezernat für Arbeitsschutz der Bezirksregierung Münster.
- **Explosion bei Airbus Helicopters am 17. Dezember 2018 – Millionenschaden im Entwicklungszentrum**
  Bei einer Explosion auf dem Betriebsgelände des Hubschrauberherstellers Airbus Helicopters in Donauwörth entstand ein Schaden von mindestens einer Million Euro, verletzt wurde niemand. Ein Mechaniker einer externen Wartungsfirma hatte an einer Composite-Presse gearbeitet, als es dort zu einer Explosion kam. Herumfliegende Teile der Presse trafen glücklicherweise niemanden, auch nicht den Mechaniker, der sich gerade von der Maschine entfernt hatte. Es entstand eine große Flamme. In Folge der Verpuffung kam es zu einer heftigen Rauchentwicklung, sodass Mitarbeiter aus den Büroräumen oberhalb der Werkhalle das Areal verlassen mussten. Einsatzkräfte der Werksfeuerwehr sowie der Feuerwehren Donauwörth, Riedlingen und Mertingen waren im Einsatz und konnten die Situation schnell unter Kontrolle bringen.
- **Tödlicher Betriebsunfall in Roth am 18. Oktober 2018 – Arbeiter stirbt nach Explosion – Schaden in Millionenhöhe**
  In einem Ortsteil der Stadt Roth hat sich ein tödlicher Betriebsunfall ereignet. Ein 53-jähriger Mitarbeiter war mit Arbeiten an einer Aluminium-Abfüllablage beschäftigt, als diese plötzlich explodierte. Der Mann erlitt in der Folge lebensgefährliche Verletzungen und wurde umgehend mit einem Rettungshubschrauber in ein Krankenhaus gebracht. In der Nacht auf Freitag erlag er seinen schweren Verletzungen. Zwei weitere Männer, die sich zum Zeitpunkt der Explosion in der Nähe der Anlage aufhielten, wurden leicht verletzt. Die Kriminalpolizei geht nach aktuellem Ermittlungsstand von einem Sachschaden in Millionenhöhe aus und hat zusammen mit einem Gutachter der Berufsgenossenschaft die Ermittlungen zur Unglücksursache aufgenommen.
- **Explosion einer Gabelstapler-Batterie am 10. Oktober 2018 – Zwei Techniker in einem Logistikzentrum verletzt**
  Bei der Explosion bei Wartungsarbeiten an einem Gabelstapler sind in Wolfsburg zwei Techniker schwer verletzt worden. Beide hielten sich zum Zeitpunkt des Unglücks in unmittelbarer Nähe des Gabelstaplers auf. Bei der Explosion der Batterie soll ein Techniker Säure ins Gesicht, ein weiterer Säure in den Nacken bekommen haben. Vier weitere Personen zogen sich ein Knalltrauma zu. Größere Schäden in der Halle sind durch den Unfall nicht entstanden. Die Polizei hat den Unfallort beschlagnahmt und das Gewerbeaufsichtsamt hinzugezogen.

Für den sicheren Umgang, aber auch die Lagerung und Entsorgung brennbarer Materialien gibt es zahlreiche bauliche, technische und organisatorische Brandschutzmaßnahmen, um den Betrieb und seine Mitarbeiter vor Bränden, die am Arbeitsplatz entstehen können, zu schützen. Daher ist es für die Verantwortlichen zwingend notwendig, die Gefahren zu kennen und entsprechend zu evaluieren. Erst nach einer angemessenen Beurteilung können die notwendigen Gegen- und Schutzmaßnahmen getroffen werden.

Dieses Buch gibt anhand eines systematischen und praxisgerechten Vorgehens einen Überblick über das Gebiet des Explosionsschutzes und erläutert anhand des technischen Regelwerkes die Ermittlung und Bewertung von explosionsfähigen Atmosphären sowie das Zusammenwirken von technischen und organisatorischen Explosionsschutzmaßnahmen. Es zeigt die Betriebs- und Prüfungspflichten zur (Wieder-)Inbetriebnahme, im laufenden Betrieb und bei Instandhaltungsmaßnahmen der am Explosionsschutz beteiligten verantwortlichen Personen auf. Dabei liegt der Schwerpunkt nicht auf den besonderen und spezifischen verfahrenstechnischen Anlagen und speziellen Produktionsbereichen, sondern auf den Arbeitsplätzen, Tätigkeiten und Betriebsmitteln, die in fast jedem Unternehmen in kleiner oder größerer Anzahl anzutreffen sind. Hier bietet ein umfangreiches technisches Regelwerk standardisierte Schutzmaßnahmen mit genauen Vorgaben für einen sicheren Betriebsablauf. Mit Anwendung dieser technischen Regeln werden die erforderlichen Explosionsschutzmaßnahmen nach dem Stand der Technik umgesetzt und damit die gewünschte Rechtssicherheit erreicht.

Mit der systematischen Darstellung des Explosionsschutzes, der Anwendung des bestehenden Regelwerkes und einer Verknüpfung weiterer relevanter Rechtsvorschriften und technischer Regeln soll dieses Buch ein begleitender Ratgeber zum betrieblichen Explosionsschutz sein – sowohl bereits bei der Planung als auch im laufenden Betrieb.

Sicherheitshinweis
Das vorliegende Buch gibt Hinweise zur Durchführung der Gefährdungsbeurteilung bezüglich des Explosionsschutzes und dient als Handlungshilfe, um vor den Gefahren einer Explosion zu schützen. Die Inhalte wurden nach dem derzeitigen Stand der Normen und Vorschriften sorgfältig zusammengestellt. Sie dienen als Hilfsmittel ausschließlich zur allgemeinen Information, jedoch nicht der rechtlichen oder sicherheitstechnischen Beratung. Verbindlich ist der jeweils aktuelle Stand der technischen und gesetzlichen Regeln. Beschreibungen und Zusammenhänge können nicht abschließend behandelt werden und vereinfacht dargestellt sein. Sie lassen eine ungeprüfte Anwendung auf den Einzelfall nicht zu. Die Inhalte dieser Arbeitshilfe müssen für jedes Unternehmen konkretisiert werden.

Aus Gründen der besseren Lesbarkeit wird in diesem Buch nur die männliche Sprachform verwendet. Sämtliche Personenbezeichnungen gelten jedoch gleichermaßen für alle Geschlechter.

Einführung

Der Explosionsschutz beschäftigt sich als Teilgebiet der Sicherheitstechnik mit dem Schutz vor der Entstehung von Explosionen und deren Auswirkungen. Er dient der Verhütung von Schäden durch technische Produkte, Anlagen und andere Einrichtungen an Personen und Sachen.

Einheitliche Anforderungen in der EU

Grundlage für den Explosionsschutz in der EU sind die sogenannten „ATEX-Richtlinien". Die Bezeichnung „ATEX" leitet sich aus der französischen Abkürzung für *ATmosphères EXplosibles* („explosive Atmosphären") ab.

EU-Richtlinien werden je nach Thema der Richtlinie aufgrund eines der in den Verträgen vorgesehenen Verfahren erlassen. Art. 137 der gemeinsamen Europäischen Akte zum Schutz der Arbeitnehmer sieht vor, dass der Rat durch Richtlinien Mindestvorschriften erlassen kann, die die Verbesserung insbesondere der Arbeitsumwelt fördern, um die Sicherheit und die Gesundheit der Arbeitnehmer verstärkt zu schützen. Art. 95 des EG-Vertrages über den freien Warenverkehr verlieh zunächst der Europäischen Gemeinschaft (EG) die Kompetenz zur Angleichung von Rechts- und Verwaltungsvorschriften, welche die Errichtung und das Funktionieren des Binnenmarktes zum Gegenstand haben. Heute gilt Art. 114 des Vertrags über die Europäische Union (EU) und des Vertrags über die Arbeitsweise der EU.

Die Richtlinien erhalten eine Nummerierung, die sich aus dem Wort „Richtlinie", dem Jahr, einer laufenden Nummer sowie der Kennzeichnung EU, EG bzw. EWG zusammensetzt. Ältere Richtlinien aus der Zeit der Europäischen Gemeinschaft (EG) oder der Europäischen Wirtschaftsgemeinschaft (EWG) tragen weiter die entsprechenden Kennzeichnungen und werden auch als „EG-Richtlinien" bzw. „EWG-Richtlinien" bezeichnet.

Die ATEX-Richtlinien basieren auf folgenden zwei Richtlinien zum Explosionsschutz:

- **Betriebsrichtlinie 1999/92/EG** („ATEX 137") des Europäischen Parlamentes und des Rates vom 16. Dezember 1999 über Mindestvorschriften zur Verbesserung des Gesundheitsschutzes und der Sicherheit der Arbeitnehmer, die durch explosionsfähige Atmosphären gefährdet werden können,
- **Produktrichtlinie 94/9/EG** des Europäischen Parlamentes und des Rates vom 23. März 1994 zur Angleichung der Rechtsvorschriften der Mitgliedstaaten für Geräte und Schutzsysteme zur bestimmungsgemäßen

Verwendung in explosionsgefährdeten Bereichen (seit 20. April 2016 aufgehoben und ersetzt durch Richtlinie 2014/34/EU, siehe unten).

Mit der Richtlinie 94/9/EG („ATEX 95") wurde eine positive Entwicklung auf dem Gebiet eines wirksamen Explosionsschutzes für Untertage- und Übertageanlagen eingeleitet. Diese Richtlinie ist erheblich geändert worden. Aus Gründen der Klarheit war es notwendig, eine Neufassung vorzunehmen, sodass seit dem 20. April 2016 folgende Richtlinie gilt:

- **Richtlinie 2014/34/EU** des Europäischen Parlamentes und des Rates vom 26. Februar 2014 zur Harmonisierung der Rechtsvorschriften der Mitgliedstaaten für Geräte und Schutzsysteme zur bestimmungsgemäßen Verwendung in explosionsgefährdeten Bereichen (Neufassung).
  Die grundlegenden Sicherheits- und Gesundheitsanforderungen an Geräte und Schutzsysteme zur Verwendung in explosionsgefährdeten Bereichen haben sich durch diese neue Richtlinie gegenüber der alten Richtlinie 94/9/EG nicht geändert. Ziel der Überarbeitung durch die Europäische Kommission war es, diese an den Neuen Rechtsrahmen („New Legislative Framework – NLF") anzupassen.

Die EU-Mitgliedstaaten sind verpflichtet, in ihren nationalen Gesetzgebungen mindestens die in diesen Richtlinien definierten Standards in nationales Recht umzusetzen.

Richtlinie 1999/92/EG

Richtlinie 1999/92/EG ist eine Einzelrichtlinie im Sinne des Artikels 16 Absatz 1 der Richtlinie 89/391/EWG des Rates vom 12. Juni 1989 über die Durchführung von Maßnahmen zur Verbesserung der Sicherheit und des Gesundheitsschutzes der Arbeitnehmer bei der Arbeit. Die Einhaltung der Mindestvorschriften der 1999/92/EG ist eine unabdingbare Voraussetzung für Sicherheit und Gesundheitsschutz der Arbeitnehmer.

Im Anhang II dieser Richtlinie werden diese Mindestvorschriften erklärt, u. a. die vorgeschriebenen Schutzmaßnahmen gegen Explosionsgefährdungen sowie die Mindestvorschriften für Tätigkeiten in explosionsgefährdeten Bereichen. Sie legen Arbeitgeberpflichten zum Schutz der Arbeitnehmer bei Arbeiten in explosionsgefährdeten Bereichen fest. Im Vordergrund stehen hierbei vor allem grundsätzliche, technische und/oder organisatorische Maßnahmen zur Verhinderung von Explosionen.

Richtlinie 2014/34/EU

Die Richtlinie 2014/34/EU vom 26. Februar 2014 zur Harmonisierung der Rechtsvorschriften der Mitgliedsstaaten für Geräte und Schutzsysteme zur bestimmungsgemäßen Verwendung in explosionsgefährdeten Bereichen (Neufassung) beinhaltet die Angleichung der Rechtsvorschriften der Mitgliedsstaaten für explosionsgeschützte Geräte und Schutzsysteme. Unter diese Richtlinie fallen Produkte, die beim Inverkehrbringen erstmals auf den Binnenmarkt der EU gelangen, und zwar als neue, von einem in der EU niedergelassenen Hersteller erzeugte Produkte sowie neue oder gebrauchte aus einem Drittland eingeführte Produkte.

In der Richtlinie sind die Beschaffenheitsanforderungen an Einrichtungen und Betriebsmittel, von denen eine Zündgefahr ausgehen kann, europaweit harmonisiert worden (vorher Richtlinie 94/9/EG). Das Sicherheitsniveau in den einzelnen Mitgliedsstaaten wird durch zwingende Vorschriften bestimmt, denen Geräte und Schutzvorrichtungen zur Verwendung in explosionsgefährdeten Bereichen entsprechen müssen. Dabei handelt es sich im Allgemeinen um technische Vorschriften auf dem Gebiet der Elektrik und auch auf anderen Gebieten, die Konzeption und Bau solcher Geräte beeinflussen. Die Richtlinie 2014/34/EU richtet sich maßgeblich an die Hersteller elektrischer Betriebsmittel und legt die Anforderungen an die Beschaffenheit von Produkten mit dem Ziel fest, die Produktsicherheit zu erhöhen und Handelshemmnisse zu verhindern. Nationale Abweichungen sind unzulässig.

Umsetzung in nationales Recht

Die noch gültigen EG- und die neueren EU-Richtlinien sind nicht unmittelbar wirksam und verbindlich. Sie müssen, um wirksam zu werden, durch nationale Rechtsakte umgesetzt werden. Nach deutschem Recht ist deswegen zur Umsetzung in der Regel ein förmliches Gesetz oder eine Verordnung erforderlich.

Gefahrstoffverordnung (GefStoffV)

Die Umsetzung der Richtlinie 1999/92/EG sowie der Mindestvorschriften für Tätigkeiten in explosionsgefährdeten Bereichen in deutsches Recht erfolgt im Wesentlichen in der „Verordnung zum Schutz vor Gefahrstoffen (Gefahrstoffverordnung – GefStoffV)". Ihre Verordnungsermächtigung ist im Chemikaliengesetz (ChemG) enthalten. Seit 2005 ist auch das Arbeitsschutzgesetz (ArbSchG) gesetzliche Grundlage für die GefStoffV.

GefStoffV – Abschnitt 1 „Zielsetzung, Anwendungsbereich und Begriffsbestimmungen" – § 1 „Zielsetzung und Anwendungsbereich"

„(3) Die Abschnitte 3 bis 6 gelten für Tätigkeiten, bei denen Beschäftigte Gefährdungen ihrer Gesundheit und Sicherheit durch Stoffe, Gemische oder Erzeugnisse ausgesetzt sein können. Sie gelten auch, wenn die Sicherheit und Gesundheit anderer Personen aufgrund von Tätigkeiten im Sinne von § 2 Absatz 5 gefährdet sein können, die durch Beschäftigte oder Unternehmer ohne Beschäftigte ausgeübt werden."

Ziel dieser Verordnung ist der Schutz für Beschäftigte und andere Personen sowie für die Umwelt vor stoffbedingten Schädigungen und bei Tätigkeiten mit Gefahrstoffen. Die enthaltenen Maßnahmen dienen dem sicheren Umgang und der Brand- und Explosionsvermeidung in Gefahrstoffbereichen.

GefStoffV – Abschnitt 4 „Schutzmaßnahmen" – § 11 „Besondere Schutzmaßnahmen gegen physikalisch-chemische Einwirkungen, insbesondere gegen Brand- und Explosionsgefährdungen"

„(1) Der Arbeitgeber hat auf der Grundlage der Gefährdungsbeurteilung Maßnahmen zum Schutz der Beschäftigten und anderer Personen vor physikalisch-chemischen Einwirkungen zu ergreifen. Er hat die Maßnahmen so festzulegen, dass die Gefährdungen vermieden oder so weit wie möglich verringert werden. Dies gilt insbesondere bei Tätigkeiten einschließlich Lagerung, bei denen es zu Brand- und Explosionsgefährdungen kommen kann. Dabei hat der Arbeitgeber Anhang I Nummer 1 und 5 zu beachten."

Im Anhang I GefStoffV werden Brandschutz- und Explosionsmaßnahmen vorgeschrieben, die sich nach der Gefährdung durch die Eigenschaften und das Vorhandensein brennbarer Stoffe, Gemische und Erzeugnisse richten.

GefStoffV – Anhang I (zu § 8 Absatz 8, § 11 Absatz 3) „Besondere Vorschriften für bestimmte Gefahrstoffe und Tätigkeiten" – Nr. 1 „Brand- und Explosionsgefährdungen" – 1.1 „Anwendungsbereich"

gilt für Maßnahmen nach § 11 bei Tätigkeiten mit Gefahrstoffen, die zu Brand- und Explosionsgefährdungen führen können.

Sie ergänzen die allgemein erforderlichen Brandschutzmaßnahmen nach dem Bau- und Arbeitsstättenrecht. Die notwendige Beurteilung der Gefährdungen ist nach den Grundsätzen der Technischen Regeln für Gefahrstoffe (TRGS) durchzuführen, hier nach TRGS 400 und den spezifischen Vorgaben der TRGS 800.

Produktsicherheitsgesetz (ProdSG)

Zentrale Rechtsvorschrift für die Sicherheit von Geräten, Produkten und Anlagen ist das „Gesetz über die Bereitstellung von Produkten auf dem Markt (Produktsicherheitsgesetz – ProdSG)".

ProdSG – Abschnitt 1 „Allgemeine Vorschriften" – § 1 „Anwendungsbereich"

„(1) Dieses Gesetz gilt, wenn im Rahmen einer Geschäftstätigkeit Produkte auf dem Markt bereitgestellt, ausgestellt oder erstmals verwendet werden.
(2) Dieses Gesetz gilt auch für die Errichtung und den Betrieb überwachungsbedürftiger Anlagen, die gewerblichen oder wirtschaftlichen Zwecken dienen oder durch die Beschäftigte gefährdet werden können [...]"

Diese zentrale Rechtsvorschrift für die technische Sicherheit von Geräten, Produkten und Anlagen in Deutschland trifft Regelungen zu den Sicherheitsanforderungen von technischen Arbeitsmitteln und Verbraucherprodukten. Sie ersetzt seit 10.12.2011 das Geräte- und Produktsicherheitsgesetz (GPSG). Neben den grundsätzlichen Anforderungen hinsichtlich der technischen Sicherheit der Produkte enthält das ProdSG weitere Bestimmungen, die beim Bereitstellen von Produkten auf dem Markt zu beachten sind (z. B. bei der Produktkennzeichnung). Es wendet sich dabei sowohl an die Hersteller der Produkte als auch Einführende und/oder Händler und regelt den freien Warenverkehr im europäischen Binnenmarkt. Zentrales Regelungsziel ist dabei ein hohes Maß an Sicherheit und Gesundheitsschutz für Verbraucher und Beschäftigte.

Mit dem ProdSG sowie den auf Grundlage des § 8 ProdSG erlassenen Produktsicherheitsverordnungen (ProdSV) werden insgesamt elf europäische Binnenmarktrichtlinien sowie die Richtlinie über die allgemeine Produktsicherheit 2001/95/EG in deutsches Recht umgesetzt. Dabei finden sich im ProdSG selbst jene Regelungen wieder, die in allen Richtlinien gleichermaßen enthalten sind.

ProdSG – Abschnitt 2 „Voraussetzungen für die Bereitstellung von Produkten auf dem Markt sowie für das Ausstellen von Produkten" – § 8 „Ermächtigung zum Erlass von Rechtsverordnungen"

„(1) Die Bundesministerien für Arbeit und Soziales, für Wirtschaft und Energie, […] werden ermächtigt […] Rechtsverordnungen zum Schutz der Sicherheit und Gesundheit von Personen, zum Schutz der Umwelt sowie sonstiger Rechtsgüter vor Risiken, die von Produkten ausgehen, zu erlassen, auch um Verpflichtungen aus zwischenstaatlichen Vereinbarungen zu erfüllen oder um die von der Europäischen Union erlassenen Rechtsvorschriften umzusetzen oder durchzuführen."

Die produktspezifischen Regelungen der Richtlinien (z. B. wesentliche Sicherheitsanforderungen und anzuwendende Konformitätsbewertungsverfahren) finden sich in den nachgelagerten ProdSV (1. bis 14. ProdSV). Die auf Grundlage des ProdSG erlassenen Rechtsverordnungen umfassen eine breite Palette von Produkten, u. a. Geräte und Schutzsysteme, die zur Verwendung in explosionsgefährdeten Bereichen vorgesehen sind. Damit dient es u. a. der Umsetzung der Richtlinie 94/9/EG für Geräte und Schutzsysteme zur bestimmungsgemäßen Verwendung in explosionsgefährdeten Bereichen.

Explosionsschutzprodukteverordnung (11. ProdSV)

Die „11. Verordnung zum Produktsicherheitsgesetz (Explosionsschutzverordnung – 11. ProdSV)" basiert auf § 8 Abs. 1 ProdSG und setzt die Richtlinie 2014/34/EU zur Harmonisierung der Rechtsvorschriften der Mitgliedstaaten für Geräte und Schutzsysteme zur bestimmungsgemäßen Verwendung in explosionsgefährdeten Bereichen 1:1 in nationales Recht um.

Sie regelt die Bereitstellung von neuen Geräten und Schutzsystemen auf dem europäischen Binnenmarkt.

11. ProdSV – Abschnitt 1 „Allgemeine Vorschriften" – § 1 „Anwendungsbereich"

„(1) Diese Verordnung ist auf die folgenden neuen Produkte, die auf dem Markt bereitgestellt, ausgestellt oder erstmals verwendet werden, anzuwenden:
1. Geräte und Schutzsysteme, die zur Verwendung in explosionsgefährdeten Bereichen bestimmt sind,
2. Sicherheits-, Kontroll- und Regelvorrichtungen, die zur Verwendung außerhalb von explosionsgefährdeten Bereichen bestimmt sind, jedoch im Hinblick auf Explosionsrisiken für den sicheren Betrieb von Geräten und Schutzsystemen erforderlich sind oder zum sicheren Betrieb beitragen, und
3. Komponenten, die zum Einbau in die in Nummer 1 genannten Geräte und Schutzsysteme bestimmt sind."

11. ProdSV – Abschnitt 1 – § 3 „Bereitstellung auf dem Markt und Inbetriebnahme"

„Produkte dürfen nur dann auf dem Markt bereitgestellt und in Betrieb genommen werden, wenn sie bei ordnungsgemäßer Installation und Instandhaltung und bei bestimmungsgemäßer Verwendung die Anforderungen dieser Verordnung erfüllen."

Folgende Geräte, die zur Verwendung in explosionsgefährdeten Bereichen vorgesehen sind, dürfen nur auf dem Markt bereitgestellt werden, wenn sie den Bestimmungen der europäischen ATEX-Richtlinie 2014/34/EU entsprechen:

- Geräte, die eine eigene potenzielle Zündquelle aufweisen,
- Geräte, die als autonome Schutzsysteme dienen sollen,
- Komponenten, die in Geräte und Schutzsysteme eingebaut werden sollen.

Betriebssicherheitsverordnung (BetrSichV)

Richtlinie 1999/92/EG stellt einen praktischen Beitrag zur Verwirklichung der sozialen Dimension des Binnenmarktes dar. Sie definiert Mindeststandards für Tätigkeiten in explosionsgefährdeten Bereichen. Ein Mitgliedstaat kann jedoch auch über das Schutzniveau dieser Richtlinie hinausgehen.

Für die Bereitstellung von Arbeitsmitteln durch den Arbeitgeber sowie für die Verwendung von Arbeitsmitteln durch Beschäftigte bei der Arbeit gilt in Deutschland grundsätzlich die „Verordnung über Sicherheit und Gesundheitsschutz bei der Verwendung von Arbeitsmitteln (Betriebssicherheitsverordnung – BetrSichV)". Die BetrSichV hat das Ziel, Sicherheit und Schutz der Gesundheit von Beschäftigten bei der Verwendung von Arbeitsmitteln sowie den Schutz anderer Personen im Gefahrenbereich überwachungsbedürftiger Anlagen, die in Anhang 2 oder in § 18 Absatz 1 benannt sind, zu gewährleisten. Sie fasst die Arbeitsschutzanforderungen für die Verwendung von Arbeitsmitteln sowie den Betrieb überwachungsbedürftiger Anlagen zusammen. Zudem beschreibt sie ein Schutzkonzept, das auf alle Gefährdungen anwendbar ist, die von Arbeitsmitteln und Anlagen ausgehen.

BetrSichV – Abschnitt 1
„Anwendungsbereich und Begriffsbestimmungen" –
§ 1 „Anwendungsbereich und Zielsetzung"

„(1) Diese Verordnung gilt für die Verwendung von Arbeitsmitteln. Ziel dieser Verordnung ist es, die Sicherheit und den Schutz der Gesundheit von Beschäftigten bei der Verwendung von Arbeitsmitteln zu gewährleisten. Dies soll insbesondere erreicht werden durch
1. die Auswahl geeigneter Arbeitsmittel und deren sichere Verwendung […]"

Anlagen setzen sich aus mehreren Funktionseinheiten zusammen, die zueinander in Wechselwirkung stehen und deren sicherer Betrieb wesentlich von diesen Wechselwirkungen bestimmt wird. Dazu gehören insbesondere überwachungsbedürftige Anlagen im Sinne des § 2 Nr. 30 des ProdSG.

Folgende Anlagen benötigen dementsprechend eine besondere Überwachung:

- Anlagen in explosionsgefährdeten Bereichen aufgrund ihrer hohen Gefährdungspotenziale,
- betrieblich besondere Anlagen, von denen eine hohe Gefährdung aus Dampf, Druck, Absturz und/oder Brand bzw. Explosion ausgehen,
- Anlagen in explosionsgefährdeten Bereichen, d. h. explosionsschutzrelevante Arbeitsmittel einschließlich der Verbindungselemente sowie der explosionsschutzrelevanten Gebäudeteile,
- Mess-, Steuer- und Regeleinrichtungen, die dem sicheren Betrieb dieser überwachungsbedürftigen Anlagen dienen.

Im Betrieb stellen die überwachungsbedürftigen Anlagen eine Untermenge der Arbeitsmittel im Sinne der BetrSichV dar.

Überwachungsbedürftige Anlagen: Weisen eine Gefahr für Beschäftigte und andere Personen auf und benötigen daher zu deren Schutz nach § 2 Nr. 30 Satz 1 ProdSV eine besondere Überwachung (z. B. Dampfkessel, Druckbehälter, Füllanlagen, Rohrleitungen, Aufzugsanlagen, Anlagen in explosionsgefährdeten Bereichen, Anlagen für entzündbare Flüssigkeiten, wie z. B. Tankstellen).

BetrSichV – Abschnitt 1 „Anwendungsbereich und Begriffsbestimmungen" – § 1 „Anwendungsbereich und Zielsetzung"

„[...] Diese Verordnung regelt hinsichtlich der in § 18 und in Anhang 2 genannten überwachungsbedürftigen Anlagen zugleich Maßnahmen zum Schutz anderer Personen im Gefahrenbereich, soweit diese aufgrund der Verwendung dieser Anlagen durch Arbeitgeber im Sinne des § 2 Absatz 3 gefährdet werden können."

Soweit diese Anlagen von Beschäftigten bei der Arbeit genutzt werden, gelten für sie die Vorschriften von Abschnitt 2 BetrSichV. Ansonsten sind insbesondere die Vorschriften des Abschnitts 3 BetrSichV anzuwenden (dadurch ist auch der Schutz Dritter gewährleistet).

Überwachungsbedürftige Anlagen müssen betriebssicher sein, d. h. nach dem Stand der Technik montiert, installiert und betrieben werden. Grundsätzlich gilt, dass sie nur in Betrieb genommen werden dürfen, wenn diese den Vorschriften des ProdSV entsprechen (Mindestanforderungen an die Beschaffenheit). Das heißt, sie müssen besonderen Anforderungen in Bezug auf Herstellung, Bauart, Werkstoffe und Betriebsweise genügen. Während ihrer gesamten Verwendungsdauer müssen sie den für sie geltenden Sicherheits- und Gesundheitsschutzanforderungen entsprechen und der sichere Zustand erhalten werden. Dazu sind Instandhaltungsmaßnahmen festzulegen und die Anlage im ordnungsgemäßen Zustand zu halten. Entsprechend unterliegen überwachungsbedürftige Anlagen vor erstmaliger Inbetriebnahme, vor Wiederinbetriebnahme nach Änderungen sowie während des Betriebs regelmäßig wiederkehrenden Prüfungen.

Technisches Regelwerk

Die GefStoffV – wie auch die BetrSichV – weisen hinsichtlich des erforderlichen Gestaltungsniveaus für sichere Tätigkeiten den Stand der Technik als grundlegenden Beurteilungsmaßstab aus.

Stand der Technik: Entwicklungsstand fortschrittlicher Verfahren, Einrichtungen oder Betriebsweisen, der die praktische Eignung einer Maßnahme zum Schutz der Gesundheit und zur Sicherheit der Beschäftigten gesichert erscheinen lässt.

Der Arbeitgeber hat auf Grundlage der Beurteilung die organisatorischen und technischen Schutzmaßnahmen nach dem Stand der Technik zu treffen, die zum Schutz von Gesundheit und Sicherheit der Beschäftigten oder anderer Personen vor Brand- und Explosionsgefahren erforderlich sind.

Bei der Bestimmung des Standes der Technik sind insbesondere vergleichbare Verfahren, Einrichtungen oder Betriebsweisen heranzuziehen, die mit Erfolg in der Praxis erprobt worden sind. Diese Anforderung ermöglicht die Anpassung der erforderlichen Maßnahmen(-konzepte) an den (sicherheits-)

technischen, arbeitsmedizinischen und auch wirtschaftlichen Fortschritt, der je nach Branche, Verfahren und wirtschaftlichen Strömungen sehr unterschiedliche Halbwertzeiten aufweisen kann. Diese nicht determinierte Forderung verwendet den Stand der Technik als den zentralen Gestaltungsmaßstab.

Technische Regel für Gefahrstoffe (TRGS 460) „Vorgehensweise zur Ermittlung des Standes der Technik"

beschreibt eine schrittweise Vorgehensweise zur Ermittlung des Standes der Technik und konkretisiert § 2 Absatz 15 GefStoffV.

Technische Regeln für Gefahrstoffe (TRGS)

Das Technische Regelwerk im Rahmen der GefStoffV besteht aus den Technischen Regeln für Gefahrstoffe (TRGS), die dem jeweiligen Stand der Technik, Arbeitsmedizin, Arbeitshygiene und sonstigen wissenschaftlichen Erkenntnissen entsprechen und der Entwicklung entsprechend angepasst werden. Es enthält auch Regelungen aus konkreten EG-Vorschriften, auf die in der Verordnung gleitend verwiesen wird und die dadurch in nationales Recht umgesetzt werden.

Der Arbeitgeber hat die für ihn zutreffenden TRGS bei der Festlegung der erforderlichen Schutzmaßnahmen zu beachten (§ 7 Abs. 2 GefStoffV) und die erforderlichen technischen Schutzmaßnahmen sowie Maßnahmen des organisatorischen Arbeitsschutzes entsprechend festzulegen.

GefStoffV –
Abschnitt 3 „Gefährdungsbeurteilung und Grundpflichten Verordnung zum Schutz vor Gefahrstoffen" –
§ 7 „Grundpflichten"

„(2) Um die Gesundheit und die Sicherheit der Beschäftigten bei allen Tätigkeiten mit Gefahrstoffen zu gewährleisten, hat der Arbeitgeber die erforderlichen Maßnahmen nach dem Arbeitsschutzgesetz und zusätzlich die nach dieser Verordnung erforderlichen Maßnahmen zu ergreifen. Dabei hat er die nach § 20 Absatz 4 bekannt gegebenen Regeln und Erkenntnisse zu berücksichtigen. […]"

Der Arbeitgeber kann bei Anwendung einer TRGS davon ausgehen, dass die Bestimmungen der GefStoffV in diesen Punkten eingehalten werden (Vermutungswirkung). Er braucht diese nicht zu berücksichtigen, wenn andere, gleichwertige Schutzmaßnahmen getroffen werden. Die Gleichwertigkeit ist in der Dokumentation der Gefährdungsbeurteilung zu begründen.

GefStoffV – Abschnitt 3 „Gefährdungsbeurteilung und Grundpflichten" – § 7 „Grundpflichten"

„(2) [...] Bei Einhaltung dieser Regeln und Erkenntnisse ist in der Regel davon auszugehen, dass die Anforderungen dieser Verordnung erfüllt sind. Von diesen Regeln und Erkenntnissen kann abgewichen werden, wenn durch andere Maßnahmen zumindest in vergleichbarer Weise der Schutz der Gesundheit und die Sicherheit der Beschäftigten gewährleistet werden."

Technische Regeln für Betriebssicherheit (TRBS)

Die Technischen Regeln für Betriebssicherheit (TRBS) werden zur Konkretisierung der Anforderungen der BetrSichV erstellt. Ihr Ziel ist es, im Rahmen der Gefährdungsbeurteilung zu geeigneten Ergebnissen hinsichtlich der erforderlichen Schutzmaßnahmen zu kommen. Bei der Ermittlung der Regeln werden der Stand der Technik und sonstige gesicherte arbeitswissenschaftlicher Erkenntnisse berücksichtigt und beispielhafte Maßnahmen beschrieben, um die Schutzziele der BetrSichV erfüllen zu können.

TRBS 1001 „Struktur und Anwendung der Technischen Regeln für Betriebssicherheit"

beschreibt das Ziel der Konkretisierungen durch Auslegung unbestimmter Rechtsbegriffe und Prozessbeschreibungen. Ggf. sind beispielhafte Lösungen für betriebliche Maßnahmen bei der Beurteilung von Sachverhalten im Rahmen der Gefährdungsbeurteilung zu geeigneten Ergebnissen enthalten. Diese beziehen sich auf die erforderlichen Schutzmaßnahmen für Beschäftigte und gleichgestellte Personen gemäß § 2 Absatz 4 BetrSichV und zusätzlich für andere Personen im Gefahrenbereich von überwachungsbedürftigen Anlagen.

Durch die Technischen Regeln und Erkenntnisse werden die jeweiligen Verpflichtungen nach BetrSichV näher bestimmt. Der Arbeitgeber hat sie bei der Festlegung der Schutzmaßnahmen zu berücksichtigen.

BetrSichV – Abschnitt 2 „Gefährdungsbeurteilung und Schutzmaßnahmen" – § 4 „Grundpflichten des Arbeitgebers"

„(3) Bei der Festlegung der Schutzmaßnahmen hat der Arbeitgeber die Vorschriften dieser Verordnung einschließlich der Anhänge zu beachten und die nach § 21 Absatz 6 Nummer 1 bekannt gegebenen Regeln und Erkenntnisse zu berücksichtigen."

Die TRBS enthalten allgemeine und gefährdungsbezogene Regeln. Zusätzlich zu den letzteren werden spezifische Regeln zu bestimmten Arbeitsmitteln nur im Ausnahmefall erarbeitet.

Übergreifende Technische Regeln zum Explosionsschutz (TRGS-Reihe 720ff und TRBS-Reihe 2152)

Da die Inhalte der Technischen Regeln zum Explosionsschutz vom Anwendungsbereich mehrerer Verordnungen erfasst werden, wurden diese gemeinsam von den zuständigen Ausschüssen erarbeitet und im Regelwerk der betroffenen Verordnungen wortgleich als TRBS/TRGS veröffentlicht. Bei TRGS 720 „Gefährliche explosionsfähige Atmosphäre – Allgemeines", TRGS 721 „Gefährliche explosionsfähige Atmosphäre – Beurteilung der Explosionsgefährdung" und TRGS 722 „Vermeidung oder Einschränkung gefährlicher explosionsfähiger Atmosphäre" handelt es sich daher auch um TRBS (Reihe 2152). Im November 2018 hat der Ausschuss für Gefahrstoffe (AGS) die bereits bestehende TRBS 2152 Teil 3 wortgleich als TRGS 723 „Gefährliche explosionsfähige Gemische – Vermeidung der Entzündung gefährlicher explosionsfähiger Gemische", TRBS 2152 Teil 4 als TRGS 724 „Gefährliche explosionsfähige Gemische – Maßnahmen des konstruktiven Explosionsschutzes" sowie eine gemeinsame Neufassung der TRBS 3151/TRGS 751 „Vermeidung von Brand-, Explosions- und Druckgefährdungen an Tankstellen und Gasfüllanlagen zur Befüllung von Landfahrzeugen" verabschiedet, die nach rechtsförmlicher Prüfung durch das BMAS voraussichtlich in Kürze veröffentlicht werden.
Die **TRGS** und **TRBS** werden vom AGS bzw. vom Ausschuss für Betriebssicherheit (ABS) erarbeitet, regelmäßig den Entwicklungen (z. B. beim Stand der Technik) entsprechend angepasst und gemäß § 21 Absatz 6 Nr. 1 BetrSichV vom BMAS im Gemeinsamen Ministerialblatt bekannt gegeben. Die Technischen Regeln werden anschließend auch auf den Webseiten der BAuA (www.baua.de) veröffentlicht. Dort können sie kostenlos eingesehen und heruntergeladen werden.

Von diesen Regeln und Erkenntnissen kann abgewichen werden, wenn Sicherheit und Gesundheit durch andere Maßnahmen zumindest in vergleichbarer Weise gewährleistet bleiben. Macht ein Arbeitgeber hiervon Gebrauch, muss er in der Dokumentation der Gefährdungsbeurteilung angeben, wie die Anforderungen dieser Verordnung stattdessen eingehalten werden. Einen ggf. behördlich geforderten Nachweis einer gleichwertigen Erfüllung der Verordnung kann der Arbeitgeber z. B. durch Kontrolle der Wirksamkeit leisten.

BetrSichV – Abschnitt 2 „Gefährdungsbeurteilung und Schutzmaßnahmen" – § 4 „Grundpflichten des Arbeitgebers"

„(3) [...] Bei Einhaltung dieser Regeln und Erkenntnisse ist davon auszugehen, dass die in dieser Verordnung gestellten Anforderungen erfüllt sind. Von den Regeln und Erkenntnissen kann abgewichen werden, wenn Sicherheit und Gesundheit durch andere Maßnahmen zumindest in vergleichbarer Weise gewährleistet werden."

Regelwerk der Deutschen gesetzlichen Unfallversicherung (DGUV)

Das umfassende Regelwerk der Deutschen gesetzlichen Unfallversicherung (DGUV) richtet sich mit den DGUV-Vorschriften, -Regeln, -Informationen und -Grundsätzen in erster Linie an Unternehmer, um diesen eine Hilfestellung bei der Umsetzung ihrer Pflichten aus staatlichen Arbeitsschutzvorschriften und/oder Unfallverhütungsvorschriften zu geben. Zudem zeigt es Wege auf, wie Arbeitsunfälle, Berufskrankheiten und arbeitsbedingte Gesundheitsgefahren vermieden werden können.

Die Regeln werden in den Fachbereichen und Sachgebieten der DGUV entwickelt. Im Fokus der Fachbereiche steht die Schaffung einer einheitlichen und gesicherten Fachmeinung. Die getroffenen Entscheidungen sowie die durchgeführten Prüfungen und Zertifizierungen werden von allen Unfallversicherungsträgern anerkannt und beachtet. Innerhalb des dem Fachbereich „Rohstoffe und chemische Industrie" untergeordneten Sachgebiets „Explosionsschutz" stehen die wesentlichen Themenfelder:

- Explosionsschutz für brennbare Gase, Flüssigkeiten und Stäube und für besondere Anlagen,
- statische Elektrizität,
- Herstellung von Beschichtungsstoffen,
- Herstellung von Reinigungs- und Pflegemitteln,
- Destillationsanlagen für Lösemittel,
- Mess- und Warngeräte für gefährliche Gaskonzentrationen von toxischen Gasen/Dämpfen und Sauerstoff sowie für den Explosionsschutz,
- Umfüllen von Flüssigkeiten,
- Probenahme (Feststoffe und Flüssigkeiten).

DGUV-Vorschriften

Die gesetzlichen Unfallversicherungsträger erlassen im Rahmen ihrer umfassenden Aufträge nach § 14 ff. SGB VII DGUV-Vorschriften als Unfallverhütungsvorschriften (UVV) und somit als verbindliche autonome Rechtsnormen (§ 15 SGB VII).

DGUV-Regeln

DGUV-Regeln sind Zusammenstellungen bzw. Konkretisierungen von Inhalten aus staatlichen Arbeitsschutzvorschriften (Gesetze, Verordnungen) und/ oder UVV und/oder technischen Spezifikationen und/oder den Erfahrungen der Präventionsarbeit. Sie werden in den Fachbereichen der DGUV unter ihrer Mitwirkung erarbeitet.

Die berufsgenossenschaftlichen **Explosionsschutz-Regeln (EX-RL)** besitzen eine über 60-jährige Tradition in Deutschland und waren Grundlage für viele nationale und internationale Regelungen (z. B. Leitfaden zur europäischen Richtlinie 1999/92/EG, Basisnorm im Explosionsschutz DIN EN 1127-1 und viele TRGS bzw. TRBS). In der heutigen Fassung stellen sie als DGUV Regel 113-001 (früher BGR 104) eine Sammlung aller explosionsschutzrelevanten technischen Regeln für die Betreiber dar. Diese enthält auch die weltweit umfangreichste Beispielsammlung zur Einteilung explosionsgefährdeter Bereiche in Zonen.

Unternehmer können bei der Beachtung der enthaltenen Empfehlungen und insbesondere den beispielhaften Lösungsmöglichkeiten davon ausgehen, dass sie damit geeignete Maßnahmen zur Verhütung von Arbeitsunfällen, Berufskrankheiten und arbeitsbedingten Gesundheitsgefahren getroffen haben. Andere Lösungen sind möglich, wenn Sicherheit und Gesundheitsschutz in gleicher Weise gewährleistet sind. Sind zur Konkretisierung staatlicher Arbeitsschutzvorschriften von den dafür eingerichteten Ausschüssen technische Regeln ermittelt worden, sind diese vorrangig zu beachten.

DGUV-Informationen

DGUV-Informationen enthalten Hinweise und Empfehlungen, die die praktische Anwendung von Regelungen zu einem bestimmten Sachgebiet oder Sachverhalt erleichtern sollen und die z. B. für bestimmte Branchen, Tätigkeiten oder Zielgruppen konkrete praxisgeeignete Arbeitsschutzmaßnahmen vorstellen. Dabei werden nur derzeit übliche und bewährte Lösungen beschrieben. Sie können als Entscheidungshilfe bei der Auswahl von Art und Umfang der Schutzmaßnahmen für das Vermeiden von Explosionsgefahren dienen.

Teil A: Konzeption

A 0 Konzepte im Brand- und Explosionsschutz

Ein Brand kann als Zündquelle eine Explosion auslösen. Umgekehrt kann eine Explosion brennbare Stoffe, die kein explosionsfähiges Stoffsystem darstellen, entflammen und somit zum Folgebrand führen. Brand- und Explosionsschutz sind daher physikalisch-chemisch eng miteinander verbundene Themenfelder. Da sich Brand und Explosion aber nur dadurch unterscheiden, dass brennbarer Stoff und Oxidationsmittel vorgemischt sind, ist es sehr sinnvoll, die Beurteilung der Brandgefährdung und die der Explosionsgefahr miteinander zu verbinden. Brand- und Explosionsschutzmaßnahmen basieren jedoch zum Teil auf grundlegend unterschiedlichen Detektionsweisen und Schutzwirkungen. Aufgrund der unterschiedlichen Begleiterscheinungen von Bränden und Explosionen können Brandschutzmaßnahmen daher oftmals keinen Explosionsschutz sicherstellen. Gleichzeitig versagen viele Explosionsschutzmaßnahmen bei Brandereignissen. Daher unterscheiden sich die Schutzkonzepte des Brandschutzes von denen des Explosionsschutzes.

A 0.1 Brandschutzmaßnahmen

Unter Brandschutzmaßnahmen versteht man alle Maßnahmen, die der Entstehung eines Brandes und der Ausbreitung von Feuer und Rauch (Brandausbreitung) vorbeugen und bei einem Brand die Rettung von Menschen und Tieren sowie wirksame Löscharbeiten ermöglichen. Brandschutzmaßnahmen basieren auf der Erkennung der Branderscheinungen Flamme, Temperatur und/oder Rauch. Der Schutz vor Brandschaden wird durch die Abtrennung oder dem Verhindern einer Entzündung von noch nicht brennenden Brennstoffen erreicht.

Mit der Brandgefährdung wird die Wahrscheinlichkeit einer Brandentstehung, die Geschwindigkeit der Brandausbreitung und die damit verbundene Gefährdung von Beschäftigten und anderen Personen durch Feuer, Rauch oder Wärme beschrieben. Die Bewertung der Brandgefährdung umfasst alle für die Entstehung, Ausbreitung und Auswirkung eines Brandes relevanten Faktoren und ermöglicht eine objektive Einschätzung. Diese brandschutztechnische Beurteilung der baulichen, örtlichen und betrieblichen Gegebenheiten hängt ab von der Gebäudeart und -nutzung, der Feuerwiderstandsdauer der Bauteile und dem daraus zu resultierenden Brandverlauf. Die mögliche Ausbreitung von Brandschäden und Brandfolgeprodukten (z. B. Partikel, Rauchgase sowie Brandrückstände) bestimmen im Wesentlichen die spätere Schadenhöhe.

Zur Minimierung von Brandgefährdungen müssen die baulichen, technischen und organisatorischen Brandschutzmaßnahmen gezielt ausgewählt, aufeinander abgestimmt und im Rahmen eines Brandschutzkonzeptes objektspezifisch geplant und umgesetzt werden. Ein Brandschutzkonzept ist damit die Summe aufeinander abgestimmter Maßnahmen, die realisiert werden müssen, um die zu erwartenden Brandschäden auf ein verantwortbares Maß zu reduzieren.

A 0.2 Explosionsschutzmaßnahmen

Bei Explosionen treten Flammen, hohe Temperaturen und vielfach auch hohe Drücke und Druckanstiegsgeschwindigkeiten auf. Hierbei können Personen verletzt, Gebäude oder Anlagenteile zerstört sowie weitere brennbare Stoffe entzündet werden (Folgebrände).

Gefährliche explosionsfähige Atmosphären sollten gefahrlos beseitigt werden, soweit dies nach dem Stand der Technik möglich ist. Ist dies nicht möglich, sind spezifische Schutzmaßnahmen zu treffen, um die Bildung einer gefährlichen explosionsfähigen Atmosphäre zu verhindern oder einzuschränken. Die erforderlichen Explosionsschutzmaßnahmen müssen im Rahmen eines in sich widerspruchsfreien Explosionsschutzkonzeptes ausgewählt und bewertet werden.

GefStoffV – Anhang I (zu § 8 Absatz 8, § 11 Absatz 3) „Besondere Vorschriften für bestimmte Gefahrstoffe und Tätigkeiten" – Nr. 1 „Brand- und Explosionsgefährdungen"

„1.2 Grundlegende Anforderungen zum Schutz vor Brand- und Explosionsgefährdungen
(1) Der Arbeitgeber hat auf der Grundlage der Gefährdungsbeurteilung nach § 6 die organisatorischen und technischen Schutzmaßnahmen nach dem Stand der Technik festzulegen, die zum Schutz von Gesundheit und Sicherheit der Beschäftigten oder anderer Personen vor Brand- und Explosionsgefährdungen erforderlich sind."

Die Erkennung von Explosionsereignissen basiert vielfach auf der Detektion der entstehenden und vorlaufenden Druckwelle. Maßnahmen des Explosionsschutzes schützen vor der Entstehung von Explosionen und deren Auswirkungen. Der Schutz vor den Auswirkungen besteht in der Unterbrechung der Flammenausbreitung und/oder der Druckwirkung.

Die getroffenen Maßnahmen müssen in einem Explosionsschutzdokument festgehalten werden. Dieses beschreibt die angemessenen Vorkehrungen, um den Explosionsschutz in einem Betrieb sicherzustellen. Mit dem Explosionsschutzdokument wird nachgewiesen, dass die Explosionsgefährdungen ermittelt, einer Bewertung unterzogen und angemessene Vorkehrungen getroffen worden sind, um die Schutzziele zu erreichen.

A 1 Gefährdungsbeurteilung

Eine Gefährdungsbeurteilung ist die systematische Ermittlung und Bewertung relevanter Gefährdungen der Beschäftigten mit dem Ziel, erforderliche Maßnahmen für Sicherheit und Gesundheit bei der Arbeit festzulegen. Die Gefährdungsbeurteilung ist ein wirksames Mittel für den Unternehmer, das Entstehen einer Brand- oder Explosionsgefährdung bereits im Vorfeld zu erkennen.

A 1.1 Gefährdungsbeurteilung für Arbeitsplätze

Alle Arbeitgeber – unabhängig von der Anzahl der Mitarbeitenden – sind nach dem Arbeitsschutzgesetz (ArbSchG) verpflichtet, eine Gefährdungsbeurteilung durchzuführen. § 5 ArbSchG regelt die Pflicht des Arbeitgebers zur Ermittlung und Beurteilung der Arbeitsbedingungen zur Erkennung von Gefährdungen von Gesundheit und Sicherheit der Beschäftigten. Dadurch können die erforderlichen Schutzmaßnahmen des Arbeitsschutzes festgestellt, umgesetzt und im Hinblick auf ihre Wirksamkeit kontrolliert werden.

Beschäftigte: Im Sinne des § 2 Abs. 2 ArbSchG sind neben Arbeitnehmenden und die zu ihrer Berufsausbildung Beschäftigten auch arbeitnehmerähnliche Personen im Sinne des § 5 Abs. 1 des Arbeitsgerichtsgesetzes Beschäftigte. Ebenfalls gelten die in Werkstätten für Behinderte beschäftigten Personen als Beschäftigte. Ausgenommen sind in Heimarbeit Beschäftigte und ihnen Gleichgestellte sowie Beamte, Richter, Soldaten.

Bei der Beurteilung physikalisch-chemischer Gefährdungen sind neben allgemeinen Gefährdungen durch Brandereignisse auch spezielle durch Gefahrstoffe bedingte Brand- und Explosionsgefahren zu berücksichtigen.

A 1.2 Gefährdungsbeurteilung für Tätigkeiten mit Gefahrstoffen

Viele Tätigkeiten erfordern den Umgang mit chemischen Stoffen. An vielen Arbeitsplätzen sind Arbeitnehmende dadurch chemischen Arbeitsstoffen ausgesetzt. Ein sorgloser Umgang bei Tätigkeiten mit diesen Stoffen kann die Gesundheit der Beschäftigten in vielfältiger Form schädigen.

Chemische Arbeitsstoffe sind alle chemischen Elemente und Verbindungen, einzeln oder in einem Gemisch, wie sie in der Natur vorkommen oder durch eine Arbeitstätigkeit hergestellt, verwendet oder freigesetzt werden – einschließlich der Freisetzung als Abfall –, unabhängig davon, ob sie absichtlich oder unabsichtlich erzeugt und ob sie in Verkehr gebracht werden (Art. 2a Richtlinie 98/24/EG). Hierzu gehören auch Zubereitungen und bestimmte Erzeugnisse.

Stoffe: Chemische Elemente oder chemische Verbindungen, die natürlich vorkommen oder hergestellt werden, einschließlich der zur Wahrung der Stabilität notwendigen Hilfsstoffe und der durch das Herstellungsverfahren bedingten Verunreinigungen mit Ausnahme von Lösungsmitteln, die von dem Stoff ohne Beeinträchtigung seiner Stabilität und ohne Änderung seiner Zusammensetzung abgetrennt werden können (§ 3 Nr. 1 Gesetz zum Schutz vor gefährlichen Stoffen (Chemikaliengesetz – ChemG).

Erzeugnisse: Stoffe oder Zubereitungen, die bei der Herstellung eine spezifische Gestalt, Oberfläche oder Form erhalten haben, die deren Funktion mehr bestimmen als ihre chemische Zusammensetzung (§ 3 Nr. 5 ChemG). Granulate, Flocken, Späne und Pulver sind in der Regel keine Erzeugnisse, sondern Stoffe oder Zubereitungen in der für die Verwendung bestimmten Form.

Zubereitungen: Gemenge, Gemische und Lösungen, die aus zwei oder mehreren Stoffen bestehen (§ 3 Nr. 4 ChemG).

Eine Tätigkeit mit chemischen Arbeitsstoffen ist jede Arbeit, bei der chemische Arbeitsstoffe im Rahmen eines Prozesses einschließlich Produktion, Handhabung, Lagerung, Beförderung, Entsorgung und Behandlung verwendet werden oder verwendet werden sollen oder bei dieser Arbeit auftreten. Zu berücksichtigende Tätigkeiten im Sinne der GefStoffV sind auch Bedien- und Überwachungsarbeiten, sofern diese zu einer Gefährdung von Beschäftigten durch Gefahrstoffe bei der Arbeit führen können. Bei den Tätigkeiten sind alle Arbeitsvorgänge und Betriebszustände zu berücksichtigen, insbesondere auch An- und Abfahrvorgänge von Prozessen, Reinigungs-, Wartungs-, Instandsetzungs-, Aufräum- und Abbrucharbeiten sowie mögliche Betriebsstörungen.

Die Kriterien, ob ein chemischer Arbeitsstoff als Gefahrstoff zu behandeln ist, sind unter § 2 GefStoffV beschrieben. Brände und Explosionen sind als Reaktionen bzw. Umsetzungen von Feststoffen, Flüssigkeiten oder Gasen unter hoher Energiefreisetzung zu bewerten, die durch eine (Ent-)Zündung oder Selbstentzündung des Stoffsystems als stofflich bedingte physikalisch-chemische Gefährdungen in der Gefährdungsbeurteilung i. S. d. GefStoffV ausgelöst werden.

Ziel der GefStoffV ist es, Menschen und Umwelt vor stoffbedingten Schädigungen zu schützen. Dies geschieht u. a. durch Maßnahmen zum Schutz der Beschäftigten und anderer Personen bei Tätigkeiten mit Gefahrstoffen, bei denen sie Gefährdungen ihrer Gesundheit und Sicherheit durch Stoffe,

Zubereitungen oder Erzeugnisse ausgesetzt sein können. Die GefStoffV ist auch zu beachten, wenn Sicherheit und Gesundheit anderer Personen aufgrund von Tätigkeiten mit Gefahrstoffen gefährdet sein können, die durch Beschäftigte oder Unternehmer ohne Beschäftigte ausgeübt werden.

GefStoffV –
§ 6 „Informationsermittlung und Gefährdungsbeurteilung"

§

„(1) Im Rahmen einer Gefährdungsbeurteilung als Bestandteil der Beurteilung der Arbeitsbedingungen nach § 5 des Arbeitsschutzgesetzes hat der Arbeitgeber festzustellen, ob die Beschäftigten Tätigkeiten mit Gefahrstoffen ausüben oder ob bei Tätigkeiten Gefahrstoffe entstehen oder freigesetzt werden können. [...]"

Die GefStoffV nimmt somit für die rechtliche Regelung der Gefährdungsbeurteilung und der Schutzmaßnahmen gegen Brand- und Explosionsgefahren eine zentrale Stellung ein. Im Rahmen der Gefährdungsbeurteilung als Bestandteil der Beurteilung der Arbeitsbedingungen nach § 5 des ArbSchG hat der Arbeitgeber festzustellen, ob die Beschäftigten Tätigkeiten mit Gefahrstoffen ausüben oder ob bei Tätigkeiten Gefahrstoffe entstehen oder freigesetzt werden können. Dabei konkretisiert die in der GefStoffV geforderte Gefährdungsbeurteilung zu Brand- bzw. Explosionsrisiken die Forderungen des ArbSchG bezüglich der Beurteilung der Brand- und Explosionsgefahren und der Maßnahmen, die zum Schutz der Beschäftigten zu treffen sind.

GefStoffV –
§ 6 „Informationsermittlung und Gefährdungsbeurteilung"

§

„(4) Der Arbeitgeber hat festzustellen, ob die verwendeten Stoffe, Gemische und Erzeugnisse bei Tätigkeiten, auch unter Berücksichtigung verwendeter Arbeitsmittel, Verfahren und der Arbeitsumgebung sowie ihrer möglichen Wechselwirkungen zu Brand- oder Explosionsgefährdungen führen können. [...]"

Der Regelungsbereich der GefStoffV erstreckt sich dabei auf

- Gemische von brennbaren Stoffen mit Luft unter atmosphärischen Bedingungen,
- explosionsfähige Gemische unter nicht atmosphärischen Bedingungen,
- explosionsfähige Gemische, in denen das Oxidationsmittel nicht Luft ist,
- Explosionen durch die Zersetzung instabiler Gase.

A 1.2.1 Explosionsgefährdungen durch Gefahrstoffe

Gefährlich im Sinne dieser Verordnung sind Stoffe, Gemische und bestimmte Erzeugnisse, die den in Anhang I der Verordnung (EG) Nr. 1272/2008 dargelegten Kriterien entsprechen. Physikalisch-chemische Einwirkungen sind unmittelbare Wirkungen der physikalisch-chemischen Eigenschaften von Stoffen, Zubereitungen oder Erzeugnissen, z. B. Brennbarkeit (physikalisch-chemisch), Instabilität (chemisch) oder hervorgerufene Ereignisse mit vorrangig physikalisch-chemischer Wirkung.

Brand- und Explosionsgefahren können z. B. entstehen durch

- explosionsgefährliche oder explosionsfähige Stoffe, Zubereitungen/Gemische oder Erzeugnisse,
- brennbare bzw. entzündbare Gase, Aerosole (siehe A 3.3), feste Stoffe und Flüssigkeiten,
- selbstentzündliche Stoffe (pyrophore und selbsterhitzungsfähige Stoffe),
- Stoffe, die bei Berührung mit Wasser oder in feuchter Luft entzündbare Gase in gefährlicher Menge entwickeln,
- aufgewirbelte brennbare Stäube,
- Stoffe mit brandfördernden bzw. oxidierenden Eigenschaften,
- chemisch oder thermisch instabile Stoffe (z. B. selbstzersetzliche Stoffe und organische Peroxide),
- gefährliche exotherme Reaktionen.

A 1.2.2 Explosionsgefährdungen durch freigesetzte Arbeitsstoffe

Auch nicht als gefährliche Stoffe und Zubereitungen eingestufte chemische Arbeitsstoffe können ein Risiko für die Sicherheit und die Gesundheit der Beschäftigten darstellen, z. B. aufgrund

- ihrer physikalisch-chemischen Eigenschaften,
- chemischen Eigenschaften,
- toxikologischen Eigenschaften,
- der Art und Weise, wie sie am Arbeitsplatz verwendet werden bzw. dort vorhanden sind,
- der spezifischen Arbeitsbedingungen mit allen organisatorischen, technischen und witterungsbedingten Einflüssen einschließlich ihrer physikalischen, chemischen und biologischen Faktoren.

Unabhängig davon, ob sie absichtlich oder unabsichtlich erzeugt und ob sie in Verkehr gebracht werden, sind den Stoffen, Zubereitungen und Erzeugnissen mit den genannten Gefährlichkeitsmerkmalen solche gleichgestellt, die bei Herstellung oder Verwendung mit solchen Merkmalen oder Eigenschaften entstehen. Somit sind auch Stoffe, Zubereitungen und Erzeugnisse, die explosionsfähig sind oder bei deren Herstellung und Verwendung explosionsfähige Stoffe und Zubereitungen entstehen, als Gefahrstoffe eingestuft.

A 1.2.3 Explosionsgefährdungen durch chemische Wechselwirkungen

Treten bei Tätigkeiten mehrere Gefahrstoffe gleichzeitig auf, so sind bekannte Wechsel- oder Kombinationswirkungen mit Einfluss auf die Gesundheit und Sicherheit der Beschäftigten bei der Arbeit in der Gefährdungsbeurteilung zu berücksichtigen.

Wechselwirkungen zwischen Gefahrstoffen: Gegenseitige Beeinflussung der Wirkung von zwei oder mehreren Gefahrstoffen, deren Wirkungen dadurch verstärkt oder verändert werden können. Dies gilt vor allem für Tätigkeiten mit explosionsgefährlichen, brandfördernden, hoch entzündlichen, leicht entzündlichen und entzündlichen Stoffen oder Zubereitungen einschließlich ihrer Lagerung.

Ferner gilt dies für Tätigkeiten mit anderen Gefahrstoffen, insbesondere für solche, die chemisch miteinander reagieren können oder chemisch instabil sind, soweit daraus Brand- oder Explosionsgefährdungen entstehen können.

A 1.3 Gefährdungsbeurteilung für gefährliche Arbeitsmittel

Die Betriebssicherheitsverordnung (BetrSichV) (siehe auch „Betriebssicherheitsverordnung (BetrSichV)“ in der Einführung) wurde beibehalten und beinhaltet ein umfassendes Schutzkonzept, das auf alle von Arbeitsmitteln ausgehenden Gefährdungen anwendbar ist.

Arbeitsmittel: Werkzeuge, Geräte, Maschinen oder Anlagen, die zur Verrichtung einer Arbeit erforderlich sind.

Die BetrSichV gilt für die Verwendung von Arbeitsmitteln mit dem Ziel, die Sicherheit und den Schutz der Gesundheit von Beschäftigten bei der Verwendung von Arbeitsmitteln zu gewährleisten. Im verfügenden Teil der BetrSichV finden sich allgemeine Anforderungen zu Regelungen von

- einer einheitlichen Gefährdungsbeurteilung für die Bereitstellung und Benutzung von Arbeitsmitteln,
- einer einheitlichen sicherheitstechnischen Bewertung für den Betrieb überwachungsbedürftiger Anlagen,
- dem Stand der Technik als wesentlicher Sicherheitsmaßstab,
- Mindestanforderungen für die Beschaffenheit von Arbeitsmitteln, soweit sie nicht bereits anderweitig geregelt sind.

A 1.3.1 Gefährdungsbeurteilung für Arbeitsmittel

Die Gefährdungsbeurteilung ist für alle Arbeitsmittel einschließlich überwachungsbedürftiger Anlagen auch ohne Beschäftigte durchzuführen. Der Arbeitgeber hat hierzu vor der Verwendung von Arbeitsmitteln die auftretenden Gefährdungen zu beurteilen (Gefährdungsbeurteilung) und daraus notwendige und geeignete Schutzmaßnahmen abzuleiten. Die Gefährdungsbeurteilung ist unter Berücksichtigung des Standes der Technik regelmäßig zu überprüfen. Soweit erforderlich, sind die Schutzmaßnahmen bei der Verwendung von Arbeitsmitteln entsprechend anzupassen. Ergibt die Überprüfung der Gefährdungsbeurteilung, dass keine Aktualisierung erforderlich ist, so hat der Arbeitgeber dies unter Angabe des Datums der Überprüfung in der Dokumentation zu vermerken. Damit werden alle technischen Arbeitsmittel erfasst, wie sie für die Verrichtung einer Arbeitstätigkeit verwendet werden, z. B. Werkzeuge, Geräte, Maschinen oder Anlagen einschließlich überwachungsbedürftiger Anlagen.

A 1.3.2 Gefährliche Wechselwirkungen zwischen Arbeitsmitteln

Es müssen auch mögliche Gefährdungen betrachtet werden, die sich aus der Arbeitsumgebung eines Arbeitsmittels durch Wechselwirkungen mit anderen Arbeitsmitteln, die in einem räumlichen oder betriebstechnischen Zusammenhang verwendet werden, ergeben.

Wechselwirkungen zwischen Arbeitsmitteln: Gegenseitige Beeinflussung zwischen einem Arbeitsmittel und anderen Arbeitsmitteln, zwischen einem Arbeitsmittel und Arbeitsstoffen oder zwischen einem Arbeitsmittel und der Arbeitsumgebung. Wechselwirkung ist auch die gegenseitige Beeinflussung der Wirkungen von zwei oder mehreren Gefahrstoffen. Wirkungen können dadurch verstärkt werden.

Bei Gefährdungen durch Wechselwirkungen kann es sich um zusätzliche oder um die Veränderung bereits vorhandener Gefährdungen handeln. Solche Wechsel- und Kombinationswirkungen können auch physikalisch-chemische Gefährdungen betreffen. Dabei ist zu berücksichtigen, ob die verwendeten Stoffe, Gemische und Erzeugnisse bei Tätigkeiten unter Berücksichtigung verwendeter Arbeitsmittel, Verfahren und der Arbeitsumgebung sowie ihrer möglichen Wechselwirkungen zu Brand- oder Explosionsgefährdungen führen können.

A 1.3.3 Überwachungsbedürftige Anlagen

Anlagen setzen sich aus mehreren Funktionseinheiten zusammen, die zueinander in Wechselwirkung stehen und deren sicherer Betrieb wesentlich von diesen Wechselwirkungen bestimmt wird. Hierzu gehören insbesondere „überwachungsbedürftige Anlagen“. Der Begriff stammt aus dem deutschen Produktsicherheitsgesetz (ProdSG), das für die Herstellung bzw. Errichtung von Anlagen gilt, die gewerblichen oder wirtschaftlichen Zwecken dienen oder eine Gefährdung für Beschäftigte darstellen können.

Überwachungsbedürftige Anlagen stellen betrieblich besondere Anlagen dar, da sie im Hinblick auf Brand-, Explosions- sowie Gesundheitsgefährdung ein erhöhtes Risiko aufweisen. Aufgrund dieser besonderen Gefährdungspotenziale benötigen sie nach deutscher Rechtsauffassung einer besonderen Überwachung. Nach § 2 Nr. 30 ProdSG zählen Anlagen in explosionsgefährdeten Bereichen zu den überwachungsbedürftigen Anlagen.

Explosionsgefährdete Anlage: Gesamtheit der explosionsschutzrelevanten Arbeitsmittel einschließlich der Verbindungselemente sowie der explosionsschutzrelevanten Gebäudeteile von räumlich und funktional im Zusammenhang stehenden Maschinen oder Geräten in explosionsgefährdeten Bereichen, die auch steuerungstechnisch und sicherheitstechnisch eine Einheit bilden.

Weitere Einrichtungen, die für den sicheren Betrieb der überwachungsbedürftigen Anlagen erforderlich sind, gehören zur Gesamtheit einer überwachungsbedürftigen Anlage, z. B.

- erforderliche Mess-, Steuer- und Regeleinrichtungen, die sich auch räumlich außerhalb der überwachungsbedürftigen Anlage befinden können (z. B. Leitwarten, Steuerstände) und die dazu erforderliche Energieversorgung,
- für den sicheren Betrieb erforderliche Kommunikationseinrichtungen,
- sonstige Einrichtungen, die ein Wirksamwerden der besonderen Gefährdungen verhindern (z. B. Gaswarnanlagen, Brandmeldeanlagen, technische Lüftungen).

A 1.3.4 Schutz von „Dritten"

Die BetrSichV regelt im Bereich überwachungsbedürftiger Anlagen zugleich Maßnahmen zum Schutz anderer Personen im Gefahrenbereich, soweit diese aufgrund der Verwendung dieser Anlagen gefährdet werden können. Die Gefährdungsbeurteilung erfasst nicht nur die Gefährdungen bei der Verwendung des Arbeitsmittels durch das Arbeitsmittel selbst, sondern auch die Arbeitsumgebung und die Arbeitsgegenstände. Die Gefährdungsbeurteilung als zentrales Element für die Festlegung von Schutzmaßnahmen gilt nunmehr auch für diejenigen überwachungsbedürftigen Anlagen, bei denen ausschließlich andere Personen („Dritte" im Sinne des § 34 Absatz 1 Satz 1 ProdSG) gefährdet sind.

A 2 Fachkunde zur Gefährdungsbeurteilung

Zur Erfüllung bestimmter Aufgaben im Rahmen des Gefahrstoffrechts ist Fachkunde erforderlich. Eine dieser Aufgaben ist die kompetente Erstellung der Gefährdungsbeurteilung zu Gefahrstoffen durch den Arbeitgeber. Verfügt der Arbeitgeber nicht selbst über die entsprechenden Kenntnisse, kann er die Durchführung der Gefährdungsbeurteilung an eine oder mehrere fachkundige Personen delegieren oder sich fachkundig beraten lassen.

GefStoffV – § 6 „Informationsermittlung und Gefährdungsbeurteilung"

„(11) Die Gefährdungsbeurteilung darf nur von fachkundigen Personen durchgeführt werden. Verfügt der Arbeitgeber nicht selbst über die entsprechenden Kenntnisse, so hat er sich fachkundig beraten zu lassen. [...]"

Bei der Übertragung von Aufgaben auf Beschäftigte hat der Arbeitgeber je nach Art der Tätigkeiten zu berücksichtigen, ob die Beschäftigten befähigt sind, die für die Sicherheit und den Gesundheitsschutz bei der Aufgabenerfüllung zu beachtenden Bestimmungen und Maßnahmen einzuhalten. Er muss zudem sicherstellen, dass die für ihn tätig werdenden Personen über die notwendigen Kenntnisse verfügen. Die Anforderungen an die Fachkunde sind abhängig von der jeweiligen Art der Aufgabe und in Umfang und Tiefe der notwendigen Kenntnisse abhängig von der Branche, dem Betrieb und den zu beurteilenden Tätigkeiten.

A 2.1 Fachkundige Person nach GefStoffV

Fachkundige nach § 6 Abs. 7 GefStoffV für die Durchführung der Gefährdungsbeurteilung sind Personen, die aufgrund ihrer fachlichen Ausbildung oder Erfahrung ausreichende Kenntnisse über Tätigkeiten mit Gefahrstoffen haben. Sie sollen außerdem mit den Vorschriften soweit vertraut sein, dass sie die Arbeitsbedingungen vor Beginn der Tätigkeit beurteilen und die festgelegten Schutzmaßnahmen bei der Ausführung der Tätigkeiten bewerten oder überprüfen können. Umfang und Tiefe der notwendigen Kenntnisse können in Abhängigkeit von der zu beurteilenden Tätigkeit unterschiedlich sein und müssen nicht in einer Person vereinigt werden.

Die Fachkunde setzt sich aus zwei Komponenten zusammen: Zum einen aus der beruflichen Qualifikation und zum anderen aus spezifischen fachlichen Kompetenzen. Erstere bezieht sich auf eine entsprechende Berufsausbildung,

Berufserfahrung oder eine zeitnah ausgeübte entsprechende beruflichen Tätigkeit. Die spezifischen fachlichen Kompetenzen können auch im Rahmen einer einschlägigen Berufsausbildung oder eines einschlägigen Studiums erworben werden. Ihre Vervollständigung wird durch die Teilnahme an entsprechenden Fortbildungsveranstaltungen erworben.

A 2.1.1 Berufsausbildung

Berufsabschlüsse oder vergleichbare Qualifikationsnachweise sollen es ermöglichen, die beruflichen Kenntnisse nachvollziehbar festzustellen. Als abgeschlossene Berufsausbildung gilt auch ein abgeschlossenes Studium.

A 2.1.2 Berufserfahrung

Eine ausreichende Berufserfahrung soll gewährleisten, dass die fachkundige Person zur Durchführung der Gefährdungsbeurteilung im Explosionsschutz befähigt ist. Sie sollte über eine nachgewiesene Zeit im Berufsleben mit Stoffen, Tätigkeiten und Arbeitsverfahren im zu beurteilenden Betriebsbereich praktisch vertraut sein und deren Funktions- und Betriebsweise im notwendigen Umfang kennen.

A 2.1.3 Zeitnah ausgeübte entsprechende berufliche Tätigkeit

Eine zeitnahe berufliche Tätigkeit umfasst eine Tätigkeit im betreffenden Fachgebiet sowie eine angemessene regelmäßige Weiterbildung. Zum Erhalt der Arbeitspraxis gehört die regelmäßige Beurteilung von Explosionsgefahren. Bei längerer Unterbrechung dieser Tätigkeit müssen die notwendigen fachlichen Kenntnisse erneuert und aktuelle Beurteilungserfahrungen gesammelt werden.

A 2.2 Notwendige Kenntnisse im Explosionsschutz

Um die Gefährdungsbeurteilung für Explosionsgefährdungen fachkundig nach dem Stand der Technik durchführen zu können, sind fachspezifische Kenntnisse und Kompetenzen erforderlich.

A 2.2.1 Kenntnisse zu den anzuwendenden Rechtsvorschriften

Die Durchführung der Gefährdungsbeurteilung für Tätigkeiten mit Gefahrstoffen verlangt Kenntnisse zum Aufbau des Gefahrstoffrechts. Zudem ist seine Einbindung in das deutsche Arbeitsschutzrecht, das europäische Rechtssystem und insbesondere zum Aufbau der Gefahrstoffverordnung notwendig, um die Anforderungen der GefStoffV aus dem Text ableiten zu können (Textverständnis). Hierzu zählen EU-Regelungen, Gesetze, Verordnungen, Regeln, Informationen und Normen unterschiedlicher rechtlicher Status:

- **Staatliche Vorschriften für den betrieblichen Arbeitsschutz**, z. B. ArbSchG, GefStoffV, BetrSichV, Verordnung über Arbeitsstätten (ArbStättV), Bauordnungen der Länder (LBOs) und sonstige baurechtliche Vorschriften,

- **Technische Regelwerke zur Beurteilung gefährlicher explosionsfähiger Atmosphären und zu entsprechenden Schutzmaßnahmen**, insbesondere TRGS 720, 721, 722 (bzw. wortgleiche TRBS 2152 Teile 1–3), TRBS 1112 Teil 1 zur Ermittlung und Bewertung von Explosionsgefährdungen bei Instandhaltungsmaßnahmen sowie der Ableitung von geeigneten Maßnahmen,
- **Vorschriften mit Anforderungen an die Beschaffenheit,** z. B. ProdSG,
- **Regelungen der Unfallversicherungsträger und andere branchenspezifische Regelungen,** z. B. arbeitsplatz- oder tätigkeitsbezogene Unfallverhütungsvorschriften und deren nachgelagertes Regelwerk, aber auch andere hilfreiche und notwendige Informationen aus Quellen der Bundesanstalt für Arbeitsschutz und Arbeitsmedizin (BAuA), Gefahrstoffdatenbanken und Aufsichtsbehörden,
- **Einschlägige Normen und Hinweise der Hersteller,** z. B. aus Zulassungen, Betriebs- und Wartungsanleitungen sowie Sicherheitsdatenblätter und Expositionsszenarien.

A 2.2.2 Kenntnisse der Arbeitsabläufe und Verständnis der für den Explosionsschutz relevanten sicherheitstechnischen Kenngrößen

Um in der Gefährdungsbeurteilung feststellen zu können, ob die verwendeten Stoffe, Zubereitungen oder Erzeugnisse bei Tätigkeiten zu Explosionsgefährdungen führen können, sind Kenntnisse zu Definition, Einstufung und Eigenschaften von Gefahrstoffen erforderlich. So können die notwendigen Informationen zu Gefahrstoffen erschlossen und interpretiert werden (vergleiche auch TRGS 201 und 220) sowie die zu beurteilenden Tätigkeiten erfasst, beschrieben und abgegrenzt werden. Zu Letzteren gehören z. B. auch Fremdfirmeneinsätze sowie Kontroll-/Wartungs- und Instandsetzungsarbeiten.

- **Verwendete gefährliche Arbeitsstoffe** und ihre physikalisch-chemischen bzw. sicherheitstechnischen Kenngrößen, z. B. Explosionsgrenzen, Flammpunkt, Zündtemperatur, maximaler Explosionsdruck, Druckanstiegsgeschwindigkeit, Abbrandgeschwindigkeit, Zersetzungstemperatur, thermische Stabilität, Selbstentzündungstemperatur oder Korngrößenverteilung.
- **Angewendete Verfahren, Arbeitsmittel und Arbeitstechniken,** in Bezug auf die Menge der am Arbeitsplatz gelagerten oder verwendeten Gefahrstoffe und Abschätzung möglicher Störungen des Betriebsablaufes sowie ihrer möglichen Wechselwirkungen, die zu Explosionsgefährdungen führen können.
- **Durchgeführte Tätigkeiten,** bei denen explosionsfähige Gefahrstoffe verwendet oder im Rahmen eines Prozesses einschließlich Produktion, Handhabung, Lagerung, Beförderung, Entsorgung und Behandlung entstehen bzw. auftreten können. Zu den Tätigkeiten zählen auch Bedien- und Überwachungsarbeiten, sofern diese zu einer Gefährdung von Beschäftigten durch Gefahrstoffe führen können. Dabei sind alle Arbeitsvorgänge und Betriebszustände zu berücksichtigen, auch und

insbesondere An- und Abfahrvorgänge von Prozessen, Reinigungs-, Wartungs-, Instandsetzungs-, Aufräum- und Abbrucharbeiten sowie mögliche Betriebsstörungen.

- **Arbeitsumfeld und -bedingungen**, z. B. Raumgröße, Lüftungsverhältnisse, Temperatur, Luftfeuchtigkeit aus den Erkenntnissen der Begehung des Arbeitsplatzes und aus der Anhörung der Beschäftigten. Hierzu zählen auch mögliche Freisetzungen im Arbeitsbereich, in dessen Umgebung oder von angrenzenden Anlagen.

A 2.2.3 Verständnis der Verfahren zur Gefährdungsbeurteilung und zur Erstellung von Explosionsschutzdokumenten

Um mithilfe der ermittelten Informationen die Beurteilung der Gefährdungen als Grundlage für die Festlegung von geeigneten Schutzmaßnahmen durchführen zu können, sind zweierlei Kenntnisse erforderlich:

- **Zum Vorgehen bei der Beurteilung physikalisch-chemischer Gefährdungen**, z. B.
  - Beurteilungsmaßstäbe der TRBS 2152 Teil 1 (TRGS 721) „Gefährliche explosionsfähige Atmosphäre – Beurteilung der Explosionsgefährdung“,
  - Wahrscheinlichkeit des Auftretens von Gefahrstoffen, die zu Explosionsgefahren führen können,
  - Wahrscheinlichkeit des Vorhandenseins oder der Entstehung und Wirksamwerdens von Zündquellen.
- **Zur Dokumentation der Gefährdungsbeurteilung**, v. a.
  - Mindestanforderungen aus § 6 (9) GefStoffV an ein Explosionsschutzdokument, um die Gefährdungen durch gefährliche explosionsfähige Gemische besonders auszuweisen.

A 2.2.4 Verständnis der allgemeinen Prinzipien des Explosionsschutzes

Um Schutzkonzepte entwickeln zu können, die dem Gefährdungsgrad angemessen sind, müssen Möglichkeiten zur Durchführung der Substitutionsprüfung bekannt sein. Zudem müssen geeignete Schutzkonzepte zur Auswahl und Umsetzung der Explosionsschutzmaßnahmen in der Praxis angewendet werden können. Hierzu sind folgende Kenntnisse erforderlich:

- **Zu Substitution, technischen, organisatorischen und personenbezogenen Schutzmaßnahmen:**
  - Maßnahmen zur Vermeidung explosionsfähiger Atmosphären,
  - Maßnahmen zur Vermeidung wirksamer Zündquellen,
  - konstruktive Explosionsschutzmaßnahmen,
  - insbesondere zu den Mindestvorschriften zur Verbesserung des Gesundheitsschutzes und der Sicherheit der Arbeitnehmenden, die durch explosionsfähige Atmosphären gefährdet werden können.

- **Zur Überprüfung der Wirksamkeit der Schutzmaßnahmen:**
  - Zur Erstellung von Prüfkonzepten zur Feststellung der Wirksamkeit und Funktion der technischen Schutzmaßnahmen.

A 2.3 Teilnahme an spezifischen Fortbildungsmaßnahmen

Die im Explosionsschutz relevanten gesetzlichen Anforderungen, Vorschriften und technischen Regeln sind umfangreich und unterliegen einem ständigen Wandel. Die fachkundige Person zur Durchführung der Gefährdungsbeurteilung im Explosionsschutz muss über aktuelle Kenntnisse hinsichtlich der zu betrachtenden Gefährdungen und zum Stand der Technik verfügen und diese aufrechterhalten.

Die berufliche Qualifikation setzt eine entsprechende Berufsausbildung, Berufserfahrung oder eine zeitnah ausgeübte entsprechende berufliche Tätigkeit voraus. Die Vervollständigung und Auffrischung der spezifischen fachlichen Kompetenzen werden durch die Teilnahme an entsprechenden Fortbildungsveranstaltungen erreicht. Regelmäßige Schulungen bzw. Fortbildungsveranstaltungen und weitere angemessene Formen der Weiterbildung halten die Kenntnisse zum Explosionsschutz auf aktuellem Stand.

DGUV Grundsatz 313-003
„Grundanforderungen an spezifische Fortbildungsmaßnahmen als Bestandteil der Fachkunde zur Durchführung der Gefährdungsbeurteilung bei Tätigkeiten mit Gefahrstoffen"

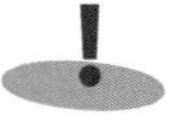

beschreibt die Grundanforderungen an spezifische Fortbildungsmaßnahmen als Bestandteil der *„Fachkunde zur Durchführung der Gefährdungsbeurteilung bei Tätigkeiten mit Gefahrstoffen"* und stellt Empfehlungen an die Anforderungen von spezifischen Fortbildungsmaßnahmen der gesetzlichen Unfallversicherungsträger dar.

A 3 Explosionsfähige Stoffe

Explosionsfähige Stoffe: Gasförmige, flüssige oder feste Stoffe einschließlich Dämpfe, Nebel und Stäube, die im Gemisch oder im Kontakt mit Luft bzw. Sauerstoff zum Brennen angeregt werden können.

Das Vorhandensein von brennbaren Feststoffen, Flüssigkeiten und/oder Gasen ist eine der drei Voraussetzungen für eine Verbrennung (siehe A 3.2). Auch eine Explosion ist grundsätzlich eine Verbrennungsreaktion.

Der Unterschied zwischen einem Brand und einer Explosion besteht in der Geschwindigkeit der ablaufenden Reaktionen: Der Brand verläuft als chemische Reaktion relativ langsam. Wenn ein brennbarer Stoff in Form von Gas, Dampf, Flüssigkeit, Feststoff oder Gemischen davon und Sauerstoff bereits vorgemischt sind, kann der Reaktionsablauf so schnell sein, dass es zu einer sehr schnellen Flammenausbreitung mit einer begleitenden Druckentwicklung kommt.

GefStoffV –
§ 6 „Informationsermittlung und Gefährdungsbeurteilung"

„(1) Im Rahmen einer Gefährdungsbeurteilung als Bestandteil der Beurteilung der Arbeitsbedingungen nach § 5 des Arbeitsschutzgesetzes hat der Arbeitgeber festzustellen, ob die Beschäftigten Tätigkeiten mit Gefahrstoffen ausüben oder ob bei Tätigkeiten Gefahrstoffe entstehen oder freigesetzt werden können. Ist dies der Fall, so hat er alle hiervon ausgehenden Gefährdungen der Gesundheit und Sicherheit der Beschäftigten unter folgenden Gesichtspunkten zu beurteilen:
1. gefährliche Eigenschaften der Stoffe oder Gemische, einschließlich ihrer physikalisch-chemischen Wirkungen [...]"

Im Rahmen der Gefährdungsbeurteilung hat der Arbeitgeber die Gefährdung seiner Beschäftigten durch Explosionen zu ermitteln, zu beurteilen und die notwendigen Schutzmaßnahmen abzuleiten. Dabei ist zu prüfen, ob brennbare feste, flüssige, gasförmige oder staubförmige Stoffe betriebsmäßig vorhanden sind oder unter den in Betracht zu ziehenden Betriebszuständen gebildet werden können.

Explosionsgefahren entstehen z. B. durch

- explosionsgefährliche oder explosionsfähige Stoffe,
- brennbare Gase, feste Stoffe und insbesondere extrem-, leichtentzündbare oder entzündbare Flüssigkeiten,

- selbstentzündliche Stoffe (pyrophore und selbsterhitzungsfähige Stoffe),
- Stoffe, die bei Berührung mit Wasser oder feuchter Luft hochentzündliche Gase entwickeln,
- aufgewirbelte brennbare Stäube,
- Stoffe mit brandfördernden Eigenschaften,
- chemisch oder thermisch instabile Stoffe (z. B. selbstzersetzliche Stoffe und organische Peroxide),
- gefährliche exotherme Reaktionen.

TRGS 201 „Einstufung und Kennzeichnung bei Tätigkeiten mit Gefahrstoffen"

beschreibt die Vorgehensweisen zur Einstufung und Kennzeichnung von Gefahrstoffen bei Tätigkeiten nach § 2 Absatz 5 GefStoffV, insbesondere nach § 6 Absatz 3 und § 8 Absatz 2 GefStoffV.

Zur Abschätzung der Explosionsgefahr ist die Kenntnis einiger Grundlagen und Kennzahlen erforderlich.

Sicherheitstechnische Kenngrößen: Quantitative Aussagen über Stoffeigenschaften, die für die Beurteilung von Explosionsgefahren und die Festlegung von Schutzmaßnahmen maßgebend sind. Die jeweiligen Werte der sicherheitstechnischen Kennzahlen können entweder den Sicherheitsdatenblättern der einzelnen Stoffe entnommen oder in Standardwerken und Datenbanken recherchiert werden.

Es ist zu beachten, dass sicherheitstechnische Kenngrößen des Explosionsschutzes in der Regel nur unter atmosphärischen Bedingungen gelten und sich unter anderen verändern können. Wesentliche sicherheitstechnische Kenngrößen zur Beurteilung der Explosionsgefahr können z. B. aus den EG-Sicherheitsdatenblättern der Hersteller bzw. Inverkehrbringer oder folgenden einschlägigen Datenbanken entnommen werden:

- **GESTIS-Stoffdatenbank:** Diese Datenbank zu Gefahrstoffen am Arbeitsplatz enthält Informationen für den sicheren Umgang mit chemischen Stoffen, z. B. zu Wirkungen der Stoffe auf den Menschen, erforderliche Schutzmaßnahmen und Maßnahmen im Gefahrenfall (inkl. Erste Hilfe). Darüber hinaus wird der Nutzer über wichtige physikalisch-chemische Daten der Stoffe sowie über spezielle gesetzliche und berufsgenossenschaftliche Regelungen zu den einzelnen Stoffen informiert. Es sind Informationen zu etwa 8.000 Stoffen enthalten.
- **GESTIS-STAUB-EX-Datenbank:** In dieser Datenbank sind als Grundlage zum sicheren Handhaben brennbarer Stäube und zum Projektieren von Schutzmaßnahmen gegen Staubexplosionen in stauberzeugenden und -verarbeitenden Anlagen wichtige Brenn- und Explosionskenngrößen von über 4.600 Staubproben aus nahezu allen Branchen zusammengestellt.

Liegen entsprechende Kenngrößen nicht vor, so müssen sie bestimmt werden. In Zweifelsfällen gelten die Feststellungen der für die Bestimmung sicherheitstechnischer Kennzahlen akkreditierten Stellen.

A 3.1 Aggregatzustand

Aggregatzustand: Unterschiedliche Zustände eines Stoffes, die sich durch bloße Änderungen von Temperatur oder Druck ineinander wandeln können. Die drei klassischen Aggregatzustände sind fest, flüssig, gasförmig.

A 3.1.1 Gase

Gasen fehlt die Volumenbeständigkeit, d. h. ein Gas füllt den zur Verfügung stehenden Raum vollständig aus. Der Aggregatzustand „gasförmig" entsteht aus der festen oder flüssigen Form durch Energiezufuhr (Wärme). Für einige Elemente und Verbindungen genügen bereits die Standardbedingungen (Temperatur 20 °C, Druck 101.325 Pa), um als Gas vorzuliegen. Gase sind stets vollständig mischbar, sodass Mischungen aus Gasen immer homogene Systeme sind.

Eine Substanz ist dann ein Gas, wenn sich ihre Teilchen in großem Abstand voneinander frei bewegen und den verfügbaren Raum gleichmäßig ausfüllen. Füllt man ein beliebiges ideales Gas in ein vorgegebenes Volumen, so befindet sich bei gleichem Druck und gleicher Temperatur darin immer die gleiche Anzahl Teilchen (Atome oder Moleküle), d. h. unabhängig von der Masse jedes Teilchens und somit unabhängig von der Art des Gases. Im Vergleich zum Festkörper oder zur Flüssigkeit nimmt die gleiche Masse einer Substanz als Gas unter Normalbedingungen den rund 1.000- bis 2.000-fachen Raum ein.

A 3.1.2 Flüssigkeiten

In Flüssigkeiten und Festkörpern bestehen Bindungen zwischen den Atomen oder Molekülen und ihren Nachbarn. In einer Flüssigkeit sind die Bindungen locker, sodass sie zwar ihr Volumen behält, ihre Form aber so unbeständig ist, dass sie sich dem umgebenden Raum anpasst. Ihre Oberflächenspannung führt dazu, dass Flüssigkeiten ihre Oberfläche gegen eine Gasatmosphäre (Umgebungsluft) möglichst klein halten. Brennbare Flüssigkeiten selbst können deswegen nicht explodieren, da die geschlossene Flüssigkeitsoberfläche keine Durchmischung mit dem (Luft-)Sauerstoff zulässt. Eine entzündete Flamme kann sich daher nur an der Grenzfläche zur umgebenden Atmosphäre ausbreiten.

In Abhängigkeit von Dampfdruck und Temperatur kommt es jedoch zur Bildung von brennbaren oder explosionsfähigen Dampf/Luft-Gemischen, die durch eine Zündquelle – allerdings nur über der Flüssigkeit – gezündet werden können.

Dampf: In Naturwissenschaft und Technik ein chemisch reiner, gasförmiger Stoff, wenn man ihn in Bezug zu seinem flüssigen oder festen Aggregatzustand betrachtet. Den Übergang vom flüssigen in den gasförmigen Aggregatzustand bezeichnet man als Verdampfung (oberhalb des Siedepunktes) oder Verdunstung (unterhalb des Siedepunktes).

Dämpfe brennbarer Flüssigkeiten (Lösemitteldämpfe) sind schwerer als Luft und reichern sich am Boden, in Hohlräumen und Senken an. Sie können auch in benachbarte und tiefer liegende Bereiche kriechen und dort entzündet werden. Diese Gefahr besteht überall, wo mit brennbaren Flüssigkeiten offen umgegangen wird, z. B. beim Umfüllen.

A 3.2 Brennbarkeit

Als Brennbarkeit bezeichnet man im allgemeinen Sprachgebrauch die chemische Eigenschaft von Stoffen, mit dem Sauerstoff der Luft unter Freisetzung von Strahlungsenergie bzw. Wärme zu reagieren und nach der Entflammung weiter zu brennen, auch wenn die Zündquelle entfernt wird. Die Einordnung von Stoffen anhand ihrer Brennbarkeit erfolgt nach den Maßstäben des Brandschutzes.

A 3.2.1 Brennbare Gase

Die Entzündlichkeit von Gasen beschreibt, bei welcher Gaskonzentration eine Entzündung des Gases mit Luft durch einen elektrischen Funken erfolgt. Gase werden anhand eines vorhandenen Explosionsbereiches mit unterer und oberer Explosionsgrenze eingestuft.

Explosionsbereich: Sicherheitstechnische Kenngröße zur Beurteilung von Brand- und Explosionsgefahren und begrenzt durch eine untere Explosionsgrenze (UEG) und eine obere Explosionsgrenze (OEG) (siehe A 4.1). Die UEG ist die niedrigste Konzentration, bei der eine Entzündung und eine selbstständige Flammenausbreitung beobachtet wird. Die OEG ist die höchste Konzentration, bei der gerade noch eine Entzündung und eine selbstständige Flammenausbreitung möglich sind.

Der Explosionsbereich wird durch Zündung eines Gas/Luft-Gemisches mittels eines elektrischen Funkens in Abhängigkeit der Gaskonzentration bestimmt. Die Explosionsgrenzen werden als Gaskonzentrationen in [Vol.-%] oder [g/cm^3] angegeben.

- **Extrem entzündbare Gase**
  - liegen unter Normalbedingungen vor (20 °C, Standarddruck 101,3 kPa),
  - sind entzündbar im Gemisch mit Luft mit einem Volumenanteil von 13 % oder weniger,
  - haben in Luft einen Explosionsbereich von mindestens 12 %, unabhängig von der UEG.

- **Entzündbare Gase**
  - weisen im Gemisch mit Luft bei 20 °C und beim Standarddruck von 101,3 kPa einen Explosionsbereich auf.

Typische als technische Gase verwendete brennbare Gase sind z. B. Erdgas, Propan, Butan als Heiz- oder Brenngase, Wasserstoff in technischen Prozessen und Acetylen als Schweißgas.

- **Wasserstoff:**
  - Farb- und geruchlos,
  - spezifisches Gewicht von 0,0899 g/l (im Vergleich zu Luft ein Leichtgewicht),
  - extrem entzündbar,
  - bildet mit Luft explosive Gemische (Knallgas),
  - 1 kg Wasserstoff enthält soviel Energie wie 2,8 kg Benzin,
  - kann wie Erdgas zusammengepresst unter hohem Druck oder in flüssiger Form gespeichert werden (Einsatz z. B. als Kühlmittel in Kraftwerken, bei der Verhüttung von Erzen, als Treib- und Packgas bei Lebensmitteln, bei der Herstellung von Düngemitteln).
- **Propan:**
  - Kohlenwasserstoffen zugehörig,
  - farblos,
  - schwerer als Luft,
  - extrem entzündbar,
  - bildet mit Luft explosive Gemische,
  - wird unter Druck verflüssigt in Gasflaschen oder Tanks gelagert,
  - wird als Flüssiggas für Brenn- und Heizzwecke eingesetzt (z. B. als Autogas (LPG) zum Antrieb von Fahrzeugen, in der Feuerung von Heißluftballonen, in Gasherden, Gasboilern, Gasgrills, für Löt- und Schweißgeräte, Gas-Rechauds, Feuerzeuge),
  - als R-290 eingesetzt als Kältemittel in Kühlgeräten und Wärmepumpen,
  - möglicher Bestandteil des Treibgases in Sprühdosen (Lebensmittelzusatzstoff E 944).

In der Industrie und im Gewerbe werden brennbare Gase nicht nur als technische Gase eingesetzt. Unbeabsichtigt können brennbare Gase auch als Folgeprodukt bei galvanischen Prozessen und dem Laden von Bleiakkumulatoren z. B. von elektrisch angetriebenen Flurförderzeugen entstehen.

A 3.2.2 Brennbare Flüssigkeiten

Allgemein werden alle Flüssigkeiten als brennbar betrachtet, die nach der Entzündung (unter atmosphärischen Bedingungen) an der Luft selbstständig abbrennen. Über einer Flüssigkeit befindet sich immer Dampf der Flüssigkeit. In Abhängigkeit vom Dampfdruck und der Temperatur kommt es zur Bildung von brennbaren oder explosionsfähigen Dampf/Luft-Gemischen, die durch eine Zündquelle gezündet werden können. In einem geschlossenen System stellt sich ein Gleichgewicht zwischen diesen beiden Phasen ein.

Entzündbare Flüssigkeiten haben einen Flammpunkt, an welchem die Entzündbarkeit flüssiger Stoffe und Zubereitungen abgeleitet wird.

Flammpunkt: Niedrigste Temperatur, bei der eine Flüssigkeit unter vorgeschriebenen Versuchsbedingungen bei Normaldruck brennbares Gas oder brennbaren Dampf in solcher Menge abgibt, dass bei Kontakt der Dampfphase mit einer wirksamen Zündquelle sofort eine Flamme auftritt. Wird die Zündquelle entfernt, erlischt die Flamme. Der Flammpunkt wird als Temperatur in °C unter Angabe der Prüfmethode angegeben.

Hat die brennbare Flüssigkeit eine niedrigere Temperatur als der Flammpunkt, lässt sich die Flüssigkeit mit einer Zündquelle nicht entzünden. Erst wenn die Temperatur des Flammpunktes erreicht ist, bildet die Flüssigkeit in ausreichender Menge brennbare Dämpfe, welche sich dann entflammen lassen.

Der Flammpunkt ist eine sicherheitstechnische Kenngröße zur Beurteilung der Brand- und Explosionsgefahr von Flüssigkeiten. Stoffe und Zubereitungen sind entzündbar, wenn sie in flüssigem Zustand einen niedrigen Flammpunkt haben. Entzündbare Flüssigkeiten werden wie folgt eingeteilt:

- **Extrem entzündbare Flüssigkeiten:** Flammpunkt < 23 °C und Siedebeginn ≤ 35 °C,
- **Leicht entzündbare Flüssigkeiten:** Flammpunkt < 23 °C und Siedebeginn > 35 °C,
- **Entzündbare Flüssigkeiten:** Flammpunkt > 23 °C und Siedebeginn < 60 °C.

Das Freisetzen hoher Konzentrationen von Lösemitteldämpfen bei der großflächigen Auftragung kann zu einer erhöhten Entzündungsgefahr führen.

- **Aceton:**
  - farblose, niedrigviskose Flüssigkeit mit charakteristischem, leicht süßlichem Geruch,
  - leicht entzündlich (Flammpunkt < -20 °C),
  - bildet mit Luft ein explosives Gemisch,
  - Verwendung als polares Lösungsmittel und Ausgangsstoff für viele Synthesen der organischen Chemie.
- **Ethanol:**
  - auch bekannt als (gewöhnlicher) Alkohol,
  - aliphatischer, einwertiger Alkohol,
  - bei Raumtemperatur farblos,
  - leicht entzündlich,
  - weite Verbreitung als Lösungsmittel (für Duftstoffe, Aromen, Farbstoffe oder Medikamente) für industrielle Zwecke, als Desinfektionsmittel (für medizinische oder kosmetische Zwecke), als Ausgangsstoff für die Synthese weiterer Produkte (chemische Industrie),
  - energetisch als Biokraftstoff eingesetzt (z. B. als Ethanol-Kraftstoff E85).

- **Isopropanol:**
  - abgekürzt IPA, auch als 2-Propanol (IUPAC-Name Propan-2-ol) oder Isopropylalkohol bekannt,
  - einfachster nicht cyclischer, sekundärer Alkohol (einwertig),
  - farblos,
  - leicht flüchtig,
  - charakteristischer leicht süßlicher, stechender Geruch (erinnert an Krankenhäuser und Arztpraxen, da Bestandteil vieler Desinfektionsmittel),
  - bildet mit Flammpunkt von 12 °C leicht entzündliche Dampf/Luft-Gemische,
  - zahlreiche Einsatzgebiete in technischer und pharmazeutischer Qualität als besonders vielfältiges Lösungsmittel zur Reinigung oder Desinfektion (z. B. Haushalt, Medizin, Industrie, Werkstatt).

Über einer brennbaren Flüssigkeit kann sich eine explosionsfähige Atmosphäre nur bilden, wenn die Temperatur der Flüssigkeitsoberfläche einen Mindestwert überschreitet. Wird eine Flüssigkeit über den Flammpunkt erwärmt, bildet sich ein zündfähiges Dampf/Luft-Gemisch über der Flüssigkeit. Auch brennbare Flüssigkeiten, deren Lager- oder Verarbeitungstemperaturen unterhalb des Flammpunktes liegen, können anfangen zu brennen, wenn durch Zündquellen die Flüssigkeitsoberfläche über den Flammpunkt erwärmt und das entstehende Dampf/Luft-Gemisch entzündet wird.

Wenn die umgebende Temperatur bei reinen brennbaren Flüssigkeiten mehr als 5 °C niedriger ist als der Flammpunkt der reinen Substanzen und bei Gemischen mehr als 15 °C niedriger ist als der Flammpunkt des Gemisches, kann keine explosionsfähige Atmosphäre entstehen – außer die brennbare Flüssigkeit wird versprüht oder zerstäubt. Besonders unter Druck versprühte oder über große Oberflächen verteilte Flüssigkeiten setzen große Mengen brennbarer Dämpfe frei.

A 3.2.3 Brennbare Feststoffe

Entzündbare Feststoffe sind Stoffe, die leicht brennbar sind oder durch Reibung einen Brand verursachen oder fördern können. Leicht brennbare Feststoffe sind dabei pulverförmige, körnige oder pastöse Stoffe oder Gemische, die durch kurzen Kontakt mit einer Zündquelle (z. B. brennendes Streichholz) leicht entzündet werden können und deren Flammen sich rasch ausbreiten.

Entzündbare Feststoffe werden nach der Prüfmethode gemäß den „Empfehlungen für die Beförderung gefährlicher Güter, Handbuch über Prüfungen und Kriterien“ (Teil III Unterabschnitt 33.2.1) der UN in einem durchgehenden Strang oder zu einer pulverförmigen Schüttung von etwa 250 mm Länge, 20 mm Breite und 10 mm Höhe auf einer kalten, undurchlässigen Platte mit geringer Wärmeleitfähigkeit getestet und anhand der Abbrandgeschwindigkeit und des Abbrandverhaltens in zwei Kategorien eingeteilt:

- **Leicht entzündbare feste Stoffe** (andere als Metallpulver):
  - Feststoffe, deren Abbrandzeit weniger als 45 Sek. beträgt und deren Flamme eine befeuchtete Zone der Brennprobe passiert,
  - Metall- oder Metalllegierungspulver, wenn sich die Reaktionszone über die gesamte Länge eines definierten Prüfmusters in maximal 5 Min. ausbreitet.
- **Entzündbare feste Stoffe** (andere als Metallpulver):
  - Feststoffe, deren Abbrandzeit weniger als 45 Sek. beträgt und deren Flamme durch eine befeuchtete Zone der Brennprobe nach mindestens 4 Min. gestoppt wird,
  - Metall- oder Metalllegierungspulver, wenn sich die Reaktionszone über die gesamte Länge eines definierten Prüfmusters in mehr als 5 Min., aber nicht mehr als 10 Min. ausbreitet.

A 3.2.4 Chemisch instabile Stoffe

Aus physikalischer Sicht sind Verbrennung und Explosion exotherme Reaktionen mit unterschiedlichen Reaktionsgeschwindigkeiten. Es gibt jedoch auch instabile Substanzen, die ohne externen Energieeintrag spontan explodieren können.

- Gase, die als entzündbar eingestuft sind, können ggf. zusätzlich pyrophor (selbstentzündlich) sein, d. h., sie können sich an Luft von selbst entzünden und dadurch besondere Brand- und Explosionsgefährdungen verursachen. Gemäß UN-GHS und CLP-Verordnung (Verordnung (EG) Nr. 1272/2008) werden Gase als pyrophore Gase eingestuft, wenn ihre Zündtemperatur ≤ 54 °C beträgt. Beispiele sind Silan oder Phosphan (veraltet Phosphin).
- Gase können ggf. chemisch instabil sein, d. h. sie können ohne die Anwesenheit von Sauerstoff (oder Luft) explosionsartig reagieren (zerfallen). Im Allgemeinen handelt es sich dabei um entzündbare Gase wie z. B. Acetylen (Ethin), Ethylenoxid (1,2-Epoxyethan), Propadien oder Methylvinylether (Methoxyethen).
- **Acetylen** lässt sich relativ leicht verflüssigen oder verfestigen. In flüssiger oder fester Phase ist es sehr instabil und leicht zur Explosion zu bringen. Innerhalb von Acetylenanlagen, einschließlich Behältern und Rohrleitungen, ist die Möglichkeit eines Acetylenzerfalls zu berücksichtigen. Die Zerfallsfähigkeit des Acetylens hängt von den zu erwartenden Betriebszuständen (insbesondere Druck und Temperatur) ab. Beim Betrieb sind daher Drücke und Temperaturen zu vermeiden, bei denen es zur Bildung von Acetylen in kondensierter Phase kommen kann. Dies ist gewährleistet, wenn bei der vorliegenden Temperatur der Betriebsdruck niedriger als der Dampfdruck ist. Der Zerfall kann deflagrativ oder detonativ verlaufen. Die entstehenden Explosionsdrücke können vom 10- bis 11-Fachen des Anfangsdruckes bei deflagrativem Zerfall und bis zum 40-Fachen des Anfangsdruckes (in Spezialfällen sogar noch mehr) bei detonativem Zerfall reichen.

TRGS 407
„Tätigkeiten mit Gasen – Gefährdungsbeurteilung" – Punkt 3.2.6 „Besondere Gefährdungen durch Tätigkeiten mit Acetylen" und Anhang 4

enthalten Ergänzungen zu Acetylen sowie sicherheitstechnisch relevante Eigenschaften zur Beurteilung von Gefährdungen bei Tätigkeiten mit Acetylen.

Weiterhin gibt es Explosivstoffe, bei denen das Oxidationsmittel in gebundener Form an den brennbaren Stoff angelagert ist. Diese Stoffe fallen unter die Sprengstoffverordnung und werden hier nicht behandelt.

A 3.3 Dispersionsgrad

Eine hohe Brand- und Explosionsgefahr besteht, wenn die brennbaren Stoffe in einer hohen Verteilung vorliegen. Die Größe der Oberfläche eines brennbaren Stoffes bestimmt über den möglichen Kontakt mit Sauerstoff wesentlich das Mischungsverhältnis. Bei zu massivem Brennstoff reicht der Kontakt mit dem Luftsauerstoff nicht aus. Es findet keine Verbrennung statt (Feststoff). Wird die Oberfläche des brennbaren Stoffes stark vergrößert, kann bei ausreichendem Verhältnis zwischen Menge des Brennstoffes und seiner Kontaktoberfläche zum Sauerstoff eine Verbrennung stattfinden.

Dispersionsgrad: Bezieht sich generell auf die Korn- oder Tröpfchengröße eines Stoffes in einer ganz allgemein zu betrachtenden nicht homogenen Mischung. Dispersität (lat. *dispergere* „zerstreuen, ausbreiten") bezeichnet wissenschaftlich die Eigenschaftsverteilung von zwei oder mehreren Phasen oder Partikeln in einer Mischung bzw. eines Gemisches.

Bei Stoffen in gas- oder dampfförmigem Zustand ist ein ausreichender Dispersionsgrad naturgemäß gegeben. Der Dispersionsgrad von Nebeln oder Stäuben kann für das Zustandekommen einer Explosion bereits ausreichend sein, wenn die Tröpfchen- bzw. Teilchengröße bei 0,5 mm liegt. Dies ist beim Versprühen bzw. Verspritzen von brennbaren Flüssigkeiten ebenso der Fall wie beim Aufwirbeln von Staubpartikeln mit kleiner Korngröße. Zahlreiche praktisch vorkommende Nebel, Aerosole und Stäube haben Teilchengrößen zwischen 0,1 mm (100 µm) und 0,001 mm (1 µm).

Die Feinverteilung einer festen (Staub, Rauch) oder flüssigen (Tröpfchen, Nebel) in einer gasförmigen Phase bezeichnet man als Aerosol.

Aerosol: Kunstwort aus lat. *aer* „Luft" und *solutio* „Lösung", heterogenes Gemisch (Dispersion) aus festen oder flüssigen Schwebeteilchen in einem Gas.

Das Verhalten eines Aerosols hängt immer von den Teilchen und dem Trägergas ab. Die Schwebeteilchen heißen Aerosolpartikel oder Aerosolteilchen. Ein Aerosol ist ein dynamisches System und unterliegt ständigen Änderungen durch

- Kondensation von Dämpfen an bereits vorhandenen Partikeln,
- Verdampfen flüssiger Bestandteile der Partikel,
- Koagulation kleiner Teilchen zu großen oder
- Abscheidung von Teilchen an umgebenden Gegenständen.

Als brennbar gelten Aerosole, sobald sie einen Bestandteil enthalten, der als entzündbar eingestuft wird. Entzündbare Komponenten sind entzündbare Flüssigkeiten, entzündbare Feststoffe oder entzündbare Gase oder Gasgemische. Aerosole sind gemäß ihren entzündbaren Eigenschaften und ihrer Verbrennungswärme einzustufen. Entzündbare Aerosole werden nicht zusätzlich als entzündbare Gase, entzündbare Flüssigkeiten oder entzündbare Feststoffe eingestuft.

A 3.3.1 Aerosole brennbarer Flüssigkeiten

Aerosole brennbarer Flüssigkeiten entstehen, wenn Flüssigkeiten unter hohem Druck austreten. Für unterschiedliche Produkte sind verschiedene Sprüheigenschaften erwünscht. Abhängig von Druck und Menge des Druck- bzw. Treibgases entsteht unmittelbar nach Austritt der Flüssigkeit ein Sprühaerosol (z. B. Sprühfarben oder -lacke, Schmiermittel) oder ein Schaumaerosol (z. B. Bauschaum, Reinigungs- oder Desinfektionsmittel).

Die Einstufung erfolgt anhand der Bestandteile und über die chemische Verbrennungswärme. Bei Schaumaerosolen kommen die Ergebnisse des Schaumtests hinzu, bei Sprühaerosolen die Flammstrahl- und Fasstests gemäß den „Empfehlungen für die Beförderung gefährlicher Güter, Handbuch über Prüfungen und Kriterien" (Teil III Abschnitte 31.4 bis 31.6) der UN.

- **Extrem entzündbare Aerosole**
  - entzündbare Bestandteile ≥ 85 %,
  - chemische Verbrennungswärme ≥ 30 kJ/g,
  - bei Sprühaerosole:
    - Entzündung beim Flammenstrahltest in Entfernung von ≥ 75 cm
  - bei Schaumaerosole:
    - Schaumtest ergibt Flammenhöhe von ≥ 20 cm, Flammendauer von ≥ 2 Sek. bzw. Flammenhöhe von ≥ 4 cm und Flammendauer von ≥ 7 Sek.

- **Entzündbare Aerosole**
  - entzündbare Bestandteile > 1 %,
  - chemische Verbrennungswärme 20 kJ/g,
  - bei Sprühaerosole:
    - Entzündung beim Flammenstrahltest in Entfernung von ≥ 15 cm bzw.
    - Entzündung beim Fasstest im Zeitäquivalent ≥ 300 s/m^3 oder mit Deflagrationsdichte ≥ 300 g/m^3,

- bei Schaumaerosole:
  - Schaumtest ergibt Flammenhöhe von ≥ 4 cm und Flammendauer von ≥ 2 Sek.

Beim Versprühen von Flüssigkeiten können Nebel (Aerosole) gebildet werden, deren explosionsfähigen Luft/Aerosol-Gemische schon unterhalb des Flammpunktes entzündet werden. Das betrifft auch brennbare Flüssigkeiten, die einen Flammpunkt > 60 °C haben. Daher müssen zur Ermittlung und Bewertung der Explosionsgefährdung auch brennbare Flüssigkeiten mit einem Flammpunkt > 60 °C berücksichtigt werden, wenn diese im Arbeitsprozess versprüht oder verspritzt werden.

- **Aerosolpackungen** (Druckgaspackungen, „Spraydosen"):
  - Nicht nachfüllbare Behälter aus Metall, Glas oder Kunststoff,
  - beinhalten verdichtetes, verflüssigtes oder unter Druck gelöstes Gas mit oder ohne Flüssigkeit,
  - versehen mit Entnahmevorrichtung, die es ermöglicht, ihren Inhalt in Form von in Gas suspendierten flüssigen Partikeln als Schaum, Paste oder in flüssigem oder gasförmigem Zustand austreten zu lassen,
  - weisen breiten Anwendungsbereich auf, in Gewerbe, Industrie und Handwerk z. B. als technische Sprays für Industriezwecke sowie Farb- und Lacksprays.
- **Oberflächenbeschichtung:**
  - Beschichtungsstoffe wie Anstrichmittel, Lacke, Beizen, Lasuren, Wachse, Holzschutzmittel, Verdünnungen, Oberflächenreiniger einschließlich Löse- und Verdünnungsmittel,
  - als Sprühnebel auf einem Untergrund aufgetragen in Lackierräumen und -einrichtungen sowie dazugehörenden Misch-, Abdunst- und Trocknungsräumen,
  - Beschichtungsstoffe als flüssige organische Produkte auf Wasser- oder Lösemittelbasis meist entzündbar, führen deshalb zu Brand- und Explosionsgefahren.
- **Brennbare Kühlschmierstoffe:**
  - Große Mengen an nichtwassermischbaren Kühlschmierstoffen auf Basis von Mineralölen, Polyalphaolefinen oder Fettsäureestern in metallverarbeitender Industrie für die spanende Bearbeitung von Werkstücken,
  - zur Realisierung einer effizienten, wirtschaftlichen Bearbeitung verstärkt niedrigviskose, brennbare Kühlschmierstoffe,
  - explosionsfähiges Aerosol aus Kühlschmiermittel und Luft bildet sich durch Aufbringen auf rotierende Werkstücke oder Werkzeuge einer Werkzeugmaschine in begrenztem Bereich um die Bearbeitungsstelle, kann im Innenraum der Werkzeugmaschine zu druckschwachen Explosionen (Verpuffungen) mit Folgebrand führen.

A 3.3.2 Stäube brennbarer Feststoffe

Stäube der meisten organischen Materialien, Verbundwerkstoffe/Kunststoffe und Metalle sind brennbar und können explosionsfähige Staubatmosphären bilden. Allgemein handelt es sich bei Staub um einen feinzerteilten Feststoff beliebiger Form, Struktur und Dichte unterhalb einer Korngröße von ca. 0,5 mm (500 µm). Zu den brennbaren Stäuben zählen organische Stäube wie z. B. Holz- und Mehlstäube sowie Metallpulver und -späne (z. B. Aluminiumpulver).

Korngröße: Beschreibt die Partikelgröße (Teilchengröße) in partikulären Substanzen wie Pulvern, Stäuben, Granulaten, körnigen Gemengen und Schüttgütern (Minerale, Baustoffe), Dispersionen (Pigmente, Blut, Milch), Aerosolen (Abgase, Tabakrauch) usw.

Meist liegen Stäube als Gemische von Teilchen unterschiedlichen Durchmessers vor (Partikelgrößenverteilung). Die Korngrößenverteilung eines Staubes wird grundsätzlich durch eine Siebanalyse ermittelt. Dazu wird der zu untersuchende Staub auf genormten Prüfsieben abgesiebt und der Siebrückhalt gewogen. Dabei wird der Medianwert (mittlere Korngröße, d. h. 50 Gew.-% sind feiner und 50 Gew.-% sind gröber als der Medianwert) zur groben Beschreibung der Feinheit der Staubprobe herangezogen.

Die Brennbarkeit von Stäuben beschreibt, ob und in welchem Maß sich im abgelagerten Staub ein durch äußeres Entzünden eingeleiteter Brand ausbreiten kann. Die Brennbarkeit wird geprüft, indem mit einem glühenden, ca. 1.000 °C heißen Platindraht versucht wird, eine Staubprobe – aufgeschüttet zu einem ca. 2 cm breiten und 4 cm langen Produktsteg – an einem Ende zu entzünden. Die Brennbarkeit wird danach durch die Brennzahlen BZ 1 bis BZ 6 bewertet:

- **Brennzahl 1:** Kein Anbrennen
- **Brennzahl 2:** Kurzes Anbrennen und rasches Auslöschen
- **Brennzahl 3:** Örtliches Brennen oder Glimmen ohne Ausbreiten
- **Brennzahl 4:** Ausbreiten eines Glimmbrandes
- **Brennzahl 5:** Ausbreiten eines offenen Brandes
- **Brennzahl 6:** Verpuffungsartiges Abbrennen

Eine Explosionsfähigkeit von Stäuben ist gegeben, wenn sich in einem Staub/Luft-Gemisch nach dem Entzünden eine Flamme ausbreitet, die im geschlossenen Behälter mit Temperatur- und Drucksteigerung verbunden ist. Der K_{St}-Wert charakterisiert als staub- und prüfverfahrensspezifische Kenngröße zusammen mit dem maximalen Explosionsüberdruck das Reaktionsverhalten eines Staubes.

K_{St}-Wert: Staub- und prüfverfahrensspezifische Kenngröße, die sich aus der Volumenabhängigkeit des maximalen zeitlichen Druckanstiegs (kubisches Gesetz) errechnet. Sie weist zahlenmäßig den gleichen Wert des maximalen zeitlichen Druckanstiegs im 1-m^3-Behälter auf. Die Prüfbedingungen sind in den Richtlinien VDI 3673 Blatt 1 und VDI 2263 Blatt 1 sowie in ISO 6184-1 festgelegt.

Im 1-m^3-Behälter wird der zu untersuchende Staub in einen außerhalb des Explosionsgefäßes befindlichen Staubvorratsbehälter gefüllt. Das Einblasen des Staubes in das Explosionsgefäß erfolgt durch Druckluft unter einem Überdruck von 20 bar im Staubvorratsbehälter. Dies sorgt für ein genügend rasches Ausbringen des Staubes und ein gutes Verwirbeln innerhalb des Explosionsgefäßes, sodass zum Zeitpunkt der Zündung ein hinreichend homogenes Staub/Luft-Gemisch definierter Konzentration im Explosionsgefäß vorliegt. Der Explosionsablauf wird über in die Gefäßwand eingesetzte Druckaufnehmer in Abhängigkeit von der Zeit aufgezeichnet. Im Verlauf einer Versuchsreihe werden die Staubkonzentrationen über einen weiten Bereich verändert und die jeweiligen Werte für den zeitlichen Druckanstieg der Reaktionen bestimmt, bis die Höchstwerte für den zeitlichen Druckanstieg eindeutig erfasst sind.

Basierend auf ihren K_{St}-Werten werden Stäube in drei Staubexplosionsklassen eingeteilt:

- **Staubexplosionsklasse St 1:** K_{St}-Wert > 0 bis 200 (bar × m/s)
- **Staubexplosionsklasse St 2:** K_{St}-Wert > 200 bis 300 (bar × m/s)
- **Staubexplosionsklasse St 3:** K_{St}-Wert > 300 (bar × m/s)

Stäube entstehen bei der Bearbeitung von Feststoffen durch Schleifen, Bürsten und Polieren. Staub kommt vor allem in vielen industriellen Bereichen vor, in denen feste Stoffe für die Weiterverarbeitung innerhalb von Apparaturen (z. B. Mühlen, Mischern, Filtern, Elevatoren) zerkleinert werden. Er kann sowohl beim Herstellungs- und Produktionsprozess entstehen als auch bei Transport oder Lagerung ungewollt zufällig entweichen (z. B. durch Abrieb). So kann gelegentlich in unmittelbarer Umgebung betriebsmäßig offener Stellen staubführender Apparaturen (z. B. Abfüllstellen) ein Staubaustritt entstehen. Aber auch in Filtern und Sieben können sich brennbare Stäube ablagern, die in aufgewirbeltem Zustand im Gemisch mit Luft eine explosionsfähige Atmosphäre bilden.

Für die Gefährdungsbeurteilung im Explosionsschutz sind alle brennbaren Stäube, z. B. Kohlenstaub, Farbpulver, Aluminiumpulver, die gelagert oder verarbeitet werden, zu analysieren. Hinzu kommen Stäube, die ungewollt anfallen bzw. freigesetzt werden – z. B. Holz-, Metall- oder Kunststoffschleifstaub, Textil-, Gummi- oder Kunststoffabrieb, angetrocknete Aluminiumpaste, Torfstaub.

- **Textilstaub:**
  - Feststoffe mit unterschiedlichsten Partikelgrößen,
  - bei Verarbeitung von Textilien unvermeidbar,
  - meist verschiedenste Verbindungen aus Baumwoll-, Woll-, Polyester- oder anderen Synthetikstäuben,
  - typische Prozessschritte, die Textilstaub produzieren, sind z. B. Handhabungen am Rohmaterial, Auflockern der Fasern, unvermeidliche Reibung an Maschinenteilen und die mechanische Oberflächenbehandlung fertiger Textilien,
  - auch nach diesen Prozessen ist die Freisetzung von Staubresten bei Handhabung und Transport der Stoffe möglich.
- **GFK- bzw. CFK-Stäube:**
  - Aus glasfaser- bzw. kohlefaserverstärkten Kunststoffen u. a. bei der Herstellung von Sportgeräten, Verkleidungen und Gehäusen, Behältern und Apparaten sowie Rohrleitungen,
  - werden GFK- bzw. CFK-Materialien in spanenden Arbeitsprozessen zerspant, gefräst, bearbeitet oder poliert, entstehen kleinste Späne, Fasern und Partikelstäube, die potenziell explosionsfähige Staubatmosphären bilden können.
- **Aluminiumstaub:**
  - beim Schleifen, Bürsten und Polieren von Teilen aus Aluminium anfallende feinkörnige Feststoffe mit einem Teilchendurchmesser > 500 µm (0,5 mm),
  - kann im Gemisch mit Luft eine explosionsfähige Atmosphäre bilden,
  - gehört zu den Stäuben, die die heftigsten Reaktionen im Brand- und Explosionsverhalten zeigen,
  - in Aluminiumstaubablagerungen kann es zur Ausbreitung von Glimmbränden mit enormer Hitzeentwicklung kommen,
  - reagiert im Gemisch mit Luft ebenso heftig wie mit Magnesium.

Entzündbarkeit und Explosionswirkung des Staub/Luft-Gemisches u. a. abhängig von Korngröße, Feuchte und Zusammensetzung des Aluminiumstaubes.

A 4 Explosionsfähige Atmosphäre

Wenn brennbare Stoffe betriebsmäßig vorhanden sind oder gebildet werden können, muss festgestellt werden, ob nach Art des Auftretens dieser brennbaren Stoffe mit der Bildung einer explosionsfähigen Atmosphäre zu rechnen ist.

Explosionsfähige Atmosphäre: Gemisch aus Luft und brennbaren Gasen, Dämpfen, Nebeln oder Stäuben unter atmosphärischen Bedingungen, in denen sich ein Verbrennungsvorgang nach erfolgter Entzündung auf das gesamte unverbrannte Gemisch überträgt.

Als atmosphärische Bedingungen gelten Gesamtdrücke von 0,8 bar bis 1,1 bar und Gemischtemperaturen von -20 °C bis +60 °C. Die Übertragung auf das gesamte unverbrannte Gemisch ist als eine selbstständige Fortpflanzung der Reaktion zu verstehen.

A 4.1 Konzentration explosionsfähiger Stoffe

Die Fähigkeit eines Stoffes, ein vorgemischtes System und damit eine explosionsfähige Atmosphäre bilden zu können, hängt von seiner gleichmäßigen Verteilung im zur Verfügung stehenden Volumen ab. Explosionen können überall dort entstehen, wo sich durch ein Gemisch aus brennbaren Stoffen mit Sauerstoff eine explosionsfähige Atmosphäre in hinreichender Menge bilden kann. Gemische aus brennbaren Gasen, Dämpfen oder Stäuben mit Luft bzw. dem in ihr enthaltenen Sauerstoff sind nur bei bestimmten, stofftypischen Mischungsverhältnissen explosionsfähig.

Wenn die Konzentration des brennbaren Stoffes in der Luft oberhalb der unteren Explosionsgrenze (UEG) und unterhalb der oberen Explosionsgrenze (OEG) liegt, wird das Gemisch unter atmosphärischen Bedingungen als explosionsfähige Atmosphäre bezeichnet. Diese Mischungsverhältnisse bestimmen den Explosionsbereich, der durch seine zwei Explosionsgrenzen OEG und UEG beschrieben wird (siehe auch A 3.2.1).

Untere Explosionsgrenze (UEG): Unterer Grenzwert der Konzentration eines brennbaren Stoffes in einem Gemisch mit Luft, in dem sich nach dem Zünden eine von der Zündquelle unabhängige Flamme gerade nicht mehr selbstständig fortpflanzen kann.

Gemische unterhalb UEG werden als zu mager bezeichnet: Die Konzentration des brennbaren Stoffes ist zu gering, um eine selbstständige Flammenfortpflanzung zu ermöglichen. Ein mageres Gemisch kann sich durch die weitere Zufuhr von Brennstoff, etwa durch Verdunsten oder Brenngaszufuhr, anreichern und damit explosionsgefährliche Stoffkonzentration erreichen.

Obere Explosionsgrenze (OEG): Oberer Grenzwert der Konzentration eines brennbaren Stoffes in einem Gemisch mit Luft, in dem sich nach dem Zünden eine von der Zündquelle unabhängige Flamme gerade nicht mehr selbstständig fortpflanzen kann.

Gemische oberhalb der OEG werden als zu fett bezeichnet: Hier ist die Konzentration des brennbaren Stoffes zu hoch, um zu explodieren. Ein fettes Gemisch kann durch Luftzufuhr weiter verdünnt und damit explosionsfähig werden.

Die Explosionsgrenzen – auch Zündgrenzen genannt – sind sicherheitstechnische Kenngrößen, mit deren Hilfe quantitative Aussagen über Stoffeigenschaften getroffen werden können, die für die Beurteilung von Explosionsgefahren erforderlich sind. Sie sind jedoch temperatur- und druckabhängig. Ebenso hat die Luftfeuchtigkeit einen nicht unerheblichen Einfluss, bei Stäuben wirkt sich die Teilchengröße und die Teilchengrößenverteilung des Feststoffes zusätzlich auf die Explosionsgrenzen aus. Die Konzentration des brennbaren Gases oder Dampfes in Luft wird üblicherweise in Vol.-% bzw. bei brennbaren Stäuben in g/m^3 in angegeben.

A 4.2 Tätigkeiten mit Freisetzung explosionsfähiger Stoffe

Explosionsfähige Atmosphären können sich bei Tätigkeiten durch entstehende oder freigesetzte Stäube (einschließlich Rauche und ultrafeine Partikel), Gase, Dämpfe oder Nebel bilden. Für die Beurteilung der Explosionsgefährdung sind neben den Stoffeigenschaften weitere Informationen zur Tätigkeit bzw. des Verarbeitungsverfahrens von Bedeutung.

Die Explosionsgefährdung steigt z. B. bei Tätigkeiten unter erhöhtem Druck oder erhöhter Anwendungstemperatur. Entscheidend sind zudem die Freisetzungsart sowie die verwendete Gefahrstoffmenge. Je mehr Gefahrstoff, der sich entzünden kann, vorhanden ist, je eher können die Explosionsgrenzen überschritten werden.

Tätigkeiten mit Gefahrstoffen: Jede Arbeit mit Stoffen, Gemischen oder Erzeugnissen, einschließlich Herstellung, Mischung, Ge- und Verbrauch, Lagerung, Aufbewahrung, Be- und Verarbeitung, Ab- und Umfüllung, Entfernung, Entsorgung und Vernichtung. Zu den Tätigkeiten zählen auch das innerbetriebliche Befördern sowie Bedien- und Überwachungsarbeiten.

Die mit den Tätigkeiten verbundenen Explosionsgefährdungen sind zu bewerten. Explosionsgefahr herrscht z. B. bei der Gewinnung, Herstellung, Lagerung und Fortleitung sowie beim Verarbeiten, Umfüllen und Umschlagen von brennbaren Stoffen, die eine explosionsfähige Atmosphäre bilden können (§ 6 (4) GefStoffV).

Für die Beurteilung der Explosionsgefährdung sind neben den Stoffeigenschaften weitere Informationen aufgrund der Tätigkeit bzw. des Verarbeitungsverfahrens und die Randbedingungen der betrieblichen Verwendung (Menge, Dauer, Kontakt, örtliche Gegebenheiten) von Bedeutung.

A 4.2.1 Herstellung und Mischung

Bei der Herstellung und Mischung von Stoffen entstehen ggf. explosionsfähige Stoffe und Zubereitungen/Gemische. Dabei sind Stoffe als chemische Elemente oder chemische Verbindungen zu verstehen, wie sie natürlich vorkommen oder hergestellt werden, einschließlich der zur Wahrung der Stabilität notwendigen Hilfsstoffe und der durch das Herstellungsverfahren bedingten Verunreinigungen. Zubereitungen bzw. Gemische sind Gemenge, Mischungen oder Lösungen, die aus zwei oder mehreren Stoffen bestehen. Für das Inverkehrbringen von Gefahrstoffen sind die entsprechenden Regelungen anzuwenden:

- REACH-Verordnung,
- CLP-Verordnung,
- ChemG,
- GefStoffV,
- Chemikalienverbotsverordnung (ChemVerbotsV).

Wer als Hersteller oder Einführer einen Stoff in den Verkehr bringt, hat die ihm zugänglichen Angaben über die Eigenschaften des Stoffes zu ermitteln und eine entsprechende Einstufung vorzunehmen. Die Ausgangsstoffe bzw. möglichen Inhaltsstoffe sowie deren Anteile im Stoff/Gemisch und deren Einstufung sind – soweit möglich – zu ermitteln. Gefahrstoffe können auch bei Tätigkeiten entstehende oder freigesetzte explosionsfähige Stäube (einschließlich Rauche und ultrafeine Partikel), Gase, Dämpfe oder Nebel sein. Innerbetrieblich hergestellte Stoffe, Gemische oder Zwischenprodukte, die nicht in Verkehr gebracht werden, muss der Arbeitgeber gemäß § 6 GefStoffV selbst einstufen.

TRGS 201 „Einstufung und Kennzeichnung bei Tätigkeiten mit Gefahrstoffen"

beschreibt die Vorgehensweisen zur Einstufung und Kennzeichnung von Gefahrstoffen bei Tätigkeiten nach § 2 Absatz 5 GefStoffV, insbesondere nach § 6 Absatz 3 und § 8 Absatz 2 GefStoffV.

A 4.2.2 Ge- und Verbrauch

Farben, Lacke, Verdünner und Klebstoffe enthalten organische Bindemittel (Kunstharze wie z. B. Alkydharz, Acrylatharz, Epoxidharz), organische Lösemittel (Etheralkohole, aliphatische und aromatische Kohlenwasserstoffe, Ester, Ketone, Alkohole) und/oder Wasser, organische und anorganische Pigmente oder Füll- und Hilfsstoffe. Viele lösemittelhaltigen Produkte sind brennbar und ihre Lösemittel leichtflüchtig. Je höher die Flüchtigkeit der enthaltenen Lösemittel ist, umso schneller trocknen Farben, Lacke oder Klebstoffe – umso höher ist aber auch die kurzfristig auftretende Konzentration an Lösemitteldämpfen. Da diese Dämpfe schwerer als Luft sind, reichern sie sich in Bodennähe und Vertiefungen aller Art an (z. B. Arbeitsgruben) und können dort zündfähige Gemische bilden. Bei der Verdampfung von 1 ml brennbarer Flüssigkeit kann sich bis zu 10.000 ml (10 l) explosionsfähige Atmosphäre in der Umgebungsluft bilden. Dies ist insbesondere bei Arbeiten mit brennbaren Lösemitteln in kleinen Räumen mit schlechter Lüftung oder bei der Lagerung von Leergebinden zu beachten.

DGUV Regel 100-500 „Betreiben von Arbeitsmitteln" – Kapitel 2.29 „Verarbeiten von Beschichtungsstoffen"

findet Anwendung auf das Verarbeiten von flüssigen Beschichtungsstoffen, die Gefahrstoffe enthalten, sowie für die dafür eingesetzten Einrichtungen.

A 4.2.3 Lagerung und Aufbewahrung

Gefahrstoffe sind so aufzubewahren, dass sie die menschliche Gesundheit und die Umwelt nicht gefährden. Es sind dabei wirksame Vorkehrungen zu treffen, um den Missbrauch oder einen Fehlgebrauch zu verhindern.

- **Bereitstellung**: Kurzzeitige Aufbewahren für eine konkret vorgesehene Verwendung (z. B. Beförderung), in der Regel für nicht länger als 24 Stunden oder bis zum darauffolgenden Werktag.
- **Lagern**: Aufbewahren zur späteren Verwendung sowie zur Abgabe an andere. Es schließt die Bereitstellung zur Beförderung ein, wenn diese nicht innerhalb von 24 Stunden nach der Bereitstellung oder am darauffolgenden Werktag erfolgt.
- **Passive Lagerung**: Aufbewahren brennbarer Flüssigkeiten in gefahrgutrechtlich zulässigen Transportbehältern, die dicht verschlossen sind und die während des Aufbewahrens im Lager weder befüllt noch entleert noch zu sonstigen Zwecken geöffnet werden.
- **Aktive Lagerung**: Lagerung mit Ab- oder Umfüllvorgängen im Lager.

A 4.2.4 Be- und Verarbeitung

Die Produktion bzw. Herstellung – insbesondere bei Gegenständen auch Fertigung, Fabrikation oder Ver- bzw. Bearbeitung – ist mit Prozessen verbunden, die aus natürlichen sowie bereits produzierten Ausgangsstoffen (Werkstoffe) unter Einsatz bestimmter Produktionsmittel (Maschinen und Werkzeuge) Wirtschafts- oder Gebrauchsgüter erzeugen.

Die beim Schleifen von Werkstoffen wie Holz oder Metall in der Industrie, im Handwerk sowie im Baubetrieb als Neben- bzw. Abfallprodukt entstehenden Späne werden als Schleifstaub bezeichnet. Je nach Beschaffenheit und bearbeitetem Material kann von schwebenden Schleifstäuben ein Explosionsrisiko ausgehen.

Die Leichtmetalle Aluminium und Magnesium werden in großem Umfang in verschiedenen Bereichen der Metallindustrie ver- und bearbeitet. Dabei können durch die unterschiedlichen Fertigungsverfahren auch metallspezifische Brand- und Explosionsgefahren auftreten. Bei der Bearbeitung von Aluminium und Magnesium durch Schleifen, Bürsten und Polieren entstehen brennbare Stäube, die im Gemisch mit Luft eine explosionsfähige Atmosphäre bilden können. Deshalb sind beim Umgang mit diesen Leichtmetallen bei den verschiedenen Fertigungsverfahren besondere Schutzmaßnahmen zu ergreifen.

DGUV Regel 109-001
„Schleifen, Bürsten und Polieren von Aluminium – Vermeiden von Staubbränden und Staubexplosionen"

findet Anwendung bei der Bearbeitung von Aluminium mit Bearbeitungsmaschinen und zugehörigen Einrichtungen. Sie behandelt ausschließlich die damit verbundenen Brand- und Explosionsgefährdungen.

DGUV Information 209-090
„Tätigkeiten mit Magnesium"

beschreibt u. a. Schutzmaßnahmen gegen Brand- und Explosionsgefahren bei der Herstellung und Bearbeitung von Magnesiumbauteilen.

Auch beim Bearbeiten wie z. B. Stanzen, Schneiden, Sägen oder Fräsen von Papier, Pappe und ähnlichen Materialien entsteht Staub, der in ausreichend hoher Konzentration in der Luft zu Explosionsgefahren führen kann.

A 4.2.5 Ab- und Umfüllung

An vielen Arbeitsplätzen in der Industrie sowie im Labor ist der Umgang mit Gefahrstoffen unvermeidbar. Das Abfüllen umfasst das Befüllen oder Entleeren von ortsbeweglichen Behältern oder ortsfesten Anlagen (Füll- oder Entleerstellen) mit flüssigen oder festen Gefahrstoffen. Beim Umfüllen gefährlicher Stoffe aus Fässern, Ballons, Kanistern und anderen Behältern sind geeignete Einrichtungen zu benutzen und die notwendigen Schutzmaßnahmen zu treffen.

Sehr häufig werden brennbare Flüssigkeiten ab- und umgefüllt sowie gesammelt, um sie für die Entsorgung bereitzustellen. Brennbare Dämpfe sind schwerer als Luft, d. h. sie können sich in gefährlicher Konzentration am Boden, in Hohlräumen und Senken anreichern und in benachbarte Räume und tiefer liegende Geschosse kriechen. Beim Umgang mit brennbaren Flüssigkeiten muss gewährleistet sein, dass diese nicht unbeabsichtigt freigesetzt werden (z. B. geeignete dicht bleibende Arbeitsmittel, Behälter verschlossen halten; Verhinderung von gefährlichen Über- und Unterdrücken, Korrosionen, Überfüllungen und Vermischungen).

A 4.2.6 Entfernung, Entsorgung und Vernichtung

Abfälle entstehen in vielen Fällen während des Produktions- oder Dienstleistungsbetriebes, können aber auch in Ausnahmefällen anfallen, z. B. bei der Wartung von Anlagen, bei der Instandhaltung nach Anlagenausfällen oder bei Tätigkeiten von Fremdfirmen. Nicht immer ist die Zusammensetzung der Abfälle genau bekannt. Es können Gemische entstehen, deren Gefährdungen nicht mehr dem Sicherheitsdatenblatt entnommen werden können, z. B. durch thermische Belastung in einer Anlage, Aufkonzentrierung von gefährlichen Inhaltsstoffen, Vermischung verschiedener Stoffe.

Die Sammlung brennbarer Flüssigkeiten (z. B. alte Lacke, Altöl, lösemittel- oder ölverschmutzte feste Abfälle) ist oft mit einem Explosionsrisiko verbunden, da sich aus den leicht flüchtigen Abfallinhaltsstoffen explosionsfähige Atmosphären bilden können. Der Entsorger muss auch berücksichtigen, dass in nicht vollständig entleerten und gereinigten Gebinden weiterhin explosionsfähige Atmosphären vorhanden sein können.

TRGS 520 „Errichtung und Betrieb von Sammelstellen und Zwischenlagern für Kleinmengen gefährlicher Abfälle“

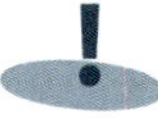

gilt für die Errichtung und den Betrieb von stationären und mobilen Sammelstellen und von Zwischenlagern für gefährliche Abfälle, die aus privaten Haushalten, gewerblichen oder sonstigen wirtschaftlichen Unternehmen oder öffentlichen Einrichtungen stammen und dort in begrenzten oder haushaltsüblichen Mengen anfallen.

A 4.3 Arbeitsprozesse mit explosionsfähigen Atmosphären

Bei Tätigkeiten mit brennbaren Stoffen können während der Arbeitsprozesse in Abhängigkeit vom Arbeitsplatz bzw. von den dort benutzten Arbeitsmitteln unterschiedliche Mengen explosionsfähiger Atmosphären entstehen. In vielen Fällen ist es daher sinnvoll, nicht nur einzelne Tätigkeiten, sondern den gesamten Arbeitsprozess mit allen Betriebszuständen (Aufbau, Probebetrieb, Normalbetrieb, Einrichtung, Wartung und Pflege, Instandsetzung, Störung, Abbau) in die Beurteilung der Explosionsgefährdungen einzubeziehen.

GefStoffV –
§ 6 „Informationsermittlung und Gefährdungsbeurteilung"

„(4) [...] Insbesondere hat er zu ermitteln, ob die Stoffe, Gemische und Erzeugnisse auf Grund ihrer Eigenschaften und der Art und Weise, wie sie am Arbeitsplatz vorhanden sind oder verwendet werden, explosionsfähige Gemische bilden können."

A 4.3.1 Bestimmungsgemäße Verwendung von Arbeitsmitteln

Der Arbeitgeber hat bei der Bereitstellung von Arbeitsmitteln mithilfe der Gefährdungsbeurteilungen zu prüfen, welche für die beabsichtigte Verwendung geeignet sind und ob sie über eine ausreichende Sicherheit verfügen bzw. welche zusätzlichen Maßnahmen zur Gewährleistung des Explosionsschutzes erforderlich sind.

BetrSichV –
§ 4 „Grundpflichten des Arbeitgebers"

§

„(1) Arbeitsmittel dürfen erst verwendet werden, nachdem der Arbeitgeber
1. eine Gefährdungsbeurteilung durchgeführt hat,
2. die dabei ermittelten Schutzmaßnahmen nach dem Stand der Technik getroffen hat und
3. festgestellt hat, dass die Verwendung der Arbeitsmittel nach dem Stand der Technik sicher ist."

Es dürfen nur solche Arbeitsmethoden und -verfahren zum Einsatz kommen, welche die Gesundheit und Sicherheit der Beschäftigten nicht beeinträchtigen, einschließlich Vorkehrungen am Arbeitsplatz für die sichere Handhabung, Lagerung und Beförderung von Gefahrstoffen und von Abfällen, die Gefahrstoffe enthalten. Für die Beurteilung der Explosionsgefährdung ist also Voraussetzung, dass nur Arbeitsmittel bereitgestellt und benutzt werden, die für die am Arbeitsplatz gegebenen Bedingungen geeignet sind. So wird verhindert, dass eine nicht absehbare Freisetzung von explosionsfähigen Stoffen bei der bestimmungsgemäßen Benutzung entstehen kann.

§

GefStoffV – § 8 „Allgemeine Schutzmaßnahmen"

„(1) Der Arbeitgeber hat bei Tätigkeiten mit Gefahrstoffen die folgenden Schutzmaßnahmen zu ergreifen: […]
2. Bereitstellung geeigneter Arbeitsmittel für Tätigkeiten mit Gefahrstoffen und geeignete Wartungsverfahren zur Gewährleistung der Gesundheit und Sicherheit der Beschäftigten bei der Arbeit […]"

Die vorgesehene Verwendung eines Arbeitsmittels wird vom Arbeitgeber unter Berücksichtigung der betrieblichen Einsatzbedingungen und der Art der auszuführenden Arbeiten festgelegt. Sie kann von der bestimmungsgemäßen Verwendung des Herstellers abweichen – dann sind jedoch die Abweichungen bezüglich der Auswirkung auf die Gefährdungen zu beurteilen.

Ist nicht in vollem Umfang sichergestellt, dass die Arbeitsmittel ausschließlich bestimmungsgemäß entsprechend den Vorgaben des Herstellers verwendet werden, müssen vom Arbeitgeber Maßnahmen zur Minimierung der Gefährdung getroffen werden.

Bestimmungsgemäße Verwendung: Nach den Angaben des Herstellers (Betriebsanleitung) geeignete und von Konstruktion, Bauart und Funktion her als üblich angesehene Nutzung von Arbeitsmitteln (Werkzeuge, Geräte, Maschinen oder Anlagen).

Dazu sind die spezifischen Informationen zum Arbeitsmittel aus der mitgelieferten Gebrauchs- oder Betriebsanleitung des Herstellers mit Angaben zu Aufstellungs- und Einsatzbedingungen (z. B. Angaben zu vorgesehener Betriebsweise, Ausrüstung und Angaben zur sicheren Verwendung) auszuwerten. Bei der Bewertung ist der Stand der Technik zur sicheren Verwendung von Arbeitsmitteln zugrunde zu legen, wie er in der BetrSichV und in den technischen Regeln beschrieben ist.

Als bestimmungsgemäße Verwendung gilt auch der Betrieb von Arbeitsmitteln, die der Arbeitgeber in eigener Verantwortung oder durch Umbau von vorhandenen Arbeitsmitteln aus dem Bestand des Betriebes erstellt hat und für die er im Rahmen der Gefährdungsbeurteilung geeignete Schutzmaßnahmen selbst festgelegt hat.

§

GefStoffV – § 8 „Allgemeine Schutzmaßnahmen"

„(1) Der Arbeitgeber hat bei Tätigkeiten mit Gefahrstoffen die folgenden Schutzmaßnahmen zu ergreifen: […]
7. geeignete Arbeitsmethoden und Verfahren, welche die Gesundheit und Sicherheit der Beschäftigten nicht beeinträchtigen oder die Gefährdung so gering wie möglich halten, einschließlich Vorkehrungen für die sichere Handhabung, Lagerung und Beförderung von Gefahrstoffen und von Abfällen, die Gefahrstoffe enthalten, am Arbeitsplatz. […]"

Die Beurteilungen sind für jeden Arbeits- bzw. Produktionsprozess aller Arbeitsvorgänge und Betriebszustände zu berücksichtigen, insbesondere auch An- und Abfahrvorgänge bei Prozessen, Wiederinbetriebnahme nach längerem Stillstand, Reinigungs-, Wartungs-, Inspektions-, Instandsetzungs-, Aufräum- und Abbrucharbeiten, Lagerung, innerbetriebliche Beförderung, Entsorgung sowie die Beseitigung von vorhersehbaren Betriebsstörungen. Bedien- und Überwachungstätigkeiten sind ebenfalls zu berücksichtigen, sofern sie zu einer Gefährdung von Beschäftigten durch Gefahrstoffe bei der Arbeit führen können. Dieses betrifft auch Betriebsstörungen und den vernünftigerweise vorhersehbaren Fehlgebrauch.

A 4.3.2 Ordnungsgemäßer Betrieb

Für Tätigkeiten mit Gefahrstoffen und entsprechende Wartungsverfahren sind geeignete Arbeitsmittel bereitzustellen. Der Hersteller eines Arbeitsmittels definiert, unter welchen Parametern und Bedingungen das Arbeitsmittel bestimmungsgemäß eingesetzt werden darf. Die Arbeitsmittel sind für die jeweilige Tätigkeit geeignet, wenn sich der Arbeitgeber an diese Herstellerangaben hält.

Ordnungsgemäßer Betrieb: Planmäßiger Betrieb bei üblicher Beanspruchung eines Arbeitsmittels (Werkzeuge, Geräte, Maschinen oder Anlagen) unter Beachtung der gesetzlichen oder behördlichen Bestimmungen sowie der anerkannten Regeln der Technik.

a) Besondere Betriebszustände
Besondere Betriebszustände sind Phasen der Verwendung von Arbeitsmitteln, bei denen die am Normalbetrieb orientierten Schutzmaßnahmen keine ausreichende Wirksamkeit entfalten oder außer Kraft gesetzt werden müssen, z. B. betrieblich bedingte technische Störungen oder Reparatur- und Wartungsarbeiten. Insbesondere bei Reinigungsarbeiten können ungewöhnliche Betriebszustände durch zusätzliche Anwendung oder erhöhten Verbrauch von Reinigungs- und Lösemitteln vorkommen. Solche nicht regelmäßig durchgeführten Tätigkeiten sollten nicht pauschal, sondern stets im Einzelfall beurteilt werden.

b) Vorhersehbare Betriebsstörungen
In der Gefährdungsbeurteilung müssen auch Situationen berücksichtigt werden, die vom Normalbetrieb abweichen (z. B. Störungen, Stromausfälle, extreme Witterungseinflüsse). Vorhersehbare Betriebsstörungen sind Ereignisse, die den Arbeitsablauf behindern oder zur Einstellung der Arbeiten führen und bei denen die für den Normalbetrieb des Arbeitsmittels getroffenen Schutzmaßnahmen teilweise oder ganz außer Kraft gesetzt sein können.

Technische Störungen im Sinne der BetrSichV sind Störungen, wie sie sich im betrieblichen Alltag ergeben und aufgrund der vorhandenen betrieblichen Erfahrung abgeschätzt werden können. Eine solche Betriebsstörung kann z. B. der plötzliche Ausfall eines Arbeitsmittels sein oder ein möglicher Stromausfall und die daraus resultierenden zusätzlichen Gefährdungen.

Der Arbeitgeber hat darüber hinaus zu ermitteln, inwieweit durch vernünftigerweise nicht auszuschließende Abweichungen vom bestimmungsgemäßen Betrieb größere Mengen explosionsfähiger Stoffe austreten können, z. B. Verschütten von Flüssigkeitsmengen bei der Handabfüllung, Auslaufen undichter Transportbehälter, Freisetzung von Gasen beim Flaschenwechsel.

Die Freisetzung von Stoffen infolge von Störungen (z. B. Versagen von Dichtungen, Pumpen oder Flanschen), Unfällen (z. B. Freisetzung von Gasen beim Öffnen von Anlagenteilen bei nicht erkanntem Überdruck oder Fehlbedienung) oder Auslösen von Sicherheitseinrichtungen (z. B. Sicherheitsventile oder Berstscheiben) werden nicht betrachtet und sind durch technische und organisatorische Maßnahmen für den ordnungsgemäßen Betrieb zu verhindern.

c) Vorhersehbare Fehlanwendung
Auch mögliche Fehlanwendungen eines Arbeitsmittels können zu unterschiedlichsten Gefährdungssituationen führen, in denen explosionsfähige Atmosphären entstehen. Daher müssen auch leicht vorhersagbare menschliche Verhaltensweisen, z. B. der Verlust der Kontrolle der Bedienperson über die Maschine, ein reflexartiges Verhalten einer Person im Falle einer Fehlfunktion oder das Fehlverhalten durch Konzentrationsmangel oder Unachtsamkeit berücksichtigt werden.

A 4.4 Arbeitsprozesse mit Bildung explosionsfähiger Atmosphären

Lässt sich der Umgang mit Stoffen, die explosionsfähige Atmosphären bilden können, nicht vermeiden, muss dieses Gefährdungspotenzial für alle Phasen der Benutzung einer Anlage ermittelt und festgelegt werden. Dafür müssen neben den Stoffeigenschaften auch Arbeitsabläufe, Verfahren sowie Arbeits-, Betriebs- und Umgebungsbedingungen betrachtet werden, bei denen explosionsfähige Atmosphären entstehen oder freigesetzt werden können.

A 4.4.1 Ansammlung von Gasen

Technische Gase werden üblicherweise in Gasflaschen gelagert. Sie enthalten Gase im verdichteten oder verflüssigten Zustand bei Drücken bis 300 bar. Die Verwendung erfolgt in geeigneten und technisch dichten Einrichtungen, damit kein Gas in die Umgebungsluft ausströmt. Wenn die Gase innerhalb der dafür vorgesehenen technischen Einrichtungen eingeschlossen sind und bleiben, bedarf es auch keiner weiteren Sicherheitsmaßnahmen des Explosionsschutzes. In bestimmten Betriebssituationen kann die Freisetzung von kleineren oder größeren Mengen an brennbaren Gasen dennoch nicht ausgeschlossen werden.

Das Ausbreitungsverhalten von Gasen (leichter oder schwerer als Luft) ist in Abhängigkeit ihrer Dichte und des Gemisches, in dem sie vorliegen, zu berücksichtigen. Gerade die Dichte im Vergleich zu Luft ist eine sicherheitstechnisch relevante Eigenschaft: Gase, die leichter als Luft sind, steigen beim

Ausströmen nach oben. Gase, die schwerer als Luft sind, können sich beim Ausströmen am Erdboden oder in tiefergelegenen Räumen ansammeln und bei ungenügender Lüftung lange halten.

Relative Gasdichte (bezogen auf Luft = 1)**:** Verhältniszahl, die angibt, wieviel mal schwerer bzw. leichter als Luft ein Gas bei gleicher Temperatur und gleichem Druck ist.

Gase sind, bezogen auf den Zustand nach Austritt, d. h., bei der jeweiligen Temperatur des Gases und dem Druck der Umgebungsatmosphäre,

- schwerer als Luft, wenn ihre Dichte $> 1{,}3\ kg/m^3$ ist,
- gleich schwer wie Luft, wenn ihre Dichte $\leq 1{,}3\ kg/m^3$ und $\geq 1{,}2\ kg/m^3$ ist,
- leichter als Luft, wenn ihre Dichte $< 1{,}2\ kg/m^3$ ist.

Die Mehrzahl der Gase ist schwerer als Luft. Leichter als Luft sind unter den bekannten Gasen Wasserstoff, Helium, Methan, Ammoniak und Acetylen.

Ein Gas ist in kaltem Zustand schwerer als in warmem, da seine Dichte temperaturabhängig ist. Verflüssigte Gase haben nach Freisetzung tiefe Temperaturen und sind in diesem Zustand daher in der Regel schwerer als Luft. Sie werden erst nach Erwärmung auf Umgebungstemperatur leichter als Luft.

TRGS 407
„Tätigkeiten mit Gasen – Gefährdungsbeurteilung"

! gilt für Tätigkeiten mit Gasen, einschließlich Flüssiggas und Gasen zu Brennzwecken. Sie enthält neben grundsätzlichen betrieblichen Randbedingungen für Tätigkeiten mit Gasen auch die wichtigsten sicherheitstechnisch relevanten Kenngrößen und Eigenschaften von Acetylen. Auf ihrer Basis können geeignete Maßnahmen für die sichere Handhabung von gasförmigem Acetylen festgelegt werden.

Druckgasbehälter müssen in der vorgesehenen Weise betrieben werden, sodass ihr betriebssicherer Zustand erhalten bleibt und Beschäftigte oder Dritte nicht gefährdet werden. In Aufstellungsräumen für ortsbewegliche Druckgasbehälter sind Gefährdungen, die durch unkontrolliert freigesetztes Gas entstehen können, durch wirksame Maßnahmen zu vermeiden.

TRBS 3145 / TRGS 745
„Ortsbewegliche Druckgasbehälter – Füllen, Bereithalten, innerbetriebliche Beförderung, Entleeren"

! gilt für die Vermeidung von und für den Schutz vor Gefährdungen bei Tätigkeiten mit Gasen in ortsbeweglichen Druckgasbehältern.

a) Betrieb von Gasentnahmeeinrichtungen

Ist die Druckgasflasche zum Betreiben eines Gerätes (z. B. Schweißgerät) notwendig, ist sie im angeschlossenen Zustand Teil der Apparatur. Gasflaschen werden mit einer speziellen Armatur verschlossen, an der sich, meist in Verbindung mit einem Druckminderer, eine passende Schlauchleitung oder Rohrleitung zur kontrollierten Entnahme ihres Inhaltes anschrauben lässt. Bei der Benutzung von Gasflaschen muss auf Dichtheit der Gasanschlüsse geachtet werden, damit möglichst kein Gas ungewollt in die freie Atmosphäre gelangt. Bei Arbeitsende sind die Gasflaschenventile zu schließen, um ungewollten Gasaustritt zu verhindern.

b) Wechseln von Druckgasbehältern

Schläuche, Kupplungen und Schlauchschellen müssen immer dicht geschlossen montiert sein, da sonst durch Leckagen Gas unkontrolliert ausströmen kann. Zum Zeitpunkt eines Wechsels der ortsbeweglichen Druckgasbehälter ist jedoch betriebsbedingt von einem kurzzeitigen Gasaustritt an der Anschlussstelle auszugehen. Vor dem Anschluss des Druckminderers sind alle Dichtungen auf einen ordnungsgemäßen Zustand zu prüfen. Mögliche Undichtheiten sind mit einem Leck-Suchmittel zu suchen und im drucklosen Zustand nachzudichten.

c) Leckagen (z. B. an Ventilen, Flanschverbindungen oder anderen Dichtflächen)

Wenn gefüllte Druckgasbehälter an den zum Entleeren vorgesehenen Stellen als Reservebehälter zum baldigen Anschluss bereitgehalten werden, müssen die Absperreinrichtungen gefüllter oder entleerter Druckgasbehälter fest verschlossen und mit den vorgesehenen Schutzeinrichtungen versehen sein (z. B. Ventilschutzkappen, ggf. Verschlussmuttern). Bei nicht vollständig geschlossenen Ventilen oder kleineren Leckagen kann Gas aus einer Gasflasche austreten. Auch bei einem unkontrollierten, vergleichsweise langsamen Austreten des Flascheninhalts können bei brennbaren Gasen explosive Gasgemische entstehen, die sehr leicht gezündet werden.

d) Beschädigungen von Ventil, Druckminderer oder Schlauchverbindungen

Gasflaschen können durch einen unsachgemäßen Umgang bei Transport und Lagerung aufgrund der unter hohem Druck stehenden Gase und Dämpfe eine erhebliche Gefahr darstellen und z. B. durch Stürze beschädigt werden. Dabei sind Ventile die schwächste Stelle einer Gasflasche. Wenn diese bei gefüllten Druckgasbehältern beschädigt werden, z. B. durch Um- oder Herunterfallen, kann das enthaltene, unter hohem Druck stehende Gas schlagartig entweichen. Daher ist ein Ventil zu seinem Schutz mit einer Ventilschutzkappe zu versehen, wenn die Flasche gelagert oder transportiert wird. Ein Umfallen der Druckgasbehälter ist möglichst zu verhindern, z. B. durch sicheres Aufstellen dank spezieller Paletten oder durch ausreichende Befestigung mit Ketten an einer Wand.

Kann das Auftreten gefährlicher Gaskonzentrationen in der Atmosphäre nicht ausgeschlossen werden, sollte dieses Risiko durch ausreichende Lüftung des Raumes beseitigt werden. Eine messtechnische Überwachung des Raumes mit Gas-Spürgeräten kann sinnvoll sein, um z. B. die Dichtheit der Gasanlage oder die Wirksamkeit der Lüftung zu kontrollieren.

A 4.4.2 Ansammlung von Dämpfen

Beim Umgang mit brennbaren Flüssigkeiten muss gewährleistet sein, dass Gefahrstoffe nicht unbeabsichtigt freigesetzt werden. Anlagen, Einrichtungen und Geräte sind möglichst als geschlossene Systeme auszubilden. Durch geeignete Maßnahmen ist parallel zu verhindern, dass beim Öffnen dieser geschlossenen Systeme Stoffe in gefährlichen Mengen austreten und sich z. B. ausgelaufene Flüssigkeiten in andere Bereiche wie benachbarte Räume, Bodenabläufe (Kanalisation) oder ins Freie ausbreiten. Brennbare Dämpfe haben eine im Vergleich zu Luft höhere Dichte und können sich daher z. B. über Gruben, Kanäle, Rinnen oder schiefe Ebenen in Bodennähe ausbreiten und ansammeln. Bei der unkontrollierten Freisetzung brennbarer Flüssigkeiten aus Öffnungen, undichten Stellen usw. können sich so außerhalb der Anlagen und Anlagenteile gefährliche explosionsfähige Atmosphären bilden.

a) Lagerung brennbarer Flüssigkeiten
Lager sind Gebäude, Bereiche, Räume in Gebäuden oder Bereiche im Freien, die dazu bestimmt sind, dass in ihnen Gefahrstoffe gelagert werden. Diese Lager sind in einem ordnungsgemäßen Zustand zu halten und ebenso zu betreiben, um Gefahrstoffe übersichtlich geordnet aufzubewahren.

Die Lagerung von brennbaren Flüssigkeiten erfolgt in ortsbeweglichen oder ortsfesten Behältern. Ortsfest sind alle Behälter, die für ein stationäres Lagern von flüssigen und festen Gefahrstoffen genutzt werden (z. B. oberirdische oder unterirdische Tanks). Diese sind so montiert und installiert, dass sie ihre Lage nicht verändern und durch äußere Einwirkungen nicht beschädigt werden können. Zu den ortsbeweglichen Behältern gehören sowohl die gefahrgutrechtlich zugelassenen Transportbehälter als auch Transportbehälter für den ausschließlich innerbetrieblichen Transport, z. B. Verpackungen (Fässer, Kanister, Flaschen usw.), Großpackmittel (z. B. IBC) sowie Tankcontainer bzw. ortsbewegliche Tanks, auch von Eisenbahnkesselwagen oder Tankfahrzeugen.

TRGS 510
„Lagern von Gefahrstoffen in ortsbeweglichen Behältern"

! gilt für das Lagern von Gefahrstoffen in ortsbeweglichen Behältern einschließlich Ein- und Auslagern, Transport innerhalb des Lagers und Beseitigen freigesetzter Gefahrstoffe.

Brennbare Flüssigkeiten dürfen nur in geschlossenen Verpackungen oder Behältern, möglichst in Originalbehältern oder -verpackungen gelagert werden. Die Verpackungen und Behälter müssen so beschaffen sein, dass der Inhalt nicht ungewollt nach außen gelangen kann. Vor allem zerbrechliche Verpackungen oder Behälter sind so zu stapeln oder zu sichern, dass sie nicht aus den Regalfächern fallen können. Sie dürfen in Regalen, Schränken und anderen Einrichtungen nur bis zu einer solchen Höhe aufbewahrt werden, dass sie noch sicher entnommen und abgestellt werden können. Behälter mit flüssigen Gefahrstoffen müssen in eine Auffangeinrichtung eingestellt werden, die mindestens den Rauminhalt des größten Gebindes aufnehmen kann. Behälter und Verpackungen sind regelmäßig auf Beschädigungen zu überprüfen und müssen so gelagert werden, dass freiwerdende Stoffe erkannt, aufgefangen und beseitigt werden können.

b) Umfüllen und Entnehmen brennbarer Flüssigkeiten
Das Abfüllen, Umfüllen oder Entnehmen von brennbaren Flüssigkeiten erfolgt in Füll- oder Entleerstellen mit ortsfesten Befüll- und Entnahmeeinrichtungen für ortsfeste Behälter. Zur Anlage zählen die Lagerbehälter, Füllstellen, Entleerstellen sowie die zugehörigen Rohr- und Schlauchleitungen, Ausrüstungsgegenstände und Armaturen bis zur ersten Absperrarmatur an der Schnittstelle zur verbundenen Anlage. Auch mobile Anlagen, die ortsfest dauerhaft benutzt werden, fallen in diese Kategorie. Füllstellen sind ortsfeste Anlagen, die dazu bestimmt sind, dass in ihnen ortsbewegliche Behälter mit flüssigen Gefahrstoffen befüllt werden. Entleerstellen sind ortsfeste Bereiche oder Anlagen, die dazu bestimmt sind, dass in ihnen mit flüssigen Gefahrstoffen gefüllte ortsbewegliche Behälter entleert werden.

TRGS 509
„Lagern von flüssigen und festen Gefahrstoffen in ortsfesten Behältern sowie Füll- und Entleerstellen für ortsbewegliche Behälter"

gilt für Gefährdungen von Beschäftigten und anderer Personen durch die gefährlichen Eigenschaften von flüssigen oder festen Gefahrstoffen beim Lagern in ortsfesten Behältern in Räumen und im Freien.

Im Wirkbereich einer Füll- oder Entleerstelle sind im Normalbetrieb und bei zu erwartenden Störungen – insbesondere bei offenem Umgang mit brennbaren Flüssigkeiten, z. B. beim Öffnen geschlossener Systeme oder beim An- und Abkuppeln von Leitungen – brennbare Flüssigkeitsdämpfe in einer Menge zu erwarten, bei der sich eine explosionsfähige Atmosphäre bilden kann. Gefahrstoffströme an Befüll- und Entnahmeeinrichtungen sowie in Füll- und Entleerstellen müssen durch Stillsetzen der Förderung unterbrochen werden können. Dazu müssen die zugehörigen Förderströme durch eine Befehlseinrichtung (z. B. durch Stillsetzen der Fördereinrichtung), die schnell und ungehindert erreichbar ist, unterbrochen werden können.

Aus Tanks verdrängte Dampf/Luft-Gemische müssen so abgeleitet werden, dass Gefährdungen für Beschäftigte und Dritte nicht entstehen können. Zusätzlich müssen die erforderlichen Sicherheitseinrichtungen zur Vermeidung gefährlicher Über- und Unterdrücke vorhanden und nicht absperrbar sein.

Dampf/Luft-Gemische werden z. B. verdrängt

- beim Befüllen eines Tanks durch flüssige Gefahrstoffe,
- durch „Atmen“ infolge einer Erwärmung, z. B. durch Sonneneinstrahlung,
- beim Einleiten anderer Medien in den Tank (z. B. Luft, Wasser, Wasserdampf, inertes Gas) z. B. zur Vorbereitung von Arbeiten in oder am Tank.

Entweicht aus einer Anlage bzw. einem Behälter ein Dampf/Luft-Gemisch mit einer Dampfkonzentration, die höher als die OEG ist, muss trotzdem mit der Bildung einer explosionsfähigen Atmosphäre gerechnet werden, da sich das Gemisch zumindest in den Randzonen durch Vermischen mit Luft verdünnt und so die Dampfkonzentration in den Explosionsbereich absinken kann.

Ob eine gefährliche explosionsfähige Atmosphäre in der Umgebung von Rohrleitungen, Armaturen und Anlagenteilen auftreten kann, hängt von der Dichtheit ab. Um Flüssigkeiten sicher in ortsfeste Behälter zu füllen und aus ihnen zu entnehmen, muss jeder Behälter mit absperrbaren, festverbundenen Befüll- und Entnahmeeinrichtungen versehen sein. Für jeden Tank ist der maximal zulässige Füllungsgrad festzulegen. Dieser muss so bemessen sein, dass der Tank nicht überlaufen kann und keine Überdrücke entstehen, welche die Dichtheit oder Festigkeit des Tanks beeinträchtigen.

Vor dem Befüllen muss der Flüssigkeitsstand im Tank festgestellt werden, um zu ermitteln, wie viel der Tank noch aufnehmen kann. Jeder Tank zum Lagern von Flüssigkeiten muss mit einer Einrichtung zur Feststellung des Flüssigkeitsstandes versehen sein.

c) Brennbare Flüssigkeiten im Produktions- oder Arbeitsgang
Die Explosionsgefahr wird neben den Stoffeigenschaften im Wesentlichen durch die Art der Verarbeitung einer Flüssigkeit (z. B. Verspritzen, Versprühen, Verdampfen und Kondensation) beeinflusst. Es sind Arbeitsverfahren anzuwenden, bei denen möglichst wenig Dämpfe oder Nebel freigesetzt werden. Großflächige offene Anwendungen sollten vermieden werden.

An Arbeitsplätzen sind nur die bei der Arbeit benötigten Gefahrstoffe in der für den Fortgang der Tätigkeit erforderlichen Menge vorzuhalten (in der Regel Bedarf einer Arbeitsschicht). Hierfür sind geeignete Behälter bereitzustellen. Parallel ist abzuwägen, ob häufige Transport- und Umfüllvorgänge zu einer höheren Gefährdung führen als eine einmalige sachgerechte Bereitstellung größerer Mengen.

d) Wartungs- und Instandsetzungsarbeiten, Reinigen von Behältern
Anlagenteile, die außer Betrieb gesetzt werden, sind so zu sichern, dass Gefährdungen für Beschäftigte und Dritte nicht entstehen können. Anlagenteile, die vorübergehend außer Betrieb gesetzt werden, sind von allen Betriebsrohrleitungen mittels geeigneter Absperreinrichtungen zu trennen. Die Rohrleitungen sind vollständig zu entleeren und so zu reinigen, dass sowohl explosionsfähige Atmosphären als auch gefährliche

Rückstände in gefahrdrohenden Mengen weder vorhanden sind noch entstehen können. Zudem sind Behälter und Rohrleitungen gegen Benutzung zu sichern.

Sofern bauliche oder technische Sicherheitseinrichtungen während des Betriebes, z. B. während der Instandhaltung oder Änderung von Anlagen, vorübergehend außer Betrieb genommen werden müssen, sind geeignete Ersatzmaßnahmen festzulegen, durchzuführen und hinsichtlich ihrer Wirksamkeit zu überwachen.

A 4.4.3 Ansammlung von Stäuben

Die Stäube vieler Werkstoffe können in aufgewirbeltem Zustand mit der umgebenden Luft explosionsfähige Gemische bilden. Die Gefahr der Freisetzung besteht bei Herstellung, Verarbeitung, Transport, Lagerung oder Verpackung brennbarer Stäube, Fasern und Flusen. Staub kann jedoch auch als Abrieb beim Transport von grobkörnigen Feststoffen oder beim Be- und Verarbeiten von Feststoffen (z. B. als Späne oder Schleifstaub) entstehen.

Beim Entweichen brennbarer Stäube aus Öffnungen, undichten Stellen usw. bilden sich außerhalb der Anlagen und Anlagenteile auch Staubablagerungen. Insbesondere sehr feinkörniger Staub kann auch weit entfernt von der Austrittsstelle unerwünschte Staubablagerungen bilden. Diese können dann durch Aufwirbeln explosionsfähige Atmosphären bilden. Bereits eine Staubablagerungen von weniger als 1 mm Dicke kann dies in aufgewirbelter Form in einem Raum mit normaler Höhe verursachen. Schichten, Ablagerungen und Anhäufungen von brennbarem Staub sind daher wie jede andere Ursache, die zur Bildung einer explosionsfähigen Atmosphäre führen kann, zu berücksichtigen.

a) Befüllen, Umfüllen und Entnehmen von Feststoffen

Beim Umschlagen von festen Gefahrstoffen ist die Bildung von Staubemissionen grundsätzlich zu vermeiden. Umfüllvorgänge von Feststoffen in kompakter Form sind so zu gestalten, dass durch Abrieb oder schon bei Anlieferung enthaltene Staubanteile nicht freigesetzt werden. Besteht der Feststoff nur aus lose zusammenbackenden Partikeln, kommt es auch bei nur geringer mechanischer Belastung zur Bildung großer Mengen feiner Anteile. Maschinen und Geräte sind so auszuwählen und zu betreiben, dass möglichst wenig Staub freigesetzt wird.

Ortsfeste Behälter zum Lagern von Feststoffen müssen mit geeigneten Befüll- und Entnahmeeinrichtungen versehen sein, z. B. Greifer, Kübel, Saug- und Druckluftförderer, mobile Verladeeinrichtungen, Füllrohre, Verladeschläuche, Rutschen, Schleuderbänder, Bandförderer oder Förderschnecken.

In geschlossenen Behältern zum Lagern von Feststoffen (Silos), die pneumatisch befüllt werden, dürfen keine unzulässigen Drücke auftreten, für die diese Behälter nicht ausgelegt sind.

b) Ablagerung von Staubschichten
Bei Tätigkeiten mit Staubexposition ist eine Ausbreitung des Staubes auf unbelastete Arbeitsbereiche zu verhindern. Dies kann z. B. durch eine dauerhafte oder zeitlich begrenzte Einhausung geschehen. Bei Stäuben bieten Lüftungsmaßnahmen im Allgemeinen nur dann einen ausreichenden Schutz, wenn der Staub an der Entstehungsstelle abgesaugt und zusätzlich gefährliche Staubablagerungen sicher verhindert werden. Nach Möglichkeit sind Feucht- oder Nassverfahren anzuwenden, z. B. bei Reinigungsarbeiten. Staubemittierende Anlagen, Maschinen und Geräte müssen mit einer wirksamen Absaugung versehen sein, soweit die Staubfreisetzung nicht durch andere Maßnahmen verhindert wird.

DGUV Information 209-045
„Absauganlagen und Silos für Holzstaub und -späne – Brand- und Explosionsschutz"

erläutert die wichtigsten Anforderungen an den Brand- und Explosionsschutz von Filteranlagen und Silos für Holzstaub, Holzspäne, Hackschnitzel – beginnend von der Absaugleitung der angeschlossenen Maschinen bis zum Materialeintrag in die Feuerungsanlage – und beschreibt die notwendigen Maßnahmen.

Flächen, auf denen sich Staub ablagern kann, sind durch konstruktive Maßnahmen so weit wie möglich zu reduzieren, z. B. durch Abschrägen von Trägern, Vermeidung textiler Oberflächen, Verkleidung schlecht erreichbarer Nischen und Winkel.

c) Entfernen von Staubablagerungen
Stäube müssen möglichst bereits an der Entstehungsstelle erfasst und ordnungsgemäß entsorgt werden. In diesen Bereichen müssen geeignete Explosionsschutzmaßnahmen festgelegt und durchgeführt werden, z. B. Pläne für regelmäßige Reinigungen.

Regelmäßige Reinigungen mit geeigneten technischen Arbeitsmitteln sind erforderlich. Oberflächen von Fußböden, Wänden und Decken im Arbeitsbereich sowie von verwendeten Arbeitsmitteln (Maschinen, technische Einrichtungen usw.) müssen im Rahmen der betrieblichen Möglichkeiten leicht zu reinigen sein. So können z. B. Wände abwaschbar oder gekachelt ausgeführt werden. Besonders zu beachten sind schlecht einsehbare (z. B. höher gelegene) oder schwer zugängliche Oberflächen, auf denen sich im Lauf der Zeit erhebliche Staubmengen ablagern können. Darüber hinaus ist sicherzustellen, dass bei größerer Staubfreisetzung infolge von Betriebsstörungen (z. B. Beschädigen oder Platzen von Gebinden, Leckagen) zusätzliche Maßnahmen zur unverzüglichen Beseitigung der Staubablagerungen getroffen werden.

Beim Reinigen ist insbesondere die Aufwirbelung von Staubablagerungen zu vermeiden. Daher darf Staub nicht mit Druckluft abgeblasen oder trocken gekehrt werden. Um Brand- und Explosionsgefahren vorzubeugen, müssen Maschinen und andere Einrichtungen im Arbeitsraum genauso wie der Fußboden regelmäßig mit Staubsaugern gereinigt werden, die für das Aufsaugen von brennbaren Stäuben geeignet sind. Ein handelsüblicher Industriestaubsauger ist hierfür in der Regel nicht geeignet. Sollen Staubsauger/Entstauber in einer explosionsfähigen Atmosphäre oder zum Aufnehmen von brennbaren Stäuben eingesetzt werden, sind nur solche zulässig, deren staubbeladener Bereich frei von inneren Zündquellen ist.

DGUV Information 209-084 „Industriestaubsauger und Entstauber"

gibt Hinweise zum Aufsaugen, Abscheiden und Sammeln von Stäuben mit Entstaubern und Industriestaubsaugern.

A 5 Gefährliche explosionsfähige Atmosphären

Bei Explosionen treten Flammen, hohe Temperaturen und vielfach auch hohe Drücke und Druckanstiegsgeschwindigkeiten auf. Bei einer Explosion können Menschen durch Druck und Hitze verletzt sowie Gebäude und Sachwerte beschädigt werden. Zudem können in der Umgebung gefährliche Auswirkungen entstehen, durch die andere gefährliche oder brennbare Stoffe freigesetzt bzw. entzündet werden können. Trümmer(bereiche) infolge einer Explosion können die Gefahr bergen, dass noch weitere Bauteile einstürzen. Hierbei können Personen verletzt, Gebäude oder Anlagenteile zerstört sowie weitere Folgebrände entzündet werden.

Gefährliche explosionsfähige Atmosphäre: Liegt vor, wenn im Falle ihrer Entzündung die Sicherheit und Gesundheit der Beschäftigten oder Dritter beeinträchtigt werden kann und deshalb besondere Schutzmaßnahmen erforderlich werden.

Die Auswirkungen hängen ab von

- den chemischen, toxischen und physikalischen Eigenschaften der freigesetzten Stoffe und Verbrennungsprodukte,
- der Menge und der Umschließung der explosionsfähigen Atmosphäre,
- der Geometrie der Umgebung,
- der Festigkeit der Anlagen- und Gebäudekonstruktionen,
- der Schutzausrüstung, die das gefährdete Personal trägt,
- den physikalischen Eigenschaften der gefährdeten Gegenstände.

Mehr als 10 l zusammenhängende explosionsfähige Atmosphäre müssen in geschlossenen Räumen unabhängig von der Raumgröße grundsätzlich als gefährliche explosionsfähige Atmosphäre angesehen werden. In Räumen von weniger als etwa 100 m^3 kann bereits eine kleinere Menge als 10 l gefahrdrohend sein. Eine grobe Abschätzung ist mithilfe der Faustregel möglich, dass in solchen Räumen eine explosionsfähige Atmosphäre von mehr als einem Zehntausendstel ($^1/_{10.000}$) des Raumvolumens gefahrdrohend sein kann, also z. B. in einem Raum von 80 m^3 bereits 8 l.

Auch sehr viel kleinere Mengen können bereits gefahrdrohend sein, wenn sie sich in unmittelbarer Nähe von Menschen befinden: Bilden sich z. B. explosionsfähige Atmosphären in Gefäßen, die dem möglicherweise auftretenden Explosionsdruck nicht standhalten, so sind wegen der Gefährdung durch z. B. Splitter beim Bersten weitaus geringere Mengen als die oben angegebenen als gefahrdrohend anzusehen. Eine untere Grenze kann hierfür nicht angegeben werden. Welche Menge explosionsfähiger Atmosphäre im

Freien als gefahrdrohend angesehen werden muss, lässt sich nur für den Einzelfall abschätzen.

TRGS 721 / TRBS 2152 Teil 1
„Gefährliche explosionsfähige Atmosphäre – Beurteilung der Explosionsgefährdung“

konkretisiert die GefStoffV bezüglich der Anforderungen an die Beurteilung von Explosionsgefährdungen durch explosionsfähige Atmosphären hinsichtlich der Ermittlung und Bewertung von Gefährdungen sowie der Ableitung von geeigneten Maßnahmen.

A 5.1 Explosionswirkungen

Eine Explosion ist eine sehr schnell ablaufende chemische Reaktion eines brennbaren Stoffes, bei der große Energiemengen freigesetzt werden.

A 5.1.1 Flammengeschwindigkeit

Eine explosionsfähige Atmosphäre ist ein Gemisch aus Luft und brennbaren Gasen, Dämpfen, Nebeln oder Stäuben unter atmosphärischen Bedingungen, in dem sich ein Verbrennungsvorgang nach erfolgter Entzündung auf das gesamte unverbrannte Gemisch überträgt. Dabei ist diese „Übertragung“ als eine selbstständige Fortpflanzung der Reaktion zu verstehen. Die Geschwindigkeit, mit der die sich ausbreitende Flammenfront in der vorgemischten Verbrennungsatmosphäre fortpflanzt, wird als Flammengeschwindigkeit bezeichnet.

Flammengeschwindigkeit: Strecke pro Zeit, die eine Flamme bei einer Ausbreitung in einem beliebigen System zurücklegt.

- Eine **Deflagration** ist eine mögliche Form der Umsetzung von explosionsfähigen Stoffen. Der Begriff meint die kurzzeitig ablaufende Verbrennung eines explosionsfähigen Stoffes bzw. Gemisches. Die Umsetzung verläuft dabei mit Unterschallgeschwindigkeit unter Bildung von Flammen und glühenden Teilchen. Die Flammenübertragung mit der weiteren Zündung des unverbrannten Gemisches erfolgt mit der bei der Reaktion frei werdenden Umsetzungswärme durch Aufheizung des Gemisches in der Flammenfront. Diese pflanzt sich mit Geschwindigkeiten zwischen 10 und 100 m/s in das unverbrannte Gemisch hinein fort.
- Bei Explosionen in Rohrleitungen oder lang gestreckten Apparaturen können sich Druckstoßfronten ausbilden, die nach längeren Flammen-Laufstrecken unter Umständen in Detonationsfronten übergehen. In lang gestreckten Behältern oder Rohrleitungen besteht daher die Gefahr der Ausbildung von **Detonationen**. Diese sind Flammenreaktionen,

die von einer Stoßwelle ausgelöst werden und sich mit Geschwindigkeiten bis zu einigen km/s (Überschallgeschwindigkeit) fortpflanzen. Die Stoßwelle ist in der Lage, das dabei aufgestaute explosionsfähige Gemisch durch die entstehende Komprimierungswärme zu zünden. Bei einer Detonation ist die Flammengeschwindigkeit im betreffenden Gasgemisch deutlich höher als die Schallgeschwindigkeit, da die Flammenfront an eine für Detonationen charakteristische Stoßwelle gekoppelt ist.

A 5.1.2 Druckentwicklung

Eine Explosion verursacht als schnell ablaufende exotherme chemische Oxidations- oder Zerfallsreaktion eine Volumenvergrößerung durch Aufheizung der umgebenden Atmosphäre und ggf. Entstehung gasförmiger Reaktionsprodukte. Diese Volumenvergrößerung führt zu einem Druckanstieg in der Umgebung.

Maximaler Explosionsdruck (p_{max}): Unter standardisierten Versuchsbedingungen ermittelte maximale Überdruck, der in einem geschlossenen Behälter bei der Explosion einer explosionsfähigen Atmosphäre auftritt. Unter Normalbedingungen liegt der p_{max} für Gase, Dämpfe und Stäube in der Regel zwischen 8 und 10 bar, für Leichtmetallstäube kann er darüber liegen.

Die Eigenschaften der Stoffe und die damit verbundenen physikalisch-chemischen Gefährdungen (z. B. durch Temperatur oder Druck) sind zu beurteilen. Die unterschiedlichen Explosionsarten erzeugen unterschiedliche Drücke und Druckanstiegsgeschwindigkeiten.

- **Deflagration**: Schneller Verbrennungsvorgang, bei dem der Explosionsdruck nur durch die entstehenden und sich ausdehnenden Gase hervorgerufen wird. Er ist kleiner als der 10-fache Anfangsdruck (für Kohlenwasserstoffe) und liegt in der gesamten Behältergeometrie über einen Zeitraum von wenigen hundert Millisekunden bis zu einigen Sekunden vor.
- **Detonation**: Bezogen auf das verbrannte Gas breitet sie sich mit Schallgeschwindigkeit aus. Dabei wird die Reaktion von einer Stoßfront durch eine adiabatische Kompression gezündet. Aus den Druckwellen entstehen Druckstoßfronten, die durch ihren sehr steilen Druckanstieg im Druckverlauf auffallen.
  Stoßfront und Reaktionsfront laufen hierbei mit gleicher Geschwindigkeit und sind miteinander gekoppelt. Dabei treten lokal kurzzeitig Druckstöße auf, deren Spitzenwerte ein Mehrfaches des maximalen Explosionsdruckes erreichen können. Das Verhältnis von p_{max} zu Anfangsdruck kann Werte von mehr als dem 10-fachen des Anfangsdruckes erreichen (p_{max} 8 bis 10 bar). Bei einer Detonation hält dieser Explosionsdruck aufgrund der hohen Ausbreitungsgeschwindigkeit der Reaktionszone an einem bestimmten Ort nur wenige Millisekunden an. Detonationswellen haben daher beim Aufprall auf Hindernisse eine besonders zerstörende Wirkung.

Maximaler zeitlicher Druckanstieg ($(dp/dt)_{max}$): Dieses Maß für die Explosionsheftigkeit ist der unter standardisierten Versuchsbedingungen ermittelte höchste zeitliche Druckanstieg in einem geschlossenen Behälter, der bei der Explosion einer explosionsfähigen Atmosphäre auftritt. Die maximale Druckanstiegsgeschwindigkeit bestimmt die Zuteilung in die Staubexplosionsklasse und ist abhängig u. a. von Korngröße und Produktfeuchtigkeit.

A 5.2 Explosionsfolgen

Die Auswirkungen von unkontrollierten Explosionen stellen eine erhebliche Gefährdung dar. Explosionen führen immer wieder zu schweren Unglücksfällen, oftmals mit erheblichen Verletzungen und nicht selten auch mit Todesfolge.

GefStoffV – Anhang I (zu § 8 Absatz 8, § 11 Absatz 3) „Besondere Vorschriften für bestimmte Gefahrstoffe und Tätigkeiten" – Nr. 1 „Brand- und Explosionsgefährdungen"

„1.6 Mindestvorschriften für den Explosionsschutz bei Tätigkeiten in Bereichen mit gefährlichen explosionsfähigen Gemischen
[…]
(2) Kann nach Durchführung der Maßnahmen nach Absatz 1 die Bildung gefährlicher explosionsfähiger Gemische nicht sicher verhindert werden, hat der Arbeitgeber zu beurteilen
[…]
3. das Ausmaß der zu erwartenden Auswirkungen von Explosionen."

Im Explosionsfall sind Personen durch unkontrollierte Flammen- und Druckwirkungen in Form von Hitzestrahlung, Flammen, Druckwellen, durch umherfliegende Splitter oder Trümmer sowie durch schädliche Reaktionsprodukte gefährdet.

Eine Abschätzung der zu erwartenden Personen- oder Sachschäden und der Größe des beeinträchtigten Bereiches ist somit nur für den jeweiligen Einzelfall möglich. Die Beurteilung muss sich auf die konkreten örtlichen und betrieblichen Verhältnisse beziehen, insbesondere die Mengen der explosionsfähigen Atmosphäre und die Art ihres Einschlusses, z. B. in Behältern, mehr oder weniger geschlossenen Räumen, Gruben, Kanälen und im Freien.

Im Falle einer Explosion müssen die möglichen Auswirkungen berücksichtigt werden, z. B.

- Flammen,
- Wärmestrahlung,
- Druckwellen,
- fortgeschleuderte Teile,
- gefährliche Freisetzung von Stoffen.

A 5.2.1 Verletzungen durch Hitze- und Flammeneinwirkung

Flammen- und Hitzeeinwirkungen führen zu einer Schädigung von Gewebe, primär der Haut (Brandwunden) und Schleimhaut (z. B. Inhalationstrauma). Diese kann bei Explosionen durch direkte Flammeneinwirkung, aber auch durch freigesetzte heiße Flüssigkeiten (Verbrühung), Dämpfe oder Gase oder durch herumfliegende heiße Gegenstände entstehen.

- **Stichflammen:** Sich in explosionsfähiger Atmosphäre ausbreitende Flammen können ein etwa zehnmal so großes Volumen einnehmen wie das der explosionsfähigen Atmosphäre vor ihrer Entzündung. Bei Ausbreitung in eine Richtung muss deshalb mit entsprechend langen Stichflammen gerechnet werden.
- **Hitzeeinwirkung:** Übersteigt die zugeführte Wärmemenge ein bestimmtes Maß, so kann die Hitze nicht durch die normalen Wärmeaustauschvorgänge abgeleitet werden, z. B. Abstrahlung oder Abtransport der Wärme durch Blut. Auf molekularer Ebene kommt es ab 40 °C zur Degeneration zellulärer Eiweiße mit temporärem Funktionsverlust. Ab 45 °C führt der thermische Stress zur Denaturierung und damit zum endgültigen Struktur- und Funktionsverlust der Bau- und Funktionseiweiße. Bei partieller Wärmeeinwirkung über 70 °C tritt eine Hautschädigung bereits in Sekundenbruchteilen ein.
- **Thermisches Inhalationstrauma:** Hierbei gelangt Hitze durch Einatmen auch in die Atemwege. Die direkte Inhalation von heißen Gasen z. B. bei Bränden oder Explosionen kann schwere Verbrennungen im Nasen- und Rachenraum auslösen. Beim thermischen Inhalationstrauma kommt es zu einer Schädigung der oberen und unteren Atemwege sowie der Lunge. Wegen der schnell zunehmenden Schleimhautschwellung besteht zudem Erstickungsgefahr.
- **Verbrühung:** Entstehen durch den Kontakt mit heißen Flüssigkeiten oder Dämpfen. Man unterscheidet Verbrühungen durch heißes Wasser und durch Wasserdampf. Letzterer kann stärkere Verletzungen an der Haut hervorrufen, da Wasserdampf heißer ist als erhitztes Wasser. Verbrühungen treten bereits ab einer Temperatur von 45 °C auf. So kann z. B. auch der abrupte Austritt von Kühlwasser und Wasserdampf aus durch eine Explosion beschädigten oder undichten Anlagenteilen zu schwersten Verletzungen oder Verbrühungen führen. Besonders gefährlich an Verbrühungen ist, dass die heiße Flüssigkeit am Körper entlangfließt und sich die Verletzung somit rasch ausbreiten kann.
- **Folgebrände:** Durch eine Explosion können auch in der Umgebung Schäden hervorgerufen werden, durch die wiederum brennbare oder andere gefährliche Stoffe freigesetzt und ggf. entzündet werden.

Verbrennungsverletzungen, die ein bestimmtes Maß überschreiten, haben für den betroffenen Organismus nicht nur örtlich begrenzte Konsequenzen: Verbrennungen zweiten und dritten Grades können ab 10 % verbrannter Körperoberfläche bei Erwachsenen zum lebensgefährlichen hypovolämischen Schock führen. Die Toleranz ist stark abhängig von Allgemeinzustand und Alter des Patienten. In Abhängigkeit vom Ausmaß der unmittelbaren

Schädigung kann es sekundär zu Kreislaufschock und entzündlichen Allgemeinreaktionen des Körpers (SIRS, Sepsis) kommen, die im schlimmsten Fall mit Funktionsverlust anfänglich unbeteiligter Organe verbunden sind (z. B. akutes Nierenversagen). Die Gesamtheit dieser systemischen Störungen bezeichnet man als **Verbrennungskrankheit**.

Primär entscheidend für ihren Verlauf ist das Ausmaß der Haut- und Gewebeschädigung. Dabei sind der Anteil an der Körperoberfläche (Ausdehnung) und der Schweregrad der lokalen Schädigungen wichtig. Entsprechend den beteiligten Hautschichten erfolgt eine Einstufung der Verbrennungsschwere in vier Grade:

- **1. Grad:** Rötung und leichte Schwellungen der Haut, Schmerzen, Epidermis betroffen; vollständig reversibel.
- **2. Grad:** Blasenbildung mit rot-weißem Grund, starke Schmerzen, Epidermis und Dermis betroffen; vollständige Heilung (2a) oder mit Narbenbildung (2b) bei tiefer Dermisbeteiligung.
- **3. Grad:** Schwarz-weiß-Nekrosen/Blasen, keine bis nur geringe Schmerzen, da Nervenendungen zerstört, Dermis und Subkutis betroffen; irreversibel.
- **4. Grad**: Verkohlung, keine Schmerzen, alle Hautschichten und darunter liegende Knochen/Faszien betroffen; irreversibel.

A 5.2.2 Verletzungen durch Druckeinwirkung

Primäre Explosionsverletzungen beruhen auf dem direkten Einwirken der Druckwelle auf das Körpergewebe. Ohren und Lunge sind daher besonders betroffen.

- **Knalltrauma:** Beschädigung des Innenohrs durch einen lauten Knall. Wichtig ist die Unterscheidung zwischen einem Knalltrauma und einem Explosionstrauma: Ein Knalltrauma entsteht durch eine kurze Druckwelle (Knall) von maximal drei Millisekunden, während ein Explosionstrauma durch länger einwirkende Schallwellen entsteht. Beim Knalltrauma dringt die Druckwelle ins Ohr ein und beschädigt dort das Innenohr: Es kommt zu einer Schädigung der dortigen Haarzellen (je nach Stärke und Herkunft von einem oder beiden Ohren), entweder durch einen stoffwechselbedingten Sauerstoffmangel oder durch eine mechanische Beschädigung. Betroffen ist vor allem der für das Hören von hohen Tönen zuständige vordere Bereich des Innenohrs. Je nach Schwere der Beschädigungen und ob die Haarzellen auch mechanisch beschädigt wurden, verschwindet das Knalltrauma nach mehreren Stunden oder Tagen. Bei schweren Beschädigungen kann jedoch eine dauerhafte Hörschädigung auftreten.
- **Trommelfellrupturen und Mittelohrschäden**: Ein Riss (Ruptur) oder ein Loch im Trommelfell kann infolge einer äußeren Verletzung entstehen. Die Ursache hierfür kann ein plötzlicher Druckanstieg sein, z. B. bei einer Explosion mit starker Druckwelle.

- **Pulmonales Barotrauma („Explosionslunge"):** Bei Explosionen kommt es zu Druckschlägen auf den Brustkorb, die bei geschlossenem Mund zu einer Verletzung des Lungengewebes führen. Lungenverletzungen durch Explosionsdruck können eine Lungenquetschung, systemische Luftembolie (v. a. im Gehirn und Rückenmark) und Verletzungen im Zusammenhang mit freien Radikalen (Thrombose, Lipo-Sauerstoffversorgung und disseminierte intravaskuläre Koagulation) bewirken. Das Thoraxtrauma ist eine Verletzung des Brustkorbs, seiner Organe oder angrenzender Strukturen durch mechanische Gewalteinwirkung, die akut lebensbedrohlich sein kann.
- **Innere Organverletzungen:** Überschalldruckwellen bei Explosionsereignissen komprimieren gasgefüllte Organe und Körperhöhlen, die dann schnell reexpandieren. Dies führt zu Scher- und Reißkräften, die das Gewebe schädigen und Organe perforieren können. Die Zerreißung oder der Riss eines inneren Organs (Ruptur) ist oft Folge äußerer Traumata, durch die es zur Zerstörung des Gewebes mit funktionellen Einbußen kommt. Gefährlich sind Organrupturen wegen des hohen Blutverlustes vor allem bei blutreichen Organen wie Niere, Leber, Milz. Aus diesen inneren Verletzungen wird Blut aus dem Gefäßsystem in die Lufträume und das umgebende Gewebe gedrückt (innere Blutungen), sodass es zur inneren Verblutung kommen kann.
- **Schädel-Hirn-Trauma:** Jede Verletzung des Gehirns aufgrund einer äußeren Krafteinwirkung wird als solche bezeichnet. Der schwächste Verletzungsgrad ist die leichte, gedeckte Hirnverletzung mit akuter, vorübergehender Funktionsstörung des Gehirns (Commotio cerebri oder Gehirnerschütterung). Sie geht mit sofortiger kurzfristiger Bewusstseinsstörung von einigen Sekunden bis zu maximal 10 Min. einher. Weitere typische Symptome sind retrograde Amnesie (Gedächtnislücke für das Unfallereignis und einen Zeitraum vor dem Unfallgeschehen), Übelkeit und/oder Erbrechen. Eine anterograde Amnesie (Gedächtnisverlust für die Zeit nach dem Unfallgeschehen) tritt selten auf (sie ist in der Regel Zeichen einer höhergradigen Hirnverletzung). Neurologische Ausfälle treten nach Abklingen der Bewusstlosigkeit nicht auf. Beschwerden wie etwa Apathie, Leistungsminderung, Kopfschmerzen, Schwindel und Übelkeit können im Rahmen eines sogenannten postkommotionellen Syndroms mehrere Wochen fortbestehen.

A 5.2.3 Verletzungen durch umherfliegende Splitter oder Trümmer

Verletzungen durch Fragmentierung und andere von der Explosion angetriebene Objekte entstehen dann, wenn energiereiche Teilchen, etwa Splitter oder Trümmerteile, auf den Körper treffen. Dies kann alle Körperteile betreffen und manchmal zu Traumata mit sichtbaren Blutungen führen.

- **Stichverletzungen:** Spitze Gegenstände, z. B. Glassplitter, können die Haut durchstechen und in der Tiefe des Gewebes zu großen Schäden führen. Entlang des Stichkanals können Schäden an Muskulatur, Nerven, Organen und Blutgefäßen entstehen. Oft steckt der Gegenstand noch in der Wunde, wodurch die Wunde wenig nach außen blutet. Es kann jedoch zu erheblichem Blutverlust kommen, indem sich große Mengen an Blut in Körperhöhlen sammeln.

- **Pfählungsverletzungen:** Das Eindringen großer Gegenstände (Hölzer, Eisenstangen) oder das Durchdringen des Körpers mit pfahlartigen Gegenständen birgt die große Gefahr innerer Weichteilverletzungen mit Perforation von Hohlorganen.
- **Amputationsverletzungen:** Beine, Arme oder kleinere Gliedmaßen können durch die Wucht der Druckwelle oder durch den Aufprall von scharfkantigen, umherfliegenden Trümmerteilen vom Körper getrennt werden. Amputationen gehen immer mit einer mehr oder minder stark blutenden Wunde einher. Durch die mit der Verletzung verbundene Blutung kann es zum Schock kommen und es besteht die Gefahr, dass der Betroffene verblutet.

A 5.2.4 Gefährliche Freisetzung von Stoffen

Chemikalien weisen ein sehr großes Spektrum an unterschiedlichen Wirkungen auf. Viele Stoffe sind brennbar oder gar explosiv, können ätzend wirken oder sind giftig. Manchmal haben sie auch mehrere Wirkungen gleichzeitig.

Die Folgen eines Industrieunfalls sind abhängig von der Freisetzung eines gefährlichen Stoffes, seinen Eigenschaften und seinem Zustand (gasförmig, flüssig, fest) sowie vom Umfeld, in das dieser Stoff freigesetzt wird. In den meisten Fällen entfalten gefährliche Stoffe ihre größte Wirkung bei Aufnahme in den Körper. Besondere Vorsicht ist beim Einatmen gasförmiger Stoffe geboten.

- **Chemisches Inhalationstrauma:** Entsteht beim Einatmen von giftigen Gasen und Verbrennungsprodukten, z. B. bei Verbrennung von Kunststoffen oder Chemikalien. Ursächlich sind insbesondere Verbrennungsprodukte von Schwefel-, Salpeter-, Salz- oder Blausäure, Phosgen, Ammoniak- und Chlorwasserstoffverbindungen. Bei Einatmung von chemischen Reizgasen kann sich auf den Schleimhäuten ein ätzender Flüssigkeitsfilm bilden, der in Abhängigkeit von der lokalen Konzentration zu Gewebeschädigungen wie Reizungen bis hin zu Verätzungen führen kann.

A 5.2.5 Verletzungen durch Sekundärunfälle

Durch Schreckreaktionen durch den bei einer Explosion verursachten Überschallknall sind Sekundärunfälle möglich, z. B.

- Sturz bei Arbeiten auf einer Leiter,
- Absturz von einem Gerüst,
- Verletzungen, z. B. Schnitte, Stiche, Quetschungen usw., durch schnelle Schreckbewegungen der Hände,
- Verletzungen durch Stolpern,
- Verletzungen durch herabfallende Teile, ausgelöstes Umkippen oder Herabfallen anderer Gegenstände in der Nähe des Arbeitsbereiches.

A 6 Substitutionsprüfung

Zu den Grundpflichten bei der Durchführung einer Gefährdungsbeurteilung gehört es, die Möglichkeiten der Substitution zu prüfen. Um die Gefährdung durch eine Explosion zu vermeiden oder gering zu halten, muss zuerst geprüft werden, ob der explosionsgefährdete Stoff ersetzt werden kann, z. B. durch andere Stoffe, von denen keine Explosionsgefahr ausgeht oder mit denen die Wahrscheinlichkeit einer Explosion reduziert wird.

Ersatzstoffe: Stoffe, Gemische oder Erzeugnisse, die mit einer geringeren Gefährdung der Gesundheit der Beschäftigten jene Stoffe oder Gemische ganz oder teilweise ersetzen können, die bei der Herstellung oder Verwendung eine schädigende Wirkung für Mensch und Umwelt darstellen.

Der Arbeitgeber hat daher als vorrangige Maßnahme zum Schutz der Beschäftigten bei Tätigkeiten mit Explosionsgefahren die Substitutionsmöglichkeiten zu prüfen und unter Berücksichtigung der Verhältnismäßigkeit umzusetzen.

GefStoffV –
§ 6 „Informationsermittlung und Gefährdungsbeurteilung"

„(1) Im Rahmen einer Gefährdungsbeurteilung als Bestandteil der Beurteilung der Arbeitsbedingungen nach § 5 des Arbeitsschutzgesetzes hat der Arbeitgeber [...] alle hiervon ausgehenden Gefährdungen der Gesundheit und Sicherheit der Beschäftigten unter folgenden Gesichtspunkten zu beurteilen:
[...]
4. Möglichkeiten einer Substitution [...]"

Substitution bedeutet hierbei nicht nur zu prüfen, ob der Einsatz von Gefahrstoffen auszuschließen oder ein ungefährlicherer Ersatzstoff einsetzbar ist, sondern auch, ob ein Verfahren mit keiner oder möglichst geringer Emission in der Arbeitsumgebung einsetzbar ist.

Ersatzverfahren: Verfahren mit einem vergleichbaren technischen Ergebnis ohne den Einsatz von Stoffen oder Gemischen, die bei der Herstellung oder Verwendung eine schädigende Wirkung für Mensch und Umwelt darstellen.

Die Substitution hat das Ziel, die Gefährdung bei allen Tätigkeiten mit Gefahrstoffen einschließlich Wartungsarbeiten sowie Bedien- und Überwachungstätigkeiten zu beseitigen oder auf ein Minimum zu verringern.

TRGS 600 „Substitution"

beschreibt eine systematische Vorgehensweise zur Substitutionsermittlung, -prüfung, -entscheidung und Dokumentation, um Tätigkeiten mit Gefahrstoffen zu vermeiden, um Gefahrstoffe durch Stoffe, Zubereitungen oder Verfahren zu ersetzen, die unter den jeweiligen Verwendungsbedingungen für die Gesundheit nicht oder weniger gefährlich sind, oder um gefährliche Verfahren durch weniger gefährliche zu ersetzen.

A 6.1 Leitkriterien für eine Vorauswahl

Werden im Rahmen der Informationsermittlung mehrere Substitutionsmöglichkeiten gefunden, sind Leitkriterien für die Vorauswahl aussichtsreicher Kandidaten sinnvoll. Eine Vorauswahl ist insbesondere hilfreich, wenn bei mehreren gefundenen Möglichkeiten nicht alle mit gleicher Priorität auf ihre technische und gesundheitliche Eignung geprüft werden können. Als Kriterien sind sowohl die Gefährlichkeitsmerkmale wie auch das Freisetzungspotenzial auf Grundlage der physikalisch-chemischen Eigenschaften und der Verfahrens- und Verwendungsbedingungen zu berücksichtigen. Bei der Gesamtbetrachtung im Rahmen der Vorauswahl hat der Arbeitgeber alle Leitkriterien gegeneinander abzuwägen, um zu erkennen, wie eine Beseitigung oder Minimierung der Gefährdung zu erwarten ist.

A 6.1.1 Physikalisch-chemische Eigenschaften

Insbesondere ist bei der Substitution zu prüfen, ob Stoffe und Zubereitungen eingesetzt werden können, die keine explosionsfähigen Gemische bilden. Die Gefährdung aufgrund der physikalisch-chemischen Eigenschaften eines Stoffes lässt sich im Rahmen der Vorauswahl durch Substitution entlang der aufgeführten Reihenfolge in der jeweiligen Zeile reduzieren:

- Extrem entzündbar oder pyrophor → leicht entzündbar → entzündbar → keines dieser Merkmale,
- brandfördernd → nicht brandfördernd,
- explosionsgefährlich → nicht explosionsgefährlich.

A 6.1.2 Freisetzungspotenzial

Ist ein Gefahrstoff nicht durch einen weniger gefährlichen Stoff zu ersetzen, so ist zu prüfen, ob von ihm nicht zumindest eine weniger gefährliche Verwendungsform existiert. Das Freisetzungspotenzial eines Gefahrstoffes in die Luft am Arbeitsplatz kann im Allgemeinen durch Substitution entlang der aufgeführten Reihenfolge in der jeweiligen Zeile reduziert werden:

- Gas → Flüssigkeit → Paste,
- staubender Feststoff → nicht staubender Feststoff,
- sublimierender Feststoff → nicht sublimierender Feststoff,
- niedriger Siedepunkt (hoher Dampfdruck) → hoher Siedepunkt (niedriger Dampfdruck),

- lösemittelhaltige Systeme → wässrige Systeme usw.

A 6.1.3 Verfahrens- und Verwendungsbedingungen

Bei der Ersatzstoffsuche muss stets der gesamte Arbeitsprozess betrachtet werden, da unter Umständen auch ganze Verfahren durch andere mit weniger Emissionen ersetzt werden können. So können Gefahrstoffe z. B. in einem geschlossenen System hergestellt und verwendet werden, wenn die Substitution durch nicht oder weniger gefährliche Stoffe technisch nicht möglich ist. Ist auch die Anwendung eines geschlossenen Systems technisch nicht möglich, kann die Gefährdung durch emissionsarme Verwendungsformen so weit wie möglich verringert werden. So kann z. B. bei der Oberflächenbeschichtung möglicherweise das Lackieren mit Druckluft (Sprühanwendung) durch aerosolarme Verfahren (z. B. Streich- oder Tauchverfahren) ersetzt werden.

Emissionsarme Verwendungsformen eines Gefahrstoffes können im Allgemeinen durch Substitution entlang der aufgeführten Reihenfolge in der jeweiligen Zeile angewendet werden:

- Offenes Verfahren → geschlossenes Verfahren,
- Verfahren mit Benetzung großer Flächen → Verfahren mit Benetzung kleiner Flächen,
- Verfahren bei hohen Temperaturen → Verfahren bei Raumtemperatur,
- Verfahren unter Druck → drucklose Verfahren,
- Verfahren unter Erzeugung von Aerosolen → aerosolfreie Verfahren,
- große Menge → kleine Menge.

A 6.2 Substitutionsentscheidungen

Die nicht fein differenzierten Kriterien der Vorauswahl sind für Fälle gedacht, in denen viele Möglichkeiten gesichtet werden müssen. Substitutionsmöglichkeiten, die in dieser Vorauswahl als aussichtsreich erscheinen, können mit methodischen Hilfsmitteln noch gründlicher auf ihre technische, gesundheitliche und physikalisch-chemische Eignung untersucht werden. Bei der Entscheidung, welche Möglichkeiten weiter untersucht werden sollen, sind alle regulatorischen Vorgaben und betrieblichen Entscheidungskriterien zur Realisierung gefundener Substitutionsmöglichkeiten in ihrer Gesamtheit zu betrachten.

A 6.2.1 Kriterien für die technische Eignung

Arbeitsverfahren und -vorgänge sind, soweit dies technisch möglich ist, so zu gestalten, dass Arbeitnehmende nicht mit den gefährlichen Arbeitsstoffen in Kontakt kommen können und gefährliche Gase, Dämpfe oder Schwebstoffe nicht frei werden (geschlossene Anlage). Dies kann erreicht werden durch eine Minimierung des Freisetzungsvermögens oder Verbesserung der technischen Ausrüstung.

- **Technische Anforderungen:** Prüfung wichtiger technisch notwendiger Parameter z. B. in der Verwendung sowie der Be- und Verarbeitung von Materialien, dem Arbeitsablauf und der Maschinengängigkeit,
- **Eignung in der Prozesskette:** Prüfung des möglichen Verzichts auf gewisse Eigenschaften, z. B. Oberflächenanforderungen oder Verarbeitungseigenschaften,
- **Umsetzbarkeit:** Prüfung von Qualifikationsanforderungen oder dem erforderlichen Platzbedarf durch andere Bearbeitungsmethoden.

A 6.2.2 Kriterien für die gesundheitliche und physikalisch-chemische Gefährdung

Der Arbeitgeber hat Gefährdungen der Gesundheit und der Sicherheit der Beschäftigten bei Tätigkeiten mit Gefahrstoffen auszuschließen. Ist dies nicht möglich, hat er sie auf ein Minimum zu reduzieren. Eine Substitutionslösung muss die Gefährdungen durch Gefahrstoffe am Arbeitsplatz insgesamt verringern. Gleichzeitig sollte sie zu keiner Erhöhung anderer Gefährdungen am Arbeitsplatz und zu keiner erhöhten Beeinträchtigung anderer Schutzgüter führen.

- **Prüfung der gesundheitlichen Gefährdung** durch Beurteilung der gesundheitsbezogenen Eigenschaften verbunden mit inhalativen (durch Einatmen), dermalen (durch Hautkontakt), oralen (durch Verschlucken) und der sonstigen durch Gefahrstoffe bedingten Gefährdungen, um Arbeitsstoffe mit möglichst geringer Gefährdung von Personen einzusetzen.
- **Prüfung der physikalisch-chemischen Gefährdungen (hier Brand- und Explosionsgefahren)** durch Berücksichtigung der physikalisch-chemischen Eigenschaften von Stoffen, bei denen Brand- und Explosionsgefahren entstehen können. So lassen sich z. B. Kohlenwasserstoffe mit niedrigem Flammpunkt ggf. durch Kohlenwasserstoffe ersetzen, deren Flammpunkt deutlich über der Anwendungstemperatur liegt, sodass sich keine explosionsfähige Atmosphäre bilden kann.
- **Prüfung der Umweltgefährdung** durch Bewertung umweltgefährlicher Stoffe, die selbst oder deren Umwandlungsprodukte die Beschaffenheit des Naturhaushaltes von Wasser, Boden, Luft, Klima, Tieren, Pflanzen oder Mikroorganismen so verändern können, dass sie durch ihre akute oder chronische Gewässergefährdung, eine potenzielle oder tatsächliche Bioakkumulation oder aufgrund ihrer natürlichen Abbaubarkeit Gefahren für die Umwelt verursachen.
- **Prüfung anderer auftretender arbeitsbedingter Gefährdungen** durch Einbeziehung von klassischen Gefährdungen wie Mechanik, Lärm oder Arbeitsorganisation und das Mitarbeiterverhalten. Letzteres ist zwar nicht Gegenstand der GefStoffV, aber im Zusammenhang mit dem allgemeinen Sicherheits- und Gesundheitsschutz betrieblich relevant.

A 6.2.3 Kriterien für die betriebliche Eignung von Ersatzlösungen

Eine Substitution kann durch den möglichen Verzicht auf teure technische Schutzeinrichtungen oder aufwendige organisatorische Maßnahmen auch wirtschaftliche Vorteile mit sich bringen. Ob und in welchem Ausmaß eine vorgesehene Ersatzlösung wirtschaftlich beeinflusst, hängt im Wesentlichen von den individuellen Randbedingungen des Betriebes ab (Umgang mit weiteren Gefahrstoffen, Arbeitsorganisation, technischer Standard usw.).

Die Ersatzverfahren und -stoffe sind zu nutzen, wenn dies zumutbar ist. Werden Ersatzstoffe mit geringerem Risiko ermittelt, muss die Zumutbarkeit für den Einsatz im Betrieb in jedem Einzelfall geprüft und beurteilt werden. Abwägungsgründe für den betrieblichen Einsatz von Ersatzlösungen sind z. B.

- Materialkosten,
- Anlage- und Investitionskosten,
- Arbeits- und Energiekosten,
- Lager- und Transportkosten (z. B. Frachttarife, Verpackung),
- Entsorgungskosten durch Recycling, Abwasser, Abluft,
- Organisationskosten,
- Versicherungskosten.

Zumutbar ist die Verwendung von Stoffen, Zubereitungen und Erzeugnissen mit einem geringeren Risiko immer dann, wenn durch die Ersatzlösung die betroffenen betriebsbezogenen Faktoren im Wesentlichen positiv beeinflusst werden. Auch wenn sich keiner der Kostenfaktoren negativ bemerkbar macht, ist die Zumutbarkeit der Ersatzlösung offensichtlich. Falls einzelne Einflussfaktoren negativ sind, ist die Ersatzlösung oftmals dennoch zumutbar. Überwiegt jedoch der negative Einfluss, hängt die Beurteilung der Zumutbarkeit in hohem Maße von den betrieblichen Randbedingungen ab.

Höhere Kosten einer Ersatzlösung bedeuten jedoch nicht automatisch „nicht zumutbar“ und müssen im Einzelfall geklärt werden. Wird eine Substitution mit weniger gefährlichen Stoffen oder Verfahren, die technisch möglich ist, aus betriebswirtschaftlichen Gründen nicht durchgeführt, so sind auch die der Prüfung zugrunde gelegten Erwägungen nachprüfbar zu dokumentieren.

A 6.2.4 Weitere betriebs- und fallbezogene Kriterien

Für Substitutionsentscheidungen im Rahmen der GefStoffV stehen bei der integrierten Entscheidung die Sicherheit und Gesundheit bei der Arbeit im Vordergrund. Im konkreten Fall kann jedoch auch die Betrachtung anderer Schutzgüter erforderlich und entscheidungsrelevant sein:

- **Auswirkungen auf die Verringerung der Gefährdung**, z. B. durch Vermeidung oder Reduzierung explosionsgefährdeter Arbeitsbereiche,

- **Auswirkungen auf die Verbesserung des Firmenimages**, z. B. durch verbesserte Anlagensicherheit, Umweltschutz usw.,

- **Auswirkungen auf die Steigerung der Mitarbeiterzufriedenheit**, z. B. durch sichere Arbeitsbedingungen, Arbeitsplatzgestaltung, Sauberkeit,

- **Auswirkungen auf die Zukunftsfähigkeit bzw. Planungssicherheit,** z. B. bei der Einführung neuer Produkte und Verfahren mit Wettbewerbsvorteilen usw.

A 6.3 Realisierung der Substitution

Eine Substitution ist nach dem Ergebnis der Gefährdungsbeurteilung durchzuführen, wenn sie die Gefährdung der Beschäftigten verringern kann.

GefStoffV –
§ 7 „Grundpflichten"

§

„(3) Der Arbeitgeber hat auf der Grundlage des Ergebnisses der Substitutionsprüfung nach § 6 Absatz 1 Satz 2 Nummer 4 vorrangig eine Substitution durchzuführen. Er hat Gefahrstoffe oder Verfahren durch Stoffe, Gemische oder Erzeugnisse oder Verfahren zu ersetzen, die unter den jeweiligen Verwendungsbedingungen für die Gesundheit und Sicherheit der Beschäftigten nicht oder weniger gefährlich sind."

A 6.3.1 Anerkannte Substitutionsempfehlungen

Für eine Reihe von Ersatzstofffragen existieren Empfehlungen, die direkt übernommen werden können. Wenn von diesen Regelungen abgewichen wird, muss hierzu in der Dokumentation der Substitutionsprüfung eine Begründung angegeben werden.

- **TRGS 600ff:** Für bestimmte Anwendungsfälle hat die Gesetzgebung Ersatzstoffe und Ersatzverfahren beschrieben. Bei Anwendung dieser TRGS erfüllt der Arbeitgeber die Anforderung des § 7 Absatz 3 GefStoffV zur Substitution.

TRGS 617 „Ersatzstoffe für stark lösemittelhaltige Oberflächenbehandlungsmittel für Parkett und andere Holzfußböden"

!

erläutert die Möglichkeiten zur Substitution von stark lösemittelhaltigen Oberflächenbehandlungsmitteln für Parkett und andere Holzfußböden, auch zur Vermeidung von Brand- und Explosionsgefahren durch sehr hohe Lösemittelexpositionen.

- **Empfehlungen Gefährdungsermittlung der Unfallversicherungsträger (EGU):** EGU werden von Unfallversicherungsträgern und dem IFA in Zusammenarbeit mit den Ländern und der Bundesanstalt für Arbeitsschutz und Arbeitsmedizin (BAuA) erarbeitet. Sie stellen in der Regel dem Stand der Technik entsprechende Expositionsbeschreibungen für Verfahren und Tätigkeiten mit Gefahrstoffen dar. Sie enthalten u. a. weitere Hinweise zur Gefährdungsbeurteilung, z. B. Informationen über

Ersatzstoffe oder Ersatzverfahren sowie über technische Minimierungsmaßnahmen.

- **LASI-Leitfäden, Schriftenreihen der BAuA:** Der Länderausschuss für Arbeitsschutz und Sicherheitstechnik (LASI) ist ein Gremium, das der Konferenz der Ministerinnen und Minister, Senatorinnen und Senatoren für Arbeit und Soziales (Arbeits- und Sozialministerkonferenz – ASMK) zugeordnet ist. Er nimmt Koordinierungsaufgaben wahr und hat mit den LASI-Leitfäden eine eigene Veröffentlichungsreihe. Diese Leitsätze sollen dazu beitragen, Unterschiede in der behördlichen Vollzugspraxis zu vermeiden und den Aufsichtsbehörden eine verlässliche Grundlage für ihr Handeln in diesem konfliktreichen Aufgabenbereich zu geben.

LASI-Leitfaden LV 12 „Ersatzstoffe und Verwendungsbeschränkungen in der Reinigungstechnik im Offsetdruck"

konkretisiert das Ersatzstoffgebot der Gefahrstoffverordnung für Reinigungsarbeiten im Offsetdruck.

- **Produktcodes/GISCODEs:** Der GISCODE ist eine Typenkennzeichnung und fasst Produkte mit vergleichbarer Gesundheitsgefährdung und identischen Schutzmaßnahmen zu Gruppen zusammen. Der GISCODE ist auf Herstellerinformationen (Sicherheitsdatenblätter, technische Merkblätter) und Gebindeetiketten aufgebracht. GISBAU, das Gefahrstoff-Informationssystem der BG BAU, enthält Kriterien für die Zuordnung von Produkten zu den entsprechenden Produkt-Codes/GISCODEs und bietet Informationen über die GISCODE-Gruppen mit Hinweisen zu Inhaltsstoffen, Expositionen und Schutzmaßnahmen.
- **Branchenregelungen:** Eine andere Quelle für Substitutionsempfehlungen sind Branchenvereinbarungen. So hat etwa die Brancheninitiative zur Substitution von Lösemitteln im Offsetdruck eine Liste risikoarmer Wasch- und Reinigungsmittel erarbeitet. Diese Mittel enthalten keine Aromaten, Terpene und halogenierte Kohlenwasserstoffe und haben einen Flammpunkt von mindestens 60 °C.

Existieren keine anerkannten Substitutionsempfehlungen, so muss nach weniger gefährlichen Produkten gesucht werden, indem die Lieferanten von Gefahrstoffen befragt und das Sicherheitsdatenblatt auf entsprechende Informationen geprüft wird.

A 6.3.2 GHS-Spaltenmodell

Das GHS-Spaltenmodell ist eine wichtige Hilfestellung zur Beurteilung von möglichen Ersatzstoffen und Durchführung der Substitutionsprüfung nach GefStoffV.

GHS-Spaltenmodell

konkretisiert das Ersatzstoffgebot der Gefahrstoffverordnung für Reinigungsarbeiten im Offsetdruck.

Gibt es noch keine Substitutionsempfehlung, lassen sich Stoffe und Gemische durch die Informationen, die den Sicherheitsdatenblättern oder zum Teil den Kennzeichnungsschildern auf den Verpackungen entnommen werden können, mit dem Spaltenmodell vergleichen. In fünf Spalten wird eine vergleichende Bewertung eines Produktes und potenziellen Ersatzlösungen durchgeführt. Durch einen jeweils getrennt durchzuführenden Vergleich der Spalten für die zu bewertenden Produkte wird qualitativ dokumentiert, ob sich die Ersatzlösung sehr positiv (++), positiv (+), neutral (0), negativ (-) oder sehr negativ (--) auswirkt. Folgende Eigenschaften lassen sich so vergleichen:

- Akute und chronische Gesundheitsgefahren,
- Umweltgefahren,
- Brand- und Explosionsgefahren,
- Gefahren durch das Freisetzungsverhalten,
- Gefahren durch das Verfahren.

Schneidet die potenzielle Ersatzlösung in allen fünf Spalten besser ab als das verwendete Produkt oder Verfahren, ist die Höhe der Gefährdung eindeutig geklärt. Ein Unterschied von einer Gefährdungsstufe kann mitunter beim Vorliegen entgegenstehender Gründe dazu führen, dass der Ersatzstoff nicht eingesetzt wird. Liegen Unterschiede von zwei oder mehr Gefährdungsstufen vor, müssen wichtige Gründe vorliegen, den Ersatzstoff nicht einzusetzen.

A 6.3.3 Dokumentation

Das Ergebnis der Prüfung auf Möglichkeiten zur Substitution ist zu dokumentieren und erfolgt sinnvollerweise im Zusammenhang mit der Dokumentation der anderen Teile der Gefährdungsbeurteilung. Eine Form ist dabei nicht vorgeschrieben.

GefStoffV –
§ 6 „Informationsermittlung und Gefährdungsbeurteilung"

„(8) Der Arbeitgeber hat die Gefährdungsbeurteilung unabhängig von der Zahl der Beschäftigten erstmals vor Aufnahme der Tätigkeit zu dokumentieren. Dabei ist Folgendes anzugeben: [...]
2. das Ergebnis der Prüfung auf Möglichkeiten einer Substitution [...]
3. eine Begründung für einen Verzicht auf eine technisch mögliche Substitution, sofern Schutzmaßnahmen nach § 9 oder § 10 zu ergreifen sind [...]"

Als eine Möglichkeit kann z. B. das Gefahrstoffverzeichnis um weitere Spalten bzw. Felder ergänzt werden, aus denen der Zeitpunkt der Überprüfung, das Ergebnis und die Fundstelle ergänzender Dokumente hervorgehen. Die Ergebnisse der Substitutionsprüfung können durch Standardsätze beschrieben werden, z. B.

- „Möglichkeiten einer Substitution sind …"
- „Keine Möglichkeiten einer Substitution, weil …"
- „Lösung ist bereits Ersatzlösung."

Ergibt die Substitutionsprüfung bei Tätigkeiten, für die ergänzende Schutzmaßnahmen nach § 10 GefStoffV zu treffen sind, Möglichkeiten einer Substitution, ohne dass diese umgesetzt werden, so sind die Gründe zu dokumentieren. Dies kann in Form von Standardsätzen geschehen, z. B.

- „Ersatzlösung technisch nicht geeignet, weil …"
- „Ersatzlösung verringert Gefährdung nicht ausreichend, weil …"
- „Ersatzlösung betrieblich nicht geeignet, weil …"
- „Ersatzlösung eingeleitet, erneute Prüfung bis …"

Für eine detaillierte Dokumentation oder anstelle einer frei formulierten Begründung eignen sich eine vergleichende Bewertung der gesundheitlichen und sicherheitstechnischen Gefährdungen (Spalten- und Wirkfaktorenmodell) oder die „Kriterien für die Realisierung der Substitution – Abwägungsgründe für den betrieblichen Einsatz von Ersatzlösungen".

A 7 Explosionsschutzzonen (Ex-Zonen)

Nicht immer lässt sich die Bildung explosionsfähiger Atmosphären verhindern, zumindest nicht vollständig. Es müssen deshalb Maßnahmen getroffen werden, welche die Entzündung gefährlicher explosionsfähiger Atmosphären verhindern. Grundlage zur Planung und Auswahl explosionsgeschützter Betriebsmittel ist die Einteilung der Betriebs- und Anlagenbereiche in Explosionsschutzzonen (Ex-Zonen) durch den Anlagenbetreiber.

GefStoffV – Anhang I (zu § 8 Absatz 8, § 11 Absatz 3) „Besondere Vorschriften für bestimmte Gefahrstoffe und Tätigkeiten" – Nr. 1 „Brand- und Explosionsgefährdungen"

„1.6 Mindestvorschriften für den Explosionsschutz bei Tätigkeiten in Bereichen mit gefährlichen explosionsfähigen Gemischen
[...]
(3) [...] Für die Festlegung von Maßnahmen und die Auswahl der Arbeitsmittel kann der Arbeitgeber explosionsgefährdete Bereiche [...] in Zonen einteilen und entsprechende Zuordnungen [...] vornehmen."

Die Einteilung in Zonen ist ein Hilfsmittel für die Festlegung von Schutzmaßnahmen, insbesondere zur Vermeidung der Entzündung gefährlicher explosionsfähiger Atmosphären. Je wahrscheinlicher ihr Auftreten ist, desto sicherer muss das Vorhandensein von wirksamen Zündquellen vermieden werden.

A 7.1 Wahrscheinlichkeit und Dauer des Auftretens einer gefährlichen explosionsfähigen Atmosphäre

Grundlage für die Beurteilung des Umfangs der Schutzmaßnahmen sind die Wahrscheinlichkeit und Dauer des Auftretens explosionsfähiger Atmosphären.

GefStoffV – Anhang I (zu § 8 Absatz 8, § 11 Absatz 3) „Besondere Vorschriften für bestimmte Gefahrstoffe und Tätigkeiten“ – Nr. 1 „Brand- und Explosionsgefährdungen“

„1.6 Mindestvorschrift für den Explosionsschutz bei Tätigkeiten in Bereichen mit gefährlichen explosionsfähigen Gemischen
[…]
(2) Kann nach Durchführung der Maßnahmen nach Absatz 1 die Bildung gefährlicher explosionsfähiger Gemische nicht sicher verhindert werden, hat der Arbeitgeber zu beurteilen
1. die Wahrscheinlichkeit und die Dauer des Auftretens gefährlicher explosionsfähiger Gemische […]“

So werden explosionsgefährdete Bereiche in Zonen unterteilt und die Wahrscheinlichkeit und Dauer des Auftretens explosionsfähiger Atmosphären kategorisiert.

GefStoffV – Anhang I (zu § 8 Absatz 8, § 11 Absatz 3) „Besondere Vorschriften für bestimmte Gefahrstoffe und Tätigkeiten“ – Nr. 1 „Brand- und Explosionsgefährdungen“

„Punkt 1.7 Zoneneinteilung explosionsgefährdeter Bereiche
***Zone 0** ist ein Bereich, in dem gefährliche explosionsfähige Atmosphäre als Gemisch aus Luft und brennbaren Gasen, Dämpfen oder Nebeln ständig, über lange Zeiträume oder häufig vorhanden ist.*
***Zone 1** ist ein Bereich, in dem sich im Normalbetrieb gelegentlich eine gefährliche explosionsfähige Atmosphäre als Gemisch aus Luft und brennbaren Gasen, Dämpfen oder Nebeln bilden kann.*
***Zone 2** ist ein Bereich, in dem im Normalbetrieb eine gefährliche explosionsfähige Atmosphäre als Gemisch aus Luft und brennbaren Gasen, Dämpfen oder Nebeln normalerweise nicht auftritt, und wenn doch, dann nur selten und für kurze Zeit.*
[…]
***Zone 20** ist ein Bereich, in dem gefährliche explosionsfähige Atmosphäre in Form einer Wolke aus brennbarem Staub, der in der Luft enthalten ist, ständig, über lange Zeiträume oder häufig vorhanden ist.*
***Zone 21** ist ein Bereich, in dem sich im Normalbetrieb gelegentlich eine gefährliche explosionsfähige Atmosphäre in Form einer Wolke aus in der Luft enthaltenem brennbaren Staub bilden kann.*
***Zone 22** ist ein Bereich, in dem im Normalbetrieb eine gefährliche explosionsfähige Atmosphäre in Form einer Wolke aus in der Luft enthaltenem brennbaren Staub normalerweise nicht auftritt, und wenn doch, dann nur selten und für kurze Zeit.“*

Zur Unterscheidung der Wahrscheinlichkeiten der Bildung und der Längen des Auftretens gefährlicher explosionsfähiger Atmosphären werden in den gesetzlichen Regeln keine konkreten Zahlen angegeben. Zur Beurteilung gefahrdrohender explosionsfähiger Gemische müssen die Wahrscheinlichkeit der Bildung und die Dauer ihres Auftretens abgeschätzt werden.

A 7.1.1 Wahrscheinlichkeit des Auftretens gefährlicher explosionsfähiger Atmosphären

Die in den Zonendefinitionen verwendeten Begriffe „häufig“, „normalerweise (im Normalbetrieb)“ bzw. „normalerweise nicht“ müssen durch objektive Faktoren wie eine Betrachtung des Auftretens gefahrdrohender explosionsfähiger Gemische innerhalb eines bestimmten Zeitraumes beschrieben werden.

Die Bewertung von Explosionsgefahren bezieht sich jeweils auf den Normalbetrieb einer Anlage.

Normalbetrieb: Zustand, in dem die Arbeitsmittel oder Anlagen und deren Einrichtungen innerhalb ihrer Auslegungsparameter benutzt oder betrieben werden.

Im Normalbetrieb erfüllen die Geräte, Schutzsysteme und Komponenten ihre vorgesehene Funktion innerhalb ihrer Auslegungsparameter (bestimmungsgemäßer Betrieb). Dazu gehört nicht nur der Dauerbetrieb, sondern alle Zustände, in denen sich eine Anlage innerhalb ihrer Auslegungsparameter befinden kann. Die bestehenden Betriebspflichten sind hierbei einzuhalten, damit keine Störung des Betriebes auftritt.

a) häufig
Häufig treten explosionsfähige Atmosphären dort auf, wo brennbare Gase, Flüssigkeiten oder Stäube im Arbeitsprozess betriebsmäßig verwendet oder erzeugt werden. Sie sind als direkte Folge des Arbeitsverfahrens immer dann anzutreffen, wenn die Arbeitsmittel bestimmungs- und ordnungsgemäß verwendet werden. Ursache ist die meist technologisch bedingte, offene Verwendung der brennbaren Stoffe, z. B. beim Farbspritzen, Pulverbeschichten oder wenn brennbare Flüssigkeiten über ihren Flammpunkt erwärmt offen verwendet werden.

b) normalerweise
In einigen Bereichen ist normalerweise damit zu rechnen, dass gefährliche explosionsfähige Atmosphären durch Gase, Dämpfe oder Nebel auftreten. Diese erscheinen zwar betriebsbedingt im Normalbetrieb der Anlage, betreffen jedoch nur bestimmte Betriebssituationen, in denen der Betrieb einer Anlage oder eines Verfahrens nach Hersteller- oder Betreiberangaben abläuft (z. B. gemäß Betriebsanleitung, Anlagezustand innerhalb festgelegter Betriebsgrenzen und gemäß geltenden Vorschriften [Voll-/Teillastbetrieb, An-/Abfahren, Stillstand, Prüfung/Inspektion, Instandhaltung]).

An- und Abfahren sind z. B. Vorgänge, mit denen der Betriebs- oder Bereitschaftszustand einer Anlage oder eines Anlagenteils hergestellt oder beendet wird. Während dieser Zeit ist z. B. beim offenen Abfüllen oder Mischen brennbarer Flüssigkeiten oder an offenen Übergabestellen für Schüttgüter in der Umgebung von Bedien- oder Beschickungsöffnungen mit dem Auftreten explosionsfähiger Atmosphären zu rechnen. Es kann auch die unbeabsichtigte Freisetzung geringer Mengen brennbarer Stoffe zum Normalbetrieb gehören, z. B. aus Dichtungen, deren Wirkung auf der Benetzung durch die geförderte Flüssigkeit beruht.

c) normalerweise nicht
Auch das An- und Abfahren, eine Probenahme, Wartung, Reparatur und betriebsbedingte Störungen sind als besondere Arbeitssituationen zu berücksichtigen, obwohl diese nicht zur vorgesehenen Nutzung, aber trotzdem zum Normalbetrieb zählen. Normalerweise nicht vorhandene Betriebssituationen sind z. B. häufige bzw. gelegentliche Inspektionen, Wartungen und ggf. Überprüfungen. Werden brennbare Stoffe ausschließlich in dauerhaft technisch dichten Rohrleitungen gefördert, sind keine explosionsgefährdeten Bereiche zu erwarten. Explosionsfähige Atmosphären treten jedoch normalerweise auf, wenn ansonsten technisch dichte Anlagen an lösbaren Verbindungen betriebstechnisch geöffnet werden müssen, z. B. für eine zum laufenden Betrieb erforderliche regelmäßige Reinigung, wenn Anlagenteile durch absehbare Fehlhandlungen unbeabsichtigt geöffnet werden können oder wenn Undichtheiten an Anlagenteilen durch technisch bedingten hohen Verschleiß absehbar sind.

A 7.1.2 Dauer des Auftretens gefährlicher explosionsfähiger Atmosphären

Die in den Zonendefinitionen verwendeten Begriffe „ständig", „langzeitig", „gelegentlich", „selten" und „kurzzeitig" müssen durch objektive Faktoren wie die Verweilzeit der Gemische definiert werden.

a) ständig bzw. langzeitig
Der Begriff „langzeitig" ist im Sinne von „zeitlich überwiegend" in Bezug auf die tatsächliche Betriebsdauer einer Anlage zu verstehen. Das bedeutet, während mehr als 50 % der Betriebsdauer der betrachteten Anlage oder eines Anlagenteils besteht eine gefährliche explosionsfähige Atmosphäre.

Diese tritt „ständig" im Innenvolumen von Behältern oder Apparaturen (Tanks, Verdampfer, Reaktionsgefäße usw.) sowie von staubeinschließenden Behältnissen (z. B. Silos, Zyklone (Fliehkraftabscheider), Filter, Staubtransportsysteme, Mischer, Mühlen, Trockner) auf, in denen die Lagerung, der Transport oder die Be- oder Verarbeitung zum Betriebszweck der Anlage gehört. Auch der nur zeitweise Betrieb solcher Anlagen führt zur Entstehung gefährlicher explosionsfähiger Atmosphären.

b) gelegentlich
Als ein „gelegentliches Auftreten" wird eine Häufigkeit von wenigen Malen im Monat, jedoch nicht öfter als drei Mal am Tag und einer Dauer von nicht länger als 0,5 bis 10 Stunden angesehen. Außerhalb von Anlagenteilen, die weder „auf Dauer technisch dicht" noch „technisch dicht" (siehe auch B 4.1.1 - 4.1.4) sind, ist mit der Bildung von gefährlichen explosionsfähigen Atmosphären durch betriebsbedingten Austritt brennbarer Flüssigkeiten, Gase, Dämpfe oder Stäube zu rechnen. Im Normalbetrieb kann eine gefährliche explosionsfähige Atmosphäre freigesetzt werden in

- Bereichen außerhalb von Behältern oder Apparaturen bzw. staubeinschließenden Behältnissen, die explosionsfähige Gemische beinhalten,

- Umgebungen von Arbeitsöffnungen, z. B. an Füll- und Entleerungseinrichtungen,
- unmittelbarer Nähe von Kontrollöffnungen während des Anlagenbetriebes bei entsprechenden Arbeitsvorgängen der Befüllung oder Entleerung durch Dampfverdrängung oder Staubfreisetzung.

Betriebsbedingte Austrittstellen sind z. B. Entlüftungs- und Entspannungsleitungen, Umfüllanschlussstellen, Peilventile, Probenahmestellen, Entwässerungseinrichtungen und bei Stäuben z. B. Übergabestellen. Andere mögliche Austrittstellen sind nicht kontrollierte Flansch- oder Gehäuseverbindungen (z. B. Pumpengehäuse).

Die Bildung explosionsfähiger Staub/Luft-Gemische außerhalb von staubeinschließenden Behältnissen ist vor allem dort möglich, wo sich Staub ansammeln kann und wo aufgrund der Arbeitsweise zu erwarten ist, dass diese Staubschichten aufgewirbelt werden können.

Gleiches ist an betriebstechnischen Undichtigkeiten einer Anlage zu erwarten, z. B. um nicht ausreichend dichtende Stopfbuchsen an Pumpen und Schiebern. Auch der nähere Bereich um leicht zerbrechliche Apparaturen oder Leitungen aus Glas, Keramik u. Ä. sind bei Bruch dieser Anlagenteile durch eine gefährliche explosionsfähige Atmosphäre gefährdet.

c) kurzeitig
Der Begriff „kurzzeitig“ entspricht einer Zeitdauer von jeweils 30 Min. bis weniger als zwei Stunden. Gemeint sind z. B. Betriebssituationen, die infolge von Undichtheiten oder vorhersehbaren Störungen auftreten. Hier ist durch technische Überwachung oder regelmäßige Begehungen sicherzustellen, dass Freisetzungen infolge von Betriebsstörungen (z. B. Leckagen, Stauungen in Förderwegen, Beschädigen oder Platzen von Gebinden) schnell erkannt und Maßnahmen zum unverzüglichen Beseitigen der Staubablagerungen getroffen werden.

A 7.2 Umfang und Ausmaß von Ex-Zonen

Alle auf einem Betriebsgelände befindlichen explosionsgefährdeten Bereiche sind in ihrer Ausdehnung dreidimensional festzulegen. Dazu muss die Ausdehnung des Bereiches, in dem es zur Bildung einer gefährlichen explosionsfähigen Atmosphäre kommen kann, abgeschätzt werden. Die Bestimmung der Ausdehnung des explosionsgefährdeten Bereiches muss sich dabei auf die konkreten örtlichen und betrieblichen Verhältnisse beziehen. Hier ist in erster Linie die Gefahrenquelle maßgebend, d. h. der Ort, an dem eine explosionsfähige Atmosphäre entstehen bzw. auftreten kann.

Die Einstufung hat sehr verantwortungsbewusst zu erfolgen. Die Kriterien zu Wahrscheinlichkeit und Dauer des Auftretens explosionsfähiger Atmosphären sind einzeln, aber auch im Zusammenhang zu betrachten und der jeweils höhere sich ergebende Gefährdungsgrad muss angenommen werden. Eine falsche Zoneneinteilung führt bei überzogener Festlegung zu unnötigen Kosten oder bei zu geringer Auslegung zu einem nicht kalkulierbaren Explosionsrisiko.

Die Angaben zur Zoneneinteilung können den für den Betriebsbereich geltenden technischen Regeln, Merkblättern und Beispielsammlungen (insbesondere den Explosionsschutzregeln DGUV Regel 113-001) entnommen werden, und zwar im Einzelfall

- unter Betrachtung der betrieblichen Bedingungen vor Ort (z. B. in Räumen oder im Freien),
- Verwendung und Menge der brennbaren Stoffe sowie
- weiterer Randbedingungen wie vorhandene natürliche oder gewährleistete technische Lüftung

Auch die Ableitung der Zoneneinteilung aus ähnlichen Beispielen unter Berücksichtigung der eigenen Angaben über Freisetzung und Schutzmaßnahmen ist möglich.

Falls erforderlich, sollten Anlagenzustände beschrieben werden, um die Überlegungen, die zur Zoneneinstufung geführt haben, nachvollziehbar zu machen. Werden keine ausreichenden Angaben gefunden oder handelt es sich um komplexe Anlagen, so wird empfohlen, Explosionsschutz-Sachverständige hinzuzuziehen.

A 7.2.1 Festlegungen im staatlichen Regelwerk

Bei Einhaltung der technischen Regeln kann der Arbeitgeber davon ausgehen, dass die entsprechenden Anforderungen der Gefahrstoffverordnung erfüllt sind. Die Festlegung von Schutzmaßnahmen in explosionsgefährdeten Bereichen erfolgt jedoch grundsätzlich aus der Gefährdungsbeurteilung für den jeweiligen Einzelfall. Im Rahmen der Gefährdungsbeurteilung muss der Arbeitgeber daher prüfen, ob diese für seinen Einzelfall zutreffend sind.

Wählt der Arbeitgeber eine andere Lösung, muss er damit mindestens die gleiche Sicherheit und den gleichen Gesundheitsschutz für die Beschäftigten erreichen. Hierbei kann er sowohl zu erleichternden als auch zu verschärfenden Einschätzungen kommen.

a) TRGS 507

TRGS 507
„Oberflächenbehandlung in Räumen und Behältern"

gilt für Arbeiten an Innenflächen und Einbauten in engen Räumen, Behältern und Schiffsräumen sowie sonstigen Räumen, bei denen häufig die natürliche Lüftung unterbunden ist.

Beispiele sind, wenn dabei Tätigkeiten mit Gefahrstoffen durchgeführt werden:

- Reinigung einschließlich Restmengenbeseitigung (z. B. von Tanks, Kesselwagen und Straßentankfahrzeugen),
- Aufbringen von Beschichtungen (z. B. Lacke, Versiegelungen, Korrosionsschutz, Gummierungen, Harze, Isolierungen),

- Klebetätigkeiten und damit verbundene Nebentätigkeiten (z. B. Trocknen der Oberflächen, Entfernen, Schleifen oder Polieren von Beschichtungen).

TRGS 507 enthält zwar keine direkte Einteilung von Ex-Zonen, legt aber Mindestanforderungen an die Auswahl von Betriebsmitteln (Gerätekategorien) für bestimmte Tätigkeiten fest. Im Rückschluss kann auf die dort vorherrschende Wahrscheinlichkeit und Dauer gefährlicher explosionsfähiger Atmosphären und damit die Zoneneinteilung geschlossen werden:

- Reinigen und Restmengenbeseitigung in Räumen und Behältern, die brennbare Flüssigkeiten enthalten, mit Verspritzen oder Versprühen entzündbarer Flüssigkeiten,
- Reinigen und Beschichten durch Verspritzen oder Versprühen entzündbarer Flüssigkeiten ohne Lachenbildung,
- Reinigen und Beschichten durch Verspritzen oder Versprühen nicht entzündbarer Flüssigkeiten,
- Reinigen und Restmengenbeseitigung in Räumen und Behältern, die brennbare Flüssigkeiten enthalten, mit größeren Stoffmengen, ohne Verspritzen oder Versprühen,
- Reinigen und Beschichten unter Verwendung geringer Mengen brennbarer Flüssigkeiten ohne Verspritzen oder Versprühen und ohne Lachenbildung,
- Reinigen und Restmengenbeseitigung in Räumen und Behältern, die brennbare Gase enthalten.

b) TRGS 509

TRGS 509
„Lagern von flüssigen und festen Gefahrstoffen in ortsfesten Behältern sowie Füll- und Entleerstellen für ortsbewegliche Behälter"

gilt für
- das Lagern von flüssigen oder festen Gefahrstoffen in ortsfesten Behältern in Räumen und im Freien,
- das Befüllen und Entleeren der ortsfesten Behälter sowie deren Befüll- und Entnahmeeinrichtungen,
- der Zusammenlagerung mit ortsbeweglichen Behältern,
- das Befüllen und Entleeren ortsbeweglicher Behälter in Füll- und Entleerstellen,
- das aktive Lagern entzündbarer Flüssigkeiten mit einem Flammpunkt ≤ 55 °C in ortsbeweglichen Behältern,
- die Probenahme während des aktiven Lagerns oder Instandhaltungsarbeiten.

Konkrete Hilfestellungen bei der Einteilung von explosionsgefährdeten Bereichen in Zonen bei der Lagerung und Abfüllung entzündbarer Flüssigkeiten bieten die Festlegungen zu explosionsgefährdeten Bereichen der Anlage 2 TRGS 509, die auf allgemeinen Erfahrungswerten beruhen.

Anlage 2 enthält konkrete Festlegung zu Ex-Zonen bei der Lagerung und Abfüllung entzündbarer Flüssigkeiten mit einem Flammpunkt ≤ 55 °C

- in Tanks,
- in und um Rohr- und Schlauchleitungen, Armaturen und Anlagenteile(n),
- in und um Pumpen,
- explosionsgefährdete Bereiche in Räumen,
- um Tanks im Freien,
- beim Lagern in unterirdischen Tanks,
- an Füllstellen im Freien,
- an Entleerstellen im Freien und in Räumen,
- bei Ableitflächen und Rückhalteeinrichtungen an Füllstellen im Freien,
- an Dämpfespeichern zur Zwischenspeicherung von Dämpfen entzündbarer Flüssigkeiten im Zuge von Gaspendelsystemen im Lager.

c) TRGS 510

	TRGS 510 **„Lagerung von Gefahrstoffen in ortsbeweglichen Behältern"**
!	gilt für gilt für das Lagern von Gefahrstoffen in ortsbeweglichen Behältern einschließlich des Ein- und Auslagerns, des Transportieren innerhalb des Lagers sowie für das Beseitigen freigesetzter Gefahrstoffe.

Anlage 5 TRGS 510 zu besonderen Maßnahmen zum Brand- und Explosionsschutz bei der Lagerung entzündbarer Flüssigkeiten enthält konkrete Festlegungen zur Zoneneinteilung für Lager, in denen nach den örtlichen oder betrieblichen Verhältnissen das Auftreten solcher Atmosphären nicht verhindert werden kann:

- Lagerräume für entzündbare Flüssigkeiten in Behältern mit einem Rauminhalt bis 1.000 l,
- Lagerung ausschließlich in geschlossenen, technisch dichten Gebinden,
- Lagerräume zur Lagerung entzündbarer Flüssigkeiten für reine Flüssigkeiten mit einem Flammpunkt über 35 °C bzw. Gemische mit Flammpunkt über 45 °C in Behältern mit einem Rauminhalt bis 1.000 l,
- Lagerung im Freien in gefahrgutrechtlich zulässigen Behältern.

A 7.2.2 Beispielsammlung in den Explosionsschutz-Regeln DGUV Regel 113-001 (bisher BGR 104)

Die berufsgenossenschaftlichen Explosionsschutz-Regeln (EX-RL) stellen in der heutigen Fassung eine Sammlung aller explosionsschutzrelevanten technischen Regeln für die Betreiber dar, inklusive der weltweit umfangreichsten Beispielsammlung zur Einteilung explosionsgefährdeter Bereiche in Zonen. Der Fachbereich „Rohstoffe und chemische Industrie", Sachgebiet „Explosionsschutz" hat mit der Herausgabe der neuen Beispielsammlung (Blaudruck, Ausgabe 06/2016) alle neuen Erkenntnisse zur Einteilung explosionsgefährdeter Bereiche in Zonen tabellarisch zusammengestellt. Sie dienen als Entscheidungshilfe bei der Auswahl von Art und Umfang der Schutzmaßnahmen für das Vermeiden von Explosionsgefahren und beinhalten:

- Fallbeispiele für brennbare Gase, Dämpfe, Nebel in der Umgebung und im Inneren von Apparaturen, Behältern und Rohrleitungen,
- Fallbeispiele für brennbare Flüssigkeiten in der Umgebung und im Inneren von Apparaturen, Behältern und Rohrleitungen,
- Fallbeispiele für brennbare Stäube in der Umgebung und im Inneren von staubführenden Apparaten und Behältern,
- Fallbeispiele für spezielle Anlagen, z. B.
  - abwassertechnische Anlagen,
  - Anlagen zur leitungsgebundenen Versorgung der Allgemeinheit mit Gas,
  - Kohlenstaubanlagen und Brikettfabriken,
  - Steinkohlen-Aufbereitungsanlagen,
  - Verarbeiten von Beschichtungsstoffen mit organischen Anteilen,
  - medizinisch genutzte Räume nach DIN VDE 100 Teil 710,
  - Umgang mit Acetylen,
  - Biogasanlagen,
  - Bedrucken, Verarbeiten und Veredeln von Papier und ähnlichen Stoffen sowie Bedrucken von Textilien unter Verwendung von brennbaren Flüssigkeiten als Lösemittel oder Lösemittelgemisch.

Die Entscheidung, ob und mit welcher Wahrscheinlichkeit gefährliche explosionsfähige Atmosphären auftreten können, hängt von den gegebenen Umständen ab und muss sich stets auf den vorliegenden Einzelfall beziehen. Deshalb ist bei Anwendung der Beispielsammlung immer zu untersuchen, ob in dem zu beurteilenden Fall das Auftreten von gefährlichen explosionsfähigen Atmosphären hinsichtlich der Menge und Wahrscheinlichkeit mit dem Sachverhalt des Beispiels übereinstimmt. Bei Abweichungen von den in der Beispielsammlung angegebenen Voraussetzungen sind Änderungen der Zone bzw. deren Ausdehnung möglich.

A 7.2.3 Einzelne Beispiellösungen im berufsgenossenschaftlichen Regelwerk

a) DGUV Information 209-046 (früher BGI 740)

DGUV Information 209-046
„Lackierräume und -einrichtungen für flüssige Beschichtungsstoffe – Bauliche Einrichtungen, Brand- und Explosionsschutz, Betrieb"

beschreibt im Anhang 1 für die Zonenfestlegung an Spritzlackierarbeitsplätzen Verarbeitungsbeispiele mit Angabe der explosionsgefährdeten Bereiche (Zoneneinteilungen).

Spritzlackierarbeiten und viele damit verbundenen Nebentätigkeiten (z. B. Reinigen, Lagern und Anmischen von Beschichtungsstoffen) führen zu Explosionsgefahren, bei denen in den entsprechenden Räumen durch den Betreiber explosionsgefährdete Bereiche festgelegt werden müssen:

- Gesonderte Räume (Lackierräume) zum Verarbeiten von lösemittelhaltigen Beschichtungsstoffen mit einem Flammpunkt < 21 °C oder einem Flammpunkt ≥ 21 °C, wenn sie betriebsmäßig über ihren Flammpunkt erwärmt werden,
- gesonderte Räume (Lackierräume) zum Verarbeiten von lösemittelhaltigen Beschichtungsstoffen mit einem Flammpunkt ≥ 21 °C, wenn sie betriebsmäßig nicht über ihren Flammpunkt erwärmt werden,
- andere Räume (z. B. Fertigungsräume) mit einzelnen Ständen und Kabinen zur Verarbeitung von lösemittelhaltigen Beschichtungsstoffen mit einem Flammpunkt < 21 °C oder einem Flammpunkt ≥ 21 °C, wenn sie betriebsmäßig über ihren Flammpunkt erwärmt werden,
- andere Arbeitsräume (z. B. Fertigungsräume) mit einzelnen Ständen und Kabinen zum Verarbeiten von lösemittelhaltigen Beschichtungsstoffen mit einem Flammpunkt ≥ 21 °C, wenn sie betriebsmäßig nicht über ihren Flammpunkt erwärmt werden,
- gesonderte Räume (Lackierräume) zur Verarbeitung von lösemittelhaltigen Beschichtungsstoffen in Spritzständen und -kabinen mit oder ohne Bedienperson nach DIN EN 12215 bzw. DIN EN 13355,
- andere Arbeitsräume (z. B. Fertigungsräume) mit einzelnen Ständen und Kabinen zur Verarbeitung von lösemittelhaltigen Beschichtungsstoffen in Spritzständen und -kabinen mit oder ohne Bedienperson nach DIN EN 12215 bzw. DIN EN 13355,
- gesonderte Räume (Lackierräume) zur Verarbeitung von lösemittelhaltigen Beschichtungsstoffen in Spritzständen und -kabinen ohne Bedienperson nach DIN EN 12215 (Automatikanlage),
- andere Arbeitsräume (z. B. Fertigungsräume) mit einzelnen Ständen und Kabinen zur Verarbeitung von lösemittelhaltigen Beschichtungsstoffen in Spritzständen und -kabinen ohne Bedienperson nach DIN EN 12215 (Automatikanlagen),
- Tauchbehälter zum Verarbeiten von flüssigen Beschichtungsstoffen,
- andere Räume (z. B. Fertigungsräume) ohne Spritzwände, -stände, -kabinen oder ähnliche Beschichtungseinrichtungen,
- Abfüllen, Mischen, Umfüllen oder Umpumpen von Beschichtungsstoffen, Lösemitteln o. Ä. zum Teil aus offenen Behältern mit einem Volumen ≤ 10 l,
- Bedienung von Farbmischregalen mit nicht nur selbstschließenden Behältern, mit einem Volumen ≤ 5 l,
- Farbversorgungsräume mit Materialversorgungseinrichtungen, z. B. bestehend aus Behältern, Rührwerken, Pumpen, Dosiervorrichtungen,
- Räume oder Bereiche, in denen frisch lackierte Werkstücke zum Abdunsten und/oder Trocknen abgestellt werden.

b) BG-Information BGI 739-2

BG-Information BGI 739-2
„Absauganlagen und Silos für Holzstaub und -späne – Brand- und Explosionsschutz"

erläutert die wichtigsten Anforderungen an den Brand- und Explosionsschutz von Filteranlagen und Silos für Holzstaub, Holzspäne, Hackschnitzel – beginnend von der Absaugleitung der angeschlossenen Maschinen bis zum Materialeintrag in die Feuerungsanlage – und beschreibt die notwendigen Maßnahmen.

Kleinere Filteranlagen werden üblicherweise in Betrieben mit handwerklicher Fertigung eingesetzt, während sich größere Filteranlagen in Betrieben mit vorwiegend industrieller Fertigung befinden. Absauganlagen bestehen in der Regel aus Absaugleitungen, Ventilatoren, Filteranlagen und Rückluftkanälen. In einfachen Fällen besteht die Absauganlage nur aus Absaugleitungen, Ventilator, Filteranlage und Spänesammeleinrichtung. Bei Zwischenfilteranlagen ist dem Filter eine Förderanlage nachgeschaltet, die das Material in ein Silo transportiert, woraus es über eine Austrageinrichtung z. B. in eine Feuerungsanlage gefördert wird.

BGI 739-2 enthält zudem eine Beispielsammlung zur Zoneneinteilung von explosionsgefährdeten Bereichen im Inneren bzw. in der Umgebung von Anlagen zum Erfassen, Abscheiden und Lagern von Holzstaub und -spänen für verschiedene Anlagenkomponenten:

- Arbeitsräume, Filteraufstellräume, Heizräume,
- Absaugrohrleitungen zwischen Maschinen und Filteranlage,
- Entstauber,
- Filteranlagen,
- Rückluftleitung zwischen Filteranlage und Arbeitsraum,
- Zyklone,
- Materialtransportleitung mit pneumatischem Transport, z. B. zwischen Filteranlage und Silo,
- Elevatoren, Trogketten- und Kratzförderer,
- Verladung bzw. freie Schüttung innerhalb einer Umhausung,
- Silo.

Die beschriebenen Lösungen sind Beispiele, wie sie in der Praxis üblich sind und sich in der Vergangenheit bewährt haben. Die in der Beispielsammlung angegebenen Ex-Zonen beruhen auf Berechnungen der tatsächlichen Materialbeladungen bei derzeit maximal anzunehmenden Zerspanungsleistungen sowie den notwendigen Luftgeschwindigkeiten und Volumenströmen in den Absaugleitungen der jeweils betrachteten Maschine.

A 7.2.4 Gefährdungsbetrachtungen der Hersteller

Die Ausweisung einer Zone kann auch das Ergebnis einer Risikobeurteilung durch den Hersteller einer Anlage im Sinne der 2006/42/EG (Maschinenrichtlinie) in Verbindung mit DIN EN ISO 12100:2011 und ggf. mit

DIN EN ISO 13849-1 und -2 sein. Wenn der Hersteller der Auffassung ist, dass mit gefährlichen zündfähigen Atmosphären oder aber instabilen Stoffen gerechnet werden muss, muss in der entsprechenden Anlagendokumentation dargelegt sein, welche Schutzmaßnahmen zur Vermeidung eines Wirksamwerdens potenzieller Zündquellen getroffen wurden, um einen unerwünschten – also einen nicht bestimmungsgemäßen – Einsatz zu vermeiden.

Die Maschinenrichtlinie 2006/42/EG regelt im Anhang I Ziffer 1.5.7 die Gefahren durch Explosionen, nach dem die Maschine so konstruiert und gebaut sein muss, dass jedes Explosionsrisiko vermieden wird, das von der Maschine selbst oder von Gasen, Flüssigkeiten, Stäuben, Dämpfen und anderen von der Maschine freigesetzten oder verwendeten Stoffen ausgeht.

Allerdings kann dieses nur für das Innere bzw. die unmittelbare Umgebung der Anlage zutreffen, da dem Hersteller in der Regel die weiteren Betriebs- und Umgebungsbedingungen für eine vollständige Bewertung zur Festlegung von Ex-Zonen fehlen. Hinzu kommt, dass die Installation einer komplexen Anlage in explosionsgefährdeten Bereichen auf dem Gelände des Betreibers auch im Explosionsschutzdokument sicherheitstechnisch bewertet werden muss.

A 7.3 Explosionsschutzzonen-Plan (Ex-Zonen-Plan)

Zur Darstellung der Ausdehnung von explosionsgefährdeten Bereichen im Freien oder in Räumen sowie ggf. unterschiedlicher Zonen ist in der Regel ein Ex-Zonen-Plan zu erstellen. Alle auf einem Betriebsgelände befindlichen explosionsgefährdeten Bereiche sind in ihrer Ausdehnung (dreidimensional) festzulegen, einschließlich der Bereiche, die augenscheinlich keine Zündquellen enthalten (z. B. Abwasserkanäle).

Als Grundlage für einen Ex-Zonen-Plan eignen sich insbesondere Lagepläne und Grundrisse, in denen die Zonen eindeutig zu kennzeichnen sind, z. B. durch Beschriftung, unterschiedliche Farben oder Nutzung der Symbole nach DIN VDE 0165-101, und – wenn erforderlich – zu beschreiben (z. B. Zone 1: 3 m, Zone 2: weitere 6 m usw.). Bei einzelnen Räumen, die komplett einer Ex-Zone zugeordnet sind, genügt die Raumnennung im Explosionsschutzdokument (z. B. Lagerraum für brennbare Flüssigkeiten (Haus X, Raum Nr. 99): Zone 1).

Abb A 7.1: Beispiel zur Darstellung der Ex-Zonen nach Anhang I Nr. 1 Punkt 1.6 Abs. 3 GefStoffV: Lagerung entzündbarer Flüssigkeiten in einem Sicherheitsschrank ohne Lüftung bzw. mit Abfüll- oder Umfülltätigkeiten

Ex-Zonen-Pläne

Grafische Darstellung

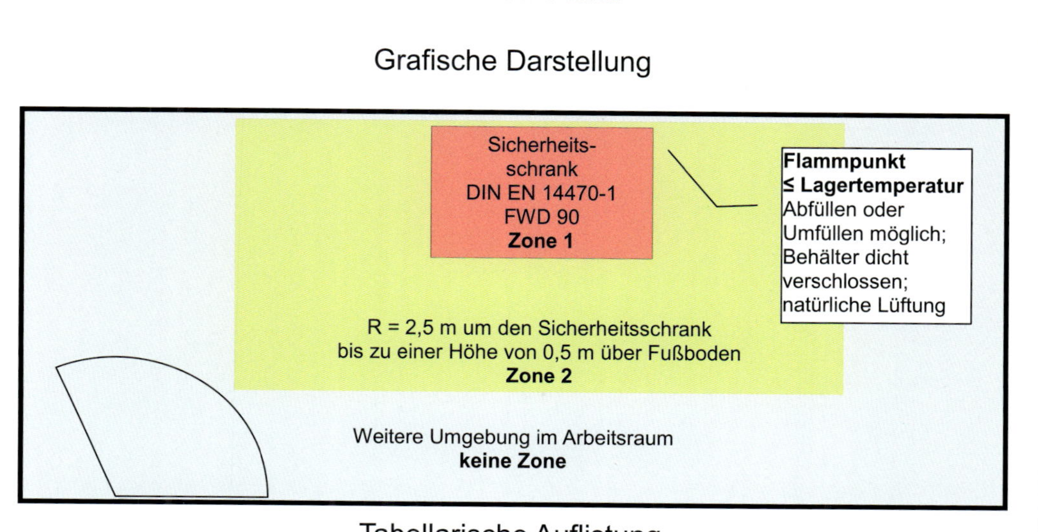

Tabellarische Auflistung

Arbeitsplatz/ Tätigkeit	Merkmale/Bemerkungen/ Voraussetzungen/Hinweise		Festlegung der Zonen nach TRBS 2152 Teil 3
	Flammpunkt ≤ Lagertemperatur Der Flammpunkt liegt nicht ausreichend über der Lagertemperatur (siehe TRBS 2152 Teil 1 Punkt 3.2 (3)).		
	Natürliche Lüftung	Behälter dicht verschlossen, regelmäßige Kontrolle auf Dichtheit, Öffnen der Behälter ausgeschlossen (kein Abfüllen oder Umfüllen und keine Probenahme); Abstellen von Behältern ohne äußere Benetzung durch brennbare Flüssigkeiten	**Zone 2:** im Innern des Sicherheitsschrankes
		nicht alle o.g. Punkte erfüllt, Behälter sind jedoch dicht verschlossen; natürliche Lüftung vorhanden	**Zone 1:** im Innern des Sicherheitsschrankes und **Zone 2:** in der Umgebung R = 2,5 m um den Sicherheitsschrank in einer Höhe von 0,5 m über Fußboden

Textliche Beschreibung

Im Sicherheitsschrank nach DIN EN 14470-1 mit einer Feuerwiderstandsfähigkeit von mindestens 90 Minuten wird nach Anlage 3 TRGS 510 „Lagerung entzündbarer Flüssigkeiten in Sicherheitsschränken“ für die Lagerung entzündbarer Flüssigkeiten in dicht schließenden Behältern sowie dem möglichen Um- oder Abfüllen unter natürlicher Lüftung im Inneren des Sicherheitsschrankes Zone 1 und in der Umgebung von 2,5 m um den Sicherheitsschrank bis zu einer Höhe von 0,5 m über dem Fußboden Zone 2 festgelegt.

A 8 Schutzmaßnahmen im Explosionsschutz

Ist die Bildung einer gefährlichen explosionsfähigen Atmosphäre möglich, sind Explosionsschutzmaßnahmen notwendig. Insbesondere sind Maßnahmen zum Schutz der Beschäftigten und anderer Personen zu ergreifen, um bei Tätigkeiten mit Gefahrstoffen eine Brand- und/oder Explosionsgefährdung zu vermeiden oder diese so weit wie möglich zu verringern.

GefStoffV –
§ 11 „Besondere Schutzmaßnahmen gegen physikalisch-chemische Einwirkungen, insbesondere gegen Brand- und Explosionsgefährdungen"

„(1) Der Arbeitgeber hat auf der Grundlage der Gefährdungsbeurteilung Maßnahmen zum Schutz der Beschäftigten und anderer Personen vor physikalisch-chemischen Einwirkungen zu ergreifen. Er hat die Maßnahmen so festzulegen, dass die Gefährdungen vermieden oder so weit wie möglich verringert werden. Dies gilt insbesondere bei Tätigkeiten einschließlich Lagerung, bei denen es zu Brand- und Explosionsgefährdungen kommen kann."

Hierbei kann es sich um vorbeugende Maßnahmen oder um technische und organisatorische Schutzmaßnahmen handeln. Oftmals ist die Kombination von Maßnahmen des vorbeugenden und konstruktiven Explosionsschutzes sinnvoll oder sogar erforderlich. Dabei sollen bauliche und technische Maßnahmen stets vor organisatorischen vorgesehen werden.

A 8.1 Ergänzende Schutzmaßnahmen nach § 11 GefStoffV

Zu einer Explosion kommt es, wenn eine gefährliche explosionsfähige Atmosphäre und eine wirksame Zündquelle gleichzeitig und am gleichen Ort vorhanden sind. Eine Explosion kann nicht erfolgen, wenn eine dieser beiden Voraussetzungen nicht vorliegt bzw. beseitigt wird. Daher muss das Auftreten einer explosionsfähigen Atmosphäre verhindert oder – falls dies nicht möglich ist – deren Zündung vermieden werden. Die Maßnahmen hierfür können jedoch nicht wahlweise getroffen werden.

GefStoffV –
§ 11 „Besondere Schutzmaßnahmen gegen physikalisch-chemische Einwirkungen, insbesondere gegen Brand- und Explosionsgefährdungen"

„(2) Zur Vermeidung von Brand- und Explosionsgefährdungen hat der Arbeitgeber Maßnahmen nach folgender Rangfolge zu ergreifen:
1. gefährliche Mengen oder Konzentrationen von Gefahrstoffen, die zu Brand- oder Explosionsgefährdungen führen können, sind zu vermeiden,
2. Zündquellen oder Bedingungen, die Brände oder Explosionen auslösen können, sind zu vermeiden,
3. schädliche Auswirkungen von Bränden oder Explosionen auf die Gesundheit und Sicherheit der Beschäftigten und anderer Personen sind so weit wie möglich zu verringern."

In Anhang I Nr. 1 GefStoffV zu Brand- und Explosionsgefahren werden mögliche Schutzmaßnahmen genannt, die vom Betreiber anzuwenden sind.

A 8.1.1 Maßnahmen zur Verhinderung der Bildung einer explosionsfähigen Atmosphäre (Primärer Explosionsschutz)

Zunächst soll versucht werden, das Auftreten explosionsfähiger Atmosphären zu vermeiden (Primärer Explosionsschutz). Diese Explosionsschutzmaßnahmen sind grundsätzlich allen anderen vorzuziehen, denn dadurch kann das Entstehen explosionsfähiger Atmosphären entweder vollständig verhindert oder zumindest auf ein ungefährliches Maß reduziert werden.

GefStoffV – Anhang I (zu § 8 Absatz 8, § 11 Absatz 3) „Besondere Vorschriften für bestimmte Gefahrstoffe und Tätigkeiten" – Nr. 1 „Brand- und Explosionsgefährdungen"

„1.2 Grundlegende Anforderungen zum Schutz vor Brand- und Explosionsgefährdungen
(2) Die Mengen an Gefahrstoffen sind im Hinblick auf die Brandbelastung, die Brandausbreitung und Explosionsgefährdungen so zu begrenzen, dass die Gefährdung durch Brände und Explosionen so gering wie möglich ist."

Zu den Explosionsschutzmaßnahmen, die gefährliche explosionsfähige Atmosphären verhindern oder einschränken, gehören:

- Vermeiden oder Einschränken von Stoffen, die explosionsfähige Atmosphären zu bilden vermögen,
- Verhindern oder Einschränken explosionsfähiger Atmosphären im Inneren von Anlagen und Anlagenteilen,
- Verhindern oder Einschränken gefährlicher explosionsfähiger Atmosphären in der Umgebung von Anlagen und Anlagenteilen,
- Überwachung der Konzentration in der Umgebung von Anlagen oder Anlagenteilen,

- Maßnahmen zum Beseitigen von Staubablagerungen in der Umgebung von staubführenden Anlagen und Anlagenteilen sowie Behältern.

TRGS 722 / TRBS 2152 Teil 2
„Vermeidung oder Einschränkung gefährlicher explosionsfähiger Atmosphäre"

konkretisiert die Anforderungen zur Vermeidung oder Einschränkung gefährlicher explosionsfähiger Atmosphären für Tätigkeiten mit Gefahrstoffen, für verwendete Arbeitsmittel sowie für überwachungsbedürftige Anlagen.

A 8.1.2 Maßnahmen zur Vermeidung wirksamer Zündquellen (Sekundärer Explosionsschutz)

Lässt sich die Bildung einer gefährlichen explosionsfähigen Atmosphäre dennoch nicht sicher verhindern, so ist zusätzlich die Zündung dieser Atmosphäre zu vermeiden.

GefStoffV – Anhang I (zu § 8 Absatz 8, § 11 Absatz 3)
„Besondere Vorschriften für bestimmte Gefahrstoffe und Tätigkeiten" – Nr. 1 „Brand- und Explosionsgefährdungen"

„1.6 Mindestvorschriften für den Explosionsschutz bei Tätigkeiten in Bereichen mit gefährlichen explosionsfähigen Gemischen
[…]
(3) Kann das Auftreten gefährlicher explosionsfähiger Gemische nicht sicher verhindert werden, sind Schutzmaßnahmen zu ergreifen, um eine Zündung zu vermeiden."

Hierfür sind mögliche Zündquellen zu identifizieren und Maßnahmen gegen ihr Wirksamwerden zu treffen (Sekundärer Explosionsschutz). In explosionsgefährdeten Bereichen sind grundsätzlich zuerst Zündquellen zu vermeiden bzw. zu entfernen. Wenn dies nicht möglich ist, sind Maßnahmen zu treffen, welche die Zündquellen unwirksam machen oder die Wahrscheinlichkeit ihres Wirksamwerdens verringern.

Auf diese Maßnahmen darf nur verzichtet werden, wenn Maßnahmen, die eine Bildung gefährlicher explosionsfähiger Atmosphären verhindern oder einschränken, wirksam sind und überwacht werden.

Im Zusammenhang mit technischen Einrichtungen sind eine Vielzahl von Zündquellen möglich. Die Maßnahmen ihrer Vermeidung erfordern eine Auswahl, welche Betriebsmittel mit z. B. möglichen elektrischen oder mechanischen Zündquellen eingesetzt werden können.

GefStoffV – Anhang I (zu § 8 Absatz 8, § 11 Absatz 3) „Besondere Vorschriften für bestimmte Gefahrstoffe und Tätigkeiten" – Nr. 1 „Brand- und Explosionsgefährdungen"

„1.8 Mindestvorschriften für Einrichtungen in explosionsgefährdeten Bereichen sowie für Einrichtungen in nichtexplosionsgefährdeten Bereichen, die für den Explosionsschutz in explosionsgefährdeten Bereichen von Bedeutung sind
(1) Arbeitsmittel einschließlich Anlagen und Geräte, Schutzsysteme und den dazugehörigen Verbindungsvorrichtungen dürfen nur in Betrieb genommen werden, wenn aus der Dokumentation der Gefährdungsbeurteilung hervorgeht, dass sie in explosionsgefährdeten Bereichen sicher verwendet werden können. Dies gilt auch für Arbeitsmittel und die dazugehörigen Verbindungsvorrichtungen […], wenn ihre Verwendung in einer Einrichtung an sich eine potenzielle Zündquelle darstellt.
(2) Sofern in der Gefährdungsbeurteilung nichts anderes vorgesehen ist, sind in explosionsgefährdeten Bereichen Geräte und Schutzsysteme entsprechend den Kategorien der Richtlinie 2014/34/EU auszuwählen."

Die Wahrscheinlichkeit des Vorhandenseins, der Entstehung und des Wirksamwerdens von Zündquellen – einschließlich elektrostatischer Entladungen – ist in Abhängigkeit zur Wahrscheinlichkeit des Auftretens gefährlicher explosionsfähiger Atmosphären (Zoneneinteilung) zu bewerten: Je wahrscheinlicher das Auftreten einer gefährlichen explosionsfähigen Atmosphäre, desto sicherer muss das Vorhandensein von wirksamen Zündquellen vermieden werden.

Zu diesen Maßnahmen gehören:

- Bereitstellung von geeigneten Arbeitsmitteln einschließlich Anlagenteilen und Verbindungsvorrichtungen,
- adäquate Benutzung der Arbeitsmittel, sodass Zündquellen nicht wirksam werden,
- adäquate Montage, Installation und Betrieb überwachungsbedürftiger Anlagen, sodass Zündquellen nicht wirksam werden.

TRGS 723
„Gefährliche explosionsfähige Gemische – Vermeidung der Entzündung gefährlicher explosionsfähiger Gemische" bzw.
TRBS 2152 Teil 3
„Gefährliche explosionsfähige Atmosphäre – Vermeidung der Entzündung gefährlicher explosionsfähiger Atmosphäre"

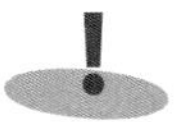

konkretisiert die Anforderungen zur Vermeidung der Entzündung gefährlicher explosionsfähiger Atmosphäre infolge des Wirksamwerdens von Zündquellen zur Ermittlung der hierfür relevanten Inhalte des Explosionsschutzdokumentes.

Auch Geräte und Arbeitsmittel ohne eigene potenzielle Zündquelle, die sich elektrostatisch aufladen können (z. B. Rohrleitungen), müssen bei der Zündquellenanalyse berücksichtigt werden. Die elektrostatisch gespeicherte Energie kann sich in Form von Funken entladen und somit als Zündquelle wirken.

	TRGS 727 / TRBS 2153 **„Vermeidung von Zündgefahren infolge elektrostatischer Aufladungen"**
!	stellt Anforderungen an die Auswahl und Durchführung von Schutzmaßnahmen zum Vermeiden von Zündgefahren infolge elektrostatischer Aufladungen in explosionsgefährdeten Bereichen.

A 8.1.3 Maßnahmen, welche die Auswirkungen einer Explosion auf ein unbedenkliches Maß beschränken (Tertiärer Explosionsschutz)

Sind in Einzelfällen die Explosionsschutzmaßnahmen zur Vermeidung von gefährlichen explosionsfähigen Atmosphären (Primärer Explosionsschutz) und zur Vermeidung von Zündquellen (Sekundärer Explosionsschutz) nicht ausreichend sicher durchführbar, müssen ergänzende Maßnahmen getroffen werden, die die Auswirkungen einer Explosion auf ein unbedenkliches Maß beschränken (Tertiärer Explosionsschutz). Durch diese Maßnahmen können die Auswirkungen von Explosionen, die z. B. vom Inneren geschlossener Anlagen ausgehen, so weit reduziert werden, dass Gesundheit und Sicherheit der Arbeitnehmenden gewährleistet sind. Diese Maßnahmen werden durch Bauweise bzw. Ausrüstung von Betriebsanlagen erreicht und als „konstruktiver Explosionsschutz" bezeichnet.

	GefStoffV – Anhang I (zu § 8 Absatz 8, § 11 Absatz 3) **„Besondere Vorschriften für bestimmte Gefahrstoffe und Tätigkeiten" – Nr. 1 „Brand- und Explosionsgefährdungen"**
§	*„1.6 Mindestvorschriften für den Explosionsschutz bei Tätigkeiten in Bereichen mit gefährlichen explosionsfähigen Gemischen* *[…]* *(4) Kann eine Explosion nicht sicher verhindert werden, sind Maßnahmen des konstruktiven Explosionsschutzes zu ergreifen, um die Ausbreitung der Explosion zu begrenzen und die Auswirkungen der Explosion auf die Beschäftigten so gering wie möglich zu halten."*

Zu diesen Maßnahmen gehören

- explosionsfeste Bauweise,
- Explosionsdruckentlastung,
- Explosionsunterdrückung,
- explosionstechnische Entkopplung (von Flammen und Druck).

TRGS 724
„Gefährliche explosionsfähige Gemische – Maßnahmen des konstruktiven Explosionsschutzes“ bzw.
TRBS 2152 Teil 4
„Gefährliche explosionsfähige Atmosphäre – Maßnahmen des konstruktiven Explosionsschutzes, welche die Auswirkung einer Explosion auf ein unbedenkliches Maß beschränken“

beschreibt Maßnahmen des konstruktiven Explosionsschutzes, welche die Auswirkung einer Explosion auf ein unbedenkliches Maß beschränken.

A 8.2 Schutzmaßnahmen nach Anhang I Nr. 1 GefStoffV

In Nummer 1 Anhang I GefStoffV zu besonderen Vorschriften für bestimmte Gefahrstoffe und Tätigkeiten werden Brandschutz- und Explosionsmaßnahmen vorgeschrieben, die sich nach der Gefährdung durch die Eigenschaften und das Vorhandensein brennbarer Stoffe, Gemische und Erzeugnisse richten.

GefStoffV –
§ 11 „Besondere Schutzmaßnahmen gegen physikalisch-chemische Einwirkungen, insbesondere gegen Brand- und Explosionsgefährdungen“

§

„(1) Der Arbeitgeber hat auf der Grundlage der Gefährdungsbeurteilung Maßnahmen zum Schutz der Beschäftigten und anderer Personen vor physikalisch-chemischen Einwirkungen zu ergreifen. […] Dabei hat der Arbeitgeber Anhang I Nummer 1 […] zu beachten.“

Die hier vorgeschriebenen Schutzmaßnahmen sowie die Mindestvorschriften für Tätigkeiten in explosionsgefährdeten Bereichen sind die nationale Umsetzung der Mindestvorschriften zur Verbesserung der Sicherheit und des Gesundheitsschutzes in explosionsgefährdeten Bereichen des Anhangs II der Richtlinie 1999/92/EG.

GefStoffV – Anhang I (zu § 8 Absatz 8, § 11 Absatz 3) „Besondere Vorschriften für bestimmte Gefahrstoffe und Tätigkeiten" – Nr. 1 „Brand- und Explosionsgefährdungen"

beinhaltet u. a. folgende Punkte:
1.2 Grundlegende Anforderungen zum Schutz vor Brand- und Explosionsgefährdungen
1.3 Schutzmaßnahmen in Arbeitsbereichen mit Brand- und Explosionsgefährdungen
1.4 Organisatorische Maßnahmen
1.5 Schutzmaßnahmen für die Lagerung
1.6 Mindestvorschriften für den Explosionsschutz bei Tätigkeiten in Bereichen mit gefährlichen explosionsfähigen Gemischen
1.7 Zoneneinteilung explosionsgefährdeter Bereiche
1.8 Mindestvorschriften für Einrichtungen in explosionsgefährdeten Bereichen sowie für Einrichtungen in nichtexplosionsgefährdeten Bereichen, die für den Explosionsschutz in explosionsgefährdeten Bereichen von Bedeutung sind

Die Einhaltung dieser Mindestvorschriften ist eine unabdingbare Voraussetzung für die Sicherheit und den Gesundheitsschutz der Arbeitnehmenden.

A 8.2.1 Grundlegende Anforderungen zum Schutz vor Brand- und Explosionsgefährdungen

Der Arbeitgeber hat organisatorische und technische Schutzmaßnahmen nach dem Stand der Technik festzulegen, die zum Schutz von Gesundheit und Sicherheit der Beschäftigten oder anderer Personen vor Brand- und Explosionsgefährdungen erforderlich sind. Grundlegende Anforderungen zum Schutz vor Brand- und Explosionsgefährdungen sind z. B.:

- Mengenbegrenzung von Gefahrstoffen im Hinblick auf die Brandbelastung, die Brandausbreitung und Explosionsgefährdungen,
- Schutz gegen das unbeabsichtigte Freisetzen von Gefahrstoffen, die zu Brand- oder Explosionsgefährdungen führen können,
- Zurückhaltung von Gefahrstoffen in Arbeitsmitteln und Anlagen,
- Vermeidung gefährlicher Zustände (z. B. gefährliche Temperaturen, Über- und Unterdrücke, Überfüllungen, Korrosionen),
- Unterbrechung der Gefahrstoffströme durch automatische Begrenzung oder Stillsetzen der Förderung von einem schnell und ungehindert erreichbaren Ort,
- Vermeidung gefährlicher Vermischungen von Gefahrstoffen,
- Erfassung und gefahrlose Beseitigung von frei werdenden Gefahrstoffen, die zu Brand- oder Explosionsgefährdungen führen können, an der Austritts- oder Entstehungsstelle.

A 8.2.2 Schutzmaßnahmen in Arbeitsbereichen mit Brand- und Explosionsgefährdungen

Arbeitsbereiche mit Brand- oder Explosionsgefährdungen sind so zu gestalten und auszulegen, dass die Übertragung von Bränden und Explosionen sowie ihre Auswirkungen auf benachbarte Bereiche vermieden werden. Schutzmaßnahmen in Arbeitsbereichen mit Brand- und Explosionsgefährdungen sind z. B.:

- Betretungsverbot für Unbefugte und deutlich erkennbare und dauerhafte Kennzeichnung von Bereichen mit Brand- oder Explosionsgefährdungen,
- Verbote von Rauchen und Verwenden von offenem Feuer und Licht in Arbeitsbereichen mit Brand- oder Explosionsgefährdungen,
- Rechtzeitige, leicht wahrnehmbare und unmissverständliche Warnung von Personen im Gefahrenfall,
- Flucht- und Rettungswege sowie Ausgänge in ausreichender Zahl, damit Beschäftigte die Arbeitsbereiche im Gefahrenfall schnell, ungehindert und sicher verlassen und Verunglückte jederzeit gerettet werden können,
- Ausstattung mit ausreichenden Feuerlöscheinrichtungen, die leicht zugänglich und leicht zu handhaben sind oder automatisch wirken,
- Angriffswege zur Brandbekämpfung, die mit Lösch- und Arbeitsgeräten schnell und ungehindert zu erreichen sind,
- Gewährleistung eines sicheren Betriebszustandes, auch bei Energieausfall und Abschaltung bei Abweichungen vom bestimmungsgemäßen Betrieb.

A 8.2.3 Organisatorische Maßnahmen

Arbeitsabläufe müssen so gestaltet werden, dass weder die Beschäftigten noch andere Personen durch Explosionen geschädigt werden können. Organisatorische Maßnahmen des Explosionsschutzes sollen sicherstellen, dass Arbeiten in einer explosionsgefährdeten Betriebsumgebung ohne Gefährdung der Sicherheit und Gesundheit ausgeführt werden können. Auch die Wirksamkeit technischer Explosionsschutzmaßnahmen kann nur aufrechterhalten werden, wenn durch organisatorische Maßnahmen Tätigkeiten mit Explosionsgefahren nur von Beschäftigten ausgeführt werden, die

- zuverlässig,
- mit den Tätigkeiten, den dabei auftretenden Gefährdungen und den erforderlichen Schutzmaßnahmen vertraut und
- entsprechend unterwiesen sind.

Organisatorische Maßnahmen des Explosionsschutzes sind z. B.:

- Erstellen von betriebsspezifischen Betriebsanweisungen zur Festlegung von Verhaltensregeln, die Informationen zu den Explosionsgefahren und deren Abwendung enthalten, auch für Inbetrieb- bzw. Außerbetriebnahme, Wartung sowie Reparatur,
- Ausreichende und angemessene Unterweisung der Beschäftigten anhand der Explosionsschutzdokumente und Betriebsanweisungen,
- Schriftliche Anweisung/Arbeitsfreigabe für gefährliche Arbeiten in explosionsgefährdeten Bereichen (Erlaubnisschein),
- Regelung der Aufsicht während der Anwesenheit von Arbeitnehmenden.

A 8.2.4 Schutzmaßnahmen für die Lagerung

Gefahrstoffe dürfen grundsätzlich nur an dafür geeigneten Orten und in geeigneten Einrichtungen gelagert werden. Bei einer unsachgemäßen Lagerung könnten unkontrollierte explosionsfähige Stoffe freigesetzt werden. Schutzmaßnahmen für die Lagerung sind z. B.:

- Auswahl der Lagerorte und -einrichtungen, die dem Stand der Technik entsprechen,
- Zusammenlagerung von Gefahrstoffen nur, wenn dies nicht zu einer Erhöhung der Brand- oder Explosionsgefährdung durch gefährliche Vermischungen oder gefährliche Reaktion der gelagerten Gefahrstoffe oder wenn dies bei einem Brand oder einer Explosion zu zusätzlichen Gefährdungen von Beschäftigten oder von anderen Personen führen kann.
- Einhaltung von Schutz- und Sicherheitsabständen zu Lagerorten von Gefahrstoffen, soweit dies nach der Gefährdungsbeurteilung erforderlich ist.

A 8.2.5 Mindestvorschriften für den Explosionsschutz bei Tätigkeiten in Bereichen mit gefährlichen explosionsfähigen Gemischen

Diese Mindestvorschriften beschreiben im Wesentlichen folgende Aspekte:

- Systematisches Erkennen von Explosionsgefährdungen (Gefährdungsbeurteilung) durch
  - Beurteilung der Wahrscheinlichkeit und die Dauer des Auftretens gefährlicher explosionsfähiger Gemische,
  - Beurteilung der Wahrscheinlichkeit des Vorhandenseins, der Entstehung und des Wirksamwerdens von Zündquellen einschließlich elektrostatischer Entladungen,
  - Beurteilung des Ausmaßes der zu erwartenden Auswirkungen von Explosionen.
- Verbindliche Rangfolge der nach dem Stand der Technik zu ergreifenden Schutzmaßnahmen zur Vermeidung gefährlicher explosionsfähiger Gemische und deren Überwachung durch technische Einrichtungen:
  - Einsatz von Stoffen und Gemischen, die keine explosionsfähigen Gemische bilden können,
  - Verhinderung oder Einschränkung von gefährlichen explosionsfähigen Gemischen,
  - gefahrlose Beseitigung gefährlicher explosionsfähiger Gemische.
- Maßnahmen des konstruktiven Explosionsschutzes, um die Ausbreitung einer Explosion zu begrenzen und ihre Auswirkungen auf die Beschäftigten so gering wie möglich zu halten, wenn sie nicht sicher verhindert werden kann.

A 8.2.6 Zoneneinteilung explosionsgefährdeter Bereiche

Kann das Auftreten gefährlicher explosionsfähiger Gemische nicht sicher verhindert werden, sind Schutzmaßnahmen zu ergreifen, um eine Zündung zu vermeiden. Für die Festlegung von Maßnahmen und die Auswahl der Arbeitsmittel kann der Arbeitgeber explosionsgefährdete Bereiche in Zonen einteilen und entsprechende Zuordnungen vornehmen.

A 8.2.7 Mindestvorschriften für Einrichtungen in explosionsgefährdeten Bereichen sowie für Einrichtungen in nichtexplosionsgefährdeten Bereichen, die für den Explosionsschutz in explosionsgefährdeten Bereichen von Bedeutung sind

Diese Mindestvorschriften regeln die Auswahl explosionsgeschützter Arbeitsmittel einschließlich Anlagen und Geräte, Schutzsysteme und den dazugehörigen Verbindungsvorrichtungen, aber auch von Arbeitsmitteln, die nicht Geräte oder Schutzsysteme im Sinne der Richtlinie 2014/34/EU sind, sowie deren sichere Verwendung in explosionsgefährdeten Bereichen.

Abb. A 8.1: Ablaufschema zur Vermeidung bzw. Begrenzung von Explosionsgefahren

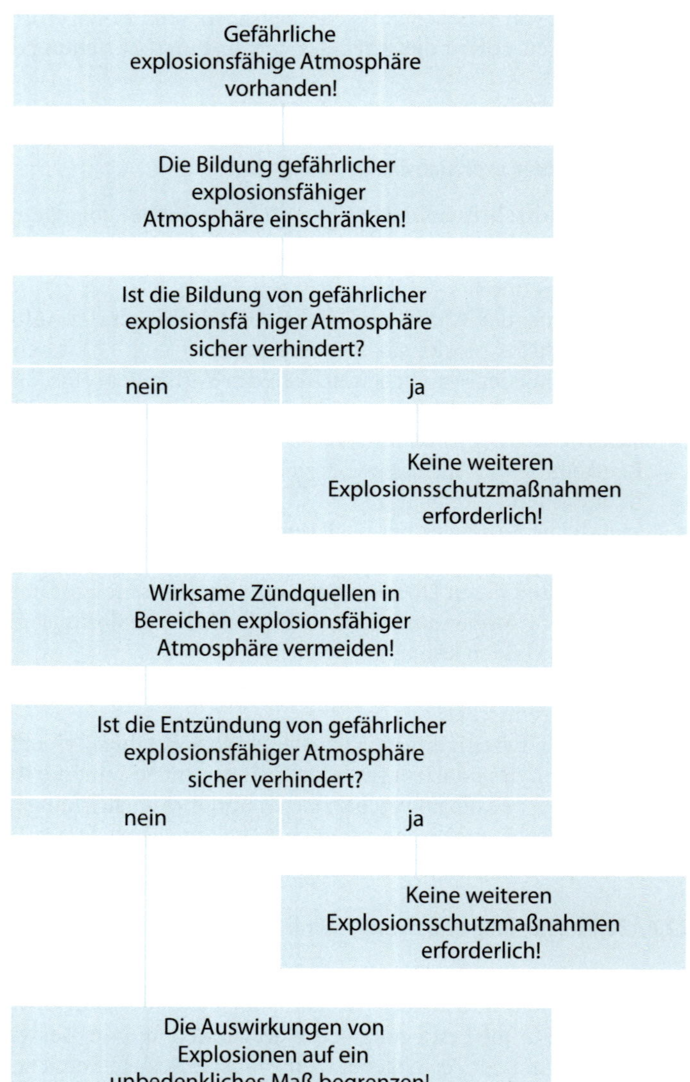

A 9 Explosionsschutzdokument

Der Arbeitgeber hat die Gefährdungsbeurteilung unabhängig von der Zahl der Beschäftigten erstmals vor Aufnahme der Tätigkeit zu dokumentieren.

ArbSchG –
§ 6 „Dokumentation"

„(1) Der Arbeitgeber muss über die je nach Art der Tätigkeiten und der Zahl der Beschäftigten erforderlichen Unterlagen verfügen, aus denen das Ergebnis der Gefährdungsbeurteilung, die von ihm festgelegten Maßnahmen des Arbeitsschutzes und das Ergebnis ihrer Überprüfung ersichtlich sind. […]"

Dabei hat der Arbeitgeber die Gefährdungen durch gefährliche explosionsfähige Gemische besonders auszuweisen. Kann die Bildung gefährlicher explosionsfähiger Atmosphären nicht sicher verhindert werden, müssen diese Explosionsgefahren beurteilt, Schutzmaßnahmen ausgewählt und unabhängig von der Betriebsgröße ein Explosionsschutzdokument erstellt werden.

GefStoffV –
§ 6 „Informationsermittlung und Gefährdungsbeurteilung"

„(9) Bei der Dokumentation nach Absatz 8 hat der Arbeitgeber in Abhängigkeit der Feststellungen nach Absatz 4 die Gefährdungen durch gefährliche explosionsfähige Gemische besonders auszuweisen (Explosionsschutzdokument). Daraus muss insbesondere hervorgehen,
1. dass die Explosionsgefährdungen ermittelt und einer Bewertung unterzogen worden sind,
2. dass angemessene Vorkehrungen getroffen werden, um die Ziele des Explosionsschutzes zu erreichen (Darlegung eines Explosionsschutzkonzeptes),
3. ob und welche Bereiche entsprechend Anhang I Nummer 1.7 in Zonen eingeteilt wurden,
4. für welche Bereiche Explosionsschutzmaßnahmen nach § 11 und Anhang I Nummer 1 getroffen wurden,
5. wie die Vorgaben nach § 15 umgesetzt werden und
6. welche Überprüfungen nach § 7 Absatz 7 und welche Prüfungen zum Explosionsschutz nach Anhang 2 Abschnitt 3 der Betriebssicherheitsverordnung durchzuführen sind."

A 9.1 Zweck eines Explosionsschutzdokumentes

Das Explosionsschutzdokument soll aufzeigen, dass mögliche Explosionsgefahren ermittelt und bewertet worden sind. Es stellt systematisch alle wichtigen Faktoren für einen sicheren Umgang mit explosionsfähigen Atmosphären und einen sicheren Betrieb von explosionsgefährdeten Bereichen zur Verfügung. Weiterhin dient es der Aufzeichnung notwendiger Schutzmaßnahmen und der räumlichen Einteilung des Arbeitsbereiches in Zonen, in denen Zündquellen zu vermeiden sind. Im Rahmen von Prüfungen und Auditierungen dient das Explosionsschutzdokument als Nachweis, dass die spezifischen Gefährdungen erkannt und die notwendigen Schutzmaßnahmen installiert worden sind.

A 9.2 Inhalte eines Explosionsschutzdokumentes

Es sind Angaben über Prozesse und Arbeitsoperationen insoweit zu machen, dass ein externer Sachkundiger in der Lage ist, die sicherheitstechnischen Probleme zu erkennen und Gefährdungsbetrachtung sowie die resultierende Schutzkonzeption nachzuvollziehen.

TRBS 2154 (in Vorbereitung) – „Explosionsschutzdokument"

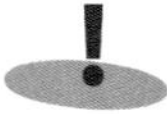

enthält Empfehlungen für Aufbau und Inhalt des Explosionsschutzdokumentes. Z. Zt. sind diese Empfehlungen noch im Abschnitt E 6 der BGR 104 „Explosionsschutz – Regeln für das Vermeiden der Gefahren durch explosionsfähige Atmosphäre mit Beispielsammlung" enthalten.

Zu den relevanten Informationen gehören:

a) Angabe des gefährdeten Betriebsbereiches

- Verantwortlicher für den Betrieb, Betriebsteil bzw. Arbeitsbereich,
- Bezeichnung des Arbeitsbereiches, z. B. Halle/Bereich/Arbeitsplatz,
- Anschrift des Betriebes,
- Telefon/Email,
- Arbeitsbereich.

Sollten mehrere zusammenhängende Arbeitsbereiche von der gefährlichen explosionsfähigen Atmosphäre betroffen sein, müssen diese hier aufgeführt werden.

b) Kurzbeschreibung der baulichen und örtlichen Gegebenheiten
Beschreibung der baulichen und örtlichen Gegebenheiten der Arbeitsbereiche:

- Textliche Beschreibung,
- Lage- und Gebäudeplan,
- Baupläne (Feuerwiderstandsklassen für Wände und Türen),
- Aufstellungsplan (Nutzung für Ex-Zonen-Plan),

- Klima-/Lüftungspläne (natürliche/technische Lüftung, Luftwechselzahlen, Anordnung der Lüftungsöffnungen),
- Bezeichnung der Anlage,
- Herstellerbezeichnung der Anlage und Baujahr.

c) Verfahrensbeschreibung mit den Parametern
Kurze Anlagen-, Verfahrens- und Tätigkeitsbeschreibung mit den wesentlichen verfahrenstechnischen Prozessschritten unter Angabe von Temperatur, Durchsatzmenge, Art des Aerosol/Dampf-Gemisches und Angaben zur Lüftungstechnik:

- Beschreibung der für den Explosionsschutz wesentlichen Tätigkeiten und Verfahrensschritte,
- textliche Beschreibung des Verfahrens,
- relevante Tätigkeiten (z. B. Probenahme, Um-/Abfüllen, Behälterwechsel),
- eingesetzte Stoffe, Zwischenprodukte, Hilfsstoffe, Produkte, Einsatz-/Fördermenge, Verarbeitungszustände (gasförmig/flüssig/Aerosol/Staub),
- Druck- und Temperaturbereiche,
- Beschreibung des Normal-, An- und Abfahrbetriebes,
- Verfahrens-Fließbild,
- Lüftungsplan,
- Beschreibung.

d) Stoffdaten und -mengen
Auflistung der betrachteten Stoffe und Gemische, die für die Beurteilung der gefährlichen explosionsfähigen Atmosphäre von wesentlicher Bedeutung sind, deren herangezogenen sicherheitstechnischen Kennzahlen (STK) sowie die verwendeten Mengen (Tagesmengen):

- Textliche Beschreibung der eingesetzten Stoffe,
- Sicherheitstechnische Kenngrößen der eingesetzten Stoffe,
- Sicherheitsdatenblätter.

e) Gefährdungsbeurteilung
Diese Beurteilung stellt die Vorgehensweise bei der Gefährdungsbeurteilung und die Ergebnisse der Bewertung der Explosionsgefährdungen für den Normalbetrieb, für das Anfahren/Abfahren, bei Wartungs- und Instandsetzungsarbeiten oder bei Betriebsstörungen in der Anlage und in deren Umgebung dar:

- Beurteilung der Wahrscheinlichkeit und der Dauer des Auftretens gefährlicher explosionsfähiger Gemische,
- Beurteilung der Wahrscheinlichkeit des Vorhandenseins, der Entstehung und des Wirksamwerdens von Zündquellen einschließlich elektrostatischer Entladungen,
- Beurteilung des Ausmaßes der zu erwartenden Auswirkungen von Explosionen.

f) Ex-Zonen-Plan
Festlegung der explosionsgefährdeten Bereiche im Inneren der Anlagenteile und in der Umgebung der Anlage:

- Zoneneinteilung (textlich),
- Ex-Zonen-Plan (grafisch).

g) Technische Schutzmaßnahmen
Nachweis der Umsetzung der Mindestvorschriften zur Verbesserung der Sicherheit und des Gesundheitsschutzes in explosionsgefährdeten Bereichen durch Darstellung der technischen Explosionsschutzmaßnahmen und deren Rangfolge, z. B.:

- Maßnahmen, welche eine **Bildung** gefährlicher explosionsfähiger Atmosphären verhindern oder einschränken (Primärer Explosionsschutz),
- Maßnahmen, welche die **Entzündung** gefährlicher explosionsfähiger Atmosphären verhindern (Sekundärer Explosionsschutz),
- Konstruktive Maßnahmen, welche die **Auswirkung** einer Explosion auf ein unbedenkliches Maß beschränken (Tertiärer (konstruktiver) Explosionsschutz),
- Maßnahmen der Prozessleittechnik,
- Auslegung und Anforderungen an elektrische und nichtelektrische Geräte und Arbeitsmittel entsprechend den Zonen sowie deren Kennzeichnung und Überprüfung.

h) Organisation
Darstellung der organisatorischen Explosionsschutzmaßnahmen, z. B.:

- Beschränkung des Aufenthalts von Personen in Explosionsbereichen auf den zwingend erforderlichen Umfang sowie auf eine minimale Aufenthaltsdauer,
- Verbot des Rauchens, der Verwendung offener Flammen und des Tragens von Mobiltelefonen einschließlich der Sicherheitskennzeichnung in explosionsgefährdeten Bereichen,
- Auswahl von geeigneten und geschulten Personen,
- schriftliche Arbeits-/Betriebsanweisungen und Benutzungshinweise für Arbeitsmittel,
- Beschreibung der persönlichen Schutzausrüstung,
- Unterrichtung und Unterweisung der Arbeitnehmenden und Dokumentation der Unterweisungen,
- Beschreibung von Instandhaltungs-, Prüf- und Überwachungsintervallen für Anlagen, Geräte und Schutzsysteme oder Sicherheits-, Kontroll- oder Regelvorrichtungen in explosionsgefährdeten Bereichen,
- Dokumentation von verantwortlichen und befähigten Personen,
- Kontrolle der Wirksamkeit (Dichtigkeit der Anlage, Kontrollgänge, vorbeugende Instandhaltung, Prüfung von Einrichtungen der Prozessleittechnik, Beseitigung von Staubablagerungen),
- Anforderungen bei Abweichungen vom Normalbetrieb,
- Beschreibung des Arbeitsfreigabesystems, Koordination von Arbeiten und Aufsicht z. B. für Reinigungsarbeiten, Instandhaltungsoperationen, Notfallsituationen, Änderungen am Verfahren bzw. an der Anlage zur

Gewährleistung der Sicherheit für Beschäftigte aus anderen Bereichen bzw. von Fremdfirmen,
- Dokumentation der Maßnahmen.

i) Verantwortlicher
Eine für die Erstellung des Explosionsschutzdokumentes verantwortliche Person muss benannt werden.

j) Erstellungsdatum
Aktualität und Gültigkeit des Explosionsschutzdokumentes müssen dokumentiert werden:

- Erstellung vor Aufnahme der Tätigkeit,
- Regelmäßige Überprüfung auf Aktualität,
- Überprüfung/Überarbeitung nach wesentlichen Änderungen, Erweiterungen oder Umgestaltungen der Arbeitsstätte, Arbeitsmittel oder des Arbeitsablaufes.

k) Anhang
Im Anhang zum Explosionsschutzdokument können z. B. Verweise auf andere vorhandene Dokumentationen und Berichte, die aufgrund anderer Rechtsvorschriften erstellt worden sind, aufgenommen werden:

- Gefahrstoffverzeichnis,
- weitere Gefährdungsbeurteilungen,
- Lage-, Gebäude-, Bau-, Aufstellungs-, Klima-/Lüftungs- und Ex-Zonen-Pläne,
- Prüfbescheinigungen (Prüfung vor Inbetriebnahme, wiederkehrende Prüfung),
- EG-Baumusterprüfbescheinigungen/-Konformitätserklärungen,
- Betriebsanleitungen,
- Sicherheitsdatenblätter,
- Betriebs-/Organisationsanweisungen,
- Prüf-/Wartungs-/Instandhaltungs-/Reinigungspläne,
- Alarm- und Rettungsplan,
- Gutachten.

A 9.3 Umfang eines Explosionsschutzdokumentes

Das Dokument muss an die jeweiligen betrieblichen Verhältnisse angepasst werden. Es sollte möglichst gut strukturiert und lesbar sein und in seiner Detailtiefe ein allgemeines Verständnis ermöglichen. Der Umfang der Dokumentation sollte daher nicht zu groß werden.

Der Arbeitgeber kann bereits vorhandene Gefährdungsbeurteilungen, Dokumente oder andere gleichwertige Berichte miteinander kombinieren und in das Explosionsschutzdokument integrieren. Ihm wird ausdrücklich die Möglichkeit eingeräumt, bestehende Abschätzungen, Dokumente oder Berichte zum Explosionsrisiko zu kombinieren. Das bedeutet, dass in einem Explosionsschutzdokument auf andere Dokumente verwiesen werden kann, ohne dass diese Dokumente explizit und vollständig in das Explosionsschutzdokument eingebunden werden müssen.

Bei Bedarf ist es ratsam, das Explosionsschutzdokument erweiterbar zu gestalten, z. B. als Loseblattsammlung. Dies ist vor allem bei größeren Anlagen oder bei häufigen Änderungen der Anlagentechnik sinnvoll. Für Betriebe, die über mehrere Anlagen mit explosionsgefährdeten Bereichen verfügen, kann eine Aufteilung des Explosionsschutzdokumentes in einen allgemeinen und einen anlagenspezifischen Teil sinnvoll sein. Im allgemeinen Teil werden der Aufbau der Dokumentation und Maßnahmen, die für alle Anlagen gelten, beschrieben. Im anlagenspezifischen Teil werden die Gefahren und Schutzmaßnahmen in den jeweiligen Anlagen erläutert.

Beispiel eines Ex-Dokumentes nach § 6 Abs. 9 GefStoffV: Füllstelle für Isopropanol aus einem 200-l-Fass in 5-l-Kleingebinde ohne wirksame Lüftung

Explosionsschutzdokument

1 Allgemeine Angaben

Firma	Arbeitsbereich	Bezeichnung der Anlage/des Arbeitsplatzes
Fein und Rein GmbH In-Bester-Ordnung-Str. 20 76000 Sicherstadt	Gefahrstoff-Lager	Abfülleinrichtung (Fasspumpe) für Iso-Propanol

2 Kurzbeschreibung der baulichen und örtlichen Gegebenheiten

Lagerbereiche, in denen entzündbare Flüssigkeiten in ortsbeweglichen Behältern aktiv gelagert werden, genügen den Anforderungen der TRGS 509 zur Lagerung. Für die ortsbeweglichen Behälter werden die entsprechenden Anforderungen für ortsfeste Tanks erfüllt, insbesondere

- Anforderungen an Lagerräume nach Nummer 9.7 TRGS 509,
- Schutz der ortsbeweglichen Behälter gegen Beschädigungen nach Nummer 5.1.1 TRGS 509,
- das Auffangen auslaufender Flüssigkeiten nach Nummer 5.4 TRGS 509.

Eine zusätzliche Gefährdung durch offene Bodenabläufe gibt es im Lagerbereich nicht.

3 Verfahrensbeschreibung mit den Parametern

Offene Befüllung von Iso-Propanol aus Originalgebinde (200-Liter-Stahlfass) in Transportbehältern (5 Liter) mittels elektrischer Fasspumpe (Förderleistung max. 150 l/h) ohne gezielte Abführung der Dampf/Luft-Gemische

4 Explosionsschutzrelevante Stoffdaten

	Stoffbezeich-nung	Registerdaten	Einstufung	Kennwerte	Menge
	**2-Propanol**	CAS-Nr.67-63-0 EG-Nr.200-661-7 Index-Nr.603-117-00-0 REACH Reg.-Nr.01-2119457558-25-xxxx	Leicht entzündbare Flüssigkeit (Flam. Liq. 2) H225	Flammpunkt: 12 °C UEG: 2 Vol.-% (50 g/m³) OEG:13,4 Vol.-% (330 g/m³)	200 Liter

5 Gefährdungsbeurteilung und Schutzkonzepte

Eine gefährliche explosionsfähige Atmosphäre (g.e.A.) entsteht regelmäßig durch Restmengen innerhalb der Behälter und Armaturen, während des Befüllvorganges durch Verdrängen des Dampfinhaltes und Tropfmengen in der Umgebung der Füllstelle. Durch Transportvorgänge und Luftbewegungen kann selten und kurzzeitig auch im Zugangsbereich explosionsfähige Atmosphäre auftreten.

Im Falle einer Betriebsstörung können sich durch unbeabsichtigtes Ausströmen hauptsächlich in Bodennähe kurzzeitig größere Mengen explosionsfähiger Atmosphäre bilden.

Explosionsschutz-Zonen		
Zone 0	Zone 1	Zone 2
Das Innere von ortsbeweglichen Behältern sowie der Transportbehälter und der Schlauchleitung, Armaturen und Anlagenteile, die betrieblich nicht ständig mit Flüssigkeit gefüllt bleiben, ist Zone 0.	Nahbereich bis zu einem Abstand von 5 m um die Füllstelle	Um 5 m hinausgehender Bereich der festgelegten Zone 1 bis zu einer Höhe von 0,8 m. Vor der Tür außerhalb des Raumes ein um 5 m hinausgehender Bereich bis zu einer Höhe von 0,8 m.
TRGS 509 Anlage 3 Nr. 5 (1) und Anlage 2 Nr. 1.1 Abs.1 Satz 2	TRGS 509 Anlage 2 Nr. 4.3.2 Abs.4 Satz 2	TRGS 509 Anlage 2 Nr. 4.3.2 Abs.6
Weitere Dokumente: Ex-Zonen-Plan und Lageplan		

Schutzkonzept	Schutzmaßnahme	Verantwortlich
Begrenzung der ex-fähigen Atmosphäre	Beim Befüllen und Entleeren kann der Volumenstrom im Gefahrenfall schnell und ungehindert durch Not-Aus an der Ausgangstür stillgesetzt werden	Lagerleiter
Vermeidung von Zündquellen	Ortsveränderliche Betriebsmittel in Zone 1: Fasspumpe (Inventar-Nr. 69-9887) der Fa. Pump-fix GmbH: • Gerätekategorie: 2 G • Gerätegruppe: IIA • Temperaturklasse: T2 Alle ortfesten elektrischen Betriebsmittel sind außerhalb der Zone 2 installiert.	Lagerleiter
Vermeidung elektrostatischer Aufladung	• Füll- und Entleerstelle und mit ihr in leitender Verbindung stehende Anlagenteile sind geerdet, sodass sie gegen Erde keine elektrischen Potenzialunterschiede aufbauen können, die zur Entstehung zündfähiger Funken führen. • Anschluss-, Verbindungs- und Trennstellen in Erdungsleitungen sind gegen unbeabsichtigtes Lockern gesichert. • Die Bodenflächen der Füllstellen im explosionsgefährdeten Bereich der Zone 1 haben einen Ableitwiderstand von höchstens 10 Ohm.	Lagerleiter
Konstruktiver Explosionsschutz	entfällt	

6 Organisatorische Maßnahmen

Schutzmaßnahme	Umsetzung	Verantwortlich
Kennzeichnung	Kennzeichnung im Flurbereich am Beginn der Zone 2. Anschlüsse an Füll- und Entleerstellen sowie Befüll- und Entnahmeeinrichtungen sind eindeutig gekennzeichnet, um eine Verwechslung auszuschließen.	Lagerleiter
Zutritts-beschränkungen	Nur vom Arbeitgeber zu bestimmende Personen haben Zugang zu den Lagerbereichen.	Betriebsverantwortlicher
Schriftliche Anweisungen	• Betriebsanweisungen: „Betrieb einer Füllstelle“ und „Iso-Propanol“ mit Angaben über die Einsatzbedingungen, über absehbare Betriebsstörungen und über die Benutzung der Arbeitsmittel in verständlicher Form und Sprache stehen am Zugang zur Verfügung. • Alarmplan: Flucht- und Rettungswege müssen freigehalten werden, damit der Bereich im Gefahrenfall schnell, ungehindert und sicher verlassen werden kann. Angriffswege zur Brandbekämpfung sind so angelegt und gekennzeichnet, dass die Füllstelle mit Lösch- und Rettungsgeräten schnell und ungehindert erreicht werden kann. Zur Bekämpfung von Entstehungsbränden sind Feuerlöschgeräte bereitgestellt.	Betriebsverantwortlicher
Unterweisungen der Beschäftigten	Die Beschäftigten werden über die auftretenden Gefahren sowie über die Maßnahmen zu ihrer Abwendung vor der Beschäftigung und danach in angemessenen Zeitabständen, mindestens einmal jährlich, unterwiesen (siehe Unterweisungsnachweis).	Personalvorgesetzter
Arbeitsfreigaben, Aufsicht, Koordination	Arbeitsfreigabeverfahren für Instandhaltungsarbeiten im explosionsgefährdeten Bereich	Koordinator
Kontrollgänge, vorbeugende Instandhaltung	Arbeitstägliche Sichtkontrolle auf Undichtigkeiten, Beschädigungen der Schlauchleitung.	Arbeitspersonal
Prüfungen	• Jährliche elektrische Prüfung von Fasspumpe, Erdung und Potentialausgleich, • Alle 3 Jahre Ex-Prüfung der Fasspumpe und des Ableitwiderstandes der Fußbodenbeschichtung, • Alle 6 Jahre Prüfung in Gesamtheit der Füllstelle.	Befähigte Person

Erstellt am:	Erstellt von:	Unterschrift:

Musterdokumente müssen stets an die konkreten betrieblichen Gegebenheiten angepasst werden!

Teil B: Betrieb

Zum Schutz der Gesundheit und zur Gewährleistung der Sicherheit der Arbeitnehmenden sind folgende Regeln anzuwenden und zu erfüllen:

- Grundsätze der Risikobewertung,
- Grundsätze zur Verminderung von und zum Schutz gegen Explosionen,
- Mindestvorschriften gemäß europäischer Richtlinie 1999/92/EG zur Verbesserung des Gesundheitsschutzes und der Sicherheit der Arbeitnehmer, die durch explosionsfähige Atmosphäre gefährdet werden könnten (Anhang II).

Die Richtlinie 1999/92/EG legt die Pflichten der Arbeitgeber zum Schutz der Arbeitnehmer bei Arbeiten in explosionsgefährdeten Bereichen fest. Im Anhang II dieser Richtlinie werden u. a. die vorgeschriebenen Schutzmaßnahmen gegen Explosionsgefährdungen sowie die Mindestvorschriften für Tätigkeiten in explosionsgefährdeten Bereichen erklärt.

Die Umsetzung der Richtlinie und ihrer Mindestvorschriften in deutsches Recht erfolgt in der Gefahrstoffverordnung (GefStoffV) und in deren Anhang I zu besonderen Vorschriften für bestimmte Gefahrstoffe und Tätigkeiten, Nummer 1 Brand- und Explosionsgefährdungen. Der Arbeitgeber hat nach diesen Vorschriften auf der Grundlage der Gefährdungsbeurteilung Maßnahmen zum Schutz der Beschäftigten und anderer Personen vor physikalisch-chemischen Einwirkungen zu ergreifen. Er hat die Maßnahmen so festzulegen, dass Gefährdungen vermieden oder so weit wie möglich verringert werden. Dies gilt insbesondere bei Tätigkeiten, bei denen es zu Explosionsgefährdungen kommen kann.

Bei den Maßnahmen sind der Stand von Technik, Arbeitsmedizin und Hygiene sowie sonstige gesicherte arbeitswissenschaftliche Erkenntnisse zu berücksichtigen. Der Stand der Technik ist der Entwicklungsstand fortschrittlicher Verfahren, Einrichtungen oder Betriebsweisen, der die praktische Eignung einer Maßnahme zum Schutz der Gesundheit und zur Sicherheit der Beschäftigten gesichert erscheinen lässt. Bei der Bestimmung des Stands der Technik sind insbesondere vergleichbare Verfahren, Einrichtungen oder Betriebsweisen heranzuziehen, die mit Erfolg in der Praxis erprobt worden sind. Dabei sind die im Ausschuss für Gefahrstoffe (AGS) erarbeiteten und vom Bundesministerium für Arbeit und Soziales bekannt gegebenen Regeln und Erkenntnisse zu berücksichtigen. Wichtige technische Regeln für Explosionsschutz sind die TRGS sowie die TRBS (siehe auch „Technisches Regelwerk“ in der Einführung).

Um Gesundheit und Sicherheit der Beschäftigten bei allen Tätigkeiten mit Gefahrstoffen zu gewährleisten, hat der Arbeitgeber zusätzlich zu den nach GefStoffV erforderlichen Schutzmaßnahmen weitere Maßnahmen nach anderen gesetzlichen Regelungen zu ergreifen (z. B. ArbSchG und Baurecht).

Lässt sich die Gefährdung nicht beseitigen, hat der Arbeitgeber diese durch Maßnahmen nach dem Stand der Technik und einer guten Arbeitspraxis in der nachstehenden Rangordnung auf ein Minimum zu verringern:

- Gestaltung geeigneter Verfahren und technischer Steuerungseinrichtungen sowie Verwendung geeigneter Arbeitsmittel und Materialien,
- Durchführung kollektiver Schutzmaßnahmen an der Gefahrenquelle, z. B. angemessene Be- und Entlüftung, geeignete organisatorische Maßnahmen.

Nachfolgend werden bauliche, technische und organisatorische Maßnahmen erläutert, um Gefährdungen zu beseitigen oder auf ein Minimum zu reduzieren. Dabei ist grundsätzlich die Rangfolge der Schutzmaßnahmen einzuhalten, d. h. Vorrang von technischen vor organisatorischen und/oder persönlichen Schutzmaßnahmen.

B 1 Verantwortliche Personen

Der Gesetzgeber hat jedem, der Arbeitnehmer beschäftigt bzw. Arbeitsplätze und/oder Arbeitsmittel einschließlich überwachungsbedürftiger Anlagen zur Verfügung stellt, besondere Pflichten auferlegt.

Unternehmer: Personen, auf deren Weisung und Rechnung das Unternehmen handelt und dem das Ergebnis unmittelbar zum Vor- oder Nachteil gereicht. Unternehmer tragen das Risiko, bestimmen die Unternehmensziele und besitzen die Personal- und Sachmittelhoheit.

Unter Unternehmerpflichten sind diejenigen Pflichten zu verstehen, die der Arbeitgeber durch die arbeitsschutzrechtlichen Vorgaben zu erfüllen hat. Die oberste Auswahl-, Aufsichts- und Kontrollverpflichtung als grundlegende Verantwortung für den Arbeits- und Gesundheitsschutz im Betrieb trägt der Unternehmer bzw. Arbeitgeber. Diese ist nicht übertragbar und untrennbar mit der Gesamtverantwortung für das Unternehmen verbunden.

Verantwortung: Pflicht, sowohl für Handlungen als auch für ein Unterlassen einzustehen und die damit verbundenen Folgen zu tragen.

Die Verantwortung ergibt sich dabei entweder aus der Stellung im Unternehmen oder aus der Übertragung der Aufgaben und Befugnisse. Für die Folgen von Versäumnissen bei der Umsetzung von Arbeitsschutzpflichten haften verantwortliche Personen nach Straf-, Ordnungswidrigkeiten- oder Arbeits- und Zivilrecht. Vorsätzliche oder fahrlässige Pflichtverletzungen werden je nach Art und Schwere mit Freiheits- oder Geldstrafen, mit Verwarnungs- oder Bußgeldern, Schadenersatz- oder Regressforderungen geahndet.

Gesetz über Ordnungswidrigkeiten (OWiG) –
3. Teil 4. Abschnitt „Verletzung der Aufsichtspflicht in Betrieben und Unternehmen" – § 130

„(1) Wer als Inhaber eines Betriebes oder Unternehmens vorsätzlich oder fahrlässig die Aufsichtsmaßnahmen unterläßt, die erforderlich sind, um in dem Betrieb oder Unternehmen Zuwiderhandlungen gegen Pflichten zu verhindern, die den Inhaber treffen und deren Verletzung mit Strafe oder Geldbuße bedroht ist, handelt ordnungswidrig, wenn eine solche Zuwiderhandlung begangen wird, die durch gehörige Aufsicht verhindert oder wesentlich erschwert worden wäre. Zu den erforderlichen Aufsichtsmaßnahmen gehören auch die Bestellung, sorgfältige Auswahl und Überwachung von Aufsichtspersonen."

Als Folge erheblicher Pflichtverletzung drohen behördlicherseits erzwungene Unterbrechungen des Betriebes einer Anlage oder gar die Stilllegung. Nach einem Unfall oder einem anderen Schadenereignis kann die zuständige Berufsgenossenschaft – im Fall von grober Fahrlässigkeit oder Vorsatz – Regress nehmen und geleistete Zahlungen zum Schadenausgleich vom Arbeitgeber zurückfordern. Wird ein unbeteiligter Dritter geschädigt, kann dieser nach dem Zivilrecht Schadenersatz verlangen. Unter Umständen kann jedoch auch der Arbeitgeber eines verantwortlichen Mitarbeiters Schadenersatz fordern.

B 1.1 Arbeitgeberverantwortung

Hauptadressat im Arbeitsschutzrecht ist der Arbeitgeber bzw. der Unternehmer. Dieser trägt als oberste Leitung die Hauptverantwortung für die Sicherheit und den Gesundheitsschutz der Beschäftigten bei der Arbeit.

Arbeitgeber: Natürliche oder juristische Personen sowie rechtsfähige Personengesellschaften, die Arbeitnehmer beschäftigen.

Arbeitgeber müssen für die Sicherheit und den Gesundheitsschutz ihrer Beschäftigten sorgen und sind verantwortlich für die Erfüllung der folgenden Pflichten:

- Erforderliche Maßnahmen zur Verhütung von Unfällen,
- Sicherstellung einer geeigneten Organisation,
- Gefährdungsbeurteilungen,
- Unterweisung von Betroffenen über Gefährdungen.

ArbSchG –
§ 3 „Grundpflichten des Arbeitgebers"

„(1) Der Arbeitgeber ist verpflichtet, die erforderlichen Maßnahmen des Arbeitsschutzes unter Berücksichtigung der Umstände zu treffen, die Sicherheit und Gesundheit der Beschäftigten bei der Arbeit beeinflussen. Er hat die Maßnahmen auf ihre Wirksamkeit zu überprüfen und erforderlichenfalls sich ändernden Gegebenheiten anzupassen. Dabei hat er eine Verbesserung von Sicherheit und Gesundheitsschutz der Beschäftigten anzustreben."

B 1.1.1 Verantwortliche Vertreter

Sofern es sich bei dem Unternehmer nicht um eine natürliche Person (Einzelunternehmer), sondern um eine juristische Person (Kapital- oder Personengesellschaft) handelt, werden als „Unternehmer" die gesetzlichen Vertreter, die vertretungsberechtigten Organmitglieder bzw. vertretungsberechtigten Gesellschafter angesehen.

ArbSchG –
§ 13 „Verantwortliche Personen"

§

„(1) Verantwortlich für die Erfüllung der sich aus diesem Abschnitt ergebenden Pflichten sind neben dem Arbeitgeber
1. sein gesetzlicher Vertreter,
2. das vertretungsberechtigte Organ einer juristischen Person,
3. der vertretungsberechtigte Gesellschafter einer Personenhandelsgesellschaft, [...]"

Verantwortlich für die Erfüllung der im Gesetz genannten Arbeitgeberpflichten eines Unternehmens sind die gesetzlichen Vertreter eines Unternehmens. Sie tragen die Gesamtverantwortung, also auch die Verantwortung für die Arbeitssicherheit.

OWiG –
§ 9 „Handeln für einen anderen"

§

„(1) Handelt jemand
1. als vertretungsberechtigtes Organ einer juristischen Person oder als Mitglied eines solchen Organs,
2. als vertretungsberechtigter Gesellschafter einer rechtsfähigen Personengesellschaft oder
3. als gesetzlicher Vertreter eines anderen,
so ist ein Gesetz, nach dem besondere persönliche Eigenschaften, Verhältnisse oder Umstände (besondere persönliche Merkmale) die Möglichkeit der Ahndung begründen, auch auf den Vertreter anzuwenden, wenn diese Merkmale zwar nicht bei ihm, aber bei dem Vertretenen vorliegen.
[...]"

B 1.1.2 Delegierung von Aufgaben

Der Arbeitgeber muss eine geeignete Arbeitsschutzorganisation schaffen: Durch Bereitstellung und Einsatz ausreichender und geeigneter Personen sowie sachlicher und finanzieller Mittel muss sichergestellt werden, dass die Arbeitsschutzvorschriften tatsächlich eingehalten werden.

Zur Arbeitsschutzorganisation gehört auch die Aufbau- und Ablauforganisation. In größeren Betrieben ist eine Delegation der Verantwortung auf verschiedene Führungsebenen notwendig, wenn die Arbeitgeberpflichten so zahlreich und vielschichtig sind, dass der Arbeitgeber nicht in der Lage ist, diese selbst im Einzelnen wahrzunehmen.

Die Delegierung von Arbeitgeberpflichten auf nachgeordnete Führungskräfte ist ein Instrument des Unternehmers zum Aufbau einer wirksamen Sicherheitsorganisation im Betrieb, mit dem ein Unternehmer einen wesentlichen Teil seiner Organisationspflicht erfüllen kann.

ArbSchG –
§ 13 „Verantwortliche Personen"

§

„(1) Verantwortlich für die Erfüllung der sich aus diesem Abschnitt ergebenden Pflichten sind neben dem Arbeitgeber
[...]
4. Personen, die mit der Leitung eines Unternehmens oder eines Betriebes beauftragt sind, im Rahmen der ihnen übertragenen Aufgaben und Befugnisse, [...]"

In Unternehmen werden vom Arbeitgeber verschiedene Funktionen, Kompetenzen und Verantwortung im „Liniensystem" auf die mit der Leitung eines Unternehmens oder eines Betriebes beauftragten Personen in den verschiedenen hierarchischen Ebenen delegiert. Diese Personen werden vom Unternehmer beauftragt, den Betrieb oder Betriebsteile (Zweigwerke, Niederlassungen, Filialen, Abteilungen) zu leiten, z. B. als Betriebsleiter, Direktoren oder Prokuristen. Darüber hinaus gilt dies auch für andere betriebliche Führungskräfte und Vorgesetzte (z. B. Meister). Im Rahmen der Unternehmensorganisation übernehmen diese Führungskräfte die Verantwortung auf ihrer Hierarchieebene und in ihrem Zuständigkeitsbereich.

OWiG –
§ 9 „Handeln für einen anderen"

„[...] (2) Ist jemand von dem Inhaber eines Betriebes oder einem sonst dazu Befugten
1. beauftragt, den Betrieb ganz oder zum Teil zu leiten, oder
2. ausdrücklich beauftragt, in eigener Verantwortung Aufgaben wahrzunehmen, die dem Inhaber des Betriebes obliegen,
und handelt er auf Grund dieses Auftrages, so ist ein Gesetz, nach dem besondere persönliche Merkmale die Möglichkeit der Ahndung begründen, auch auf den Beauftragten anzuwenden, wenn diese Merkmale zwar nicht bei ihm, aber bei dem Inhaber des Betriebes vorliegen. Dem Betrieb im Sinne des Satzes 1 steht das Unternehmen gleich. [...]"

Die Führungskräfte nehmen die Arbeitgeber- bzw. Unternehmeraufgaben als eigenständige Führungspflichten innerhalb ihres jeweiligen Aufgaben- und Zuständigkeitsbereiches im Betrieb wahr.

Unternehmen und Betrieb: Ein Unternehmen ist eine organisatorische Einheit mit einem dahinterstehenden Rechtsträger (z. B. AG) und kann aus mehreren Betrieben bestehen. Ein Betrieb ist eine geschlossene Einheit mit organisatorischer Eigenständigkeit und eigener Entscheidungsstruktur. Er kann aus mehreren Betriebsstätten bestehen.

Die Rechte und Pflichten ergeben sich regelmäßig aus dem Arbeitsvertrag und/oder der jeweiligen Stellenbeschreibung, zweckmäßigerweise mit der Beschreibung von Aufgaben, Kompetenzen und Verantwortung. Aufgrund dieser arbeitsvertraglich übernommenen Funktion haben Führungskräfte auch eine Auswahl-, Organisations- und Überwachungspflicht. Einer separaten Pflichtenübertragung bedarf es dabei in der Regel nicht.

B 1.1.3 Gesonderte Pflichtenübertragung

Die Arbeitsschutzaufgaben können in der betrieblichen Organisationsstruktur nicht nur vertikal als eigenständige Pflichten im Rahmen der Führungsaufgaben, sondern auch horizontal als spezielle Pflichten im Rahmen von Fach- oder Organisationsaufgaben verteilt werden.

Sie haben entsprechend ihrer Aufgaben- und Kompetenzbereiche in ihrem jeweiligen Zuständigkeitsbereich erheblichen Einfluss auf die Arbeitsabläufe: Mit der Übertragung von Sachaufgaben, Sachkompetenzen und der Weisungsbefugnis gegenüber Mitarbeitenden ist die Zuständigkeit für die Arbeitssicherheit und Unfallverhütung daher zwingend mit dem übertragenen Aufgabenbereich verbunden. Die Verantwortung im Arbeitsschutz zählt als Bestandteil der übertragenen Position und den mit ihr verbundenen Aufgaben entsprechend dazu.

Die übertragbaren Pflichten der Arbeitssicherheit und des Gesundheitsschutzes sind unter anderem:

- Kontrolle von Arbeitsschutzmaßnahmen,
- Veranlassung und Dokumentation von Prüfungen,
- Erstellung von Betriebsanweisungen,
- Durchführung und Dokumentation von Unterweisungen.

ArbSchG –
§ 13 „Verantwortliche Personen"

§

„(1) Verantwortlich für die Erfüllung der sich aus diesem Abschnitt ergebenden Pflichten sind neben dem Arbeitgeber
[...]
5. sonstige nach Absatz 2 oder nach einer auf Grund dieses Gesetzes erlassenen Rechtsverordnung oder nach einer Unfallverhütungsvorschrift verpflichtete Personen im Rahmen ihrer Aufgaben und Befugnisse.
(2) Der Arbeitgeber kann zuverlässige und fachkundige Personen schriftlich damit beauftragen, ihm obliegende Aufgaben nach diesem Gesetz in eigener Verantwortung wahrzunehmen."

Der Unternehmer hat vor der Beauftragung zu prüfen, ob die für die Pflichtenübertragung vorgesehenen Personen zuverlässig und fachkundig sind:

- **Zuverlässig** sind Personen, wenn zu erwarten ist, dass sie die Aufgaben des Arbeitsschutzes mit der gebotenen Sorgfalt ausführen.
- **Fachkundig** sind Personen, die das einschlägige Fachwissen und die praktische Erfahrung aufweisen, um die ihnen obliegenden Aufgaben sachgerecht auszuführen.

Eine Person, die die arbeitsschutzrelevanten Aufgaben in eigener Verantwortung übernehmen soll, muss folgende Anforderungen erfüllen:

- Sie besitzt die fachliche Qualifikation, um Gefährdungen im Betrieb zu erkennen und die erforderlichen Schutzmaßnahmen festlegen zu können,
- sie ist aufgrund der Betriebsgröße noch unmittelbar in das Betriebsgeschehen einbezogen und besitzt die notwendigen praktischen Erfahrungen, um die erforderlichen Arbeitsschutzmaßnahmen zu ergreifen,
- aufgrund der Organisationsstruktur ist sie auch diejenige Person, die die notwendigen Arbeitsschutzmaßnahmen entweder selbst durchführt oder unmittelbar anordnet.

Die Unternehmerpflichten können nur wirkungsvoll übertragen werden, wenn der beauftragten Person die zur Pflichtenerfüllung erforderlichen Entscheidungs- und Handlungsfreiheiten eingeräumt werden: Die Verantwortung der beauftragten Führungskräfte reicht nur so weit, wie ihnen Weisungs- und Organisationsbefugnisse übertragen worden sind.

Die Pflichtenübertragung umfasst die Festlegungen von

- Art und Umfang der übertragenen Unternehmerpflichten,
- organisatorischen, personellen und finanziellen Handlungskompetenzen,
- Entscheidungs- und Weisungsbefugnissen, um selbstständig handeln zu können,
- Schnittstellen zu benachbarten Verantwortungsbereichen und
- die Zusammenarbeit mit anderen Verpflichteten.

Eine Pflichtenübertragung bedarf der Schriftform, um die ordnungsgemäße Aufgabenübertragung auf die beauftragte Person zu dokumentieren. Die Beauftragung ist vom Beauftragten zu unterzeichnen, eine Ausfertigung ist ihm auszuhändigen. Durch die Pflichtenübertragung nimmt die beauftragte Person im Rahmen der Beauftragung die Rechtsstellung des Unternehmers im Betrieb mit allen damit verbundenen Rechten und Pflichten ein. Der Unternehmer ist damit allerdings nicht von der Aufsicht und Kontrolle befreit. Er hat dafür zu sorgen, dass die übertragenen Pflichten auch tatsächlich umgesetzt werden.

B 1.1.4 Aufsichtsführende Personen

Oftmals werden mehrere Beschäftigte gemeinsam in einem Arbeitsbereich tätig. Dabei können sich Tätigkeiten eines Beschäftigten aufgrund der räumlichen oder zeitlichen Nähe auf andere Beschäftigte auswirken. Ohne besondere Gefahren kann eine zeitgleiche, sichere Ausführung der Arbeiten durch eine einfache Verständigung über möglicherweise entstehende Gefahren und die notwendig werdenden Schutzmaßnahmen untereinander abgesprochen werden.

Werden jedoch Arbeiten mit besonderen Gefahren von mehreren Personen ausgeführt, muss eine gegenseitige Unterrichtung und Abstimmung zur Durchführung der festgelegten Schutzmaßnahmen sichergestellt sein.

Besondere Gefahr: Sachlage, bei der der Eintritt eines Schadens ohne zusätzliche Schutzmaßnahmen sehr wahrscheinlich ist oder sein Eintritt nicht mehr abgewendet werden kann.

Betriebsspezifische Gefahren können sich insbesondere aus den durchgeführten Arbeiten, den verwendeten Stoffen sowie den vorhandenen Maschinen und Einrichtungen ergeben. Dazu zählt z. B. der Umgang mit Gefahrstoffen und die daraus entstehenden Explosionsgefahren. Zusätzliche Gefährdungen können aufgrund der vorhandenen betrieblichen Einrichtungen oder Arbeitsabläufe entstehen, z. B. bei Bau-, Reparatur- oder Reinigungsarbeiten in Produktionsanlagen.

Bei erhöhter und/oder besonderer Gefährdung liegen sogenannte gefährliche Arbeiten vor, für die der Unternehmer vor Beginn der Arbeiten eine zuverlässige, mit den Gefahren und den Schutzmaßnahmen vertraute aufsichtführende Person zu bestellen hat.

DGUV Vorschrift 1 „Grundsätze der Prävention" – § 8 „Gefährliche Arbeiten"

„(1) Wenn eine gefährliche Arbeit von mehreren Personen gemeinschaftlich ausgeführt wird und sie zur Vermeidung von Gefahren eine gegenseitige Verständigung erfordert, hat der Unternehmer dafür zu sorgen, dass eine zuverlässige, mit der Arbeit vertraute Person die Aufsicht führt. […]"

Eine aufsichtführende Person beaufsichtigt und überwacht die arbeitssichere Durchführung der gefährlichen Arbeiten. Sie übernimmt die Verantwortung, dass alle einschlägigen Sicherheitsanforderungen, Sicherheitsvorschriften und betrieblichen Anweisungen bei der Durchführung der Arbeiten eingehalten werden. Die Überwachung durch den Aufsichtführenden setzt in der Regel dessen Anwesenheit vor Ort sowie Weisungsbefugnis voraus. Zweckmäßigerweise ist dies ein Aufsichtführender (Betriebsleiter, Polier, Vorarbeiter oder anderer Vorgesetzter) der beteiligten Unternehmen.

Aufsichtführende Person: Zuverlässige, mit der Arbeit vertraute und weisungsbefugte Person, die die arbeitssichere Durchführung der Arbeiten beaufsichtigt und überwacht. Hierfür muss sie ausreichende fachliche Kenntnisse besitzen.

Als Aufsichtführender darf nur bestellt werden, wer ausreichende Kenntnisse über und Erfahrungen mit den jeweiligen Aufgabenbereichen hat. Der Aufsichtführende muss auch Kenntnisse über die Arbeitsmethoden, mögliche Gefahren, anzuwendende Schutzmaßnahmen sowie einschlägigen Vorschriften und technischen Regeln haben. Hierzu gehören z. B.

- Kenntnisse über und Erfahrungen mit technischen Durchführungen der erforderlichen Arbeiten,
- Kenntnisse über und Erfahrungen im Umgang mit den verwendeten Gefahrstoffen,
- Kenntnisse über die betriebsinterne Organisation.

B 1.2 Betreiberverantwortung

Die BetrSichV unterscheidet bei der Verantwortung für eine Anlage den Arbeitgeber und den Betreiber.

BetrSichV – § 2 „Begriffsbestimmungen"

„(3) Arbeitgeber ist, wer nach § 2 Absatz 3 des Arbeitsschutzgesetzes als solcher bestimmt ist. Dem Arbeitgeber steht gleich,
1. wer, ohne Arbeitgeber zu sein, zu gewerblichen oder wirtschaftlichen Zwecken eine überwachungsbedürftige Anlage verwendet […]"

Grundsätzlich gilt als Betreiber, wer über Weisungsbefugnisse für den Betrieb der Anlage verfügt und für die Sicherheit der Anlage verantwortlich ist.

Betreiber: Besitzt die tatsächliche oder rechtliche Möglichkeit, die notwendigen Entscheidungen im Hinblick auf die Sicherheit der Anlage zu treffen.

Die Betreiberverantwortung für eine Anlage beinhaltet die ordnungsgemäße Erfüllung der Betreiberpflichten. Da beim Betrieb von Gebäuden und technischen Anlagen sowie bei der Nutzung von Arbeitsstätten und Arbeitsmitteln besondere Gefahren für Sicherheit und Umwelt entstehen können, bestehen beim gewerblichen Betrieb von Gebäuden und gebäudetechnischen Anlagen neben den allgemeinen Pflichten (persönliche Pflichten und Unternehmenspflichten) auch spezielle Betreiberpflichten. Die ordnungsgemäße Wahrnehmung der Betreiberpflichten dient nicht nur dem Schutz der Unversehrtheit der Beschäftigten und Dritter, sondern auch dem Schutz sonstiger Rechte und der Umwelt.

B 1.2.1 Anlagenbetreiber

Als Anlagenbetreiber gilt der Unternehmer oder eine von ihm beauftragte natürliche oder juristische Person, die die Unternehmerpflicht für den sicheren Betrieb und ordnungsgemäßen Zustand der Anlage wahrnimmt. Bei umfangreichen oder komplexen Anlagen kann diese Zuständigkeit auch für Teilanlagen übertragen werden. Auf die Eigentumsverhältnisse kommt es nicht an. Maßgeblich ist die privatrechtliche Ausgestaltung des Verhältnisses zwischen dem Eigentümer der Betriebsanlagen und dem Nutzer.

Zwar kann auch ein Pächter oder Mieter gleichzeitig der Betreiber sein, jedoch bleibt ein Verpächter oder Vermieter der Betreiber, wenn er allein über die sicherheitstechnischen Vorkehrungen entscheidet.

Anlagenbetreiber müssen für den sicheren Betrieb und ordnungsgemäßen Zustand der Anlagen sorgen und sind u. a. verantwortlich für die Erfüllung der folgenden Pflichten:

- Schädliche Rückwirkungen der Anlagen auf andere Einrichtungen und die Umgebung verhindern,
- nachteilige Einwirkungen von außen auf die Anlagen vermeiden,
- Anlagen und Betriebsmittel im sicheren Zustand erhalten,
- Inspektions-, Instandsetzungs- und Wartungsarbeiten veranlassen.

BetrSichV –
§ 10 „Instandhaltung und Änderung von Arbeitsmitteln"

„(1) Der Arbeitgeber hat Instandhaltungsmaßnahmen zu treffen, damit die Arbeitsmittel während der gesamten Verwendungsdauer den für sie geltenden Sicherheits- und Gesundheitsschutzanforderungen entsprechen und in einem sicheren Zustand erhalten werden. Dabei sind die Angaben des Herstellers zu berücksichtigen. Notwendige Instandhaltungsmaßnahmen nach Satz 1 sind unverzüglich durchzuführen und die dabei erforderlichen Schutzmaßnahmen zu treffen."

Die sich daraus ergebende Verantwortlichkeit besteht in seiner Haftung für den Fall, dass er eine der daraus resultierenden Pflichten (grundsätzlich) schuldhaft verletzt. Schuldhaft ist eine solche Pflichtverletzung auch, wenn sie fahrlässig erfolgt.

B 1.2.2 Anlagenverantwortlicher

Die meisten Unternehmer können den anfallenden Pflichten aus der Betreiberverantwortung häufig nicht in geeignetem Maß nachkommen. Erforderlichenfalls kann diese Verantwortung teilweise auf andere Personen übertragen werden. Um der gesetzlichen Verantwortung trotzdem gerecht zu werden, können diese so delegiert werden, dass die Betreiberverantwortung zumindest in Teilen auf den Delegationsempfänger übergeht.

Anlagenverantwortlicher: Person, die benannt ist, die unmittelbare Verantwortung für den Betrieb der Anlagen zu tragen.

Der Anlagenverantwortliche ist eine natürliche Person und nicht z. B. eine Organisationseinheit, in deren Zuständigkeit die elektrische Anlage fällt. Die Betreiberpflichten können grundsätzlich an spezialisierte Mitarbeitende oder Außenstehende übertragen werden.

An einen Anlagenverantwortlichen werden folgende Anforderungen gestellt:

- Fachliche Kenntnisse und Erfahrungen,
- Kenntnisse der einschlägigen Vorschriften und Normen,
- Kenntnisse über den Betriebszustand der betreffenden Anlage,
- Fähigkeit, die Auswirkungen vorgesehener Arbeiten für den sicheren Betrieb dieser Anlage zu beurteilen,
- Fähigkeit, besondere Gefahren zu erkennen, die bei Arbeiten an oder in der Nähe der Anlage entstehen.

Für eine Anlage oder einen Anlagenteil kann zu jedem Zeitpunkt nur eine Person als Anlagenverantwortlicher zuständig sein. Jedoch muss bei Arbeiten, die z. B. über den Schichtwechsel hinausgehen, organisatorisch sichergestellt sein, dass die Anlagenverantwortung zu jeder Zeit und ohne Unterbrechung eindeutig erkennbar geregelt ist.

B 1.2.3 Contracting

Das Contracting kann als Oberbegriff für bestimmte Formen der vertraglich geregelten wirtschaftlichen Zusammenarbeit zwischen Unternehmen verwendet werden. Contracting bezeichnet im Grundsatz, dass eine Investition nicht vom Nutzer selbst, sondern von einem Dritten (dem sogenannten Contractor) durchgeführt wird. Dieser übernimmt als ein auf den Anlagenbetrieb spezialisiertes Unternehmen von der Planung über die Finanzierung bis hin zur Errichtung und Wartung einer Anlage alle sonst vom Nutzer zu tätigenden Aufgaben.

Contracting: Kooperationsform mittels eines Vertrages zwischen Contracting-Nehmer und Contracting-Geber, z. B. in Form des Anlagen-Contractings zur Bereitstellung und dem Betrieb technischer Anlagen.

Der Contracting-Nehmer ist der Auftraggeber und in der Regel der Empfänger der Contracting-Leistung, z. B. den Betrieb einer technischen Anlage. Der Contractor ist das ausführende Unternehmen. Seine Aufgaben bestehen in Beratung, Planung, Finanzierung und Betrieb der Anlagen innerhalb des vertraglich fixierten Zeitraumes.

- Beim **Anlagen-Contracting** errichtet und betreibt der Contractor eine Anlage auf eigenes Risiko und eigene Kosten auf Basis von langfristigen Verträgen mit seinen Kunden. Die Anlagen stehen dabei im Eigentum des Contractors.
- Beim **Betriebsführung-Contracting** (auch „Technisches Anlagemanagement" genannt) gehört die Anlage dem Contracting-Nehmer, während der Contractor durch die Übernahme der Installation, des Betriebes sowie der Wartung für den störungsfreien Betrieb der Anlagen sorgt.

Musterformular für eine gesonderte Pflichtenübertragung nach § 13 Abs. 2 ArbSchG

Firmenlogo	**Übertragung von Unternehmerpflichten**	**verfasst von:** **Stand:**

Herrn/Frau

wird für

Name und Anschrift des Unternehmens, Betriebsteil, Arbeitsbereich

die dem Unternehmer hinsichtlich der Verhütung von Arbeitsunfällen, Berufskrankheiten und arbeitsbedingten Gesundheitsgefahren obliegenden Pflichten in eigener Verantwortung übertragen:

- ☐ Feststellung, ob verwendeten Stoffe, Gemische und Erzeugnisse bei Tätigkeiten, auch unter Berücksichtigung verwendeter Arbeitsmittel, Verfahren und der Arbeitsumgebung sowie ihrer möglichen Wechselwirkungen, zu Brand- oder Explosionsgefährdungen führen können
- ☐ Durchführung Gefährdungen durch gefährliche explosionsfähige Gemische besonders ausweisen (Explosionsschutzdokument), regelmäßig überprüfen und bei Bedarf aktualisieren
- ☐ Umsetzung des Explosionsschutzkonzeptes durch angemessene Vorkehrungen, um die Ziele des Explosionsschutzes zu erreichen
- ☐ Betrieb und Instandhaltung von Arbeitsbereichen, Arbeitsplätzen, Arbeitsmitteln und deren Verbindungen, dass keine Brand- und Explosionsgefährdungen auftreten
- ☐ Übertragung von Tätigkeiten mit Gefahrstoffen, die zu Brand- oder Explosionsgefährdungen führen können, an zuverlässige, mit den Tätigkeiten, den dabei auftretenden Gefährdungen und den erforderlichen Schutzmaßnahmen vertraute und entsprechend unterwiesene Beschäftigte
- ☐ Anwendung eines Arbeitsfreigabesystems mit besonderen schriftlichen Anweisungen in Arbeitsbereichen mit Brand- oder Explosionsgefährdungen, für besonders gefährlichen Tätigkeiten und bei Tätigkeiten mit Gefährdungen durch mögliche Wechselwirkung mit anderen Tätigkeiten
- ☐ Beauftragung zuverlässiger, mit den Tätigkeiten, den dabei auftretenden Gefährdungen und den erforderlichen Schutzmaßnahmen vertrauter Personen mit der Aufsichtsführung in Arbeitsbereichen mit Tätigkeiten, die zu Brand- oder Explosionsgefährdungen führen können
- ☐ Durchführung und Dokumentation von Unterweisungen
- ☐ Sonstige/weitere Aufgaben:

Notwendige Konkretisierungen der Aufgaben und Befugnisse erfolgen

☐ im Anhang ☐ In der Stellenbeschreibung ☐ ____________________

Rückseite beachten!

Musterdokumente müssen stets an die konkreten betrieblichen Gegebenheiten angepasst werden!

Vor Unterzeichnung beachten!

§ 9 des Gesetzes über Ordnungswidrigkeiten

„(1) Handelt jemand

1. als vertretungsberechtigtes Organ einer juristischen Person oder als Mitglied eines solchen Organs,
2. als vertretungsberechtigter Gesellschafter einer rechtsfähigen Personengesellschaft oder
3. als gesetzlicher Vertreter eines anderen

so ist ein Gesetz, nach dem besondere persönliche Eigenschaften, Verhältnisse oder Umstände (besondere persönliche Merkmale) die Möglichkeit der Ahndung begründen, auch auf den Vertreter anzuwenden, wenn diese Merkmale zwar nicht bei ihm, aber bei dem Vertretenen vorliegen.

(2) Ist jemand von dem Inhaber eines Betriebes oder einem sonst dazu Befugten

1. beauftragt, den Betrieb ganz oder zum Teil zu leiten, oder
2. ausdrücklich beauftragt, in eigener Verantwortung Aufgaben wahrzunehmen, die dem Inhaber des Betriebes obliegen,

und handelt er auf Grund dieses Auftrages, so ist ein Gesetz, nach dem besondere persönliche Merkmale die Möglichkeit der Ahndung begründen, auch auf den Beauftragten anzuwenden, wenn diese Merkmale zwar nicht bei ihm, aber bei dem Inhaber des Betriebes vorliegen.

Dem Betrieb im Sinne des Satzes 1 steht das Unternehmen gleich. Handelt jemand auf Grund eines entsprechenden Auftrages für eine Stelle, die Aufgaben der öffentlichen Verwaltung wahrnimmt, so ist Satz 1 sinngemäß anzuwenden.

(3) Die Absätze 1 und 2 sind auch dann anzuwenden, wenn die Rechtshandlung, welche die Vertretungsbefugnis oder das Auftragsverhältnis begründen sollte, unwirksam ist."

§ 13 Absatz 2 Arbeitsschutzgesetz (ArbSchG)

„Der Arbeitgeber kann zuverlässige und fachkundige Personen schriftlich damit beauftragen, ihm obliegende Aufgaben nach diesem Gesetz in eigener Verantwortung wahrzunehmen."

§ 15 Absatz 1 Nummer 1 Siebtes Buch Sozialgesetzbuch (SGB VII)

„(1) Die Unfallversicherungsträger erlassen als autonomes Recht Unfallverhütungsvorschriften über

1. Einrichtungen, Anordnungen und Maßnahmen, welche die Unternehmer zur Verhütung von Arbeitsunfällen, Berufskrankheiten und arbeitsbedingten Gesundheitsgefahren zu treffen haben, sowie die Form der Übertragung dieser Aufgaben auf andere Personen,"

§ 13 Unfallverhütungsvorschrift „Grundsätze der Prävention" (DGUV Vorschrift 1)

„Der Unternehmer kann zuverlässige und fachkundige Personen schriftlich damit beauftragen, ihm nach Unfallverhütungsvorschriften obliegende Aufgaben in eigener Verantwortung wahrzunehmen. Die Beauftragung muss den Verantwortungsbereich und die Befugnisse festlegen und ist vom Beauftragten zu unterzeichnen. Eine Ausfertigung der Beauftragung ist ihm auszuhändigen."

Datum und Unterschrift der beauftragten Person	Datum und Unterschrift des Unternehmers

Musterdokumente müssen stets an die konkreten betrieblichen Gegebenheiten angepasst werden!

B 2 Betriebsmittel in explosionsgefährdeten Bereichen

Es sind alle erforderlichen Maßnahmen zu treffen, um sicherzustellen, dass der Arbeitsplatz, die Arbeitsmittel und die dazugehörigen Verbindungsvorrichtungen, die den Arbeitnehmenden zur Verfügung gestellt werden, so konstruiert, errichtet, zusammengebaut und installiert wurden und so gewartet und betrieben werden, dass das Explosionsrisiko so gering wie möglich gehalten wird.

GefStoffV – Anhang I (zu § 8 Absatz 8, § 11 Absatz 3) „Besondere Vorschriften für bestimmte Gefahrstoffe und Tätigkeiten" – Nr. 1 „Brand- und Explosionsgefährdungen"

„1.8 Mindestvorschriften für Einrichtungen in explosionsgefährdeten Bereichen sowie für Einrichtungen in nichtexplosionsgefährdeten Bereichen, die für den Explosionsschutz in explosionsgefährdeten Bereichen von Bedeutung sind
(1) Arbeitsmittel einschließlich Anlagen und Geräte, Schutzsysteme und den dazugehörigen Verbindungsvorrichtungen dürfen nur in Betrieb genommen werden, wenn aus der Dokumentation der Gefährdungsbeurteilung hervorgeht, dass sie in explosionsgefährdeten Bereichen sicher verwendet werden können. Dies gilt auch für Arbeitsmittel und die dazugehörigen Verbindungsvorrichtungen, die nicht Geräte oder Schutzsysteme im Sinne der Richtlinie 2014/34/EU [...] sind, wenn ihre Verwendung in einer Einrichtung an sich eine potenzielle Zündquelle darstellt. [...]"

In explosionsgefährdeten Bereichen sind grundsätzlich zuerst die Zündquellen zu vermeiden bzw. zu entfernen. Wenn dies nicht möglich ist, sind Maßnahmen zu treffen, um Zündquellen unwirksam zu machen oder die Wahrscheinlichkeit ihres Wirksamwerdens zu verringern. Zur Vermeidung der Entzündung einer gefährlichen explosionsfähigen Atmosphäre sind mögliche Zündquellen zu identifizieren und Maßnahmen gegen ihr Wirksamwerden zu treffen. Zu diesen Maßnahmen gehören:

- Bereitstellung von geeigneten Arbeitsmitteln einschließlich Anlagenteilen und Verbindungsvorrichtungen sowie von Sicherheits-, Kontroll- und Regelvorrichtungen für den Einsatz
  - innerhalb explosionsgefährdeter Bereiche und
  - außerhalb explosionsgefährdeter Bereiche, die im Hinblick auf Explosionsrisiken für den sicheren Betrieb von Geräten und Schutzsystemen erforderlich sind oder dazu beitragen.
- bestimmungsgemäße Benutzung der Arbeitsmittel, d. h. Verwendung in einer Weise, die vom Hersteller durch Angaben vorgegeben wird und die

für den sicheren Betrieb des Geräts, der Komponente oder des Schutzsystems notwendig ist.
- Montage, Installation und Betrieb der überwachungsbedürftigen Anlagen, sodass Zündquellen nicht wirksam werden.

Geräte: Maschinen, Betriebsmittel, stationäre oder ortsbewegliche Vorrichtungen, Steuerungs- und Ausrüstungsteile sowie Warn- und Vorbeugungssysteme, die einzeln oder kombiniert zur Erzeugung, Übertragung, Speicherung, Messung, Regelung und Umwandlung von Energien und/oder zur Verarbeitung von Werkstoffen bestimmt sind und die eigene potenzielle Zündquellen aufweisen und dadurch eine Explosion verursachen können.

Schutzsysteme: Alle Vorrichtungen (mit Ausnahme der Komponenten von Geräten), die anlaufende Explosionen umgehend stoppen und/oder den von einer Explosion betroffenen Bereich begrenzen sollen und als autonome Systeme gesondert auf dem Markt bereitgestellt werden.

Komponenten: Bauteile, die für den sicheren Betrieb von Geräten und Schutzsystemen erforderlich sind, ohne jedoch selbst eine autonome Funktion zu erfüllen.

Sofern das Explosionsschutzdokument unter Zugrundelegung einer Risikoabschätzung nichts anderes vorsieht, sind in allen Bereichen, in denen explosionsfähige Atmosphären vorhanden sein können, Geräte und Schutzsysteme, die nach dem 30.06.2003 erstmalig im Unternehmen bzw. im Betrieb zur Verfügung gestellt wurden, entsprechend den Kategorien gemäß Richtlinie 2014/34/EU (bis 20.06.2016 Richtlinie 94/9/EG) auszuwählen. Dies gilt ebenfalls für Arbeitsmittel und die dazugehörigen Verbindungsvorrichtungen, die nicht als Geräte oder Schutzsysteme im Sinne der Richtlinie gelten, wenn ihre Verwendung in einer Einrichtung an sich eine potenzielle Zündquelle darstellt.

B 2.1 Bestimmungsgemäße Verwendung

Für Geräte, die eine potenzielle Zündquelle aufweisen und dadurch eine Explosion verursachen können, muss der Hersteller eine Risikobeurteilung vornehmen, in der er die Schutzmaßnahmen zum Explosionsschutz in Beziehung zur Wahrscheinlichkeit des Auftretens explosionsfähiger Atmosphären setzt. Hierzu werden die Geräte und Schutzsysteme anhand der bestimmungsgemäßen Verwendung in zwei Gerätegruppen eingeteilt.

B 2.1.1 Gerätegruppe I

Gerätegruppe I umfasst Geräte zur Verwendung im Bergbau, sowohl in Untertagebetrieben von Bergwerken sowie deren Übertageanlagen, die durch Grubengas und/oder brennbare Stäube gefährdet werden können. Unterschieden wird in Geräte der Kategorien M1 und M2:

- **Kategorie M1:** Bietet ein sehr hohes Maß an Sicherheit durch die Gewährleistung der Gerätesicherheit auch beim Auftreten von zwei unabhängigen Fehlern.
- **Kategorie M2:** Bietet durch eine Abschaltung beim Auftreten von explosionsfähigen Atmosphären ein hohes Maß an Sicherheit.

B 2.1.2 Gerätegruppe II

Gerätegruppe II umfasst Geräte zur Verwendung in den übrigen Bereichen außerhalb des Bergbaus, die durch eine explosionsfähige Atmosphäre gefährdet werden können.

Geräte der Gerätegruppe II werden zusätzlich in Abhängigkeit möglicher explosionsfähiger Atmosphären im vorgesehenen Einsatzbereich in zwei Gruppen unterteilt:

- **G:** Einsatz in Gemischen aus Luft und brennbaren Gasen, Nebeln oder Dämpfen,
- **D:** Einsatz in Wolken aus in der Luft enthaltenem brennbarem Staub.

B 2.3 Gerätesicherheit und -zuverlässigkeit

Soweit die Bildung einer gefährlichen explosionsfähigen Atmosphäre nicht sicher verhindert werden kann, hat der Arbeitgeber die Wahrscheinlichkeit des Vorhandenseins, der Aktivierung und des Wirksamwerdens von Zündquellen einschließlich elektrostatischer Entladungen zu beurteilen.

In Abhängigkeit zur Wahrscheinlichkeit des Auftretens gefährlicher explosionsfähiger Atmosphären (ausgedrückt durch die Zoneneinteilung, siehe A 7) ist eine Auswahl zu treffen, welche Betriebsmittel z. B. mit möglichen elektrischen oder mechanischen Zündquellen eingesetzt werden können. Je wahrscheinlicher das Auftreten von gefährlichen explosionsfähigen Atmosphären ist, desto sicherer muss das Vorhandensein von wirksamen Zündquellen vermieden werden. Geräte der Gerätegruppe II werden in drei Kategorien mit jeweils unterschiedlich hohem Sicherheitsniveau eingeteilt. Diese Einteilung ergibt sich aus dem erforderlichen Maß an Sicherheit, dass innerhalb der Zoneneinteilung gewährleistet werden muss.

B 2.3.1 Gerätekategorie 1

Kategorie 1 umfasst Geräte, die konstruktiv so gestaltet sind, dass sie in Übereinstimmung mit den vom Hersteller angegebenen Kenngrößen betrieben werden können und ein sehr hohes Maß an Sicherheit gewährleisten.

Geräte dieser Kategorie müssen selbst bei selten auftretenden Gerätestörungen das erforderliche Sicherheitsmaß bieten. Sie weisen daher Explosionsschutzmaßnahmen auf, sodass bei Versagen einer apparativen Schutzmaßnahme mindestens eine zweite unabhängige apparative Schutzmaßnahme greift bzw. bei Auftreten von zwei unabhängigen Fehlern die erforderliche Sicherheit gewährleistet wird.

Geräte dieser Kategorie sind zur Verwendung in Bereichen bestimmt, in denen eine explosionsfähige Atmosphäre, die aus einem Gemisch von Luft und Gasen, Dämpfen oder Nebeln oder aus Staub/Luft-Gemischen besteht, ständig oder langzeitig oder häufig vorhanden ist (Zone 0 und Zone 20).

B 2.3.2 Gerätekategorie 2

Kategorie 2 umfasst Geräte, die konstruktiv so gestaltet sind, dass sie in Übereinstimmung mit den vom Hersteller angegebenen Kenngrößen betrieben werden können und ein hohes Maß an Sicherheit gewährleisten. Die apparativen Explosionsschutzmaßnahmen dieser Kategorie bieten selbst bei häufigen Gerätestörungen oder Fehlerzuständen, die üblicherweise zu erwarten sind, das erforderliche Sicherheitsmaß.

Geräte dieser Kategorie sind zur Verwendung in Bereichen bestimmt, in denen damit zu rechnen ist, dass eine explosionsfähige Atmosphäre aus Gasen, Dämpfen, Nebeln oder Staub/Luft-Gemischen gelegentlich auftritt (Zone 1 und Zone 21).

B 2.3.3 Gerätekategorie 3

Kategorie 3 umfasst Geräte, die konstruktiv so gestaltet sind, dass sie in Übereinstimmung mit den vom Hersteller angegebenen Kenngrößen betrieben werden können und ein normales Maß an Sicherheit gewährleisten.

Geräte dieser Kategorie bieten im Normalbetrieb das erforderliche Sicherheitsmaß. Sie sind zur Verwendung in Bereichen bestimmt, in denen nicht damit zu rechnen ist, dass eine explosionsfähige Atmosphäre durch Gase, Dämpfe, Nebel oder aufgewirbelten Staub auftritt, aber wenn sie dennoch auftritt, dann aller Wahrscheinlichkeit nach nur selten und während eines kurzen Zeitraumes (Zone 2 und Zone 22).

B 2.4 Oberflächentemperaturen

Die höchste Oberflächentemperatur eines Betriebsmittels muss immer kleiner sein als die Zündtemperatur der umgebenden Atmosphäre.

Zündtemperatur: Niedrigste Temperatur einer erhitzten Fläche eines brennbaren Gases oder einer brennbaren Flüssigkeit, in der das sich bildende inhomogene Gas/Luft- oder Dampf/Luft-Gemisch gerade noch zur Verbrennung mit Flammenerscheinung angeregt wird.

Für Geräte, deren Oberflächen sich erwärmen können, ist sicherzustellen, dass die angegebenen höchsten Oberflächentemperaturen auch im ungünstigsten Fall nicht überschritten werden. Hierbei sind auch Temperaturerhöhungen durch Wärmestaus und chemische Reaktionen zu berücksichtigen.

B 2.4.1 Temperaturklassen

Für die elektrischen Betriebsmittel der Gerätegruppe II in gas- und dampfexplosionsgefährdeten Bereichen sind die Temperaturklassen T1 bis T6 eingeführt. Gemäß der jeweiligen Temperaturklasse des Gerätes werden explosionsgeschützte Betriebsmittel in ihren Oberflächentemperaturen durch Schutzeinrichtungen derart begrenzt, dass die für die Temperaturklasse angegebene max. Oberflächentemperatur garantiert wird und damit eine Entzündung des umgebenden Gasgemisches ausgeschlossen wird. Jedem Betriebsmittel wird anhand seiner maximalen Oberflächentemperatur die Temperaturklasse zugeordnet.

Temperaturklasse	Max. Oberflächentemperatur
T1	450 °C
T2	300 °C
T3	200 °C
T4	135 °C
T5	100 °C
T6	85 °C
Betriebsmittel, die einer höheren Temperaturklasse entsprechen (z. B. T6), sind auch für Anwendungen zulässig, bei denen eine niedrigere Temperaturklasse gefordert wird, z. B. T3.	

Tabelle 2.1: Zuordnung der Temperaturklassen zu max. Oberflächentemperaturen von Betriebsmitteln

Wenn die maximale Oberflächentemperatur nicht vom Gerät selbst, sondern von den Betriebsbedingungen abhängig ist, z. B. erwärmte Flüssigkeit in einer Pumpe, dann müssen in der Betriebsanleitung die zutreffenden Angaben enthalten sein. Auf dem Gerät bzw. Betriebsmittel selbst darf keine Temperaturklasse oder eine Temperatur angegeben werden.

B 2.4.2 Sicherheitsabstand zur kleinsten Zündtemperatur

Die Angabe der maximalen Oberflächentemperatur enthält einen Sicherheitsabstand zur kleinsten Zündtemperatur der in der Temperaturklasse zusammengefassten Stoffe.

- In Zone 0 ist der Einsatz von Betriebsmitteln, deren Oberflächen sich – selbst bei selten auftretenden Betriebsstörungen – gefährlich erwärmen können, soweit wie möglich zu vermeiden. Andernfalls muss durch laufende Überwachung sichergestellt und durch betriebliches Prüfen nachgewiesen sein, dass die Oberflächen, die mit explosionsfähigen Atmosphären in Berührung kommen können, 80 % der Zündtemperatur nicht überschreiten. Dabei sind auch Temperaturerhöhungen durch Wärmestau und chemische Reaktionen zu beachten.

- In Zone 1 ist der Einsatz von Betriebsmitteln, deren Oberflächen sich betriebsmäßig und bei häufiger auftretenden Betriebsstörungen auf nicht mehr als 80 % der Zündtemperatur erwärmen können, zulässig. Eine Überschreitung dieses Wertes bis zur Zündtemperatur ist zulässig, wenn die Oberflächentemperaturen unter den Betriebsverhältnissen sicher begrenzbar sind.
- In Zone 2 dürfen Betriebsmittel mit maximalen Oberflächentemperaturen bis zur Zündtemperatur eingesetzt werden. Betriebsübliche Störungen brauchen hierbei nicht berücksichtigt zu werden.

B 2.4.3 Staub-Grenztemperaturen

Für elektrische Betriebsmittel der Gerätegruppe II in staubexplosionsgefährdeten Bereichen wird statt der Temperaturklasse die maximale zulässige Oberflächentemperatur des Betriebsmittels als Temperaturwert (in °C) angegeben, da bei Stäuben ein Sicherheitsabstand zwischen der Oberflächentemperatur und der Zündtemperatur einzuhalten ist.

Die maximale Oberflächentemperatur des Betriebsmittels darf die Zündtemperatur einer Staubschicht oder einer Wolke des brennbaren Staubes nicht überschreiten. Dabei muss die zulässige Oberflächentemperatur vom konkret vorliegenden Staub bzw. Staubgemisch ermittelt werden. Alternativ stehen umfangreiche Tabellenwerke und Datenbanken zur Verfügung. Außerdem stehen Labors zur Verfügung, die die zulässige Grenztemperatur ermitteln.

B 2.5 Besondere Umgebungsbedingungen

Die Geräte und Schutzsysteme sind in Bezug auf bestimmte standardisierte, vorhandene oder vorhersehbare Umgebungsbedingungen konstruiert, geprüft und zugelassen. Hierbei müssen beide gegen äußere Einflüsse geschützt sein, die den Explosionsschutz nachteilig beeinträchtigen könnten (z. B. chemische, thermische, mechanische Einwirkungen, Schwingungen oder Feuchte). Liegen besondere Einsatzbedingungen vor, so ist dies vorab zwischen Betreiber und Hersteller zu besprechen, um ggf. wirksame Zusatzmaßnahmen ergreifen zu können.

Werden Geräte oder Schutzsysteme außerhalb atmosphärischer Bedingungen eingesetzt (Temperatur -20 bis +60 °C und Druck 0,8 bis 1,1 bar), muss (wenn keine Zulassung des Herstellers vorliegt) vor der Inbetriebnahme durch den Betreiber eine Risikoanalyse durchgeführt werden. Bei besonderen Installationsbedingungen für die sichere Anwendung explosionsgeschützter Betriebsmittel muss die Bedienungsanleitung genügend Informationen enthalten, damit der Anwender die Eignung des Betriebsmittels für seine spezielle Anwendung beurteilen kann.

Der Schutz gegen das Eindringen von Wasser und Feuchtigkeit wird auf dem Typschild durch IP-Schutzgrade angegeben, die auf Basis genormter Prüfungsbedingungen ermittelt werden. Diese sind oft mit den in der Praxis anzutreffenden Belastungen nicht vergleichbar. Daher kann z. B. das Anbringen eines Schutzdaches oder die Montage eines Druckausgleichstutzens im Gehäuse für eine ausreichende Wirkung gegen das Eindringen von Feuchtigkeit notwendig sein.

B 2.6 Zulassungen und Zertifizierungen

Die EU-Richtlinien gemäß Art. 288 Absatz 3 AEUV (Binnenmarkt- bzw. Harmonisierungsrichtlinien) legen für zahlreiche Produkte Sicherheits- und Gesundheitsanforderungen als Mindestanforderungen fest, die nicht unterschritten werden dürfen. Dies gilt auch für Geräte und Schutzsysteme zur bestimmungsgemäßen Verwendung in explosionsgefährdeten Bereichen. Ein Produkt darf erst dann erstmals in den Verkehr gebracht und erstmals in Betrieb genommen werden, wenn es den grundlegenden Anforderungen sämtlicher anwendbarer EU-Richtlinien entspricht. Produkte, auf die aufgrund ihrer Art oder Beschaffenheit eine (oder mehrere) der EU-Richtlinien Anwendung findet (oder finden), müssen zudem vorher mit der CE-Kennzeichnung versehen werden.

CE-Kennzeichnung: Hersteller, Inverkehrbringer oder EU-Bevollmächtigte gemäß EU-Verordnung 765/2008 erklären mit dieser Kennzeichnung, dass das Produkt den geltenden Anforderungen genügt, die in den Harmonisierungsrechtsvorschriften der Gemeinschaft über ihre Anbringung festgelegt sind.

Die CE-Kennzeichnung sowie die schriftliche EG-Konformitätserklärung bestätigen die Übereinstimmung des Produktes mit allen zutreffenden europäischen Vorschriften und dem Bewertungsverfahren, die in den EG-Richtlinien festgelegt sind.

Die vollständige Kennzeichnung muss gut sichtbar, leserlich, unverwechselbar und dauerhaft auf dem Produkt oder am daran befestigten Schild angebracht sein. Sie besteht aus dem CE-Zeichen in einer Mindestgröße von 5 mm in den festgelegten Proportionen sowie dem Firmennamen und postalischer Adresse des Inverkehrbringers. Ggf. wird außerdem die vierstellige Kennnummer der beteiligten benannten Stelle angegeben, falls eine solche mit der Prüfung der Konformität befasst war.

Ein Hersteller darf Geräte und Schutzsysteme zur bestimmungsgemäßen Verwendung in explosionsgefährdeten Bereichen nur dann in den Verkehr bringen, wenn sie einem der von der Richtlinie 2014/34/EU geforderten Konformitätsbewertungsverfahren unterzogen wurden. Abhängig von der Gerätekategorien sind zwei Konformitätsbewertungsverfahren festgelegt, die der Hersteller bis zur Anfertigung der EU- bzw. EG-Konformitätserklärung einzuhalten hat.

B 2.6.1 EU- bzw. EG-Baumusterprüfung

Für Geräte und Schutzsysteme zur bestimmungsgemäßen Verwendung in explosionsgefährdeten Bereichen der Kategorie 1 (für die Verwendung in Zone 0 bzw. 20) und für elektrische Betriebsmittel und Verbrennungsmotoren der Kategorie 2 (für die Verwendung in Zone 1 bzw. 21) ist eine EG-Baumusterprüfung und Zertifizierung durch eine benannte Prüfstelle („Notified Body") durchzuführen.

Benannte Prüfstelle (Notified Body): Diese notifizierten Stellen der EU sind staatlich benannte und staatlich überwachte private Prüfstellen (Auditier- und Zertifizierstellen), die im Staatsauftrag tätig werden, um die Konformitätsbewertung von Herstellern von Industrieerzeugnissen unterschiedlicher Art zu begleiten und zu kontrollieren.

Benannte Prüfstellen übernehmen in den Fällen, in denen die Einschaltung einer neutralen Stelle erforderlich ist, die in den Richtlinien bzw. Verordnungen der EU genannten Aufgaben im Zusammenhang mit den Konformitätsbewertungsverfahren. Hauptaufgabe ist es, die Konformitätsbewertung von Produkten des freien Warenverkehrs – sofern dies für das betreffende Produkt gemäß den EU-Richtlinien vorgesehen ist – durchzuführen und damit das Risiko für Anwender der geprüften Produkte zu minimieren.

Der Hersteller reicht vor Inverkehrbringen eines Gerätes bei einer Benannten Stelle einen Antrag auf Baumusterprüfung ein und stellt ein sogenanntes Baumuster des zu prüfenden Produktes zur Verfügung.

Baumusterprüfung: Verfahren, bei dem eine Benannte Prüfstelle feststellt und bescheinigt, dass ein repräsentatives Muster eines Gerätes (Baumuster) die grundlegenden Anforderungen sämtlicher anwendbarer EU-Richtlinien erfüllt.

Die benannte Stelle überprüft, ob das Baumuster in Übereinstimmung mit ihr hergestellt wurde, und stellt fest, welche Bauteile nach den einschlägigen Bestimmungen der zutreffenden harmonisierten Europäischen Normen (hEN) konstruiert sind. Sie führt die erforderlichen Prüfungen, Messungen und Versuche durch, um festzustellen, ob die gewählten Lösungen die grundlegenden Anforderungen erfüllen. Wenn das Baumuster den Bestimmungen der Richtlinie 2014/34/EU entspricht, stellt die Benannte Stelle eine Baumusterprüfbescheinigung aus, die Folgendes enthält:

- Namen und Anschrift des Herstellers,
- Angaben, die für die Identifizierung des zugelassenen Baumusters erforderlich sind,
- Ergebnisse der Prüfung,
- Voraussetzungen für die Gültigkeit der Bescheinigung.

Sie bescheinigt dem Hersteller und den zuständigen Überwachungsbehörden die Einhaltung der in der Richtlinie 2014/34/EU festgelegten grundlegenden Anforderungen an die Produktbeschaffenheit (z. B. Auslegung, Konstruktion, Sicherheit und Funktion) sowie die Beachtung der vorgeschriebenen Konformitätsbewertungsverfahren. Der Hersteller stellt basierend auf der erteilten Baumusterprüfbescheinigung eine Konformitätserklärung aus, die zwingend Bestandteil des Lieferumfangs des Produktes ist.

Das Produkt wird mit dem CE-Kennzeichen und der vierstelligen Kennnummer (Identifikationsnummer) der Benannten Stelle gekennzeichnet, um die Einhaltung der gesetzlichen Mindestanforderungen sowie die Überprüfung durch unabhängige Stellen auf die Einhaltung der Richtlinien zu dokumentieren.

B 2.6.2 EU- bzw. EG-Konformitätserklärung

Wer sonstige nichtelektrische Betriebsmittel und Betriebsmittel der Kategorie 3 (für die Verwendung in Zone 2 bzw. 22) im Bereich der Europäischen Union in Verkehr bringen will, für die nach Richtlinie 2014/34/EU keine Baumusterprüfung vorgesehen ist, muss eine EU- bzw. EG-Konformitätserklärung abgeben, sofern sein Produkt unter eine entsprechende Richtlinie (z. B. Richtlinie 2014/34/EU) fällt.

EU- bzw. EG-Konformitätserklärung: Der Inverkehrbringer bestätigt mit dieser Erklärung, dass ein von ihm in Verkehr gebrachtes Produkt den grundlegenden Gesundheits- und Sicherheitsanforderungen aller relevanten europäischen Richtlinien entspricht, also mit ihnen konform ist.
Die Europäischen Gemeinschaft (EG) wurde 2011 in Europäische Union (EU) umbenannt. Dadurch änderte sich die Bezeichnung von der „EG-" in „EU-"Konformitätserklärung für alle Konformitätserklärungen, die nach 2011 veröffentlichten Richtlinien erstellt werden. Konformitätserklärungen, die nach gültigen, jedoch vor 2011 veröffentlichten Richtlinien erstellt werden, müssen noch als EG-Konformitätserklärungen bezeichnet werden. Sie haben dabei dieselbe Gültigkeit.

Der Hersteller muss die Konformität des Produktes mit den Anforderungen der Richtlinie 2014/34/EU in Eigenverantwortung feststellen und dokumentieren. Er stellt hierüber eine EU- bzw. EG-Konformitätserklärung aus, in der er die Einhaltung der Richtlinie 2014/34/EU und die Übereinstimmung mit sicherheitsbezogenen Anforderungen der für diese Geräte geltenden harmonisierten Normen bestätigt.

Die EU- bzw. EG-Konformitätserklärung muss mindestens in einer der Amtssprachen der EU abgefasst sein. Die Richtlinie 2014/34/EU gibt vor, dass die EU-Konformitätserklärung jedem ausgelieferten Produkt beizufügen ist. In jedem Fall muss die EU-Konformitätserklärung Aufsichtsbehörden auf Anforderung unverzüglich zur Verfügung gestellt werden. Das Produkt selbst wird mit dem CE-Zeichen gekennzeichnet, jedoch nicht mit der Nummer einer Benannten Stelle, da es nicht ihrer Fertigungsüberwachung unterliegt.

B 2.7 Betriebsanleitungen

Sowohl für Geräte, die komplett zum Kunden geliefert werden, als auch für Baugruppen, die erst an der Montagestelle komplettiert werden und in explosionsgefährdeten Bereichen zum Einsatz kommen, müssen Betriebsanleitungen als Gerätedokumentation vorliegen. Damit gibt ein Hersteller vor, wie mit seinem technischen Produkt umgegangen werden soll. Die Betriebsanleitung soll die Bedingungen beschreiben, um ein konkretes Gerät/Produkt sicherheitsgerecht installieren und funktionsgerecht betreiben zu können. Die Betriebsanleitung beinhaltet alle Angaben für

- Inbetriebnahme,
- Wartung,
- Inspektion,
- Überprüfung der Funktionsfähigkeit,
- notwendige Pläne und Schemata für die Reparatur des Geräts oder Schutzsystems,
- alle zweckdienlichen Angaben insbesondere im Hinblick auf die Sicherheit, z. B. konkrete Montageanweisungen und spezifische Betriebsbedingungen.

Betriebsanleitungen müssen bei der Inbetriebnahme eines Gerätes oder eines Schutzsystems als Original und Übersetzung(en) in der oder den Sprache(n) des Verwendungslandes mitgeliefert werden. Die Gerätedokumentation darf keine fachlich irritierenden Mängel aufweisen. Verantwortlich für den Inhalt der Betriebsanweisungen mit den darin enthaltenen Sicherheitshinweisen ist der Inverkehrbringer.

B 2.8 Kennzeichnungen

Auf jedem Gerät ist nach Richtlinie 2014/34/EU eine Kennzeichnung gemäß bestimmten Mindestangaben sowie die vorgesehenen Kennzeichnungen der angewandten Norm(en) für die Zündschutzart deutlich und „unauslöschbar“ anzubringen:

- Hersteller, eingetragener Handelsname oder eingetragene Handelsmarke und Anschrift des Herstellers, der das Betriebsmittel in Verkehr gebracht hat,
- Bezeichnung des Gerätes und Schutzsystems, Bezeichnung der Serie und des Typs, ggf. die Chargen- oder Seriennummer und das Baujahr, nach der es eindeutig zu identifizieren ist.

Zusätzlich zu den üblichen Daten (Hersteller, Typ, Seriennummer, elektrische Daten) sind die den Explosionsschutz betreffenden Daten in die Kennzeichnung aufzunehmen:

- CE-Kennzeichen (mind. 5 mm hoch) und ggf. Kennnummer der benannten Stelle für die Überwachung der Qualitätssicherung,
- Explosionsschutzkennzeichen („Ex-Hexagon“),
- Gerätegruppe und Kategorie,
- Zündschutzart,

- Explosionsgruppe,
- Temperaturklasse,
- Prüfstelle und Registrierungsnummer der Bescheinigung bei der Prüfstelle,
- ggf. Ergänzungen nach Anwendungsnorm, wenn erforderlich auch alle für die Sicherheit bei der Verwendung unabdingbaren Hinweise:
  - „U"-Symbol als Ergänzung hinter der Bescheinigungsnummer: Bauteil (Unit) eines elektrischen Betriebsmittels für explosionsgefährdete Bereiche oder ein Modul mit Teilbescheinigung, das nicht für sich allein verwendet werden darf, und einer zusätzlichen Bescheinigung beim Einbau in Betriebsmittel oder Systeme zur Verwendung in explosionsgefährdeten Bereichen bedarf.
  - „X"-Symbol als Ergänzung hinter der Bescheinigungsnummer: Besondere Bedingungen für die sichere Anwendung sind zu beachten.

B 3 Bauliche Explosionsschutzmaßnahmen

Durch bauliche Maßnahmen können einerseits Gefährdungen durch Explosionen begrenzt und andererseits ihre Auswirkungen z. B. auf Gebäude vermindert werden.

B 3.1 Zusätzliche Anforderungen an bauliche Anlagen mit Explosionsgefahr

Arbeitsbereiche mit Brand- oder Explosionsgefährdungen sind so zu gestalten und auszulegen, dass die Übertragung von Bränden und Explosionen sowie ihre Auswirkungen auf benachbarte Bereiche vermieden werden. Eine Explosionsgefahr ist gegeben, wenn in einer baulichen Anlage die Gefahr des Auftretens einer explosionsfähigen Atmosphäre in gefahrdrohender Menge nicht ausgeschlossen werden kann. Zu den Räumen mit Explosions- oder erhöhter Brandgefahr gehören nach § 29 Abs. 2 Nr. 2 (2) MBO z. B. Lager für brennbare Flüssigkeiten, Spritzlackierräume, Lackfabriken, Holzverarbeitungsbetriebe, Tankstellen.

Bauliche Anlagen, deren Nutzung durch Umgang oder Lagerung von Stoffen mit Explosions- oder erhöhter Brandgefahr verbunden ist, sind gemäß § 2 Abs. 4 Nr. 19 MBO als Sonderbauten besonderer Art oder Nutzung einzustufen. Dies hat entsprechende Auswirkungen, z. B. auf das Genehmigungsverfahren. An Sonderbauten können nach § 51 MBO zur Verwirklichung der allgemeinen Anforderungen nach § 3 Abs. 1 MBO besondere Anforderungen zu Anordnung, Errichtung, Änderung und Instandhaltung gestellt werden, um die öffentliche Sicherheit und Ordnung, insbesondere Leben, Gesundheit und die natürlichen Lebensgrundlagen im Einzelfall sicherzustellen. Diese zusätzlichen Anforderungen können sich vor allem erstrecken auf

- Bauart und Anordnung aller für den Brandschutz wesentlichen Bauteile,
- Verwendung von Baustoffen,
- Brandschutzanlagen, -einrichtungen und -vorkehrungen sowie Löschwasserrückhaltung,
- Anordnung und Herstellung von Treppen, Treppenräumen, Fluren, Ausgängen und sonstigen Rettungswegen,
- Umfang, Inhalt und Zahl besonderer Bauvorlagen, insbesondere eines Brandschutzkonzeptes.

B 3.2 Räumliche Trennung von Räumen mit Explosionsgefahr

Räume mit erhöhter Brandgefahr bedürfen einer besonderen brandschutztechnischen Betrachtung. Arbeitsvorgänge in benachbarten Anlagen sollten so ablaufen, dass keine gefährliche Beeinflussung eintreten kann. Dies lässt sich durch räumliche Trennung von gefährdeten Anlageteilen wie Abfüllstationen für brennbare Flüssigkeiten, Pumpenräume, Verdichterstationen von den weniger gefährdeten Betriebsbereichen (z. B. Lagereinrichtungen) erreichen.

B 3.2.1 Trennwände

Um einzelne Räume zu anderen, normal genutzten Räumen auch innerhalb von Nutzungseinheiten brandschutztechnisch abzukapseln, wird die brandschutztechnisch erforderliche bauliche Abtrennung benötigt. Zum Abschluss von Räumen mit Explosions- oder erhöhter Brandgefahr müssen Trennwände von Räumen oder Nutzungseinheiten innerhalb von Geschossen ausreichend lang widerstandsfähig – nach § 29 Absatz 3 Satz 2 MBO „feuerbeständig" – gegen eine Brandausbreitung sein. Trennwände müssen demnach für die Dauer von mindestens 90 Min. während eines Brandfalls ihre Funktionen aufrechterhalten, d. h. mindestens die Tragfähigkeit und den Raumabschluss (Verhinderung der Brandausbreitung oder Rauchdichtigkeit).

Diese Trennwände sind als raumabschließende Bauteile bis zur Rohdecke, im Dachraum bis unter die Dachhaut zu führen. Werden in Dachräumen Trennwände nur bis zur Rohdecke geführt, ist diese Decke als raumabschließendes Bauteil einschließlich der sie tragenden und aussteifenden Bauteile feuerhemmend herzustellen.

B 3.2.2 Öffnungen in Trennwänden

In Trennwänden zur brandschutztechnischen Abtrennung von Räumen mit Explosions- oder erhöhter Brandgefahr sind Öffnungen nur zulässig, wenn sie auf die für die Nutzung erforderliche Zahl und Größe beschränkt sind. Öffnungen in raumabschließenden feuerwiderstandsfähigen Wänden, an die brandschutztechnische Anforderungen gestellt werden, sind gegen eine Übertragung von Feuer und Rauch zu sichern (z. B. Abschottungen). Selbstschließende Verschlüsse, die den Durchtritt von Feuer und Rauch durch Öffnungen verhindern, müssen eine bestimmte Feuerwiderstandsdauer nach DIN 4102-5 (national) bzw. DIN EN 13501-2 (europäisch) aufweisen und eine bestimmte Dichtigkeit (Rauchdichtigkeit) nach DIN 18095 (national) bzw. DIN EN 13501-2 (europäisch) erfüllen. Alle Öffnungen in Trennwänden von Räumen mit Explosions- oder erhöhter Brandgefahr (z. B. Türen, Tore, Rohr-, Leitungs- und Kabeldurchführungen) müssen nach § 29 Absatz 5 MBO feuerhemmende, dicht- und selbstschließende Abschlüsse haben.

B 3.2.3 Dichtigkeit von Wänden

Eine Einschränkung explosionsgefährdeter Bereiche ist durch bauliche Maßnahmen möglich, soweit diese die Räume oder Bereiche gasdicht abschließen. Gasdichte Abtrennungen sind solche, die einen Gasdurchtritt unter atmosphärischen Bedingungen in Gefahr drohender Menge oder Konzentration verhindern, z. B. öffnungslose

- Stahlbetonwände,
- Ziegelsteinwände, die mindestens auf der Seite der ortsfesten Druckanlage für Gase verputzt oder beidseitig verfugt sind,
- vergleichbar dichte Faserzementwände,
- dicht verschweißte Blechwände.

Durchführungen für Kabel, Rohre, Behälter usw. aus explosionsgefährdeten Bereichen sind so abzudichten, dass das Ausbreiten von Gasen und brennbaren Flüssigkeiten bzw. deren Dämpfen sowie von Stäuben verhindert wird. Auch müssen Kanaleinläufe (z. B. Fußbodenentwässerung) in explosionsgefährdeten Bereichen mit einem Siphon ausgerüstet sein. Diese Abtrennungen müssen nicht gegen Brand- oder Druckbeanspruchungen aus Explosionen ausgelegt sein.

B 3.3 Schutzabstände und Schutzstreifen

Die in einer explosionsfähigen Atmosphäre sich ausbreitenden Flammen können ein Volumen einnehmen, das etwa zehnmal so groß ist wie das der explosionsfähigen Atmosphäre vor ihrer Entzündung. Bei Ausbreitung in eine Richtung muss deshalb mit entsprechend langen Stichflammen gerechnet werden. Durch eine Explosion können auch in der Umgebung Schäden hervorgerufen werden, durch die wiederum brennbare oder andere gefährliche Stoffe freigesetzt und ggf. entzündet werden. Kann eine Explosion nicht sicher verhindert werden, sind Maßnahmen zu ergreifen, um die Ausbreitung der Explosion zu begrenzen und ihre Auswirkungen auf die Beschäftigten so gering wie möglich zu halten. Soweit nach der Gefährdungsbeurteilung erforderlich, sind zu explosionsgefährdeten Anlagen Schutz- und Sicherheitsabstände einzuhalten. Der Schutzbereich darf sich nicht auf Nachbargrundstücke oder öffentliche Verkehrsflächen erstrecken.

B 3.3.1 Sicherheitsabstände

Sicherheitsabstand: Erforderlicher Abstand zwischen explosionsgefährdeten Anlagen und einem Schutzobjekt.

Schutzobjekte sind Einrichtungen, Gebäude und Anlagen, in denen oder bei denen sich dauernd oder regelmäßig Beschäftigte oder andere Personen aufhalten, zu deren Schutz nicht die gleichen Vorsorgemaßnahmen getroffen werden wie für Beschäftigte, die im Bereich der ortsfesten Druckanlage für Gase selbst tätig sein (z. B. Maßnahmen zur Alarmierung und Gefahrenabwehr).

B 3.3.2 Schutzabstände

Schutzabstand: Erforderlicher Abstand zum Schutz der explosionsgefährdeten Anlagen vor gefährlichen Einwirkungen von außen.

Zweck der Schutzabstände ist es, durch ausreichende Abstände zu benachbarten Anlagen, Einrichtungen, Gebäuden und öffentlichen Verkehrswegen die explosionsgefährdete Anlage gegen jegliche Gefahren der Zündung durch Zündquellen von außen sowie vor einem Schadenereignis wie Erwärmung infolge von Brandbelastung oder mechanischer Beschädigung zu schützen. So dürfen im Schutzabstand z. B. keine Stoffe gelagert werden, die zur Entstehung und Ausbreitung eines Brandes führen. Die Breite und weitere Anforderungen an den Schutzstreifen z. B. sind in Nr. 9.2 TRGS 509 bzw. Anlage 5 Nr. 4 TRGS 510 beschrieben.

B 3.3.3 Schutzwände

Der Schutzbereich kann durch ausreichend hohe, öffnungslose Schutzwände aus nichtbrennbaren Baustoffen eingeengt werden. Hierbei darf es sich ggf. auch um eine Gebäudemauer handeln, die im Schutzbereich öffnungslos sein muss. Um im Freien die natürliche Umlüftung zu erhalten, ist eine Einschränkung nur an einer oder zwei Seiten zulässig. Bei Einschränkungen an mehr als zwei Seiten müssen ergänzende Lüftungsmaßnahmen vorhanden sein.

B 3.4 Ableitfähige Fußböden

Zur Vermeidung gefährlicher Aufladungen in explosionsgefährdeten Bereichen sind Personen sowie Gegenstände oder Einrichtungen aus leitfähigem oder ableitfähigem Material zu erden bzw. mit Erdkontakt zu versehen. Entsprechendes gilt auch für leitfähige oder ableitfähige Medien, z. B. Flüssigkeiten oder Schüttgüter. Fußböden in explosionsgefährdeten Bereichen müssen so ausgeführt sein, dass sich Personen beim Tragen ableitfähiger Schuhe nicht gefährlich aufladen.

In explosionsgefährdeten Bereichen der Zonen 0, 1, 20 sowie in Zone 21 bei Stäuben mit MZE $\leq$ 10 mJ sind ableitfähige Fußböden erforderlich. Ein Fußboden ist ableitfähig, wenn sein Ableitwiderstand 10^8 Ω (Ohm) unterschreitet. Verschmutzungen (z. B. Farb- oder Ölreste) bzw. ungewollte Isolierung (z. B. abgelegte Folien oder Leergut) sind zu vermeiden. Bei geklebten Fußbodenbelägen ist auf die ausreichende Leitfähigkeit der verwendeten Klebstoffe zu achten. Auch durch Fußbodenpflegemittel darf der Widerstand nicht erhöht werden. Viele Fußbodenpflegemittel enthalten Wachse o. Ä., um den Glanz zu erhöhen oder das Trocknen nach dem Wischen zu beschleunigen. Diese Wachse bilden oft einen isolierenden Film oder verändern die Feuchteaufnahme des Fußbodens.

B 3.5 Flucht- und Rettungswege in Arbeitsbereichen mit Explosionsgefahr

Der Arbeitgeber hat Maßnahmen zu treffen, die es den Beschäftigten bei unmittelbarer erheblicher Gefahr ermöglichen, sich durch sofortiges Verlassen der Arbeitsplätze in Sicherheit zu bringen.

Arbeitsbereiche mit Brand- oder Explosionsgefährdungen sind daher in ausreichender Zahl mit Flucht- und Rettungswegen sowie Ausgängen so auszustatten, dass die Beschäftigten die Arbeitsbereiche im Gefahrenfall schnell, ungehindert und sicher verlassen und Verunglückte jederzeit gerettet werden können.

B 3.5.1 Rettungswege

Rettungswege nach §14 MBO dienen der Selbstrettung und als Angriffsweg für die Rettungskräfte zur Rettung von Menschen sowie für die Bekämpfung eines Brandes innerhalb eines Gebäudes. Die Bauordnungen der Länder (LBOs) stellen Anforderungen an die Anzahl und die Beschaffenheit von zwei voneinander unabhängigen Rettungswegen für jede Nutzungseinheit mit Aufenthaltsräumen, die nicht nur zum vorübergehenden Aufenthalt von Menschen bestimmt oder geeignet sind. Für solche Nutzungseinheiten, z. B. selbstständige Betriebsstätten, müssen in jedem Geschoss mindestens zwei voneinander unabhängige Rettungswege ins Freie vorhanden sein. Dabei dürfen der erste und zweite Rettungsweg innerhalb des Geschosses jedoch über denselben notwendigen Flur führen.

Liegt die Nutzungseinheit nicht zu ebener Erde, muss der erste Rettungsweg über eine notwendige Treppe führen. Der zweite Rettungsweg kann grundsätzlich eine weitere notwendige Treppe oder eine mit Rettungsgeräten der Feuerwehr erreichbare Stelle der Nutzungseinheit sein. In Soderbauten nach § 2 Abs. 4 Nr. 19 MBO, deren Nutzung durch Umgang oder Lagerung von Stoffen mit Explosions- oder erhöhter Brandgefahr verbunden ist, ist der zweite Rettungsweg über Rettungsgeräte der Feuerwehr nur zulässig, wenn keine Bedenken wegen der Personenrettung bestehen. Solche zweiten Rettungswege über Rettungsgeräte der Feuerwehr stehen erst nach verstrichener Anmarsch- und Rüstzeit zur Verfügung.

B 3.5.2 Fluchtwege

Fluchtwege sind Verkehrswege, die ins Freie oder in einen gesicherten Bereich führen und so der Flucht aus einem möglichen Gefährdungsbereich und in der Regel auch der Rettung von Personen dienen. Fluchtwege sind vorrangig die im Bauordnungsrecht definierten Rettungswege, sofern sie selbstständig begangen werden können.

An Fluchtwege sowie Notausgänge in Gebäuden und vergleichbaren Einrichtungen, zu denen Beschäftigte im Rahmen ihrer Arbeit Zugang haben, stellt die Arbeitsstättenregel ASR A2.3 „Sicherheits- und Gesundheitsschutzkennzeichnung“ besondere Anforderungen. Damit ergeben sich über das Bauordnungsrecht hinaus weitergehende Anforderungen an Fluchtwege und Notausgänge.

Erster Fluchtweg
Den ersten Fluchtweg bilden

- für die Flucht erforderliche Verkehrswege und Türen,
- nach dem Bauordnungsrecht notwendige Flure und Treppenräume für notwendige Treppen sowie
- Notausgänge.

Beim Einrichten und Betreiben von Fluchtwegen und Notausgängen sind die beim Errichten von Rettungswegen zu beachtenden Anforderungen des Bauordnungsrechts der Länder zu berücksichtigen.

Zweiter Fluchtweg
Das Erfordernis eines zweiten Fluchtweges ergibt sich aus der Gefährdungsbeurteilung unter besonderer Berücksichtigung der bei dem jeweiligen Aufenthaltsort bzw. Arbeitsplatz vorliegenden spezifischen Verhältnisse, z. B. einer erhöhten Brand- oder Explosionsgefahr. Erster und zweiter Fluchtweg dürfen innerhalb eines Geschosses über denselben Flur zu Notausgängen führen.

Fluchtweglänge

Fluchtweglänge: Die kürzeste Wegstrecke in Luftlinie gemessen vom entferntesten Aufenthaltsort bis zu einem Notausgang, der als Ausgang im Verlauf eines Fluchtweges direkt ins Freie oder in einen gesicherten Bereich führt.

Fluchtwege sind anzuordnen in Abhängigkeit von

- vorhandenen Gefährdungen,
- den damit gemäß Punkt 5 ASR A2.3 verbundenen maximal zulässigen Fluchtweglängen,
- Lage und Größe des Raumes.

Die Fluchtweglänge muss möglichst kurz sein und darf für explosionsgefährdete Räume nicht mehr als 20 m betragen. Als ein gesicherter Bereich gilt ein Bereich, in dem Personen vorübergehend vor einer unmittelbaren Gefahr für Leben und Gesundheit geschützt sind, z. B. benachbarte Brandabschnitte oder notwendige Treppenräume. Die tatsächliche Laufweglänge darf jedoch nicht mehr als das 1,5-fache der Fluchtweglänge betragen.

Die Maßgaben des Bauordnungsrechts können beim Einrichten und Betreiben von Fluchtwegen aus Räumen mit Explosionsgefährdungen nicht angewendet werden, wenn es sich bei einem Fluchtweg auch um einen Rettungsweg handelt und das Bauordnungsrecht der Länder für diesen Weg eine abweichende längere Weglänge zulässt.

ASR A2.3 gilt nicht für

- das Einrichten und Betreiben von nicht allseits umschlossenen und im Freien liegenden Arbeitsstätten und Bereichen in Gebäuden,

- das Einrichten und Betreiben von vergleichbaren Einrichtungen, in denen sich Beschäftigte nur im Falle von Instandhaltungsarbeiten (Wartung, Inspektion, Instandsetzung oder Verbesserung der Arbeitsstätten zum Erhalt des baulichen und technischen Zustandes) aufhalten müssen.

Sofern im Einzelfall jedoch vergleichbare Verhältnisse vorliegen, können auch in diesen vom Anwendungsbereich ausgenommenen Bereichen die hierfür zutreffenden Regelungen der Arbeitsstättenregel angewendet werden. Andernfalls sind spezifische Maßnahmen notwendig, um die erforderliche Sicherheit für die Beschäftigten im Gefahrenfall zu gewährleisten.

B 3.5.3 Kennzeichnung von Fluchtwegen

Fluchtwege sind deutlich erkennbar und dauerhaft zu kennzeichnen. Die Kennzeichnung der Fluchtwege, Notausgänge, Notausstiege und Türen im Verlauf von Fluchtwegen muss entsprechend der ASR A1.3 erfolgen. Die Kennzeichnung ist im Verlauf des Fluchtweges an gut sichtbaren Stellen und innerhalb der Erkennungsweite anzubringen. Sie muss die Richtung des Fluchtweges anzeigen.

ASR A2.3
„Fluchtwege und Notausgänge, Flucht- und Rettungsplan" – 9 „Flucht- und Rettungsplan"

„(1) Der Arbeitgeber hat einen Flucht- und Rettungsplan für die Bereiche in Arbeitsstätten zu erstellen, in denen die Lage, die Ausdehnung oder die Art der Benutzung der Arbeitsstätte dies erfordert.
Flucht- und Rettungspläne können z. B. erforderlich sein:
[...]
- in Bereichen mit einer erhöhten Gefährdung (z. B. Räume nach Punkt 5 (2) c) bis f)), wenn sich aus benachbarten Arbeitsstätten Gefährdungsmöglichkeiten ergeben (z. B. durch explosions- bzw. brandgefährdete Anlagen oder Stofffreisetzungen)."

Für Arbeitsstätten, in denen gemäß der Gefährdungsbeurteilung besondere Gefährdungen auftreten können oder aufgrund der örtlichen Gegebenheiten sowie der Nutzungsart mit komplizierten Bedingungen im Gefahrenfall zu rechnen ist, ist unter Berücksichtigung der Anforderungen aus anderen Rechtsgebieten zu prüfen, ob zusätzliche Anforderungen nach § 10 Arbeitsschutzgesetz erforderlich sind, z. B. die Aufstellung betrieblicher Alarm- und Gefahrenabwehrpläne oder die Erstellung von Brandschutzordnungen oder Evakuierungsplänen. Der Flucht- und Rettungsplan ist dann mit den entsprechenden Plänen abzustimmen oder mit diesen zu verbinden.

B 3.5.4 Sicherheitsbeleuchtung

Sicherheitsbeleuchtung: Dient dem gefahrlosen Verlassen der Arbeitsstätte und der Verhütung von Unfällen, die durch Ausfall der künstlichen Allgemeinbeleuchtung entstehen können.

Eine Sicherheitsbeleuchtung muss sicherstellen, dass bei Ausfall der allgemeinen Stromversorgung die Beleuchtung unverzüglich und automatisch zur Verfügung gestellt wird. ASR A3.4/7 konkretisiert die Anforderungen an das Einrichten und Betreiben der Sicherheitsbeleuchtung und von optischen Sicherheitsleitsystemen in Arbeitsstätten. Sie nennt Beispiele für Arbeitsstätten, für die eine Sicherheitsbeleuchtung oder ein Sicherheitsleitsystem erforderlich sein kann, z. B. in Arbeitsstätten mit Bereichen erhöhter Gefährdung, in denen durch den Ausfall der Allgemeinbeleuchtung Sicherheit und Gesundheit der Beschäftigten gefährdet sind.

Es wird unterschieden zwischen einer Sicherheitsbeleuchtung für Rettungswege und der Sicherheitsbeleuchtung für Arbeitsplätze mit besonderer Gefährdung.

Sicherheitsbeleuchtung für Arbeitsplätze mit besonderer Gefährdung
Eine Sicherheitsbeleuchtung für Arbeitsplätze ist notwendig, wenn Beschäftigte einen laufenden Prozess beenden oder unterbrechen müssen, um eine akute Gefährdung für sich selbst und von Dritten zu verhindern. Solche akuten Gefährdungen können Explosionen sowie das Freisetzen von explosionsfähigen Stoffen in Gefahr bringender Menge sein. Die Sicherheitsbeleuchtung ist dabei nicht zum Fortsetzen der normalen Tätigkeit bei Ausfall der Energieversorgung gedacht. Sie soll es ermöglichen, Steuereinrichtungen für ständig zu überwachende Anlagen sicher bedienen zu können, um Produktionsprozesse gefahrlos zu unterbrechen bzw. zu beenden, z. B. Schaltwarten und Leitstände für Kraftwerke, chemische und metallurgische Betriebe sowie Arbeitsplätze an Absperr- und Regeleinrichtungen, die betriebsmäßig oder bei Betriebsstörungen zur Vermeidung von Unfallgefahren bedient werden müssen.

Sicherheitsbeleuchtung für Rettungswege
Eine Sicherheitsbeleuchtung in Rettungswegen ermöglicht trotz Ausfall der künstlichen Allgemeinbeleuchtung durch eine Mindestbeleuchtungsstärke, im Gefahrenfall einen Raum, einen Gebäudeabschnitt und/oder ein Gebäude sicher zu verlassen. Sie zeigt den Weg zum (Not-)Ausgang, beleuchtet den Flucht- und Rettungsweg und ermöglicht die Erkennung von Hindernissen und Niveauunterschieden wie Treppen. Sie kennzeichnet außerdem Erste-Hilfe-Stellen sowie Brandbekämpfungs- (z. B. Feuerlöscher) und Meldeeinrichtungen.

Fluchtwege sind mit einer Sicherheitsbeleuchtung auszurüsten, wenn bei Ausfall der allgemeinen Beleuchtung das gefahrlose Verlassen der Arbeitsstätte nicht gewährleistet ist. Unter welchen Bedingungen eine Sicherheitsbeleuchtung für erste und zweite Fluchtwege erforderlich ist, regelt ASR A2.3 unter Punkt 8.

B 3.6 Blitzschutz für bauliche Anlagen mit Explosionsgefahr

In den LBOs und geltenden gesetzlichen und behördlichen Vorschriften und Ausführungsrichtlinien werden für bestimmte Gebäude zur Gewährleistung der öffentlichen Sicherheit Blitzschutzanlagen gefordert. Dabei wird in § 46 MBO auf eine dauerhaft wirksame Blitzschutzanlage unter Berücksichtigung von Lage, Bauart, Nutzung sowie schweren Folgen verwiesen. Schutzmaßnahmen gegen Blitz und Überspannung sind auch für bestimmte Anlagen erforderlich, um u. a. deren Funktionstüchtigkeit zu gewährleisten, deren Verfügbarkeit zu erhöhen, Datenverlust zu vermeiden und den Brandschutz zu unterstützen.

Anlagen sind durch geeignete Blitzschutzmaßnahmen zu schützen, wenn Gefahren durch Blitzeinschlag zu erwarten sind. Blitzschutzanlagen für die Zonen 2 und 22 sind nicht erforderlich, da die Wahrscheinlichkeit für das Zusammentreffen eines Blitzes mit dem Auftreten von gefährlichen explosionsfähigen Atmosphären als äußerst gering angesehen werden kann.

Unter einem Blitzschlag versteht man das Eindringen eines Blitzes in einen zur Erde führenden Stromleiter (z. B. Gebäude, Bäume, Antennen). Ein Blitzschlag kann sowohl durch einen direkten Einschlag als auch durch die Auswirkungen eines Einschlages in größerer Entfernung eine explosionsfähige Atmosphäre entzünden.

Ein Blitzschutzsystem ist eine Schutzeinrichtung einer baulichen Anlage und ihres Inhaltes, die Beschädigungen durch einen Blitzschlag oder dessen Auswirkungen und Folgen verhindert oder verringert. Es wird zwischen äußerem und innerem Blitzschutz unterschieden. Explosionsgefährdete Bereiche benötigen häufig Maßnahmen des inneren und äußeren Blitzschutzes. Das Schutzkonzept sollte abgestimmt werden zwischen

- dem Architekten,
- dem Fachplaner (z. B. EMV-Sachkundiger),
- der ausführenden Elektro- und Blitzschutzfachkraft sowie
- dem Bauherrn und/oder Betreiber der Anlagen.
- Bei Bedarf sollten auch hinzugezogen werden
- die Schadenverhütungsabteilung des Versicherers,
- der Energienetzbetreiber,
- die Gerätehersteller und
- Hersteller der Ableiter.

Planung und Dokumentation des erforderlichen Blitzschutzsystems, das als Teil der Anlage anzusehen ist, müssen in das Explosionsschutzdokument aufgenommen werden.

Schon in der Planungsphase von baulichen und elektrischen Anlagen sind Maßnahmen zum Schutz gegen mögliche Auswirkungen von Blitzen und Überspannungen zu berücksichtigen (Anforderungen siehe z. B. LBOs und DIN VDE 0100-443). Bei der technischen Ausführung sind die Anforderungen an Blitz- und Überspannungsschutzmaßnahmen in explosionsgefährdeten Bereichen anzuwenden nach

- anerkannten Regeln der Technik,
- DIN EN 62305 (VDE 0185-305),

- Gefahrstoff- und Betriebssicherheitsverordnung sowie
- TRBS 2152 Teil 3.

Bei einem Gebäude mit einer äußeren Blitzschutzanlage muss in oder vor der Hauptverteilung ein Überspannungsschutzgerät vom Typ 1 (Grobschutzgerät) eingesetzt werden. Weitere Schutzgeräte der Typen 2 und 3 werden in Unterverteilungen und direkt am Endgerät (Feinschutz) eingesetzt.

B 3.6.1 Äußerer Blitzschutz

Äußerer Blitzschutz: Maßnahmen, die geeignet sind, um eine bauliche Anlage gegen die Auswirkungen eines Blitzschlages zu schützen.

Erfolgt ein Blitzeinschlag in einer explosionsfähigen Atmosphäre, wird diese durch den Blitz unmittelbar entzündet. Daneben besteht eine Zündgefahr durch starke Erwärmung der Ableitwege des Blitzes. Schädliche Einwirkungen auf die Zonen 0 und 20 von Blitzen, die außerhalb dieser Zonen einschlagen, sind zu verhindern. Dies gilt z. B. als erfüllt, wenn Überspannungsableiter an geeigneten Stellen, also außerhalb explosionsgefährdeter Bereiche, eingebaut werden.

Blitzableiter
Der Blitzableiter ist eine Vorrichtung zum Schutz von Gebäuden gegen einen Blitzschaden. Er besteht aus Fangspitzen, Fangleitungen, Gebäudeableitungen und der Erdungsanlage. Die Fangeinrichtung einer Blitzschutzanlage hat die Aufgabe, den Blitz sicher einzufangen und weiter in ungefährlicher Form zur Erde zu leiten. Verwendet werden dafür:

- Fangstangen,
- gespannte Drähte oder Seile,
- Maschennetze auf dem Dach (z. B. 15 m × 15 m),
- vorhandene metallene Konstruktionen.

Um die erforderlichen Schutzmaßnahmen in Abhängigkeit von der gewünschten Blitzschutzklasse zu ermitteln, kann das **Blitzkugelverfahren** zur Ermittlung von Eintrittsstellen, die für einen direkten Blitzeinschlag in Frage kommen, verwendet werden.

Mit dem Blitzkugelverfahren kann man durch Abrollen einer Kugel über ein maßstäbliches Modell eines Gebäudes die gefährdeten Stellen bestimmen. Es definiert den durch einen Blitz gefährdeten Bereich als Kugel, deren Mittelpunkt die Spitze des Blitzes ist.

Dabei unterscheidet man vier Blitzschutzklassen, die jeweils verschiedenen Wahrscheinlichkeiten eines Blitzschlages zugeordnet werden:

Blitzschutzklasse	Blitzerfassung
I	98 %
II	95 %
III	90 %
IV	80 %

Tabelle 3.1: Blitzschutzklassen beim Blitzkugelverfahren

Erfahrungsgemäß kann an jedem Ort einer Anlage, die von einer Kugel der entsprechenden Blitzschutzklasse berührt werden könnte, ein Blitzschlag genau dieser Blitzschutzklasse erfolgen. Je kleiner der Radius der Blitzkugel angenommen wird, desto mehr potenzielle Einschlagstellen werden erkannt. Je kleiner die Kugel, desto geringer ist die Wahrscheinlichkeit eines Blitzschlages, wenn für die gefährdeten Stellen Blitzschutzmaßnahmen ergriffen worden sind.

Für jede Blitzschutzklasse wird eine Blitzkugel mit einem bestimmten Radius definiert. Man kann durch die Wahl der Kugel, die über das Gebäude abgerollt wird, und den daraus gezogenen Konsequenzen die Wahrscheinlichkeit für einen Blitzeinschlag absenken.

Blitzschutzklasse	Radius der Blitzkugel
I	20 m
II	30 m
III	45 m
IV	60 m

Tabelle 3.2: Blitzschutzklassen und Radien der Blitzkugel

Die Maßnahmen sind mindestens so zu treffen, dass eine Blitzkugel mit einem Radius von 30 m beherrscht wird. Jede Blitzschutzanlage muss einer vollständigen Überprüfung nach dem Blitzkugelverfahren standhalten können. Alle Gebäudeteile, die nicht von einer Blitzkugel berührt werden, liegen im Schutzbereich. Die durch die Blitzkugel berührten Punkte des Gebäudes müssen durch Auffangstangen, -masten, -leitungen und -seile in den Schutzbereich eingebunden werden.

Bei der Bestimmung der Lage der Fangeinrichtungen des Blitzschutzsystems muss besondere Sorgfalt auf den Schutz von Ecken und Kanten der zu schützenden baulichen Anlage verwendet werden, besonders auf den Dachflächen und den oberen Teilen der Fassaden.

Dachaufbauten müssen im Rahmen der Planung und Errichtung eines Blitzschutzsystems vor direkten Blitzeinschlägen sowie Überschlägen und Eindringen von Blitzteilströmen geschützt werden. Sofern größere Dachaufbauten auf der Dachfläche vorhanden sind, müssen diese durch Auffangstangen und/oder -masten geschützt werden. Diese Auffangeinrichtungen müssen deshalb höher sein als die zu schützenden Aufbauten bzw. Bereiche.

Trennungsabstand
Wird eine Blitzentladung über eine Blitzschutz-Fangeinrichtung und Blitzschutzableitung zur Erdungsanlage abgeleitet, entsteht aufgrund des induktiv- und widerstandbehafteten Leitungsweges zwischen Dachbereich und der Erdungsanlage (Potentialausgleich) eine Spannung von einigen 100.000 Volt. Zur Vermeidung von Überschlägen (gefährliche Funkenbildung) müssen Trennungsabstände eingehalten werden.

Trennungsabstand: Mindestabstand zur Verhinderung von Über- und Durchschlägen (Funkenbildung) zwischen Teilen des äußeren Blitzschutzes und elektrischen sowie metallenen Installationen.

Ist ein genügend großer Abstand zwischen dem Blitzableiter und einem anderen geerdeten metallischen Gebäudeteil vorhanden, so ist die Gefahr der Funkenbildung (Blitzüberschlag) ausgeschlossen. Dieser notwendige Abstand kann gemäß aktuellen Normen (DIN EN 0185-305-3:2006-10) berechnet werden.

Ist der räumliche Abstand zwischen einem Gerät (oder seiner Zuleitung) und der Fangeinrichtung zu gering, entsteht ein Blitzüberschlag und ein Teilblitzstrom wird über die Zuleitung in das Gebäude eingeführt. Dieser Teilblitzstrom ist dann in der Lage, elektrische Geräte im Gebäude zu zerstören. Brandbildungen sind ebenfalls möglich. Bei einer Unterschreitung des Trennungsabstands können Über- oder Durchschläge von Blitzen in Zone 1 oder 21 bei eventuell vorhandenen explosionsfähigen Atmosphären zu einer Explosion führen.

Isolierte und hochspannungsfeste Ableitungen
Falls sich der erforderliche Trennungsabstand mit konventionellem Blitzschutz nicht einhalten lässt, um einen Blitzüberschlag sicher zu verhindern, kann eine sichere Leitungsverlegung ohne die Gefahr des Über- oder Durchschlagens von Blitzen auch durch isolierte, hochspannungsfeste und für explosionsgefährdete Bereiche geprüfte und zugelassene Ableitungen als „Isoliertes Fangeinrichtungssystem“ ausgeführt werden. Ein solches spezielles System besteht z. B. aus einem hochfesten Isolationsmaterial mit GFK- oder PVC-Basis in Verbindung mit speziellen End- bzw. Verbindungsstücken und Anschluss- und Befestigungsstücken.

B 3.6.2 Innerer Blitzschutz

Innerer Blitzschutz: Maßnahmen zur Vermeidung der Auswirkungen des Blitzstromes innerhalb des zu schützenden Raumes, die über die für den äußeren Blitzschutz getroffenen Maßnahmen hinausgehen.

Auch bei einem Blitzschlag außerhalb explosionsgefährdeter Bereiche können Rückwirkungen auf diese auftreten. Von Blitzeinschlagstellen aus fließen starke Ströme, die auch in größerer Entfernung von der Einschlagstelle zündfähige Funken und Sprühfeuer erzeugen können.

Potentialausgleich

Der Blitzschutz-Potentialausgleich sorgt im Falle eines Blitzeinschlages für eine sichere Verteilung der Blitzenergie auf das Potentialausgleichsystem (innerer Blitzschutz). Gefährliche Funkenbildung wird dadurch zusätzlich vermieden. Für Anlagen in explosionsgefährdeten Bereichen ist ein Potentialausgleich laut VDE 0165-1 (IEC 60079-14) gefordert.

Zur Vermeidung von Überschlägen (Funkenbildung), die durch Überspannungen verursacht werden können, müssen alle elektrisch leitfähigen Teile an das Potentialausgleichssystem angeschlossen werden:

- Schutzleiter der elektrischen Anlage,
- Erdungsanlage,
- Ableitungen der Überspannungsschutzeinrichtungen der energie- und informationstechnischen Netze,
- Schirme von Leitungen und Kabeln,
- fremde leitfähige Teile,
- äußerer Blitzschutz (falls vorhanden).

Der Blitzschutz-Potentialausgleich muss bei folgenden Anlagen bzw. Teilen vorgenommen werden:

- Metallgerüste der baulichen Anlage,
- Installationen aus Metall,
- äußere leitende Teile,
- alle eingeführten leitfähigen Leitungssysteme (Wasser- und Gaszuleitungen usw.),
- Einrichtungen der elektrischen Energie- und Informationstechnik.

Einrichtungen der elektrischen Energie- und Informationstechnik sind besonders zu schützen, da über das Erdungssystem und den Potentialausgleich eine direkte Verbindung zwischen der äußeren Blitzschutzanlage und der Gebäudeinstallation besteht.

Nach TRBS 2152 Teil 3 und VDE 0185-305-3 (IEC 62305-3) müssen die Ableitwege des Blitzes so ausgeführt werden, dass eine Erwärmung oder zündfähige Funken bzw. Sprühfunken nicht zur Zündquelle einer explosionsfähigen Atmosphäre werden können. Verbindungen zum Potentialausgleich sind gegen selbsttätiges Lockern gemäß VDE 0165-1 (IEC 60079-14) und TRBS 2152 Teil 3 zu sichern. Geeignete Anschlüsse an Rohrleitungen sind angeschweißte Fahnen, Bolzen oder Gewindebohrungen in Flanschen zur Aufnahme von Schrauben. Diese Verbindungsstellen müssen so dimensioniert werden, dass sie blitzstromtragfähig sind.

B 3.6.3 Überspannungsschutz

Überspannungsschutz: Begrenzung von Überspannungen auf ein für elektrische Anlagen und Endgeräte ungefährliches Maß durch Einsatz von Überspannungsschutzgeräten.

In explosionsgefährdeten Bereichen soll der Überspannungsschutz aufwändige Messtechnik gegen den Einfluss von Überspannungen durch atmosphärische Entladung schützen und ist damit Teil des Blitzschutz-Potentialausgleiches.

Aufgrund von Überspannungen können Auswirkungen auch ohne direkten Blitzeinschlag in größerer Entfernung von der Einschlagstelle auftreten. Durch induzierte Spannungen können so Schäden an elektrischen Geräten, Systemen und Komponenten für Mess-, Steuer- und Regelungstechnik (MSR) entstehen und im schlimmsten Fall zur Explosion führen. Zum Schutz gegen Zerstörung und ggf. gegen Falschmeldungen sind für alle sicherheitstechnischen Anlagen Maßnahmen zum Überspannungsschutz notwendig.

Überspannungsableiter
Überspannungsableiter sind dazu bestimmt, Überspannungen zu begrenzen und Blitzströme abzuleiten. Diese Überspannungsschutzgeräte werden für die Stromversorgungsleitungen und für alle Arten von Datenleitungen eingesetzt und an inneren Elektroinstallationen bzw. Geräten installiert, um elektrische und elektronische Anlagen vor Überspannungen zu schützen. Nicht nur durch Blitzeinwirkungen, sondern auch durch Sicherungsauslösungen, Frequenz-Umrichter oder einfache Schalthandlungen können Überspannungen entstehen. Die resultierenden Potentialdifferenzen können zu kurzzeitigen Funktionsunterbrechungen oder Fehlsteuerungen führen und zerstören im schlimmsten Fall die betroffenen Betriebsmittel. Um dies zu verhindern, hilft nur der lückenlose, koordinierte und konsequente Einsatz von Überspannungsschutz-Ableitern.

Je nach Gebäudetyp und Einbauort werden für die Stromversorgung unterschiedliche Schutzgeräte eingesetzt, eingeteilt nach den Typenklassen 1 bis 3:

- **Ableiter Typ 1: Blitzstromableiter für den Blitzschutz-Potentialausgleich** zwischen elektrischen Leitern der Niederspannungsanlage über die Potentialausgleichsschiene bei direkten und nahen Blitzeinschlägen. Bei einem Blitzstromableiter handelt es sich um ein besonders hoch blitzstromableitfähiges Überspannungsschutzgerät, in der Regel bestehend aus einer Funkenstrecke, die nach Erreichen einer Ansprechspannung durchzündet und den Blitzstrom kontrolliert weiterleitet. Blitzstromableiter sind nicht zum Schutz von Elektronik konzipiert, sondern verhindern gefährliche Überschläge in Gebäuden und daraus resultierende Brandgefahren. Die Installation erfolgt typischerweise als Grobschutz am Gebäudeeingang einer Stromeinspeisung (z. B. hinter dem Hausanschlusskasten oder in der Hauptverteilung).

- **Ableiter Typ 2: Überspannungsableiter für elektrische Anlagen** (Verbraucheranlagen) bei Ferneinschlägen von Blitzen (Blitz-Überspannungen) und Schalt-Überspannungen. Sie reduzieren die Überspannungen auf ein für das nachgelagerte energietechnische Netz ungefährliches Spannungsniveau. Die Installation erfolgt typischerweise als Einbau in der Hauptverteilung bzw. Unterverteilung zum sogenannten Mittelschutz.
- **Ableiter Typ 3: Überspannungsableiter für elektrische Endgeräte** (einzelner Verbraucher oder Verbrauchergruppen) reduzieren die Überspannungen auf ein für das elektrische Endgerät ungefährliches Spannungsniveau und stellen den lokalen Potentialausgleich her. Die Installation erfolgt typischerweise als Feinschutzgerät direkt am Gerät.

Grundsätzlich sollte ein Überspannungsschutz-Ableiter so nah wie möglich am zu schützenden Gerät installiert werden, um die optimale Wirkung zu erzielen. Gleichzeitig gilt aber auch, dass Überspannungsschutzgeräte möglichst außerhalb von explosionsgefährdeten Bereichen installiert werden sollten. Falls sich das zu schützende Gerät in einem explosionsgefährdeten Bereich befindet, lassen sich diese Vorgaben nicht mit regulären Überspannungsschutzgeräten umsetzen. In diesem Fall dürfen lediglich Überspannungsschutzgeräte eingesetzt werden, die für die Installation in explosionsgefährdeten Bereichen geeignet und zugelassen sind. Die Eignung erkennt man an der Gerätekennung des Herstellers, z. B. für eigensichere Stromkreise in der Mess-, Steuer- und Regeltechnik.

B 4 Technische Explosionsschutzmaßnahmen

Zur Vermeidung von Brand- und Explosionsgefährdungen hat der Arbeitgeber Maßnahmen zu ergreifen, die gefährliche Mengen oder Konzentrationen von Gefahrstoffen, die zu Brand- oder Explosionsgefährdungen führen können, vermeiden. Wenn mit der Bildung gefährlicher explosionsfähiger Atmosphären gerechnet werden muss, müssen vorrangig anlagen-, verfahrens- oder prozesstechnische Schutzmaßnahmen getroffen werden, die das Entstehen einer solchen Atmosphäre verhindern oder einschränken. Im Idealfall können sie das Entstehen explosionsfähiger Atmosphäre entweder vollständig verhindert oder zumindest auf ein ungefährliches Maß reduzieren. Zu diesen Maßnahmen gehören:

- Verhinderung oder Einschränkung explosionsfähiger Atmosphären im Inneren von Anlagen und Anlagenteilen,
- Verhinderung oder Einschränkung gefährlicher explosionsfähiger Atmosphären in der Umgebung von Anlagen und Anlagenteilen,
- Maßnahmen zum Beseitigen von Staubablagerungen in der Umgebung von staubführenden Anlagen und Anlagenteilen sowie Behältern,
- Überwachung der Konzentration in der Umgebung von Anlagen oder Anlagenteilen.

B 4.1 Anlagentechnische Maßnahmen

Arbeitsbereiche, -plätze und -mittel sowie deren Verbindungen untereinander sollten nach Stand der Technik und einer guten Arbeitsweise so konstruiert, errichtet, zusammengebaut, installiert, verwendet und instandgehalten werden, dass keine Brand- und Explosionsgefährdungen auftreten. Anlagentechnische Schutzmaßnahmen können aufgrund des gewählten Verfahrens explosionsfähige Atmosphären durch konstruktive Vorgaben oder technische Steuerungseinrichtungen wirksam und sicher ausschließen oder verhindern.

B 4.1.1 Geschlossene und dichte Systeme

Zum Schutz gegen das unbeabsichtigte Freisetzen von Gefahrstoffen, die zu Brand- oder Explosionsgefährdungen führen können, sind geeignete Maßnahmen zu ergreifen. Insbesondere müssen Gefahrstoffe in Arbeitsmitteln und Anlagen sicher zurückgehalten werden können. Dies ist technisch mit der Verwendung des Gefahrstoffes in einem geschlossenen System möglich. Aus geschlossenen Apparaturen mit einer dauerhaft dichten Umschließung der brennbaren Stoffe können praktisch keine Gase und Dämpfe austreten und sich außerhalb der Anlage fast keine brennbaren Stäube ablagern.

Geschlossenes System: Während des Produktionsvorganges besteht zwischen dem den Gefahrstoff enthaltenden Innenraum und der Umgebung in der Regel keine betriebsmäßig offene Verbindung bzw. wird ein Stoffaustritt strömungsbedingt sicher verhindert.

Es ist grundsätzlich darauf zu achten, dass die Forderungen an ein geschlossenes System auf die Gestaltung der damit erforderlichen Tätigkeiten (z. B. auf die geschlossenen technischen Lösungen für Probenahmen, Befüllen, Entleeren und Wiegen) abzustellen sind.

Sofern Anlagen, die als geschlossene Systeme konzipiert sind, bei offenem Betrieb eine Gefährdung darstellen, ist zu gewährleisten, dass sie nur in geschlossenem Zustand, z. B. durch Verriegelungen, betrieben werden können. Zudem muss sichergestellt sein, dass beim betriebsmäßigen Öffnen des Systems keine Gefahrstoffe austreten und zu einer Gefährdung führen können. Geschlossene Maschinen und Anlagen dürfen also erst nach ausreichendem Entfernen dieser Gefahrstoffe geöffnet oder befahren werden. Die Bedienungsschritte müssen so gestaltet sein, dass sie leicht nachzuvollziehen sind und einfache Bedienungsfehler nicht zu einem Stoffaustritt führen.

Um das Austreten von Stoffen zu vermeiden, können z. B. folgende Maßnahmen getroffen werden:

- Zudosieren aus Rohrleitungen,
- Gaspendelung,
- Druckausgleich an gefahrloser Stelle im Freien,
- Ein- und Austrag durch Schleusen,
- durchgehend geschweißte Leitungen,
- auf Dauer technisch dichte Apparaturen.

Zur Verringerung der Leckraten und zur Verhinderung der Ausbreitung brennbarer Stoffe sind z. B. folgende Vorkehrungen zu treffen:

- Anzahl und Abmessungen demontierbarer Verbindungsstücke auf das Mindestmaß beschränken,
- Unversehrtheit von Rohrleitungen gewährleisten, z. B. durch geeigneten Schutz gegen mechanische und übermäßige thermische Einwirkung oder geeignete räumliche Anordnung,
- flexible Rohrleitungen auf ein Mindestmaß beschränken.

Die Freisetzung von gefährlichen explosionsfähigen Atmosphären außerhalb von Anlagenteilen kann durch die Dichtheit eines Anlagenteils verhindert oder eingeschränkt werden. Hierbei wird unterschieden zwischen „auf Dauer technisch dichte Anlagenteile“ bzw. „technisch dichte Anlagenteile“.

Außerhalb dieser Anlagenteile ist mit der Bildung von einer gefährlichen explosionsfähigen Atmosphäre durch betriebsbedingten Austritt brennbarer Flüssigkeiten, Gase, Dämpfe oder Stäube zu rechnen. Betriebsbedingte Austrittstellen sind z. B. Entlüftungs- und Entspannungsleitungen, Umfüllanschlussstellen, Peilventile, Probenahmestellen, Entwässerungseinrichtungen und bei Stäuben z. B. Übergabestellen. Andere mögliche

Austrittstellen sind nicht kontrollierte Flansch- oder Gehäuseverbindungen (z. B. Pumpengehäuse).

B 4.1.2 „Auf Dauer technisch dichte" Anlagenteile

Anlagenteile gelten als „auf Dauer technisch dicht", wenn sie so ausgeführt sind, dass sie aufgrund ihrer Konstruktion technisch dicht bleiben oder diese technische Dichtheit durch Wartung und Überwachung ständig gewährleistet wird.

Auf Dauer technisch dichte Anlagen- und Ausrüstungsteile sind z. B.

- geschweißte Anlagenteile
  - mit lösbaren Komponenten, wobei die hierfür erforderlichen lösbaren Verbindungen betriebsmäßig nur selten gelöst und konstruktiv wie die nachgenannten lösbaren Rohrleitungsverbindungen gestaltet sind (Ausnahme: Metallisch dichtende Verbindungen),
  - mit lösbaren Verbindungen zu Rohrleitungen, Armaturen oder Blinddeckeln, wobei die hierfür erforderlichen lösbaren Verbindungen nur selten gelöst und konstruktiv wie die lösbaren Rohrleitungsverbindungen gestaltet sind,
- (für Gase, Dämpfe, Flüssigkeiten) Anlagenteile, die auch Dichtungselemente enthalten können:
  - Wellendurchführungen mit doppelt wirkender Gleitringdichtung (z. B. Pumpen, Rührwerke),
  - Spaltrohrmotorpumpen,
  - magnetisch gekoppelte dichtungslose Pumpen,
  - Armaturen mit Abdichtung der Spindeldurchführung mittels Faltenbalg und Sicherheitsstopfbuchse,
  - stopfbuchsenlose Armaturen mit Permanent-Magnetantrieb (SLMA-Armaturen).
- (für Stäube) Anlagenteile, die auch Dichtungselemente enthalten können:
  - Wellendurchführungen mit überwachter Sperrluft, z. B. bei Labyrinth- oder Stopfbuchsdichtungen,
  - Armaturen mit üblichen Abdichtungssystemen, z. B. Scheibenventile, Schieber in geschlossener Bauart, Kugelhähne,
  - magnetisch gekoppelte, dichtungslose Antriebssysteme.

B 4.1.3 Integrierte Absaugung

Auch durch ein integriertes Absaugsystem kann austretende explosionsfähige Atmosphäre an der Austrittsstelle wirksam mit einem dicht angeschlossenen Schlauch oder Rohr gefahrlos abgeführt und entsorgt bzw. neutralisiert werden.

Integrierte Absaugung: Absaugung geschlossener Bauart, die z. B. in Verbindung mit Schleusen, Kapselungen, Einhausungen und Behältern eingesetzt wird, um so Gefahrstoffe auf das Innere einer geschlossenen Funktionseinheit zu begrenzen.

Somit kann das Auftreten von Gefahrstoffen in der Luft des Arbeitsbereiches außerhalb der geschlossenen Funktionseinheit praktisch ausgeschlossen werden. Als geschlossene Bauart kann die Absaugung auch angesehen werden, wenn zwar geringflächige Öffnungen betriebsmäßig bestehen, ein luftgetragener Stoffaustritt jedoch praktisch ausgeschlossen wird durch Konvektion und Diffusion durch die Strömungsgeschwindigkeit der einströmenden Luft und der Gestaltung der Öffnung.

„Auf Dauer technisch dichte" Anlagenteile können neben rein konstruktiven Maßnahmen auch erreicht werden, indem organisatorische Maßnahmen mit technischen kombiniert werden. Hierunter fallen bei entsprechender Überwachung und Instandhaltung z. B. dynamisch, thermisch sowie mechanisch beanspruchte Dichtungen oder Anlagenteile. Zur Überwachung können dienen:

- regelmäßige Begehungen der Anlage und Kontrolle z. B. auf Schlieren, Eisbildung, Geruch und Geräusche infolge von Undichtheiten bzw. auf Staubaustritte und -ablagerungen,
- Messungen mit mobilen Leck-Anzeigegeräten oder tragbaren Gas-Warneinrichtungen,
- kontinuierliche oder periodische Überwachung der Atmosphäre durch selbsttätig arbeitende, fest installierte Messgeräte mit Warnfunktion.

Bei Anlagenteilen, die „auf Dauer technisch dicht" sind, sind keine Freisetzungen zu erwarten. Sie verursachen durch ihre Bauart in ihrer Umgebung im ungeöffneten Zustand keine explosionsgefährdeten Bereiche.

B 4.1.4 „Technisch dichte" Anlagenteile

Anlagenteile gelten als „technisch dicht", wenn bei einer Dichtheitsprüfung, -überwachung bzw. -kontrolle keine Undichtheiten erkennbar sind. Bei Gasen und Dämpfen wird dies z. B. mit schaumbildenden Mitteln oder mit Lecksuchgeräten festgestellt, bei Stäuben durch regelmäßige Kontrolle auf Staubaustritte und -ablagerungen sowie auf sichtbare Defekte oder Beschädigungen.

Beispiele für technisch dichte Anlagenteile sind:

- Für Gase und Dämpfe:
  - Flansche mit glatter Dichtleiste und keinen besonderen konstruktiven Anforderungen an die Dichtung,
  - Schneid- und Klemmringverbindungen in Leitungen größer DN 32,
  - Pumpen, deren Dichtheit nur auf einer einfach wirkenden Gleitringdichtung beruht,
  - lösbare Verbindungen nach Nr. 2.4.3.2 TRBS 2152 Teil 2 bzw. TRGS 722, die nicht nur selten gelöst werden.

- Für Stäube:
  - Kompensatoren,
  - flexible Verbindungen,
  - Stopfbuchsen-Abdichtungen,
  - lösbare Verbindungen nach Nr. 2.4.3.2 der TRBS 2152 Teil 2 bzw. TRGS 722, die nicht nur selten gelöst werden,

- Einstiegs- und Inspektionsöffnungen, die nicht nur selten geöffnet werden.

Bei Anlagenteilen, die technisch dicht sind, sind seltene Freisetzungen zu erwarten.

B 4.2 Prozesstechnische Maßnahmen

In Anlagen oder Anlagenteilen mit betriebsbedingtem Auftreten explosionsfähiger Stoffe können durch prozesstechnische Maßnahmen Austrittsmengen, Zonenausdehnungen und/oder Auftrittswahrscheinlichkeiten explosionsfähiger Atmosphären verringert werden. Gefahrdrohende Mengen können mit prozesstechnischen Maßnahmen verhindert oder eingeschränkt werden, z. B. durch Begrenzung des Volumens, der Konzentration oder durch Inertisierung. Diese Maßnahmen sind zusätzlich in geeigneter Weise zu überwachen, sofern nicht die Einhaltung einer unbedenklichen Konzentration durch die Verfahrensbedingungen sichergestellt ist.

B 4.2.1 Mengenbegrenzung

Die Mengen an Gefahrstoffen sind so zu begrenzen, dass Gefährdungen durch Brände und Explosionen so gering wie möglich sind. Eine explosionsfähige Atmosphäre liegt dann in gefahrdrohender Menge vor (gefährliche explosionsfähige Atmosphäre), wenn im Falle ihrer Entzündung Sicherheit und Gesundheit der Beschäftigten oder Dritter beeinträchtigt werden können und deshalb besondere Schutzmaßnahmen erforderlich werden. Mehr als 10 l zusammenhängende explosionsfähige Atmosphäre müssen in geschlossenen Räumen unabhängig von der Raumgröße grundsätzlich als gefährliche explosionsfähige Atmosphäre angesehen werden (siehe auch A 5). Auch kleinere Mengen können bereits gefahrdrohend sein, wenn sie sich in unmittelbarer Nähe von Menschen befinden, in Räumen von weniger als etwa 100 m^3 kann bereits eine kleinere Menge als 10 l gefahrdrohend sein. Eine grobe Abschätzung ist mithilfe folgender Faustregel möglich: Eine explosionsfähige Atmosphäre kann in Räumen gefahrdrohend sein, wenn sie mehr als ein Zehntausendstel ($^1/_{10.000}$) des Raumvolumens einnimmt, also z. B. in einem Raum von 80 m^3 bereits 8 l.

Befindet sich eine explosionsfähige Atmosphäre in Gefäßen, die dem möglicherweise auftretenden Explosionsdruck nicht standhalten, so sind wegen der Gefährdung z. B. durch Splitter beim Bersten weitaus geringere Mengen als die oben angegebenen als gefahrdrohend anzusehen. Eine untere Grenze kann hierfür nicht angegeben werden. Welche Mengen explosionsfähiger Atmosphäre im Freien als gefahrdrohend angesehen werden müssen, lässt sich nur für den Einzelfall abschätzen (siehe auch A 4 und A 5).

B 4.2.2 Konzentrationsbegrenzung

Kann auf den Einsatz von Stoffen, die explosionsfähige Atmosphären bilden können, nicht verzichtet werden, muss versucht werden, die Konzentration an brennbaren Bestandteilen im Gemisch so zu verändern, dass sich diese außerhalb der Explosionsgrenzen bewegt (siehe auch A 4.1). Überschreitet die Konzentration des ausreichend dispergierten brennbaren Stoffes in der Luft einen Mindestwert (UEG), ist eine Explosion möglich. Sie ist nicht mehr möglich, wenn die Konzentration einen maximalen Wert (OEG) überschritten hat.

Durch Maßnahmen zur Konzentrationsbegrenzung soll die Konzentration der brennbaren Stoffe unterhalb der unteren oder oberhalb der oberen Explosionsgrenze gehalten werden. Beim Anfahren und Abfahren kann der Explosionsbereich durchfahren werden. Dieses ist in geeigneter Weise zu berücksichtigen.

B 4.2.3 Inertisierung

Inertisierung: Hinzufügen von Inertstoffen (z. B. Stickstoff, Kohlenstoffdioxid, Edelgase, Wasserdampf), um die sicherheitstechnischen Kenngrößen eines Gemisches so zu verändern, dass eine explosionsfähige Atmosphäre verhindert wird.

In geschlossenen Systemen sollte eine gefährliche explosionsfähige Atmosphäre z. B. durch Verfahren wie die Inertisierung nach Möglichkeit vermieden werden. Hierzu gehört die Verringerung der Sauerstoffkonzentration durch die gesteuerte Anreicherung der Konzentration mit Inertgasen, um die Sauerstoffkonzentration unter die Sauerstoffgrenzkonzentration (SGK) zu drücken.

Sauerstoffgrenzkonzentration (SGK): Maximale Konzentration von Sauerstoff in einem Gemisch eines brennbaren Stoffes mit Luft und Inertgas, bei der eine Explosion nicht auftritt.

Die Inertisierung innerhalb einer Anlage ist durch geeignete Maßnahmen wie z. B. stetiges Überwachen des Inertgasstromes und der Sauerstoffkonzentration sicherzustellen. Auf eine Überwachung der Sauerstoffkonzentration kann verzichtet werden, wenn durch die permanente Aufrechterhaltung eines leichten Überdrucks das Eindringen von Luft verhindert werden kann. Spezielle Inertgasschleusen verhindern das Einbringen von Luftsauerstoff bei der Befüllung von Behältern mit explosionsfähigen Gemischen.

Als gasförmige Inertstoffe werden z. B. Stickstoff, Kohlendioxid, Edelgase, Verbrennungsabgase und Wasserdampf verwendet. Staubförmige Inertstoffe sind z. B. Calciumsulfat, Ammoniumphosphat, Natriumhydrogencarbonat und Steinmehl. Wichtig für die Auswahl des Inertstoffes ist, dass dieser nicht mit dem Brennstoff reagiert. Aluminium reagiert z. B. mit Kohlendioxid oder Wasserdampf, sodass diese zur Inertisierung in diesem Anwendungsfall ungeeignet sind.

B 4.3 Konstruktive Maßnahmen

Können aus verfahrenstechnischen Gründen insbesondere in geschlossenen Anlagen sowohl ein Auftreten einer gefährlichen explosionsfähigen Atmosphäre als auch das Wirksamwerden einer Zündquelle nicht ausreichend sicher ausgeschlossen werden, sind durch konstruktive Explosionsschutzmaßnahmen die Auswirkungen einer Explosion auf ein ungefährliches Maß zu begrenzen.

TRGS 724
„Gefährliche explosionsfähige Gemische – Maßnahmen des konstruktiven Explosionsschutzes" bzw.
TRBS 2152 Teil 4
„Gefährliche explosionsfähige Atmosphäre – Maßnahmen des konstruktiven Explosionsschutzes, welche die Auswirkung einer Explosion auf ein unbedenkliches Maß beschränken"

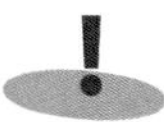

geben Hinweise zur Auswahl und Bemessung sowie Installation, Betrieb, Wartung, Prüfung und Instandsetzung von Einrichtungen zum konstruktiven Explosionsschutz.

B 4.3.1 Explosionsfeste Bauweise

Anlagenteile wie Behälter, Apparate oder Rohrleitungen, in denen es zu Explosionen kommen kann, werden explosionsfest gebaut, sodass sie dem zu erwartenden Explosionsdruck im Inneren standhalten, ohne aufzureißen.

Zu erwartender Explosionsdruck: Maximaler Druck, der in einem Anlagenteil bei realisiertem Schutzkonzept unter Berücksichtigung sowohl der gegebenen Anlagen und Verfahren als auch aller möglichen Betriebsparameter und Betriebszustände auftreten kann.

Bei der explosionsfesten Bauweise wird zwischen einer explosionsdruckfesten und einer explosionsdruckstoßfesten Bauweise unterschieden.

a) Explosionsdruckfeste Bauweise
Anlagenteile sind explosionsdruckfest, wenn sie dem zu erwartenden Explosionsdruck standhalten, ohne sich bleibend zu verformen.

b) Explosionsdruckstoßfeste Bauweise
Anlagenteile sind explosionsdruckstoßfest, wenn sie dem zu erwartenden Explosionsdruck standhalten, ohne aufzureißen, wobei jedoch bleibende Verformungen zulässig sind.

B 4.3.2 Explosionsdruckentlastung

Durch eine gezielte Explosionsdruckentlastung werden bei einer Explosion in einem Anlagenteil definierte Öffnungen freigegeben. Einrichtungen zur Explosionsdruckentlastung können z. B. Berstscheiben, Explosionsklappen oder ständige Öffnungen sein.

Die Explosionsdruckentlastung ist so auszulegen, dass die Anlage nicht über ihre Explosionsfestigkeit hinaus beansprucht wird und die geschützten Anlagenteile dem reduzierten Explosionsdruck standhalten können. Damit können explosionsfeste Ausführungen in Verbindung mit Explosionsdruckentlastung auf einen reduzierten Explosionsdruck ausgelegt werden.

Reduzierter Explosionsdruck: Der in einem durch Explosionsdruckentlastung oder Explosionsunterdrückung geschützten Behälter auftretende Explosionsdruck.

Die Explosionsdruckentlastung darf keine Gefährdungen für Beschäftigte und Dritte hervorrufen, z. B. durch Druck- und Flammenwirkung, durch dabei freigesetzte Stoffe oder durch weggeschleuderte Teile. Daher ist eine Explosionsdruckentlastung in den Arbeitsbereich grundsätzlich zu vermeiden und auf möglichst kurzem und geradem Weg in einem unkritischen Bereich (z. B. über Dach) zu überführen. Auch die bei der Explosionsdruckentlastung auftretenden Rückstoßkräfte sind dabei zu berücksichtigen.

B 4.3.3 Explosionsunterdrückung

Ein Explosionsunterdrückungssystem kann frühzeitig Explosionen erkennen und chemisch unterdrücken, bevor sie gefährliche Auswirkungen haben können. Es besteht im Wesentlichen aus Detektoren, einer Steuerzentrale und unter Druck stehenden Löschmittelbehältern. Die Druckdetektoren erkennen den bei der Verbrennung einer explosionsfähigen Atmosphäre in einem geschlossenen oder im Wesentlichen geschlossenen Volumen entstehenden Druckanstieg bereits in der Anfangsphase. Sie unterbrechen die weitere Ausbreitung der Flammenfront in der explosionsfähigen Atmosphäre durch Zugabe eines geeigneten Löschmittels innerhalb weniger Millisekunden, sodass es nicht zu einem gefährlichen Druckaufbau kommt. Dadurch ist es möglich, den maximalen Explosionsdruck auf einen reduzierten zu begrenzen, d. h., der zu erwartende Explosionsdruck wird verringert.

Die Explosionsunterdrückung wird dort eingesetzt, wo ansonsten durch Druckentlastungsöffnungen toxische Produkte freigesetzt werden und daher keine Restprodukte oder Verbrennungsabgase durch den entweichenden Explosionsdruck ins Freie geleitet werden dürfen.

B 4.3.4 Explosionstechnische Entkopplung

Bei miteinander verbundenen Anlagenteilen ist die Notwendigkeit eines Schutzes gegen die Ausbreitung einer Explosion zu prüfen.

Bei der Ausbreitung von Explosionen von einem Anlagenteil auf andere Anlagenbereiche kann es durch Vorkompression, hohe Turbulenzen und extrem zündwirksame Flammenstrahlen zu besonders heftigen Folgeexplosionen kommen, die auch mit Mitteln des konstruktiven Explosionsschutzes unter vertretbarem technischem Aufwand nicht sicher beherrschbar sind. Dies ist relevant für folgende Gebiete:

- Bei Unterteilung des Inneren von Apparaturen oder bei Verbindungen von Behältern, z. B. durch Rohrleitungen, kann während einer Explosion in einem Teilvolumen der Druck in einem anderen Teilvolumen erhöht werden (Vorkompression). Eine Explosion, die bei erhöhtem Ausgangsdruck (z. B. durch Vorkompression) eingeleitet wird, führt zu einem höheren Explosionsdruck als dem bei atmosphärischen Bedingungen zu erwartenden (der Explosionsdruck ist direkt proportional zum Ausgangsdruck).
- Bei Explosionen in Rohrleitungen oder lang gestreckten Apparaturen können durch turbulenzerhöhende Einbauten lokal kurzzeitig Druckstöße auftreten, z. B. durch Messblenden, Ventile, Rohbögen oder Querschnittsveränderungen. Die Spitzenwerte dieser Druckstöße können ein Mehrfaches des maximalen Explosionsdruckes erreichen und zu Druckstoßfronten führen, die unter Umständen in Detonationsfronten übergehen.

Sofern im Falle einer Explosion mit deren Ausbreitung von einem Anlagenteil auf andere Anlagenbereiche zu rechnen ist, muss als Bestandteil des konstruktiven Explosionsschutzes neben der explosionsfesten Bauweise daher auch die explosionstechnische Entkopplung vorgesehen werden. Diese verhindert die Ausbreitung einer Explosion (Druck und/oder Flamme) in andere Anlagenteile und -bereiche, z. B. über Verbindungsrohre oder -kanäle.

Die Gesamtheit von Einrichtungen zur Realisierung einer explosionstechnischen Entkopplung sind z. B.

- mechanisches Schnellabsperren,
- Löschung von Flammen in engen Spalten oder durch Löschmitteleintrag,
- Aufhalten von Flammen durch hohe Gegenströmung,
- Tauchung,
- Schleusen.

Öffnungen von Anlagenteilen, durch die Explosionen herausschlagen können und dadurch zu einer Gefährdung der Beschäftigten oder Dritter führen können, müssen gegen einen Flammendurchschlag geschützt sein. Hierzu können Füll-, Entleerungs- und Gaspendelanschlüsse, aber auch Ansaugöffnung und Auspuffe von Verbrennungsmotoren gehören. Mögliche weitere Gefährdungen durch z. B. heiße Gase, Druckeinwirkungen oder Verbrennungsprodukte sind zu berücksichtigen.

B 4.4 Lüftungstechnische Maßnahmen

Unter Berücksichtigung der eingesetzten Stoffe und Arbeitsverfahren ist für ausreichende Be- und Entlüftung zu sorgen. Lüftungsmaßnahmen können die explosionsfähige Atmosphäre in der Umgebung von Anlagen, Apparaten und dergleichen verringern und damit den explosionsgefährdeten Bereich einschränken.

Im günstigsten Fall können sie zur Vermeidung explosionsgefährdeter Bereiche führen. In der Regel führen sie jedoch dazu, dass lediglich eine Verringerung der Wahrscheinlichkeit des Auftretens gefährlicher explosionsfähiger Atmosphären (Zone 1 oder 2 statt Zone 0, Zone 2 statt Zone 1) oder eine Verringerung der Ausdehnung der explosionsgefährdeten Bereiche (Zonen) erreicht wird.

Die Wirksamkeit einer Lüftungsmaßnahme wird durch verschiedene Parameter bestimmt, u. a. Stärke, Verfügbarkeit und Art der Luftführung (Güte). Die zu erwartende Quellstärke der brennbaren Stoffe im Betriebs- und Störungszustand ist nicht immer einfach abschätzbar, zudem sind Verteilung brennbarer Substanzen im Raum, Strömungsverhältnisse sowie Verdünnung der explosionsfähigen Atmosphäre zu berücksichtigen. Um strömungstechnische Kurzschlüsse zu vermeiden, sind die Aus- und Einlässe von Ab- und Zuluft so anzuordnen, dass die Zuluft nicht direkt in die Abluftöffnungen bläst, ohne den Raum zu durchstreichen. Durch Strömungshindernisse können Toträume entstehen, in denen die Luftbewegung nur schwach oder nicht ausgebildet ist.

Trotz Lüftungsmaßnahmen können auch im Bereich der Austrittsstelle eines brennbaren Stoffes explosionsfähige Konzentrationen verbleiben. Bereits einfache Veränderungen der Randbedingungen können die Wirksamkeit der Lüftung wesentlich beeinträchtigen. Die Art der erforderlichen und geeigneten Absaugung ist in Abhängigkeit von der Gefährdungssituation (Art des Gefahrstoffes, Konzentration in der Atemluft des Beschäftigten, weitere Schutzmaßnahmen usw.) und den baulichen Möglichkeiten am Arbeitsplatz auszuwählen. Eine Beurteilung von Lüftungsmaßnahmen ist daher häufig nur mit besonderer Fachkenntnis möglich.

B 4.4.1 Objekt- oder Quellenabsaugung

Beim Ausströmen brennbarer Stoffe aus Öffnungen, undichten Stellen usw. können sich außerhalb der Anlagen und Anlagenteile gefährliche explosionsfähige Atmosphären und bei Stäuben auch Ablagerungen bilden. Frei werdende Gefahrstoffe können sich über weite Bereiche im Produktionsraum ausbreiten und dort ggf. entzündet werden. Gefahrstoffe, die zu Brand- oder Explosionsgefährdungen führen können, sind daher – soweit dies nach dem Stand der Technik möglich ist – vorrangig an ihrer Austritts- oder Entstehungsstelle gefahrlos zu beseitigen.

Quellen- oder Randabsaugung: Örtliche Absaugung (Punktabsaugung), die so platziert ist, dass Gefahrstoffe direkt an der Entstehungsstelle erfasst werden. Ist die Austrittstelle brennbarer Gase, Dämpfe oder Stäube aus einem Anlagenteil bekannt, können so die austretenden Stoffe gezielt erfasst und abgeführt werden.

Die Absaugung an der Entstehungsstelle mittels Abluftventilator ist der künstlichen Raumlüftung vorzuziehen, da in der Regel nur durch Absaugen das gefahrlose Abführen der Abluft gewährleistet ist.

Stationäre Absauganlagen reduzieren gezielt z. B. in Entlüftungs- und Beschickungsöffnungen die Freisetzung explosionsfähiger Atmosphären und senken damit das Explosionsrisiko an Maschinen und im Produktionsraum.

Objektabsaugung: Hochwirksame Absaugung offener und halboffener Bauart, die so bemessen ist, dass Gefahrstoffe innerhalb des Erfassungsbereichs verbleiben. Das Auftreten von Gefahrstoffen in der Luft des Arbeitsbereichs kann damit praktisch ausgeschlossen werden.

Dabei ist die Absaugung auf Grundlage der spezifischen Parameter der zu erfassenden Stoffe und der anlagen-, prozesstechnischen sowie der betrieblichen Gegebenheiten auszulegen. Gase, die leichter als Luft sind (z. B. Wasserstoff und Methan), sind durch Entlüftungsöffnungen in Deckennähe abzuführen. Dämpfe brennbarer Flüssigkeiten und Gase, die schwerer als Luft sind, müssen an der Austrittsstelle (z. B. durch Randabsaugung an offenen Behältern und/oder möglichst in Bodennähe) abgesaugt werden. Dabei ist zu beachten, dass die Luftgeschwindigkeit außerhalb der Mündung rasch abnimmt. Werden keine Maßnahmen der Luftführung getroffen, bleibt die Erfassung brennbarer Gase, Dämpfe oder Stäube auf den unmittelbaren Bereich der Objektabsaugung beschränkt. Besonders bei ortsbeweglichen Absaugeinrichtungen ist auf die richtige Positionierung durch den Benutzer zu achten.

Ein Ausfall von Lüftungseinrichtungen während des Betriebes muss für die Beschäftigten erkennbar sein. Bei einer einfachen Punktabsaugung ist dieser Ausfall (z. B. im Rahmen der täglichen Funktionskontrolle) durch die Feststellung der ausbleibenden Luftströmung bzw. des ausbleibenden Strömungsgeräusches erkennbar.

Das in einem explosionsgefährdeten Abluftsystem geförderte explosionsfähige Gemisch muss gefahrlos in Bereiche ohne Zündgefahren abgeführt werden. Wird die Abluft aus explosionsgefährdeten Bereichen mit Ventilatoren abgeführt, so sind an und in den Ventilatoren Maßnahmen gegen Zündgefahren entsprechend den im Abluftsystem vorliegenden Zonen zu treffen. Explosionsgeschützte Ventilatoren sind so konstruiert, dass beim Absaugvorgang Motorwärme, Funken und/oder Elektrostatik nicht mit der explosionsfähigen Atmosphäre in Kontakt kommen und diese entzünden können. Für das Vermeiden von Zündgefahren in nachgeschalteten Abluftreinigungsanlagen, denen die Abluft zugeführt wird, sind geeignete Maßnahmen für die Vermeidung von Zündgefahren zu berücksichtigen, z. B. durch eine explosionstechnische Entkopplung zur Vermeidung eines Flammenrückschlages in das Abluftsystem.

B 4.4.2 Raumlüftung

Durch Lüftungsmaßnahmen kann die Bildung gefährlicher explosionsfähiger Atmosphären sicher vermieden werden, wenn eine Abschätzung der maximalen Menge (Quellstärke) der die explosionsfähige Atmosphäre bildenden Gase und Dämpfe möglich ist und die Lage der Quelle sowie die Ausbreitungsbedingungen ausreichend bekannt sind.

Raumlüftung: Erneuerung der Raumluft durch direkte oder indirekte Zuführung von Außenluft. Die Lüftung erfolgt entweder durch natürliche Lüftung (z.B. Fensterlüftung, Schachtlüftung, Dachaufsatzlüftung und Lüftung durch sonstige Lüftungsöffnungen) oder lüftungstechnische Anlagen ohne oder mit zusätzlicher Luftbehandlung (z.B. Reinigung durch Luftfilter).

In der Bauphysik ist Luftwechsel das Volumen der beim Lüften ausgetauschten Luft im Verhältnis zum Volumen des gelüfteten Raumes. Die Luftwechselzahl ist damit ein Vielfaches oder ein Bruchteil eines Raumvolumens. In Lüftungsanlagen ist die Luftwechselzahl die Relation zwischen Zuluftvolumenstrom und Raumgröße. Der vollkommene Austausch des Raumluftvolumens ist jedoch immer eine idealisierte Betrachtung, der sich durch möglichst perfekte Luftführung anzunähern ist. Wie eine wirksame Lüftung zu konzipieren ist, hängt in erster Linie von der maximalen Stärke und Häufigkeit der Quelle sowie von den Eigenschaften der beteiligten brennbaren Gase, Flüssigkeiten oder Stäube ab.

Die Raumlüftung kann durch natürliche oder künstliche Lüftung erfolgen.

a) Natürliche Lüftung

Bei der natürlichen Lüftung erfolgt der Luftaustausch ohne gezielte technische Mittel aufgrund

- von Dichte- bzw. Druckdifferenzen der Luft,
- durch Temperaturdifferenzen innerhalb/außerhalb eines Raumes räumlich benachbarter Bereiche oder
- durch Wind.

Die Durchlüftung von Arbeitsräumen ist geeignet, eine allgemeine Grundbelastung mit Gefahrstoffen in der Luft durch Verdünnung zu reduzieren. Dabei ist darauf zu achten, dass die strömende Luft so gerichtet ist, dass diese die belastete Luft von den Beschäftigten möglichst fortführt. Wirksamer als eine einfache Abluftanlage ist hier die Kombination mit gerichteter, möglichst laminar strömender Zuluft, die die Gefahrstoffe von den Arbeitnehmenden fort in die Abluft transportiert.

- **Normaler Luftwechsel:** In Räumen oberhalb Erdgleiche ohne besondere Be- und Entlüftungsöffnungen (ausgenommen einer dichten Energiespar-Bauweise) darf aufgrund von Witterungseinflüssen und baulicher Gestaltung eine Luftwechselzahl von mindestens n = 1 angenommen werden.

- **Erhöhter Luftwechsel:** Die räumliche Anordnung der Öffnungen von Zuluft und Abluft sollte die natürliche Konvektion unterstützen. Bei kleinen Räumen wird in der Regel die beste Wirkung erzielt, wenn sich die Öffnungen raumdiagonal gegenüber befinden (Querlüftung). Die in größeren Räumen deutlich ausgeprägten Konvektionswalzen können durch entsprechende Abluftöffnungen im Deckenbereich genutzt und unterstützt werden. Industriebauten mit Entlüftungsöffnungen im Dachbereich weisen daher häufig einen höheren Luftwechsel auf.
- **Verminderter Luftwechsel:** In Kellerräumen ist mit geringerer natürlicher Lüftung zu rechnen. Nur kleine Öffnungen und Fenster führen zu einem geringen Luftaustausch mit Luft von außerhalb des betrachteten Raumes. Als Luftwechselzahl ist bei allseits unter Erdgleiche liegenden Kellerräumen als Richtwert ca. n = 0,4 anzunehmen. Durch gezielte Zu- und Abluftöffnungen lässt sich dieser Wert bis auf ungefähr das Doppelte erhöhen. Eine erhöhte Luftzufuhr durch Belüftung kann durch bauliche Maßnahmen, z. B. durch einen offenen Aufbau oder Anlagen im Freien, erreicht werden.

Eine natürliche Lüftung kann als Explosionsschutzmaßnahme nur in Anspruch genommen werden, wenn die notwendigen treibenden Kräfte der natürlichen Lüftung einen ausreichenden Luftaustausch gewährleisten. Eine Raumlüftung kann dann ausreichend sein, wenn nur mit geringen Mengen gearbeitet wird oder die Gefahrstoffe nicht in die Luft gelangen können. Dies ist z. B. dann gegeben, wenn verarbeitete Feststoffe ein zu vernachlässigendes Staubungsverhalten oder Flüssigkeiten einen nur minimalen Dampfdruck besitzen. Werden Festkörper bearbeitet, sodass Stäube frei werden, oder Flüssigkeiten erwärmt, sodass ein merklicher Dampfdruck besteht, ist eine natürliche Raumlüftung allein nicht ausreichend.

b) Technische Lüftung

Ist eine kontinuierliche, mit größerem Durchsatz sowie gezieltere Luftführung als bei der natürlichen Lüftung notwendig, muss eine technische Lüftung zum Einsatz kommen. Eine technische Lüftung ist der Luftaustausch mit gezielten technischen Mitteln (z. B. Ventilatoren, Luftinjektoren).

> **Wirksame Absaugung**: Absaugung offener und halboffener Bauart, die so bemessen ist, dass Gefahrstoffe innerhalb des Erfassungsbereiches verbleiben. Das Auftreten von Gefahrstoffen in der Luft des Arbeitsbereiches kann weitgehend ausgeschlossen werden, zumindest aber ist von einer Einhaltung der Arbeitsplatz-Grenzwerte auszugehen. Die Wirksamkeit ist durch Messungen zu überprüfen. Sie führt zu einer Reduzierung brennbarer Stoffe innerhalb des betrachteten lüftungstechnischen Bereiches.

Dieses ist insbesondere notwendig, wenn durch offenen Umgang, Verarbeitung bzw. Handhabung von brennbaren Stoffen größere Mengen explosionsfähiger Atmosphären gebildet werden können. Bei Freisetzung brennbarer Flüssigkeitsdämpfe und brennbarer Gase, die schwerer sind als Luft, können sich in tieferliegenden oder gefangenen Räumen, in Ecken, abgeteilten Bereichen, Bodenvertiefungen usw. gefährliche explosionsfähige Atmosphäre bilden.

Sofern die technische Lüftung als Explosionsschutzmaßnahme eingesetzt wird, ist sie hinsichtlich Stärke, Güte und Verfügbarkeit zu bewerten. Hierbei sind auch Betriebsstörungen (z. B. Leckagen an Dichtelementen) zu berücksichtigen. Zur Auslegung der Lüftung ist daher die Kenntnis von Ort, maximaler Stärke und Häufigkeit der Quelle explosionsfähiger Atmosphären erforderlich.

Durch die Dimensionierung der Lüftungsanlage (d. h. der Zuluft- und Abluftströme) ist sicherzustellen, dass z. B. durch Überdruck eine explosionsfähige Atmosphäre nicht in nicht explosionsgefährdete Nachbarbereiche gelangen kann. Eine raumlufttechnische Anlage kann auch die Funktion einer Objektabsaugung durch störende Strömungen von Zu- oder Abluft am Arbeitsort beeinträchtigen.

Die Wirksamkeit der Lüftung ist in Abhängigkeit von der Wahrscheinlichkeit, mit der eine explosionsfähige Atmosphäre entstehen kann oder deren Auftreten eingeschränkt werden soll, zu überwachen. Sofern die Überwachung der Lüftung automatisch erfolgt, muss sie sich auf das Auftreten gefährlicher explosionsfähiger Atmosphären selbst (z. B. durch Gaswarneinrichtungen) oder zumindest auf den zu überwachenden Luftstrom (z. B. durch Strömungswächter) beziehen. Eine Überwachung des Betriebes von Teilen der Lüftungsanlage (z. B. Ventilator-Drehzahl) ist in der Regel nicht ausreichend.

Ein Ausfall von Lüftungseinrichtungen während des Betriebes muss für die Beschäftigten erkennbar sein. Bei einer komplexen Lüftungseinrichtung muss dieser Ausfall durch eine selbsttätige, nicht manipulierbare Warneinrichtung angezeigt werden.

B 4.5 Sicherheitstechnische Maßnahmen

Aus der Gefährdungsbeurteilung ergeben sich Maßnahmen, um die Wahrscheinlichkeit für das zeitgleiche Auftreten einer gefährlichen explosionsfähigen Atmosphäre (Zoneneinteilung) und wirksamen Zündquellen (Zündquellenvermeidung) ausreichend sicher zu reduzieren oder um die Auswirkungen von Explosionen auf ein unbedenkliches Maß zu verringern.

Explosionsschutzeinrichtungen (Ex-Einrichtungen) führen die in der Gefährdungsbeurteilung festgelegten Sicherheitsfunktionen zum Explosionsschutz aus, um Gefahrstoffe in Arbeitsmitteln und Anlagen sicher zurückzuhalten und gefährliche Zustände wie z. B. gefährliche Temperaturen, Über- und Unterdrücke, Überfüllungen oder Korrosionen zu vermeiden.

Sicherheitsfunktion: Die in der Gefährdungsbeurteilung festgelegten Maßnahmen durch Ex-Vorrichtungen sicherzustellen oder aufrechtzuerhalten.

Ex-Vorrichtungen zur Vermeidung gefährlicher explosionsfähiger Atmosphären bestehen aus einer oder mehreren Ex-Einrichtungen und erforderlichenfalls deren Überwachung. Diese prozesstechnischen Maßnahmen können die Wahrscheinlichkeit des Auftretens von gefährlichen explosionsfähigen Atmosphären verringern oder vermeiden bzw. die Ausdehnung von Zonen reduzieren.

B 4.5.1 Zuverlässige Mess-, Steuer- und Regelungseinrichtungen

Ex-Vorrichtungen zur Vermeidung gefährlicher explosionsfähiger Atmosphären werden durch mechanische, pneumatische, hydraulische, elektrische, elektronische als auch programmierbare elektronische Mess-, Steuer- und Regelungseinrichtungen (MSR-Einrichtungen) gesteuert, z. B. Lüftungs-, Inertisierungsanlagen, Temperatureinhaltung oder Füllstandüberdeckung.

a) Zuverlässigkeit
Die Zuverlässigkeit von MSR-Einrichtungen mit Sicherheitsfunktion ergibt sich aus der zuverlässigen Funktion und der funktionalen Sicherheit.

Zuverlässigkeit: Die Fähigkeit einer Einrichtung, eine geforderte Funktion unter vorgegebenen Bedingungen und für ein vorgegebenes Zeitintervall auszuführen.

Die zuverlässige Funktion wird bestimmt durch

- Betriebsweise,
- Beanspruchungswerte aus der Umgebung und dem Prozess,
- Häufigkeit eines Eingriffs der Überwachung sowie
- Anforderungen des Prozesses hinsichtlich der Schnelligkeit des Eingriffs (Prozessfehlertoleranzzeit).

Prozessfehlertoleranzzeit (PFT): Die Zeit, in der ein Prozess nach einer Störung in den unsicheren Zustand übergeht.

Im Normalbetrieb werden die Arbeitsmittel oder Anlagen und deren Einrichtungen innerhalb ihrer Auslegungsparameter benutzt oder betrieben. Eine Störung oder ein Fehler liegt vor, wenn eine Funktionseinheit nicht die beabsichtigte Funktion erbringt. Störungen, die z. B. Instandsetzung oder Abschaltung erfordern (z. B. Versagen von Dichtungen, Pumpen oder Flanschen oder die Freisetzung von Stoffen infolge von Unfällen), werden nicht als Normalbetrieb angesehen.

Der qualitative Zusammenhang zwischen der Zuverlässigkeit einer Ex-Vorrichtung und ihrer Ausfallwahrscheinlichkeit definiert die TRGS 725 wie folgt:

TRGS 725
„Gefährliche explosionsfähige Atmosphäre – Mess-, Steuer- und Regeleinrichtungen im Rahmen von Explosionsschutzmaßnahmen" – 3.3 „Bewertung der Ex-Vorrichtung"

„Ein Ausfall ist
1. vorhersehbar, wenn mit dem Ausfall der Ex-Vorrichtungen üblicherweise zu rechnen ist. Vorhersehbare Ausfälle können auftreten und dürfen nicht häufig vorkommen.
2. selten, wenn ein vorhersehbarer Fehler nicht zu einem Ausfall der von der Ex-Vorrichtung ausgeführten Sicherheitsfunktion führt. Ein Fehler gilt als vorhersehbar, wenn er in der Praxis zu erwarten ist, z. B. ein verschleißbedingter Ausfall eines Ventilators oder ein Ausfall einer Lüftung durch verstopfte Filter.
3. sehr selten, wenn weder ein seltener noch ein vorhersehbarer Fehler zu einem Ausfall der von der Ex-Vorrichtung ausgeführten Sicherheitsfunktion führt. Ein Fehler gilt als selten, wenn z. B. zwei voneinander unabhängige vorhersehbare Fehler, die nur in Kombination miteinander die Funktion beeinträchtigen, gemeinsam auftreten. Die Zuverlässigkeit ist in diesem Fall dauerhaft sichergestellt. Ein Ausfall ist nach Maßgabe der technischen Vernunft nicht zu erwarten."

Die notwendige Zuverlässigkeit einer Ex-Vorrichtung ist abhängig von der Zoneneinteilung und der Wahrscheinlichkeit des Auftretens einer wirksamen Zündquelle. Das erforderliche Maß an Sicherheit der Maßnahmen zur Vermeidung oder Einschränkung von gefährlichen explosionsfähigen Atmosphären und der Zündquellenvermeidung wird durch Reduzierungsstufen ausgedrückt. Die Zuverlässigkeit der Ex-Vorrichtung muss der geforderten Reduzierungsstufe entsprechen.

Die Bewertung des Ausfallverhaltens von Funktionseinheiten der MSR-Einrichtungen wird üblicherweise durch den Hersteller nach den einschlägigen Herstellungsnormen vorgenommen, sodass in der Regel keine Bewertung durch den Anlagenbetreiber notwendig ist.

b) Redundanz

Wenn die geforderte Zuverlässigkeit der Ex-Vorrichtung durch die Ex-Einrichtung allein nicht erreicht wird, kann diese durch eine weitere Ex-Einrichtung ergänzt werden.

Redundanz: Mehrfaches Vorhandensein von funktional gleichen oder vergleichbaren Funktionseinheiten eines technischen Systems, die für den störungsfreien Normalbetrieb nicht benötigt werden.

Durch z. B. redundante Informationen, Motoren, Baugruppen, komplette Geräte, Steuerleitungen und Leistungsreserven kann die Verfügbarkeit einer Ex-Vorrichtung erhöht werden, um eine erhöhte Ausfall-, Funktions- und Betriebssicherheit zu gewährleisten.

Die Redundanz kann homogen oder diversitär sein. Bei einer **homogenen Redundanz** arbeiten gleiche Komponenten parallel. Dies sichert jedoch nur gegen zufällige Ausfälle ab, z. B. aufgrund Alterung, Verschleiß oder Übertragungsfehlern. Bei der homogenen Redundanz besteht eine höhere Wahrscheinlichkeit für einen Gesamtausfall aufgrund systematischer Fehler (z. B. Konstruktionsfehler), da der Ersatz im Störungsfall durch gleiche Komponenten erfolgt.

Die **diversitäre Redundanz** berücksichtigt auch systematische Fehler, da unterschiedliche Komponenten unterschiedlicher Hersteller, Typen und/oder Funktionsprinzipien verwendet werden.

- **Aktive Redundanz** bedeutet, dass mehrere Funktionseinheiten die Funktion zeitgleich parallel ausführen. Der gleichzeitige Ausfall beider Funktionseinheiten ist hinreichend unwahrscheinlich, d. h. Fehler gemeinsamer Ursache sind nach Maßgabe der technischen Vernunft ausgeschlossen. Als hinreichend unwahrscheinlich gilt ein Fehler gemeinsamer Ursache, wenn dieser in der Regel 10 % der gefährlichen Fehler nicht überschreitet.
- **Passive Redundanz** bedeutet, dass eine oder mehrere Funktionseinheiten parallel vorhanden sind, aber nicht gleichzeitig arbeiten. Die aktive Funktion wird überwacht und im Fehlerfall durch die Überwachung auf die parallel vorhandene Funktion umgeschaltet. Diese Rückfallebene repräsentiert ein Sekundärsystem, das bei Ausfall eines primären Systems einen Schutz gegenüber einer Gefährdung bietet oder den Totalausfall des Gesamtsystems verhindert. Die Ausfallgefahr der technischen Anlage wird durch sofort einsetzbare Ersatzanlagen gemindert oder beseitigt, wobei die Einschalt- oder Umschaltzeit einschließlich der Zeit, bis die redundante Funktionseinheit wirksam wird, innerhalb der Prozessfehlertoleranzzeit (PFT) liegen muss. Hierunter fällt z. B. eine Ersatzstromversorgung bzw. der Einsatz von Notstromaggregaten für den Fall von Stromausfällen.

TRGS 725
„Gefährliche explosionsfähige Atmosphäre – Mess-, Steuer- und Regeleinrichtungen im Rahmen von Explosionsschutzmaßnahmen"

konkretisiert die Anforderungen an die Zuverlässigkeit von mechanischen, pneumatischen, hydraulischen, elektrischen, elektronischen als auch programmierbaren elektronischen Mess-, Steuer- und Regelungseinrichtungen (MSR-Einrichtungen) als Teil der in TRGS 722 genannten Maßnahmen.

B 4.5.2 Überwachung

Wenn die geforderte Zuverlässigkeit der Ex-Vorrichtung durch die Ex-Einrichtung allein nicht erreicht wird, kann diese durch eine Überwachung ergänzt werden. In der Gefährdungsbeurteilung ist festzulegen, ob eine Überwachung der Ex-Einrichtung erforderlich ist.

a) Prozessüberwachung
Eine Überwachung dient dazu, den Ausfall der Sicherheitsfunktion der Ex-Einrichtung rechtzeitig zu erkennen und den Prozess durch Einleitung wirksamer technischer oder organisatorischer Maßnahmen innerhalb der PFT in den sicheren Zustand zurückzuführen.

- **Unabhängige Überwachung:** Fehler gemeinsamer Ursache für die Überwachung und die durch sie überwachte Ex-Einrichtung werden ausgeschlossen.
- **Abhängige Überwachung:** Teilt sich gemeinsame Funktionseinheiten mit der Ex-Einrichtung, z. B. die Sensorik. Ein gefährlicher Fehler in der gemeinsamen Funktionseinheit führt gleichzeitig zum Ausfall der Ex-Einrichtung und der Überwachung.

Soweit nach der Gefährdungsbeurteilung erforderlich, sind die Maßnahmen zur Vermeidung gefährlicher explosionsfähiger Gemische durch geeignete technische Einrichtungen zu überwachen.

b) Konzentrationsüberwachung
Zur Erkennung gefährlicher explosionsfähiger Atmosphären können Gaswarneinrichtungen verwendet werden. Diese müssen für den Einsatz im Rahmen von Explosionsschutzmaßnahmen hinsichtlich der messtechnischen Funktionsfähigkeit und der funktionalen Sicherheit für den vorgesehenen Einsatzfall geeignet sein. Hierbei sind die in der Betriebsanleitung durch den Hersteller getroffenen Festlegungen zur bestimmungsgemäßen Verwendung zu berücksichtigen.

Richtlinie 2014/34/EU Anhang II Abschnitte 1.5.5 bis 1.5.7

können die Anforderungen an die messtechnische Funktionsfähigkeit von Gaswarneinrichtungen entnommen werden.
Die in der von der Berufsgenossenschaft Rohstoffe und der Chemischen Industrie (BG RCI) herausgegebenen „Liste funktionsgeprüfter Gaswarngeräte" aufgeführten Gaswarngeräte gelten als geeignet.
DGUV Information 213-057 „Gaswarneinrichtungen und -geräte für den Explosionsschutz – Einsatz und Betrieb" enthält ebenfalls nähere Informationen.

Für den Einsatz von Gaswarneinrichtungen gelten die folgenden Voraussetzungen:

1. Genügend Kenntnisse über die zu erwartenden Stoffe, die Lage ihrer Quellen, ihre maximalen Quellstärken und die Ausbreitungsbedingungen,
2. Eine den Einsatzbedingungen angemessene Funktionsfähigkeit der Geräte, insbesondere bezüglich Ansprechzeit, Ansprechwert und Querempfindlichkeit,
3. Vermeidung von gefährlichen Zuständen bei Ausfall einzelner Funktionen der Gaswarneinrichtung (Verfügbarkeit),

4. Schnelle und sichere Erfassung der zu erwartenden Stoffe durch geeignete Wahl von Anzahl und Orten der Messstellen in der Nähe der Stellen, an denen mit dem Auftreten explosionsfähiger Atmosphären zu rechnen ist,
5. Kenntnis des Bereiches, der bis zum Wirksamwerden der durch das Gerät auszulösenden Schutzmaßnahmen explosionsgefährdet sein wird; dort sind Schutzmaßnahmen zur Zündquellenvermeidung erforderlich,
6. Ausreichend sicheres Verhindern des Auftretens gefährlicher explosionsfähiger Atmosphären außerhalb des Bereiches durch die auszulösenden Schutzmaßnahmen,
7. Vermeidung von anderweitigen Gefahren durch eine Fehlauslösung.

Gaswarneinrichtungen dienen der Warnung vor dem Auftreten explosionsfähiger Atmosphären und sind Grundlage für die manuelle oder automatische Einleitung von Schutzmaßnahmen oder auch von Notfunktionen zur Stilllegung der Anlage. Neben ihrer Aufgabe der Warnung vor Explosionsgefahr können dieser Warneinrichtungen auch die Warnung vor Gesundheitsgefahren übernehmen. Die hierfür maßgeblichen Konzentrationen liegen in der Regel um Zehnerpotenzen niedriger als die unteren Explosionsgrenzen (UEG).

- **Gaswarneinrichtungen mit Alarmierung:** Gaswarneinrichtungen können beim Erreichen oder Überschreiten einer Alarmschwelle eine rechtzeitige, angemessene, leicht wahrnehmbare und unmissverständliche Warnung von Personen im Gefahrenfall auslösen. Die Alarmschwelle des Gerätes muss auf eine Konzentration mindestens so weit unterhalb der UEG eingestellt sein, dass nach Alarmierung die in der Betriebsanweisung festgelegten Maßnahmen rechtzeitig wirksam werden können. Zum Schutz gegen das unbeabsichtigte Freisetzen von Gefahrstoffen, die zu Brand- oder Explosionsgefährdungen führen können, sind geeignete Maßnahmen zu ergreifen. Insbesondere müssen Gefahrstoffströme von einem schnell und ungehindert erreichbaren Ort aus durch Stillsetzen der Förderung unterbrochen werden können. Die Warnung im Gefahrenfall hat keinen direkten Einfluss auf die Ausdehnung der gefährlichen explosionsfähigen Atmosphäre oder auf die Wahrscheinlichkeit des Auftretens derselbigen. Daher ist zu prüfen, ob die durch die Warnung beabsichtigten organisatorischen Maßnahmen zur Vermeidung gefährlicher explosionsfähiger Atmosphären ausreichend sind. Genügen rein organisatorische Maßnahmen nicht, müssen automatisch ausgelöste technische Maßnahmen vorgesehen werden.
- **Gaswarneinrichtungen mit automatischen Schaltfunktionen:** Soweit nach der Gefährdungsbeurteilung erforderlich, müssen Gefahrstoffströme automatisch begrenzt oder unterbrochen werden können. Hierzu können Gaswarneinrichtungen beim Erreichen oder Überschreiten einer Schaltschwelle neben der Alarmierung zusätzliche automatische Schaltfunktionen übernehmen, die erfahrungsgemäß die Bildung gefährlicher explosionsfähiger Atmosphären sicher verhindern.

Diese Schutzmaßnahmen können sich auf die Atmosphäre außerhalb oder auf das Innere der Anlagenteile beziehen. Z. B. können beim Erreichen der Schaltschwelle besondere Lüftungseinrichtungen durch die Gaswarneinrichtung in Betrieb gesetzt oder innerhalb der Anlagen weitere Maßnahmen ausgelöst werden, z. B. Herabsetzung des Innendruckes, Absperren undichter Anlagenteile, Inertisierung oder Abschalten von wirksamen Zündquellen. Die verfahrenstechnische Anlage bleibt dabei in Betrieb, jedoch haben diese technischen Maßnahmen in der Regel Einfluss auf die Ausdehnung oder Wahrscheinlichkeit des Auftretens gefährlicher explosionsfähiger Atmosphären. Dabei ist zu prüfen, ob trotz des Weiterbetriebes der Anlage die eingeleiteten technischen Schutzmaßnahmen ausreichend sind. Kann durch ihren Einfluss eine gefährliche explosionsfähige Atmosphäre nicht sicher verhindert werden, muss die Anlage bzw. der Prozess automatisch beendet werden.

- **Gaswarneinrichtungen mit automatischer Auslösung von Notfunktionen:** Gaswarneinrichtungen können beim Erreichen oder Überschreiten einer in der Regel über der Alarm- und Schaltschwelle liegenden Konzentration einer explosionsfähigen Atmosphäre nicht nur die Alarmierung und zusätzliche automatische Schaltfunktionen auslösen, sondern durch die automatische Auslösung von Notfunktionen die Bildung gefährlicher explosionsfähiger Atmosphären sicher verhindern. Hierzu werden über die Alarm- und Schaltfunktionen hinaus automatische Abschaltvorgänge ausgelöst, die ein gefahrloses Abfahren der gefährdeten Anlagen(teile) bewirken. Diese Maßnahmen haben damit direkten Einfluss auf die Entstehung einer gefährlichen explosionsfähigen Atmosphäre.

B 4.5.3 Abschaltung bei nicht bestimmungsgemäßem Betrieb

Bei einer Maschine oder Anlage werden systematisch Fehler unterstellt und danach versucht, die zugehörigen Auswirkungen so ungefährlich wie möglich zu gestalten. Dabei werden neben Bauteil- oder Energieausfall auch Bedienungsfehler betrachtet.

Soweit nach der Gefährdungsbeurteilung erforderlich, müssen Gefahrstoffströme automatisch begrenzt oder unterbrochen werden können. Ex-Einrichtungen sorgen durch Stillsetzen der Förderung dafür, dass Gefahrstoffströme von einem schnell und ungehindert erreichbaren Ort aus unterbrochen werden können.

a) Energieausfall

Soweit nach der Gefährdungsbeurteilung erforderlich, muss bei Energieausfall möglich sein, die Geräte und Schutzsysteme unabhängig vom übrigen Betriebssystem in einem sicheren Betriebszustand zu halten.

Fail-safe: Konstruktionsmethode, um das Auftreten von Fehlern in Systemen zu erkennen und eine Maschine in einen sicheren Zustand zu bringen, der im Fall eines Fehlers zu möglichst geringem Schaden führt.

Im Fehlerfall steht die ausgefallene Anlage demnach nicht mehr zur Verfügung und nimmt einen beherrschbaren Ausgangszustand ein. Der Ausfall einer Komponente muss durch zusätzliche Maßnahmen in der Anlage zu einem beherrschbaren Endergebnis führen.

b) Sichere manuelle Abschaltung
Im Automatikbetrieb laufende Geräte und Schutzsysteme, die vom bestimmungsgemäßen Betrieb abweichen, müssen unter sicheren Bedingungen von Hand abgeschaltet werden können.

Gespeicherte Energien, z. B. elektrische Spannungen, Über- oder Unterdruck, erhöhte Temperaturen, müssen beim Betätigen der Notabschalteinrichtungen so schnell und sicher wie möglich abgebaut oder isoliert werden.

B 5 Organisatorische Explosionsschutzmaßnahmen

Mit den organisatorischen Maßnahmen sollen die getroffenen baulichen und technischen Maßnahmen wirksam umgesetzt werden, die Explosionen verhindern oder vor diesen schützen sollen. Allgemein hat der Arbeitgeber nach § 3 (2) ArbSchG unter Berücksichtigung der Art der Tätigkeiten und der Zahl der Beschäftigten für eine geeignete Organisation zu sorgen und die erforderlichen Mittel bereitzustellen. Er hat zusätzlich Vorkehrungen zu treffen, um bei allen Tätigkeiten die erforderlichen Schutzmaßnahmen in die betrieblichen Führungsstrukturen einzubinden und für deren Beachtung zu sorgen. Zu den allgemeinen Schutzmaßnahmen nach § 8 GefStoffV für Tätigkeiten mit Gefahrstoffen zählen u. a. organisatorische Schutzmaßnahmen für eine geeignete Gestaltung des Arbeitsplatzes und eine geeignete Arbeitsorganisation.

B 5.1 Betriebsorganisation

Die Beschäftigten tragen bei der Erledigung der ihnen zugewiesenen Arbeitsaufgaben im Rahmen ihrer persönlichen Entscheidungs- und Gestaltungsmöglichkeiten Verantwortung für ihre eigene Sicherheit und dafür, dass sie andere Personen, die von ihrem Handeln oder Unterlassen bei der Arbeit betroffen sein können, nicht gefährden. Hierfür haben sie alles Notwendige beizutragen, um die vom Arbeitgeber ergriffenen Maßnahmen zur Verhütung von Arbeitsunfällen, Berufskrankheiten und arbeitsbedingten Gesundheitsgefahren sowie für eine wirksame Erste Hilfe zum Erfolg zu führen.

B 5.1.1 Weisungen des Unternehmers

Die Beschäftigten sind verpflichtet, nach ihren Möglichkeiten sowie gemäß der Unterweisung und Weisung des Arbeitgebers für ihre Sicherheit und Gesundheit bei der Arbeit Sorge zu tragen. Unter Weisungen versteht man die Aufforderung, sich in einer konkreten Art sicherheitsgerecht zu verhalten. Die Beschäftigten haben insbesondere Maschinen, Geräte, Werkzeuge, Arbeitsstoffe, Transportmittel und sonstige Arbeitsmittel sowie Schutzvorrichtungen und die ihnen zur Verfügung gestellte persönliche Schutzausrüstung (PSA, siehe B 5.6) bestimmungsgemäß zu verwenden. Die mündlich (z. B. durch Unterweisungen und Anweisungen) sowie schriftlich (z. B. Betriebsanweisungen) erteilten Weisungen des Unternehmers sind zu befolgen. Die Versicherten dürfen jedoch erkennbar gegen Sicherheit und Gesundheit gerichtete Weisungen nicht befolgen.

B 5.1.2 Übertragung von Aufgaben

Nach § 7 ArbSchG hat der Arbeitgeber je nach Art der Tätigkeiten zu berücksichtigen, ob die Beschäftigten befähigt sind, bei der Aufgabenerfüllung die für Sicherheit und Gesundheitsschutz zu beachtenden Bestimmungen und Maßnahmen einzuhalten. Je größer das Gefährdungspotenzial der vom Versicherten auszuführenden Arbeiten ist, desto höher sind die Anforderungen an seine Befähigung. Der Arbeitgeber hat dies zu berücksichtigen und darf ihn nicht mit Arbeiten beschäftigen, für die er erkennbar ungeeignet ist. Damit soll eine Gefährdung des Versicherten sowie anderer vermieden werden.

B 5.1.3 Befähigung für sicherheitsrelevante Tätigkeiten

Der Begriff der Befähigung umfasst alle körperlichen sowie geistigen Fähigkeiten, Fertigkeiten und Eigenschaften einer Person, die zur Einhaltung der Arbeitsschutzvorschriften erforderlich sind.

Auf körperlicher Seite kommen hier z. B. Hör- und Sehfähigkeit, körperliche Belastbarkeit und Tastsinn in Betracht. Zu den geistigen Fähigkeiten und Eigenschaften zählen z. B. Auffassungsgabe, psychische Belastbarkeit, Konzentrations- und Koordinationsfähigkeit, technisches Verständnis, Reaktionsvermögen und Ausbildungsqualifikation. Bestandteil der Qualifizierungsanforderungen sind alle Aus- und Weiterbildungsmaßnahmen, die Beschäftigte in die Lage versetzen, sich entsprechend dem Schutzkonzept für ihren Arbeitsplatz und ihre Arbeitsaufgabe unter den vorhersehbaren Bedingungen zu verhalten.

Für sicherheitsrelevante Tätigkeiten (z. B. Umgang mit Gefahrstoffen), aber auch Tätigkeiten in Leitwarten und Steuerständen, Störungsbeseitigung und Wartungsarbeiten ist bei der Beurteilung der Befähigung unter Berücksichtigung der Eigenart des Betriebes und der ausgeübten Tätigkeit ein strenger Maßstab anzulegen.

Jugendliche dürfen nach § 22 Abs. 1 Nr. 6 JArbSchG mit bestimmten Arbeiten nicht betraut werden. Dies bezieht sich insbesondere auf Arbeiten, die mit Unfallgefahren verbunden sind, von denen anzunehmen ist, dass Jugendliche sie wegen mangelnden Sicherheitsbewusstseins oder mangelnder Erfahrung nicht erkennen oder abwehren können.

Hierzu gehören auch Arbeiten, bei denen sie schädlichen Einwirkungen von Gefahrstoffen ausgesetzt sind. Ausnahmen für Tätigkeiten mit Gefahrstoffen sind bei Unterschreitung des Luftgrenzwertes nur zulässig, wenn dies zur Erreichung eines Ausbildungszieles erforderlich ist, der Jugendliche unterwiesen ist und sein Schutz durch die Aufsicht eines Fachkundigen gewährleistet wird.

B 5.1.4 Einschränkungen der Befähigung

Liegen konkrete Anhaltspunkte dafür vor, dass ein Versicherter nicht in der Lage ist, die ihm zugewiesenen Tätigkeiten zu erbringen, ohne sich selbst oder andere zu gefährden, so besteht ein Beschäftigungsverbot für diese Tätigkeiten. Eine Arbeit darf von Versicherten insbesondere dann nicht ausgeführt werden, wenn eine akute Minderung der Befähigung besteht, z. B. durch Krankheit, Unwohlsein, Medikamenteneinnahme, Übermüdung, Traumata oder den Konsum von Alkohol, Drogen oder anderer berauschender Mittel.

B 5.1.5 Melden von Gefahren

Die Beschäftigten haben dem Arbeitgeber oder dem zuständigen Vorgesetzten jede von ihnen festgestellte unmittelbare erhebliche Gefahr für die Sicherheit und Gesundheit sowie jeden an den Schutzsystemen festgestellten Defekt unverzüglich zu melden.

B 5.2 Betriebsanweisungen

Damit die Beschäftigten an ihrem Arbeitsplatz bestehende Explosionsgefahren erkennen und sich entsprechend den vorgesehenen Maßnahmen verhalten bzw. richtig reagieren können, müssen sie Informationen, Erläuterungen und Anweisungen bekommen. Der Arbeitgeber hat daher sicherzustellen, dass die Beschäftigten über Methoden und Verfahren unterrichtet werden, die bei der Verwendung von Gefahrstoffen zu ihrem Schutz angewendet werden müssen. Hierzu hat der Arbeitgeber ihnen eine schriftliche Betriebsanweisung zur Verfügung zu stellen.

B 5.2.1 Form der Betriebsanweisungen

Die äußere Form der Betriebsanweisung ist nicht festgelegt. Allerdings fördert ihre einheitliche Gestaltung innerhalb einer Betriebsstätte den Wiedererkennungseffekt für die Beschäftigten. Durch eine logische und übersichtliche Darstellung können Akzeptanz und Verständlichkeit gefördert werden. Die zum Text ergänzende Verwendung von Piktogrammen und Symbolschildern wird empfohlen, insbesondere sollten die Gefahrenpiktogramme nach Verordnung (EG) Nr. 1272/2008 bzw. ASR A1.3 verwendet werden.

Die Betriebsanweisungen sind sprachlich so zu gestalten, dass die Beschäftigten die Inhalte verstehen und bei ihren betrieblichen Tätigkeiten anwenden können. Für Beschäftigte, die die deutsche Sprache nicht ausreichend verstehen, sind sie in einer für sie verständlichen Sprache abzufassen.

B 5.2.2 Inhalte der Betriebsanweisungen

Betriebsanweisungen sind arbeitsplatz-, tätigkeits- und stoffbezogene verbindliche schriftliche Anordnungen und Verhaltensregeln des Arbeitgebers an Beschäftigte. Sie dienen dem Schutz vor Unfallgefahren, Gesundheits-, Brand- und Explosionsgefährdungen sowie dem Schutz der Umwelt bei Tätigkeiten mit Gefahrstoffen. Für Tätigkeiten, bei denen Gefahrstoffe erst entstehen oder freigesetzt werden (z. B. explosionsfähige Dämpfe oder Stäube) sind ebenfalls Betriebsanweisungen zu erstellen.

Betriebsanweisungen enthalten Informationen über den sicheren Umgang mit Gefahrstoffen und bestimmen die einzuhaltenden Schutzmaßnahmen, daher müssen sie mit den betriebsspezifischen Angaben ergänzt und auf ihre arbeitsspezifischen Belange abgestimmt werden. Folgende Informationen müssen mindestens enthalten sein:

- Informationen über die am Arbeitsplatz vorhandenen oder entstehenden Gefahrstoffe, z. B. Bezeichnung der Gefahrstoffe, ihre Kennzeichnung sowie mögliche Gefährdungen von Gesundheit und Sicherheit,
- Informationen über angemessene Vorsichtsmaßregeln und Maßnahmen, die die Beschäftigten zu ihrem eigenen Schutz und zum Schutz der anderen Beschäftigten am Arbeitsplatz durchzuführen haben,
- Informationen über Maßnahmen, die bei Betriebsstörungen, Unfällen und Notfällen bzw. ihrer Verhütung von den Beschäftigten durchzuführen sind, insbesondere von Rettungsmannschaften.

B 5.2.3 Gliederung der Betriebsanweisungen

Genaue Anweisungen zur Erstellung einer Betriebsanweisung enthält TRGS 555. Sie ist anzuwenden für die Information der Beschäftigten bei Tätigkeiten mit Gefahrstoffen gemäß § 14 GefStoffV. Betriebsanweisungen werden demnach nach einer einheitlichen Gliederung erstellt:

1. Arbeitsbereiche, Arbeitsplatz, Tätigkeit:
Der Anwendungsbereich der Betriebsanweisung ist durch Bezeichnung des Betriebes, des Arbeitsbereiches, des Arbeitsplatzes und der Tätigkeit festzulegen.

2. Gefahrstoffe (Bezeichnung):
In Betriebsanweisungen sind Gefahrstoffe mit Bezeichnungen zu benennen, die den Beschäftigten bekannt sind. Bei Gemischen und Erzeugnissen sind dies in der Regel die Handelsnamen. Bei Gemischen wird empfohlen, die gefahrbestimmende(n) Komponente(n) zusätzlich zu benennen.

3. Gefahren für Mensch und Umwelt:
Es sind die bei den Tätigkeiten mit Gefahrstoffen möglichen Gefahren zu beschreiben, die sich aus der Gefährdungsbeurteilung ergeben haben. Dementsprechend sind die Gefahrenhinweise (H-Sätze) und ergänzenden Gefahrenhinweise (EUH-Sätze) im Wortlaut oder sinnvoll umschrieben anzugeben. Falls für den Arbeitsplatz oder die Tätigkeit relevant, sollen sonstige Gefährdungen aufgenommen werden, die zwar keine Einstufung bewirkten, sich aber z. B. aus betrieblichen Erfahrungen oder dem Unterabschnitt 2.3 des entsprechenden Sicherheitsdatenblattes ergeben, z. B. Staubexplosionsgefährdung oder Verbrennungsgefahr.

4. Schutzmaßnahmen, Verhaltensregeln:
Die notwendigen Schutzmaßnahmen und Verhaltensregeln, die der Beschäftigte zu seinem eigenen Schutz und zum Schutz der anderen Beschäftigten am Arbeitsplatz zu beachten hat, sind zu beschreiben. Sie sollten untergliedert werden in:

- Technische Schutzmaßnahmen zur Verhütung einer Exposition oder eines Ereignisses, z. B. Bildung einer gefährlichen explosionsfähigen Atmosphäre,
- organisatorische Schutzmaßnahmen,
- Hygienevorschriften und notwendige Arbeitskleidung,
- persönliche Schutzausrüstung (PSA, Art, Typ und Benutzungshinweise).

5. Verhalten im Gefahrenfall:
Soweit nicht in Alarm- sowie Flucht- und Rettungsplänen geregelt, sind die Maßnahmen anzugeben, die von Beschäftigten, insbesondere von Rettungsmannschaften im Gefahrenfall bei Betriebsstörungen, Unfällen und Notfällen durchzuführen sind (z. B. ungewöhnlicher Druck- oder Temperaturanstieg, Leckage, Brand, Explosion). Insbesondere geeignete und ungeeignete Löschmittel, Aufsaug- und Binde- bzw. Neutralisationsmittel, zusätzliche technische Schutzmaßnahmen (z. B. Not-Aus) und notwendige Maßnahmen gegen Umweltgefährdungen sowie zusätzliche persönliche Schutzausrüstungen sollten hier angegeben werden. Auf bestehende Alarm- sowie Flucht- und Rettungspläne kann hingewiesen werden.

6. Erste Hilfe:
Anzugeben sind die vor Ort zu leistenden Maßnahmen. Es soll klar angegeben werden, wann ein Arzt hinzuzuziehen ist und welche Maßnahmen zu unterlassen sind.

Innerbetriebliche Regelungen für den Fall der Ersten Hilfe sind zu berücksichtigen. Insbesondere sind Hinweise auf Erste-Hilfe-Einrichtungen, Ersthelfer, Notrufnummern und besondere Erste-Hilfe-Maßnahmen zu geben.

7. Sachgerechte Entsorgung:
Die erforderlichen Schutzmaßnahmen und Verhaltensregeln für die sachgerechte Entsorgung von gefährlichen Abfällen, die betriebsmäßig (z. B. Produktionsreste, Abfälle aus Reinigungsvorgängen, Verpackungsabfälle) oder bei Störungen entstehen können (z. B. Fehlchargen, Leckagemengen), sollten beschrieben werden.

B 5.2.4 Strukturierung von mehreren Betriebsanweisungen

Es kann zweckmäßig sein, Betriebsanweisungen aufzuteilen in einen stoff- und einen tätigkeitsspezifischen Teil (Eigenschaften des Stoffes, Gefährdungen durch den Stoff, spezifische Schutzmaßnahmen usw.) und in einen betriebsspezifischen Teil (Alarmplan, Notrufnummern, zu benachrichtigende Personen, Verhalten bei Betriebsstörungen usw.).

Sind viele Gefahrstoffe (z. B. in Lackierbetrieben, Lagerbereichen oder Laboratorien) vorhanden, ist es zulässig, nicht für jeden einzelnen Gefahrstoff eine eigenständige Betriebsanweisung, sondern Gruppen- bzw. Sammelbetriebsanweisungen zu erstellen. Voraussetzung ist, dass bei Tätigkeiten mit diesen Stoffen ähnliche Gefährdungen bestehen und vergleichbare Schutzmaßnahmen gelten.

B 5.2.5 Zugang der Beschäftigten zu Betriebsanweisungen, Gefahrstoffverzeichnis und Sicherheitsdatenblättern

Den Beschäftigten ist eine auf Grundlage der Gefährdungsbeurteilung erstellte schriftliche Betriebsanweisung in verständlicher Form und Sprache z. B. durch Aushang zugänglich zu machen. Auch das Gefahrstoffverzeichnis muss mit Ausnahme der Angaben zu den im Betrieb verwendeten Mengenbereichen allen betroffenen Beschäftigten und ihrer Vertretung zugänglich sein. Außerdem hat der Arbeitgeber nach § 14 Absatz 1 GefStoffV sicherzustellen, dass die Beschäftigten Zugang zu allen Sicherheitsdatenblättern über die Stoffe und Gemische erhalten, mit denen sie Tätigkeiten ausüben. Der Zugang zu den Sicherheitsdatenblättern kann den Beschäftigten in schriftlicher oder digitaler Form oder mit anderen Informationssystemen ermöglicht werden. Über die Art und Weise des Zugangs sollte der Arbeitgeber die Beschäftigten im Rahmen der Unterweisung informieren.

B 5.2.6 Aktualisierung

Die Betriebsanweisung muss bei jeder maßgeblichen Veränderung der Arbeitsbedingungen aktualisiert werden. Betriebsanweisungen sind an neue Erkenntnisse anzupassen und müssen entsprechend dem Stand der Gefährdungsbeurteilung aktuell gehalten werden.

B 5.3 Unterweisungen

Damit die Beschäftigten an ihrem Arbeitsplatz auftretende Gefahren kennen und sich sicherheitsgerecht verhalten können, muss über die Gefahren aus der Tätigkeit und des Arbeitsplatzes sowie über die Maßnahmen zu ihrer Abwendung regelmäßig unterwiesen werden. Der Arbeitgeber darf Tätigkeiten mit Gefahrstoffen, die zu Brand- oder Explosionsgefährdungen führen können, nur Beschäftigten übertragen, die zuverlässig sind, mit den Tätigkeiten, den dabei auftretenden Gefährdungen und den erforderlichen Schutzmaßnahmen vertraut sind und entsprechende Unterweisungen erhalten haben.

Nach § 12 ArbSchG muss der Arbeitgeber seine Beschäftigten über Sicherheit und Gesundheitsschutz bei der Arbeit während ihrer Arbeitszeit ausreichend und angemessen unterweisen. Der Arbeitgeber hat sicherzustellen, dass die Beschäftigten anhand der Betriebsanweisung über alle auftretenden Gefährdungen und entsprechenden Schutzmaßnahmen mündlich unterwiesen werden. Die Unterweisung muss an die Gefährdungsentwicklung angepasst sein und Anweisungen und Erläuterungen umfassen, die eigens auf den Arbeitsplatz oder den Aufgabenbereich der Beschäftigten ausgerichtet sind.

B 5.3.1 Inhalte einer Unterweisung

Im Rahmen der Unterweisung stellt der Arbeitgeber sicher, dass die Beschäftigten in den Methoden und Verfahren unterrichtet werden, die zur Sicherheit bei der Verwendung von Gefahrstoffen angewendet werden müssen. Diese Unterweisungspflichten umfassen auch die arbeitsplatzbezogenen Explosionsgefahren, die zu beachtenden Explosionsschutzmaßnahmen und die vorgesehenen Notfallmaßnahmen.

Eine Unterweisung zu Explosionsgefährdungen und -maßnahmen beinhaltet die Voraussetzungen, die zu einer Explosion führen können. Sie gibt zudem Beispiele für betriebliche Situationen, in denen eine erhöhte Explosionsgefahr durch Gefährdungen an Arbeitsplätzen, durch Arbeitsverfahren und durch Gefährdungen durch mögliche Störungen, Unfälle oder Notfälle besteht. Darüber hinaus werden Kennzeichnungen, Zoneneinteilungen und Schutzmaßnahmen erläutert, z. B. sichere Arbeitsweisen, ordnungsgemäßer Einsatz von Werkzeug, richtiger Umgang mit Schutzvorrichtung und persönlicher Schutzausrüstung (PSA). Es sind den Beschäftigten insbesondere Hinweise und Anweisungen zum sicheren technischen Ablauf des Arbeitsverfahrens zu vermitteln (z. B. richtige Dosierung, Kontrolle von Füllstandsanzeigen, Beachtung der Warneinrichtungen).

Weiterhin sollten die Beschäftigten auf die Zugangsmöglichkeiten zum Gefahrstoffverzeichnis und den relevanten Sicherheitsdatenblättern hingewiesen werden. Hierbei können grundlegende Hinweise zum Verständnis der sicherheits- und gesundheitsschutzbezogenen Inhalte von Sicherheitsdatenblättern gegeben werden.

B 5.3.2 Form und Sprache der Unterweisung

Der Arbeitgeber hat sicherzustellen, dass die Beschäftigten anhand der Betriebsanweisung über alle auftretenden Gefährdungen und entsprechende Schutzmaßnahmen mündlich unterwiesen werden. Dies muss in für die Beschäftigten verständlicher Form und Sprache erfolgen.

B 5.3.3 Umfang der Unterweisung

Die Unterweisungen sollten mündlich, arbeitsplatz- und tätigkeitsbezogen von den betrieblichen Vorgesetzten durchgeführt werden. Der Ausbildungsstand und die Erfahrung der Beschäftigten sind bei der Unterweisung zu berücksichtigen. Unerfahrene Beschäftigte müssen besonders umfassend unterrichtet und angeleitet werden.

Für Arbeitsplätze und Tätigkeiten mit vergleichbaren Gefährdungen können gemeinsame Unterweisungen durchgeführt werden. Dabei sollten lernpsychologische und arbeitspädagogische Erkenntnisse beachtet werden (z. B. Relevanz praktischer Übungen). Elektronische Medien können zur Unterstützung und Vorbereitung der Beschäftigten auf die Unterweisung genutzt werden.

Zur fachlichen Unterstützung für spezielle Themen können die Fachkraft für Arbeitssicherheit, der Betriebsarzt oder andere Experten in die Unterweisungen einbezogen werden (z. B. Brandschutz- oder Gefahrstoffbeauftragte, externe Dienstleister, Berater eines Geräteherstellers oder Lieferanten). Der Unternehmer und seine Führungskräfte bleiben jedoch verantwortlich. Im Rahmen seiner Aufsichtspflicht hat sich der Arbeitgeber davon zu überzeugen, dass die Beschäftigten die Inhalte der Betriebsanweisung und Unterweisung verstanden haben und umsetzen.

B 5.3.4 Unterweisungsfristen

Die Unterweisung muss die Beschäftigten anhand der Betriebsanweisung über alle auftretenden Gefährdungen und entsprechenden Schutzmaßnahmen informieren, und zwar

- vor Aufnahme der Beschäftigung,
- danach mindestens einmal jährlich,
- zusätzlich beim Wechsel zu einer anderen Tätigkeit,
- zusätzlich bei wesentlichen Änderungen angewandter Arbeitsverfahren, verwendeter Gefahrstoffe oder der Arbeitsplatzgestaltung,
- zusätzlich bei der Einführung neuer Arbeitsmittel oder einer neuen Technologie,
- zusätzlich bei Änderungen von für die Tätigkeit relevanten Vorschriften.

Des Weiteren sind Unterweisungen nach Bedarf auch in kürzeren Abständen erforderlich, z. B. wenn

- Arbeiten in ungewohnter Umgebung geplant werden (z. B. zur Störungssuche oder Instandhaltung),
- Vorgesetzte ein unsicheres Verhalten der Mitarbeitenden erkennen,
- nach Unfällen oder Beinah-Unfällen,
- bei Rückfragen der Mitarbeitenden.

B 5.3.5 Dokumentation der Unterweisungen

Bei Tätigkeiten mit Gefahrstoffen (z. B. explosionsfähigen Gemischen) müssen Inhalt und Zeitpunkt der Unterweisungen schriftlich festgehalten und vom Unterwiesenen durch Unterschrift bestätigt werden. Es ist sicherzustellen, dass die Beschäftigten an den Unterweisungen teilnehmen. Die Unterweisung ist daher mit

- Thema,
- Stichworten zum Inhalt,
- Datum,
- Name des Unterweisers

festzuhalten und von den Unterwiesenen durch Unterschrift zu bestätigen. Dies kann formlos geschehen oder mit einem Formblatt. Die schriftliche und von allen Unterwiesenen und Unterweisenden unterschriebene Dokumentation ist für den Unternehmer der Nachweis, dass er seiner Unterweisungsverpflichtung nachgekommen ist. Diese Dokumentation soll mindestens zwei Jahre aufgehoben werden. Auf Wunsch ist dem Unterwiesenen eine Kopie auszuhändigen.

B 5.4 Zutritts- und Aufenthaltsverbote

Mit Zugangsbeschränkungen soll die Anzahl von Personen, die sich im Gefahrenbereich aufhalten, auf die notwendige Anzahl der Beschäftigten begrenzt und Eingriffe Unbefugter vermieden werden (z. B. Fehlhandlungen, Diebstahl oder Manipulation). Unbefugte sind Betriebsfremde oder nicht befähigte, nicht qualifizierte, nicht mit der erforderlichen PSA ausgerüstete, nicht ein- und unterwiesene sowie nicht körperlich und gesundheitlich geeignete Mitarbeitende.

B 5.4.1 Zugang nur für unterwiesene Personen

In einem explosionsgefährdeten Bereich dürfen – für einen sicheren Betrieb – Tätigkeiten nur von unterwiesenen, mit den Tätigkeiten, den dabei auftretenden Gefährdungen sowie den erforderlichen Schutzmaßnahmen vertrauten Beschäftigten durchgeführt werden. Daher muss durch organisatorische Maßnahmen sichergestellt werden, dass nach § 9 Abs. 1 ArbSchG nur Beschäftigte diese besonders gefährlichen Arbeitsbereiche betreten können, die zuvor geeignete Anweisungen erhalten haben.

B 5.4.2 Aufenthalt nur zur Durchführung bestimmter Aufgaben

Es ist als zusätzliche Schutzmaßnahme nach § 9 Ab. 6 GefStoffV zu gewährleisten, dass Arbeitsbereiche, in denen eine erhöhte Gefährdung der Beschäftigten z. B. durch erhöhte Brand- und Explosionsgefahren besteht, nur Beschäftigten zur Ausübung ihrer Arbeit oder zur Durchführung bestimmter Aufgaben zugänglich sind.

B 5.4.3 Aufenthaltsverbot für Betriebsfremde

Aus Eigenarten von Arbeiten kann sich für die Beschäftigten eine zusätzliche Gefahr ergeben, wenn unbefugte Personen (z. B. Betriebsfremde) sich im Arbeitsbereich aufhalten. Gefahrstoffe sind nach § 8 Abs. 5 GefStoffV als allgemeine Schutzmaßnahme so aufzubewahren oder zu lagern, dass sie weder die menschliche Gesundheit noch die Umwelt gefährden. Dabei sind auch wirksame Vorkehrungen zu treffen, um Missbrauch oder Fehlgebrauch zu verhindern.

Zutritts- und Aufenthaltsverbote können betrieblich in jeder Weise geregelt werden, die der Gefährdung und den praktischen Bedürfnissen angemessen sind. Die Regelung kann vom Anbringen von Verbotsschildern bis zur Bewachung reichen. Dies ist z. B. über ein Erlaubnisschein- und Ausweisverfahren realisierbar. Bewährt haben sich hier Meldebücher und Meldekarten, die in einer zentralen Anlaufstelle des Betriebes (z. B. Meisterbüro außerhalb des betreffenden Bereiches) geführt werden. Auch Schlüssel, Transponder oder Magnetkarten für Berechtigte können verwendet werden. Damit nur befugte Personen Zugang zu gefährlichen Betriebsbereichen haben, muss dieses Zutrittsverbot jedoch durch organisatorische Maßnahmen ergänzt werden, z. B. Ansprechen von Betriebsfremden durch das Personal, Verschließen von Toren und Türen nach Betriebsende. Eine Aufbewahrung unter Verschluss kann durch verschlossene Arbeitsräume und Lager (Schlüssel, Codekarten, Transponder, RFID) oder verschlossene Schränke erfolgen. Weitere Möglichkeiten sind feste Bauweise mit fensterlosen Außenwänden oder vergitterten Fenstern, mit einbruchhemmenden Türen geschlossene Gebäude oder ein mit einem Sicherheitszaun mit Übersteigschutz eingefriedetes und/oder durch Einbruchmeldeanlagen bzw. Werkschutz oder externes Wachpersonal kontrolliertes Betriebsgelände.

B 5.5 Kennzeichnung in explosionsgefährdeten Bereichen

B 5.5.1 Kennzeichnung entzündbarer Gefahrstoffe

Der Arbeitgeber hat sicherzustellen, dass alle bei Tätigkeiten verwendeten Stoffe und Zubereitungen identifizierbar sind. Dies ist gewährleistet, wenn die verwendeten Stoffe und Zubereitungen anhand der betrieblichen Dokumentation (z. B. Arbeitsanweisungen, Betriebsvorschriften, Fließbilder) eindeutig feststellbar sind.

Hierzu müssen Behälter, Apparaturen und Rohrleitungen, die Gefahrstoffe enthalten, so gekennzeichnet sein, dass mindestens die enthaltenen Gefahrstoffe sowie die davon ausgehenden Gefahren eindeutig identifizierbar sind. Ortsfeste Behälter wie Lagertanks und -silos und Rohrleitungen, die nicht Stoffe im Produktionsgang enthalten, sind mit dem Namen des Stoffes bzw. der Zubereitung, dem Gefahrensymbol und der Gefahrenbezeichnung zu kennzeichnen.

Verpackungen, die gefährliche Stoffe oder Gemische enthalten, müssen zum Schutz des Verwenders und der Umwelt eine Kennzeichnung tragen, wenn die Stoffe oder Gemische in den Verkehr gebracht oder Tätigkeiten damit durchgeführt werden. Jeder Behälter (z. B. Flasche, Kanister, Tonne, Sack), der einen Gefahrstoff enthält, muss aus Sicherheitsgründen gekennzeichnet sein. Diese Kennzeichnung ist gesetzlich vorgeschrieben und besteht aus

- Produktname,
- Gefahrensymbolen,
- Bezeichnung der gefährlichen Inhaltstoffe,
- Gefahrenhinweisen,
- Sicherheitsratschlägen,
- Herstellerunternehmen mit Adresse und Telefonnummer.

Damit Art und Schweregrad der einzelnen Gefährdungen schnell zu erkennen sind, werden Gefahrenpiktogramme, Signalwörter und Gefahrenhinweise gemäß Art. 32 Abs. 1 der CLP-Verordnung zusammen auf dem Kennzeichnungsetikett angeordnet.

- Die **Gefahrenklasse** beschreibt die Art der physikalischen Gefahr, der Gefahr für die menschliche Gesundheit oder für die Umwelt. Die Einstufung ist die Benennung von gefährlichen Eigenschaften zu einem Stoff oder einem Gemisch aufgrund von Ergebnissen von Prüfungen, gesicherten wissenschaftlichen Erkenntnissen oder Berechnungen bei Gemischen.

- Die **Gefahrenkategorie** beschreibt innerhalb der einzelnen Gefahrenklassen die Schwere der Gefahr.

- Das **Gefahrenpiktogramm** ist eine grafische Darstellung auf einem Kennzeichnungsetikett in Form einer roten Raute auf weißem Hintergrund mit schwarzem Symbol, das eine bestimmte Information über die betreffende Gefahr gibt. Es informiert plakativ über die Gefahren, die von einem gefährlichen Stoff oder einem gefährlichen Gemisch für unsere Gesundheit oder Umwelt ausgehen können.

- Das **Signalwort** gibt Auskunft über den relativen Gefährdungsgrad, den ein Stoff oder Gemisch aufweist, und macht auf eine potenzielle Gefahr aufmerksam. Es gibt zwei Signalwörter:
  - „GEFAHR" für die schwerwiegenden Gefahrenkategorien,
  - „ACHTUNG" für die weniger schwerwiegenden Gefahrenkategorien.
- **Gefahrenhinweise** werden durch ein „H" („Hazard") dargestellt. Sie sind standardisierte Textbausteine, die Art und ggf. den Schweregrad der Gefährdung, die vom Stoff oder Gemisch ausgehen, in allgemein verständlicher Form beschreiben. Sie ergeben sich aufgrund der Einstufung des Stoffes oder Gemisches anhand der Kriterien des Anhangs I der CLP-Verordnung. Für diese **H-Sätze** gibt es weltweit abgestimmte Wortfassungen, die genau in diesem Wortlaut auf das Etikett übernommen werden müssen. Im Anhang I der CLP-Verordnung, in den Teilen 2 bis 5 der jeweiligen Abschnitte „Gefahrenkommunikation" wird vorgeschrieben, welcher Gefahrenhinweis für welche Gefahreneigenschaft verwendet werden muss.
- **Sicherheitshinweise** werden durch ein „P" („Precautionary Statement") dargestellt. Es handelt es sich dabei um einschlägige Sicherheitshinweise, also Vorsichtsmaßnahmen. Für diese **P-Sätze** gibt es international abgestimmte Wortfassungen, die genau in diesem Wortlaut auf das Etikett übernommen werden müssen. Anhang IV der CLP-Verordnung gibt dazu zwei Übersichten: In Teil 1 ist tabellarisch gelistet, welcher P-Satz für welche Gefahreneigenschaft geeignet ist, Teil 2 nennt alle P-Sätze in nummerischer Reihenfolge und enthält die nach Art. 22 Abs. 4 der CLP-Verordnung grundsätzlich zu verwendende Textfassung.

Gefährliche Stoffe und Zubereitungen sind auch innerbetrieblich mit einer Kennzeichnung zu versehen, welche die wesentlichen Informationen zu ihrer Einstufung, den mit ihrer Handhabung verbundenen Gefahren und den zu beachtenden Sicherheitsmaßnahmen enthält. Vorzugsweise ist auch innerbetrieblich eine Kennzeichnung zu wählen, die der CLP-Verordnung entspricht. Diese Verordnung führte das weltweit gültige GHS („Global harmonisiertes System") zur Einstufung und Kennzeichnung von Chemikalien auf europäischer Ebene ein. Auf der Basis ihrer gefährlichen Eigenschaften werden Gefahrstoffe entsprechend eingestuft und gekennzeichnet.

Sofern enthaltene Stoffe, von ihnen ausgehende Gefahren (H-Sätze) und erforderliche Maßnahmen anhand betrieblicher Unterlagen für die Beschäftigten eindeutig identifizierbar sind (z. B. durch Betriebsanweisungen und Unterweisungen), kann bei Stoffen und Zubereitungen im Produktionsgang auf eine Kennzeichnung verzichtet werden. Dies ist zulässig, wenn die Kennzeichnung technisch oder aus anderen Gründen nicht möglich ist (z. B. bei kurzzeitigem Gebrauch, häufig wechselndem Inhalt, fehlenden Zugangsmöglichkeiten).

B 5.5.2 Sicherheits- und Gesundheitsschutzkennzeichnung

Grundsätzlich ist eine Sicherheits- und Gesundheitsschutzkennzeichnung erforderlich, wenn Risiken oder Gefahren trotz der getroffenen Maßnahmen ihrer Verhinderung, des Einsatzes technischer Schutzeinrichtungen und weiterer organisatorischer Maßnahmen bestehen bleiben.

Sicherheitszeichen müssen zur Kennzeichnung am Arbeitsplatz eingesetzt werden, wenn es um ständige Verbote, Warnungen, Gebote und sonstige sicherheitsrelevante Hinweise geht. Das Anbringen von Sicherheitszeichen dient der Unfallverhütung und dem Gesundheitsschutz am Arbeitsplatz.

Sicherheitszeichen sollen informieren über:

- Gefahren, die von bestimmten Sachverhalten ausgehen, z. B. Vorhandensein gefährlicher Stoffe, Auftreten explosionsfähiger Atmosphären, gefährliche Anlagen (z. B. explosionsgefährdete Bereiche); **Warnzeichen**,
- Notwendigkeit bestimmter Verhaltensweisen, z. B. Unterlassung von Rauchen oder Hantieren mit sonstigem offenem Feuer wegen tatsächlicher Anwesenheit explosionsgefährdender Gase, Stäube und Dämpfe; **Verbotszeichen**,
- Notwendigkeit eines bestimmten Verhaltens, um Unfälle zu vermeiden oder deren Folgen zu mildern, z. B. Tragen ableitfähiger Arbeitskleidung gegen statische Aufladungen in bestimmten Bereichen; **Gebotszeichen**.

Richtlinie 92/58/EWG

regelt die Sicherheits- und Gesundheitsschutzkennzeichnung am Arbeitsplatz. Mit der ArbStättV werden die Mindestvorschriften für die Sicherheits- und Gesundheitsschutzkennzeichnung der Richtlinie durch einen gleitenden Verweis in nationales Recht umgesetzt.

ASR A1.3
„Sicherheits- und Gesundheitsschutzkennzeichnung"

konkretisiert die in der ArbStättV enthaltenen Festlegungen zur Sicherheits- und Gesundheitsschutzkennzeichnung.

Verbots-, Warn- und Gebotszeichen sollten sichtbar und unter Berücksichtigung etwaiger Hindernisse am Zugang zum Gefahrenbereich angebracht werden. Diese Sicherheitszeichen sind als Schilder, Aufkleber oder als aufgemalte Kennzeichnung dauerhaft und deutlich erkennbar in geeigneter Höhe anzubringen. Sie müssen aus Werkstoffen bestehen, die gegen die Umgebungseinflüsse am Anbringungsort widerstandsfähig sind. Bei der Auswahl der Werkstoffe sind u. a. mechanische Einwirkungen, feuchte Umgebung, chemische Einflüsse, Lichtbeständigkeit, Versprödung von Kunststoffen sowie Feuerbeständigkeit zu berücksichtigen.

In Arbeitsbereichen mit Brand- oder Explosionsgefährdungen sind Rauchen und Verwenden von offenem Feuer und offenem Licht zu verbieten. Unbefugten ist das Betreten von Bereichen mit Brand- oder Explosionsgefährdungen verboten. Auf die Verbote muss deutlich erkennbar und dauerhaft hingewiesen werden.

- **Warnzeichen „Explosionsgefährdete Bereiche":** Arbeitsbereiche, in denen eine gefährliche explosionsfähige Atmosphäre auftreten kann, sind an ihren Zugängen mit dem Warnzeichen D-W021 „Warnung vor explosionsfähiger Atmosphäre" zu kennzeichnen.
- **Verbotszeichen „Zutritt für Unbefugte verboten":** Unbefugten ist das Betreten von Bereichen mit Brand- oder Explosionsgefährdungen zu verbieten. Darauf ist mit dem Verbotszeichen D-P006 „Zutritt für Unbefugte verboten" gemäß ASR A1.3 deutlich erkennbar und dauerhaft hinzuweisen.
- **Verbotszeichen „Verbot von Rauchen und Zündquellen":** In Arbeitsbereichen mit Brand- oder Explosionsgefährdungen sind Rauchen und Verwenden von offenem Feuer und offenem Licht durch das Verbotszeichen P003 „Keine offene Flamme; Feuer, offene Zündquelle und Rauchen verboten" zu verbieten.

B 5.6 Persönliche Schutzausrüstung (PSA)

Sofern sich aus der Gefährdungsbeurteilung ergibt, dass PSA zu verwenden sind, müssen den betroffenen Beschäftigten diese für die jeweiligen Arbeitsbedingungen zur Verfügung stehen. Eine PSA im Sinne der PSA-Benutzungsverordnung (PSA-BV) ist jede Ausrüstung, die dazu bestimmt ist, von den Beschäftigten benutzt oder getragen zu werden, um sich gegen eine Gefährdung für ihre Sicherheit und Gesundheit zu schützen. Hinzu kommt jede mit demselben Ziel verwendete und mit der PSA verbundene Zusatzausrüstung. Zu den PSA gehören z. B.:

- Schutzkleidung,
- Hand- und Armschutz sowie Fuß- und Knieschutz,
- Augen- und Gesichtsschutz sowie Gehörschutz,
- Kopfschutz,
- Schnitt- und Stechschutz,
- Atemschutz,
- Hautschutzmittel,
- PSA gegen Absturz und zum Retten aus Höhen und Tiefen,
- PSA gegen Ertrinken.

Dabei sind PSA so auszuwählen und den Beschäftigten bereitzustellen, dass diese Schutz gegenüber den zu verhütenden Gefährdungen bieten, ohne selbst eine größere Gefährdung mit sich zu bringen. Entscheidend für die Vermeidung zusätzlicher Gefährdungen ist die richtige Auswahl der PSA. Eine zusätzliche Gefährdung in explosionsgefährdeten Bereichen ist die Zündung explosionsfähiger Atmosphären durch eine elektrostatische Aufladung von Personen und PSA.

Personen, die in explosionsgefährdeten Bereichen tätig sind, dürfen nicht gefährlich aufgeladen werden. Eine gefährliche Aufladung ist eine elektrostatische Aufladung, die bei ihrer Entladung die zu erwartende explosionsfähige Atmosphäre entzünden kann. Personen können z. B. beim Gehen, Aufstehen von einem Sitz, Kleiderwechsel oder Umgang mit Kunststoffen, durch Schütt- oder Füllarbeiten oder Influenz beim Aufenthalt in der Nähe aufgeladener Gegenstände gefährlich aufgeladen werden. Berührt eine aufgeladene Person einen leitfähigen Gegenstand, z. B. einen Türgriff, treten Funkenentladungen auf. Der typische Wert für die gespeicherte Energie einer Person beträgt 10 mJ, der höchste zu erwartende Wert 15 mJ. Auch wenn beim Entladungsvorgang in der Regel nur ein Teil dieser Energie zündwirksam wird, kann bereits eine Entladung an der Wahrnehmungsschwelle von 0,5 mJ zündwirksam sein.

TRGS 727
„Vermeidung von Zündgefahren infolge elektrostatischer Aufladungen"

beschreibt in Punkt 7 die Beurteilung und die Vermeidung von Zündgefahren infolge elektrostatischer Aufladung von Personen und PSA sowie die Auswahl und Durchführung von Schutzmaßnahmen zum Vermeiden dieser Gefahren in explosionsgefährdeten Bereichen.

B 5.6.1 Ableitfähige Arbeits- und Schutzkleidung

Um explosionsfähige Stoffe nach Arbeitsende nicht in andere Bereiche zu verschleppen, in denen nicht mit Explosionsgefahren zu rechnen ist und deshalb auch keine Schutzmaßnahmen ergriffen werden, hat der Arbeitgeber geeignete Arbeits- oder Schutzkleidung zu stellen und durch Gefahrstoffe verunreinigte Arbeitskleidung zu reinigen und erforderlichenfalls zu ersetzen sowie zu entsorgen.

- **Arbeitskleidung:** Kleidung, die bei der Arbeit getragen wird. Im Gegensatz zur Schutzkleidung wird von der Arbeitskleidung keine spezifische Schutzfunktion gegen schädigende Einflüsse verlangt. Die Arbeitskleidung ist eine Ergänzung oder Ersatz der Privatkleidung, die im Wesentlichen getragen wird, um Verschmutzungen o. ä. von der Privatkleidung fernzuhalten. Bedingt das Arbeitsverfahren z. B. eine ständige und starke Verschmutzung der Arbeitskleidung und entsteht hierdurch für den Beschäftigten eine Gefährdung, ist auch die Arbeitskleidung durch den Arbeitgeber bereitzustellen.
- **Schutzkleidung:** PSA, die Rumpf, Arme und Beine vor schädigenden Einwirkungen bei der Arbeit schützen soll. Die verschiedenen Ausführungen der Schutzkleidung können gegen eine oder mehrere Einwirkungen schützen (z. B. vor Stäuben, Gasen, elektrischer Energie, Flammen, radioaktiven Strahlen, Hitze, Nässe usw.). Schutzkleidungen sind z. B.:

- **Warnkleidung** zum frühzeitigen Erkennen von Personen, z. B. bei Arbeiten im Bereich des öffentlichen Straßenverkehrs, in Bereichen von Gleisen oder als Einweiser auf Baustellen,
- **Wetterschutzkleidung** mit einer hohen Wasserdampfdurchlässigkeit bei gleichzeitiger Winddichtheit und ggf. speziellem Kälteschutz für Temperaturen unter -5 °C,
- **Maschinenschutzanzüge** ohne Außentaschen und mit am Körper enganliegenden Ärmel- und Beinabschlüssen sowie verdeckten Knöpfen, um ein Hängenbleiben an Wellen, Spindeln usw. zu verhindern,
- **Chemikalienschutzanzüge**, die je nach Art, Aggregatzustand und Konzentration der Chemikalie die erforderliche Schutzwirkung vor gefährlichen Stoffen erzielen,
- **Flammenschutzanzüge** aus flammenhemmendem Material, die zumindest kurzzeitig bei Kontakt mit Feuer (z. B. in Schlossereien) schützen,
- **Schweißerschutzanzüge** zum Schutz vor Verbrennungen durch Metallspritzer, bei kurzzeitigem Kontakt mit Flammen und gegen UV-Strahlen.

- **Unterkleidung:** Unterkleidung hat an einigen Arbeitsplätzen einen wesentlichen Einfluss auf die Schutzwirkung und die Trageeigenschaften von Schutzanzügen. So ist es z. B. in chemie-, flammen- und explosionsgefährdeten Bereichen unerlässlich, zum geeigneten Schutzanzug auch entsprechende Unterkleidung zu tragen.

Material und Gestaltung hängen vom Schutzzweck ab. Zur Herstellung von Schutzkleidung kommen Natur-, Chemie- und Spezialfasern zur Anwendung. Je nach Material kann es zu gefährlichen Aufladungen kommen (z. B. bei PU-beschichteter Wetterschutzkleidung).

In Bereichen der Zone 0 und in Bereichen, in denen mit einer Sauerstoffanreicherung oder mit Gefahrstoffen der Explosionsgruppe IIC zu rechnen ist, darf nur ableitfähige Kleidung getragen werden. Ableitfähige Kleidung oder Textilien besitzen einen spezifischen Oberflächenwiderstand $R_{\varkappa} < 5 \cdot 10^{10}\ \Omega$. Eine Ableitfähigkeit wird z. B. durch antistatische Fasern erreicht, die als synthetische Fasern mit hygroskopischen Eigenschaften Feuchtigkeit aus der Luft aufnehmen und dadurch leitfähiger werden. Auch die Beimischung von Metallfasern zu anderen Textilfasern ermöglicht eine Ableitung elektrostatischer Aufladungen – störende und gefährliche Funken sind damit auszuschließen. Wird die Ableitfähigkeit des Gewebes durch eingearbeitete leitfähige Fäden erreicht, ist sicherzustellen, dass diese Fäden während des Gebrauchs Erdkontakt haben und nicht brechen.

Aus- und Anziehen außerhalb explosionsgefährdeter Bereiche
Handelsübliche Bekleidung sowie Schutzkleidung können aufgeladen werden. Beim Tragen stellt sie im Allgemeinen keine Zündgefahr dar, sofern die Person z. B. durch geeignetes Schuhwerk und geeignete Fußböden geerdet ist.

Arbeits- oder Schutzkleidung darf in explosionsgefährdeten Bereichen der Zonen 0 und 1 nicht gewechselt, nicht aus- und nicht angezogen werden. Die Arbeitskleidung sollte in gesonderten Umkleideräumen gewechselt und in Kleiderablagen aufbewahrt werden. Eine getrennte Aufbewahrung von Arbeits- und Straßenkleidung ist nach § 9 Abs. 5 GefStoffV immer dann erforderlich, wenn beim Umgang mit Gefahrstoffen eine Verschmutzung der Arbeitskleidung auftreten kann und in der Folge mit einer Gefährdung der Beschäftigten zu rechnen ist. Der Arbeitgeber hat dabei getrennte Aufbewahrungsmöglichkeiten für die Arbeits- bzw. Schutzkleidung einerseits und die Straßenkleidung andererseits zur Verfügung zu stellen.

Reinigung
Der Arbeitgeber hat die durch Gefahrstoffe verunreinigte Arbeits- und Schutzkleidung in regelmäßigen Abständen zu reinigen. Die Ableitfähigkeit der Kleidung darf z. B. durch Waschen nicht beeinträchtigt werden. Dabei sind die Informationen des Herstellers über die Reinigungsmethode, Reinigungsmittel und die Waschvorschriften zu beachten. Die ableitfähige Eigenschaft der Kleidung kann auch durch spezielle nachträgliche Ausrüstung der Textilien erreicht werden. Ggf. ist die Kleidung nach der Reinigung wieder neu zu behandeln.

B 5.6.2 Schutzhandschuhe

Schutzhandschuhe schützen Hände vor Schädigungen durch äußere Einwirkungen mechanischer, thermischer und chemischer Art sowie vor Mikroorganismen und ionisierender Strahlung. Material und Gestaltung hängen vom Schutzzweck ab. Zur Herstellung kommen Leder (Narben- und Spaltleder oder schrumpfarme Spezialleder), Kunststoffe (vernetzbare Elastomere wie Natur-, Chloropren-, Nitril-, Butyl- oder Fluorkautschuk, Natur- oder Nitrillatex sowie Thermoplaste wie Polyvinylchlorid, Polyvinylalkohol oder Polyethylen), Gummi und Natur- und Chemiefasern zum Einsatz. Je nach Verwendungszweck können die zuvor beschriebenen Materialien miteinander kombiniert werden. Für Sonderzwecke werden Schutzhandschuhe auch aus Metall oder einer Verbindung von Metall und anderen Materialien hergestellt, z. B. als Metallgeflecht-Handschuhe zum Schutz gegen Stich- und Schnittverletzungen oder als metallarmierte Handschuhe zum Schutz gegen Schnittverletzungen. Zur Wärmereflexion können Schutzhandschuhe mit einer Aluminiumfolie kaschiert oder mit Aluminium bedampft werden.

Durch Handschuhe aus isolierendem Material werden in der Hand gehaltene Objekte gegenüber dem Körper- bzw. Erdpotential isoliert und können gefährlich aufgeladen werden. Werden in explosionsgefährdeten Bereichen der Zonen 0, 1 und 20 sowie in Zone 21 bei Stäuben mit einer Mindestzündenergie ≤ 10 mJ Handschuhe getragen, dürfen diese nicht isolierend sein. Zur Erdung von in der Hand gehaltenen Gegenständen soll der Durchgangswiderstand der Handschuhe weniger als $10^8\ \Omega$ betragen.

B 5.6.3 Industrie-Schutzhelme bzw. -Anstoßkappen

Zum Kopfschutz zählen Industrie-Schutzhelme bzw. -Anstoßkappen und Kombinationen mit anderen persönlichen Schutzausrüstungen wie Schutzschirmen, Schutzbrillen, Gehörschützern und anderen Schutzmitteln, die auch unabhängig vom Helm bzw. von der Kappe getragen werden können. Schutzhelme und Anstoßkappen können auch durch Zusatzteile (Zubehöre) für besondere Zwecke ergänzt werden, z. B. Kinnriemen, Leuchtenhalter, Nackenschutz oder Schutzschirme, die ohne eigene Tragevorrichtung ausschließlich in Verbindung mit dem Kopfschutz getragen werden können.

Industrieschutzhelme werden aus thermoplastischen Kunststoffen (Polyethylen, Polypropylen, Polycarbonat oder Acrylnitril-Butadien-Styrol) bzw. duroplastischen Kunststoffen (z. B. Phenol-Formaldehyd-Harz oder ungesättigtes Polyesterharz) hergestellt. Ist ein Kopfschutz in Zone 1 erforderlich, soll er auch dann getragen werden, wenn er nur aus isolierenden Materialien verfügbar ist. In Zone 0 sollen nur Industrie-Schutzhelme bzw. -Anstoßkappen aus ableitfähigem Werkstoff getragen werden.

B 5.6.4 Ableitfähiges Schuhwerk

Zu den PSA gehören auch Schuhe, die dazu bestimmt sind, den Träger gegen äußere, schädigende Einwirkungen zu schützen und einen Schutz vor dem Ausrutschen zu bieten. Hierzu zählen z. B. Berufs-, Schutz- und Sicherheitsschuhe, Schuhe zum Schutz gegen Chemikalien usw., aber auch Überschuhe. Schuhe können aus Leder oder anderen Materialien nach herkömmlichen Schuhfertigungsmethoden (z. B. Lederschuhe) hergestellt oder vollständig geformt oder vulkanisiert (Gummistiefel, Polymerstiefel, z. B. aus Polyurethan [PU]) werden.

Schuhe können in explosionsgefährdeten Bereichen durch eine unzureichende Antistatik zu einer größeren Gefährdung führen. In Bereichen, die durch explosionsgefährliche Stoffe oder Gemische gefährdet sind, ist daher ableitfähiges Schuhwerk zu benutzen. Personen, die ableitfähiges Schuhwerk auf ableitfähigen Fußböden tragen, laden sich nicht gefährlich auf, solange sie nicht einem stark ladungserzeugenden Prozess ausgesetzt sind. Diese sind z. B. laufende Antriebsriemen, pneumatische Förderung von Schüttgut oder schnelle Mehrphasenströmung von Flüssigkeiten und erzeugen im Vergleich zur Ladungsableitung hohe Ladungsmengen pro Zeit, die sich ansammeln können. Ausschließlich manuelle Vorgänge sind erfahrungsgemäß nicht stark ladungserzeugend.

Je nach Größe des elektrischen Durchgangswiderstandes wird zwischen „leitfähigen", „antistatischen" und „elektrisch isolierenden" Schuhen unterschieden. Handelsübliche Sicherheits-, Schutz- oder Berufsschuhe besitzen einen elektrischen Durchgangswiderstand zwischen 10^5 und 10^9 Ω. Diese erfüllen jedoch nicht automatisch die Anforderungen zur Vermeidung von Zündgefahren infolge elektrostatischer Aufladungen der TRGS 727, weil sich die Messmethoden zur Bestimmung des elektrischen Durchgangswiderstandes unterscheiden. Vor dem Beginn der Arbeiten in explosionsgefährdeten Bereichen ist z. B. durch Messungen festzustellen, ob der Fußschutz für diese Arbeiten geeignet ist.

Ableitfähiges Schuhwerk ermöglicht, dass eine auf ableitfähigem Boden stehende Person einen Ableitwiderstand von höchstens 10^8 Ω aufweist. Daher ist in explosionsgefährdeten Bereichen der Zonen 0, 1 und 20 ableitfähiges Schuhwerk mit einem Ableitwiderstand der Person gegen Erde von höchstens 10^8 Ω zu tragen. Die gleiche Forderung gilt in Zone 21 bei Stäuben mit einer Mindestzündenergie ≤ 10 mJ. Die Forderung nach ableitfähigem

Schuhwerk gilt auch für orthopädisch gefertigte oder veränderte Schuhe. Der Hersteller der Schuhe kann Auskunft über den elektrischen Durchgangswiderstand geben. Liegt ihr Durchgangswiderstand zwischen 10^8 und 10^9 Ω, sind sie für den Einsatz in den oben genannten Bereichen nicht geeignet.

Um die Ableitfähigkeit der Schuhe nicht zu beeinträchtigen, dürfen sie nicht verändert werden. Das Ersetzen oder Austauschen von Einlegesohlen ist nur zulässig, wenn der Hersteller es ausdrücklich zulässt und eine entsprechende Sohle verwendet wird. Werden andere Einlegesohlen verwendet, wird möglicherweise der elektrische Durchgangswiderstand des gesamten Schuhs beeinträchtigt. Auch Schuheinlagen können die ableitfähige Eigenschaft von Schuhen beeinträchtigen, während Socken oder Strümpfe die Schutzwirkung leitfähiger und ableitfähiger Schuhe erfahrungsgemäß nicht verändern.

Nur wenn ableitfähige Schuhe mit Erde in Kontakt stehen, speichern sie keine gefährliche elektrische Ladung. Haben Personen über den Fußboden keinen Erdkontakt, ist dafür zu sorgen, dass sie in explosionsgefährdeten Bereichen nicht gefährlich aufgeladen werden. Dieses kann z. B. bei Höhenarbeiten bzw. bei Auf- oder Abseilverfahren oder dem Tragen von Überschuhen auftreten.

B 5.6.5 Sonstige PSA

Auch bei Wartungsarbeiten, Notfalleinsätzen in explosionsgefährdeten Bereichen oder Anwesenheit von explosionsfähigen Gemischen dürfen PSA nicht gefährlich aufgeladen werden. Hierzu zählen auch Zusatzausrüstungen (Zubehör), die mit der PSA verbunden werden können, um die Schutzfunktion unter besonderen Bedingungen sicherzustellen, z. B. Kinnriemen am Schutzhelm. Bei der Bewertung elektrostatischer Zündgefahren sind sowohl isolierende Kunststoffe (z. B. Sichtscheiben, Bänderungen, Chemikalienschutzanzüge usw.) als auch isolierte Metallteile (z. B. Beschläge, Pressluftflaschen) zu berücksichtigen.

Beim Abseilen in Behälter, Silos oder enge Räume wird die PSA selbst nicht gefährlich aufgeladen. Auch eine frei hängende Person lädt sich in der Regel nicht gefährlich auf. Übt diese Person jedoch eine Tätigkeit aus, die zu einer gefährlichen Aufladung führen kann, ist für eine ausreichende Personenerdung zu sorgen.

Beispiel einer Betriebsanweisung für Tätigkeiten mit Aceton nach § 14 Abs. 1 GefStoffV und TRGS 555

Firmenlogo	**Betriebsanweisung § 14 GefStoffV**	**verfasst von:** **Stand:**

Aceton

in begrenzten Mengen zu Reinigungszwecken (max. 1 l)
zur Oberflächenreinigung von Montageteilen

Gefahren für Mensch und Umwelt

GEFAHR

- **Brand- und Explosionsgefahr:** Aceton (Flüssigkeit und Dampf) ist leicht entzündbar. Bei Dämpfen oder Aceton-Nebeln kann sich eine explosionsfähige Atmosphäre bilden. Erhöhte Entzündungsgefahr bei durchtränktem Material (z.B. Kleidung, Putzlappen). Berst- und Explosionsgefahr bei Erwärmung!
- **Gesundheitsgefahren:** Einatmen und Verschlucken kann zu Gesundheitsschäden führen. Kann die Atemwege, Augen, Haut, Verdauungsorgane reizen. Vorübergehende Beschwerden (Schwindel, Übelkeit, Kopfschmerzen) möglich. Kann Rausch, Augenschaden verursachen. Atem-/Herz-Kreislaufstillstand möglich.
- **Umweltgefahren:** Eindringen in Boden, Gewässer und Kanalisation vermeiden!

Schutzmaßnahmen und Verhaltensregeln

- **Verdampfen vermeiden:** Arbeiten bei Frischluftzufuhr. Bei Dämpfen oder Nebeln mit Absaugung arbeiten. Beim Ab- und Umfüllen Verspritzen vermeiden! Gefäße nicht offen stehen lassen! Verschlüsse von Behältern, zum Druckausgleich vorsichtig öffnen.
- **Entzündung verhindern:** Von Zündquellen fernhalten (nicht rauchen, keine offenen Flamen), Ex-Schutzmaßnahmen treffen: Erdung der Behälter, Vorratsmenge auf einen Schichtbedarf beschränken!
- **Gesundheitsschutz:** Einatmen von Dämpfen und Aerosolen vermeiden. Berührung mit Augen, Haut und Kleidung vermeiden! Nach Arbeitsende und vor jeder Pause Hände gründlich reinigen! Am Arbeitsplatz nicht essen, trinken, rauchen. Verunreinigte Kleidung unverzüglich wechseln.
- **Persönliche Schutzausrüstung:** Schutzbrille tragen.

Verhalten im Gefahrfall / Erste Hilfe

- **Bei Brand:** Berst- und Explosionsgefahr bei Erwärmung! Bei einem Brand in der Umgebung Behälter mit Sprühwasser kühlen! Nicht zu verwenden: Wasser im Vollstrahl. Bei Brand entstehen gefährliche Dämpfe!
- **Bei ausgelaufenem Aceton:** mit saugfähigem unbrennbarem Material (z.B. Kieselgur, Sand) aufnehmen und entsorgen. Raum lüften.
- **Nach Augenkontakt:** Gründlich unter fließendem Wasser bei gespreizten Lidern spülen oder Augenspüllösung nehmen. Immer Augenarzt aufsuchen!
- **Nach Hautkontakt:** Verunreinigte Kleidung sofort ausziehen. Die Haut mit viel Wasser und Seife reinigen.
- **Nach Einatmen:** Frischluft! Bei Bewusstlosigkeit Atemwege freihalten. Ggf. Schockbekämpfung und Herz-Lungen-Wiederbelebung.

Sachgerechte Entsorgung

- Nicht in Ausguss oder Mülltonne schütten!
- Verunreinigte Arbeitsmittel sammeln: Sammelbehälter für Lösemittel

Datum: Nächster Überprüfungstermin:	Unternehmer/Geschäftsleitung Unterschrift

Musterdokumente müssen stets an die konkreten betrieblichen Gegebenheiten angepasst werden!

Abb. B 5.1: Kennzeichnung explosionsgefährdeter Betriebsbereiche nach Anhang III der Richtlinie 1999/92/EG und Anhang I Nr. 1 Punkt 1.6 Abs. 6 GefStoffV

Kennzeichnung von Explosionsschutz-Zonen

"Zutritt für Unbefugte verboten"

"Warnung vor Explosionsfähiger Atmosphäre"

"Keine offene Flamme, Feuer, offene Zündquelle und Rauchen verboten"

Musterformular zur Dokumentation der Unterweisung zu Explosionsgefahren nach § 12 ArbSchG und § 14 Abs. 2 GefStoffV

Firmenlogo	**Bestätigung der Unterweisung nach § 12 ArbSchG und § 14 GefStoffV i.V.m. § 4 DGUV Vorschrift 1**	**verfasst von:** **Stand:**

Name und Anschrift des Unternehmens, Betriebsteil, Arbeitsbereich

☐ Erstunterweisung

☐ Jährliche Wiederholungs-unterweisung

☐ Unterweisung aus besonderem Anlass (neues Arbeitsmittel, -verfahren, Unfall usw.)

Unterweisungsinhalte

- Explosionsgefahren am Arbeitsplatz
- Umfang und Kennzeichnung Ex-Schutz-Zonen im Arbeitsbereich
- Verhalten zur Vermeidung explosionsfähiger Atmosphäre
- Auswahl und Verwendung explosionsgeschützter Betriebsmittel
- Beachtung von Betriebsanweisungen und Arbeitsfreigaben
- Erkennung und Meldung von Mängeln im Explosionsschutz
- Beantwortung von Fragen der Teilnehmer

Namen und Unterschriften der Teilnehmer
Mit meiner Unterschrift bestätige ich, dass ich an der Unterweisung teilgenommen habe.
Name, Vorname, Unterschrift
Name, Vorname, Unterschrift
Name, Vorname, Unterschrift
Name, Vorname, Unterschrift
Name, Vorname, Unterschrift
Name, Vorname, Unterschrift

Bemerkungen______________________________

Durchgeführt am	Durchgeführt von	Unterschrift des Unterweisenden

Musterdokumente müssen stets an die konkreten betrieblichen Gegebenheiten angepasst werden!

Teil C: Instandhaltung

Kein technisches System behält die ursprüngliche Funktionsfähigkeit und Sicherheit über seine gesamte Lebenszeit ohne äußere Eingriffe. Gerade bei sicherheitstechnisch relevanten Produkten (z. B. explosionsgeschützten Arbeitsmitteln) muss neben der technischen Funktion auch die hohe Produktsicherheit gewährleistet werden, die für den Betrieb in explosionsgefährdeter Umgebung erforderlich ist. Zur Aufrechterhaltung dieser Sicherheit von Arbeitsmitteln ist eine regelmäßige Instandhaltung notwendig. Ihre grundsätzliche Zielsetzung ist es, Maschinen und Anlagen in einem sicheren und störungsfreien Betrieb zu erhalten.

Instandhaltung: Kombination aller technischen und administrativen Maßnahmen sowie Maßnahmen des Managements während des Lebenszyklus eines Arbeitsmittels (technische Einheit einer Anlage) zur Erhaltung des funktionsfähigen Zustandes oder der Rückführung in diesen, sodass es die geforderte Funktion erfüllen kann.

Zur Instandhaltung gehören neben der Prüfung auch Wartung, Inspektion und Instandsetzung sowie ein anschließender Probebetrieb, um mängelfreie Anlagen und einen betriebstechnischen Soll-Zustand zu erhalten bzw. wiederherzustellen.

- **Wartung:** Maßnahmen zur Erhaltung des Soll-Zustandes eines Arbeitsmittels, z. B. durch Reinigung und Schmierung sowie Ergänzung oder Austausch von Arbeitsstoffen,
- **Inspektion:** Maßnahmen zur Feststellung und Beurteilung des Ist-Zustandes eines Arbeitsmittels einschließlich der Bestimmung der Ursachen der Abnutzung oder Schädigung und dem Ableiten der notwendigen Konsequenzen für eine künftige Nutzung,
- **Instandsetzung:** Maßnahmen zur Rückführung eines Arbeitsmittels in den Soll-Zustand, z. B. Austausch von abgenutzten oder defekten Teilen gegen vorgegebene Ersatzteile, die den Herstellerspezifikationen entsprechen,
- **Erprobung:** Jedes Ingangsetzen eines Arbeitsmittels nach einer Instandsetzung zum Zweck der Funktionsprüfung, der Feststellung und Überprüfung von sicherheitstechnisch relevanten Betriebsdaten (z. B. Testläufe) sowie der Vornahme von Einstellungsarbeiten an Arbeitsmitteln und deren Ausrüstungsteilen.

Bei Instandhaltungsarbeiten treten viele Gefährdungen durch wechselnde Arbeitsplätze, vielfältige Risikofaktoren und durch unregelmäßig wiederkehrende Arbeiten auf. Für jede ausgeübte Tätigkeit und für jeden Arbeitsplatz in der Instandhaltung ist eine Gefährdungsbeurteilung durchzuführen, um Sicherheit und Gesundheit aller Beschäftigten zu gewährleisten sowie Schäden an Einrichtungen zu verhindern oder zu minimieren, die zu Gefährdungen der Beschäftigten führen können.

Basis der Ablaufplanung ist eine Gefährdungsbeurteilung im Einzelfall, mit der die einzelnen Arbeitsschritte systematisch betrachtet und die damit verbundenen Gefährdungen ermittelt werden. Dabei sind zweierlei Gefährdungen zu berücksichtigen: Zum einen solche, die von dem instand zu haltenden Arbeitsmittel ausgehen, z. B. Arbeitsstoffe, sich in Betrieb befindliche angrenzende Arbeitsmittel, Betriebs- und Schaltzustände. Zum anderen sind Gefährdungen an der Arbeitsstelle durch die Instandhaltungsmaßnahme selbst relevant, z. B. undefinierte Schaltzustände, eingeschränkte Bewegungsfreiheit, eingesetzte Hilfsmittel (z. B. Kräne).

TRBS 1112
„Instandhaltung"

beschreibt die Vorgehensweise bei der Gefährdungsbeurteilung von Instandhaltungsarbeiten. Sie nennt beispielhafte Maßnahmen, die im Ergebnis der Gefährdungsbeurteilung bei der Durchführung der Instandhaltungsarbeiten zu berücksichtigen sind. Sie ist anzuwenden für die Planung und Ausführung von Instandhaltungstätigkeiten, die Störungssuche und die Erprobung nach Instandsetzung.
Bei Instandhaltungsarbeiten mit Explosionsgefährdungen ist zusätzlich **TRBS 1112 Teil 1** anzuwenden.

Bei Instandhaltungsarbeiten können für einen begrenzten Zeitraum innerhalb eines gefährdeten Bereiches explosionsfähige Atmosphären entstehen bzw. vorhanden sein. Parallel können Tätigkeiten erforderlich sein, die durch die im Explosionsschutzdokument beschriebenen Maßnahmen nicht oder nicht hinreichend berücksichtigt sind.

Besondere Gefährdungen durch Gefahrstoffe einschließlich Explosionsgefährdungen bei und durch Instandhaltungsarbeiten sind im Rahmen der Gefährdungsbeurteilung entsprechend der TRBS 1112 Teil 1 zu berücksichtigen. Diese Maßnahmen gehen über die im Explosionsschutzdokument beschriebenen hinaus, da nicht alle Instandhaltungsarbeiten und die daraus resultierenden Gefährdungen im Explosionsschutzdokument berücksichtigt werden können.

TRBS 1112 Teil 1
„Explosionsgefährdungen bei und durch Instandhaltungsarbeiten – Beurteilung und Schutzmaßnahmen"

befasst sich mit der Ermittlung besonderer Maßnahmen zum Schutz von Beschäftigten bei Instandhaltungsarbeiten in explosionsgefährdeten Bereichen, bei Instandhaltungsarbeiten, durch die selbst gefährliche explosionsfähige Atmosphären entstehen können, sowie bei Instandhaltungsarbeiten in nicht explosionsgefährdeten Bereichen mit Auswirkungen auf explosionsgefährdete Bereiche. Sie nennt beispielhaft Maßnahmen zur Vermeidung der hierdurch erzeugten Explosionsgefährdung.

Gefährdete Bereiche sind Bereiche, in denen aufgrund der örtlichen Gegebenheiten, ihrer Einrichtungen oder der in ihnen befindlichen bzw. eingebrachten Stoffe, Zubereitungen oder Verunreinigungen im Rahmen von Instandhaltungsarbeiten zusätzliche Explosionsgefahren entstehen können. Hierbei müssen auch Gefährdungen berücksichtigt werden, die durch Wechselwirkung mit anderen Arbeitsmitteln und Arbeitsstoffen, der Arbeitsumgebung und durch die Instandhaltungsarbeiten für Beschäftigte an benachbarten Arbeitsplätzen auftreten können.

Es sind eine gemeinsame Beurteilung der Arbeitssituation und ihrer Gefährdungen vorzunehmen und die daraus resultierenden Schutzmaßnahmen abzustimmen. Hierzu ist ein Koordinator zu bestellen, der die Arbeiten von Beschäftigten mehrerer Arbeitgeber dahingehend abstimmt, dass gegenseitige Gefährdungen vermieden oder die damit verbundenen Risiken durch geeignete Schutzmaßnahmen auf ein akzeptables Maß gesenkt werden. In Abhängigkeit vom Ergebnis der Gefährdungsbeurteilung sind die Abläufe der Übergabe bzw. Rückgabe ggf. schriftlich festzulegen (z. B. Freigabe- oder Erlaubnisscheinverfahren), um Besonderheiten für die jeweilige Instandhaltungsmaßnahme abstimmen zu können (z. B. Arbeitsanweisungen, Arbeitsfreigaben, Erlaubnisscheine).

C 1 Koordination

Insbesondere bei Instandhaltungsmaßnahmen werden Mitarbeitende verschiedener interner Abteilungen oder externer Fremdfirmen innerhalb eines Arbeitsbereiches oder an einem Arbeitsplatz tätig. Dabei muss während des Betriebes zu jeder Zeit Sicherheit und Gesundheit aller tätigen eigenen Mitarbeiter und der Fremdfirmenmitarbeiter gewährleistet werden. In gleichem Maße ist auch ein beauftragter Fremdunternehmer für die Verhütung von Arbeitsunfällen, Berufskrankheiten und für die Vermeidung arbeitsbedingter Gesundheitsgefahren seiner Mitarbeitenden selbst verantwortlich.

Werden Beschäftigte mehrerer Unternehmer oder selbstständige Einzelunternehmer an einem Arbeitsplatz tätig, können sich Tätigkeiten eines dieser Unternehmer aufgrund der räumlichen oder zeitlichen Nähe auf Beschäftigte eines anderen Unternehmers auswirken. Kann eine Gefährdung von Beschäftigten anderer Arbeitgeber durch auftretende gegenseitige Gefährdungen und Wechselwirkungen nicht ausgeschlossen werden, so haben alle betroffenen Arbeitgeber bei ihren Gefährdungsbeurteilungen zusammenzuwirken und die Schutzmaßnahmen so abzustimmen und durchzuführen, dass diese wirksam sind.

C 1.1 Gegenseitige Gefährdungen und Wechselwirkungen

Der Arbeitgeber als Auftraggeber hat die Auftragnehmer (ihrerseits auch Arbeitgeber) über die von seinen Arbeitsmitteln ausgehenden Gefährdungen und über spezifische Verhaltensregeln zu informieren. Auftragnehmer haben ihre und weitere Auftraggeber über Gefährdungen durch ihre Arbeiten für Beschäftigte dieser Auftraggeber zu informieren.

**ArbSchG –
§ 8 „Zusammenarbeit mehrerer Arbeitgeber"**

„(1) Werden Beschäftigte mehrerer Arbeitgeber an einem Arbeitsplatz tätig, sind die Arbeitgeber verpflichtet, bei der Durchführung der Sicherheits- und Gesundheitsschutzbestimmungen zusammenzuarbeiten. Soweit dies […] erforderlich ist, haben die Arbeitgeber je nach Art der Tätigkeiten insbesondere sich gegenseitig und ihre Beschäftigten über die mit den Arbeiten verbundenen Gefahren für Sicherheit und Gesundheit der Beschäftigten zu unterrichten und Maßnahmen zur Verhütung dieser Gefahren abzustimmen."

Vor Beginn der Instandhaltungsarbeiten ist zu ermitteln, ob dabei Explosionsgefährdungen auftreten: Für einen begrenzten Zeitraum können bei diesen Arbeiten innerhalb eines gefährdeten Bereiches explosionsfähige Atmosphären entstehen oder vorhanden sein oder Tätigkeiten erfordern, die durch die im Explosionsschutzdokument beschriebenen Maßnahmen nicht oder nicht hinreichend berücksichtigt sind. Können bei Instandhaltungsmaßnahmen gleichzeitig mehrere explosionsfähige Atmosphären auftreten, sind die Arbeitsverfahren und Tätigkeiten sowie deren Auswirkungen durch gegenseitige Gefährdungen und Wechselwirkungen zu berücksichtigen.

C 1.1.1 Gegenseitige Gefährdungen

Das gleichzeitige Tätigwerden von Einzelnen oder Arbeitsgruppen in einer Betriebsstätte kann zu gegenseitigen Gefährdungen führen. Die Wahrscheinlichkeit hierfür steigt, wenn in einer Betriebsstätte betriebsfremde oder ortsunkundige Personen tätig werden, da diese die betriebsspezifischen Risiken und erforderlichen Schutzmaßnahmen nicht kennen.

Gegenseitige Gefährdung: Die Tätigkeit eines Beschäftigten wirkt sich so auf einen Beschäftigten eines anderen Unternehmers aus, dass die Möglichkeit eines Unfalles oder eines Gesundheitsschadens besteht.

Je nach Umfang der anstehenden Arbeiten und der äußeren Betriebsumstände können auch zusätzliche Explosionsgefährdungen entstehen.

- **Auswirkungen explosionsfähiger Atmosphären auf angrenzende Arbeitsbereiche:** Stehen Bereiche, in denen durch Instandhaltungsmaßnahmen eine gefährliche explosionsfähige Atmosphäre auftreten kann, in offener Verbindung zu benachbarten Arbeitsbereichen, kann durch Ausbreitung oder Verschleppung auch in diesen Bereichen eine gefährliche explosionsfähige Atmosphäre auftreten.
- **Auswirkungen von Zündquellen auf angrenzende explosionsgefährdete Arbeitsbereiche:** Potenziellen Zündquellen aus Instandhaltungsarbeiten (z. B. Funkenflug, Schweißperlen oder Ausweitungen des gefährdeten Bereiches) können Auswirkungen auf benachbarte explosionsgefährdete Bereiche haben und dort zu einer Entzündung betriebsmäßig vorhandener gefährlicher explosionsfähiger Atmosphären führen.

Werden Beschäftigte mehrerer Unternehmer an einem Arbeitsplatz tätig, so sind zusätzliche technische oder organisatorische Schutzmaßnahmen zu treffen, die eine gegenseitige Gefährdung ausschließen. Hierzu müssen sich Auftraggeber und Fremdunternehmer bei den betriebsspezifischen Gefährdungsbeurteilungen gegenseitig unterstützen.

C 1.1.2 Wechselwirkungen

Der Arbeitgeber hat zunächst die mit der Arbeitsstätte verbundenen Gefährdungen unabhängig voneinander zu ermitteln und zu beurteilen. Dabei sind jedoch auch mögliche Wechselwirkungen zu berücksichtigen.

Wechselwirkungen: Gegenseitige Beeinflussungen von Gefährdungen oder Maßnahmen, wodurch sich Ausmaß und Art der Gefährdung verändern können.

Wechselwirkungen können sich insbesondere im Zusammenwirken mit Arbeitsmitteln, Arbeitsstoffen, Arbeitsabläufen bzw. der Arbeitsorganisation sowie möglichen Gefährdungsfaktoren ergeben. Dabei sind insbesondere zu berücksichtigen:

- **Gefährdungen, die von dem instand zu haltenden Arbeitsmittel ausgehen**, z. B. durch freigesetzte Arbeitsstoffe, sich in Betrieb befindliche angrenzende Arbeitsmittel, von Normalbetrieb abweichende Betriebs- und Schaltzustände. Bereits bei den zur Erhaltung des ordnungsgemäßen Betriebszustandes einfachen Wartungstätigkeiten (z. B. Reinigung, Schmierung des Arbeitsmittels) sowie bei Ergänzungen oder Wechseln von Betriebs- und Arbeitsstoffen können Gefahrstoffe freigesetzt werden, die im Normalbetrieb in einem geschlossenen System geführt werden. Bei der Ermittlung der Gefährdung sind auch die Abschaltung bzw. Aufhebung im Normalbetrieb vorhandener Explosionsschutzmaßnahmen zu berücksichtigen sowie das Vorhandensein von Zündquellen, die im Normalbetrieb der Anlage nicht vorhanden sind.
- **Gefährdungen, die durch die Instandhaltungsmaßnahme an der Arbeitsstelle entstehen**, z. B. durch den Einsatz von explosionsfähigen Arbeits- und Betriebsstoffen (Reinigungs-/Entfettungsmittel, lösemittelhaltige Farben und Lacke usw.) oder die Verwendung von Arbeits- und Betriebsmitteln. Wird bei Instandhaltungsarbeiten, bei Reinigungen oder Beschichtungen brennbare Flüssigkeit verwendet und ggf. sogar verspritzt oder versprüht, können gefährliche explosionsfähige Atmosphären entstehen. Bei Instandhaltungsarbeiten sind Werkzeuge und andere Arbeitsmittel einzusetzen, die bei bestimmungsgemäßer Verwendung für den vorgesehenen Verwendungszweck und für die Bedingungen am Arbeitsplatz geeignet sind. Werden bei Instandhaltungsarbeiten in explosionsgefährdeten Bereichen Betriebsmittel eingesetzt oder Tätigkeiten ausgeführt, die nicht den Anforderungen des Explosionsschutzdokumentes entsprechen, müssen zusätzliche Maßnahmen zur zuverlässigen Vermeidung oder Entfernung der explosionsfähigen Atmosphäre berücksichtigt werden.

C 1.2 Bestellung eines Koordinators

Werden Beschäftigte des Auftraggebers und Fremdfirmenmitarbeiter an einem Arbeitsplatz oder in einem Arbeitsbereich tätig und können gegenseitige Gefährdungen auftreten, so muss eine Person (Koordinator) bestimmt werden, welche die Arbeiten aufeinander abstimmt. Bei der Bestimmung eines Koordinators müssen sich Auftraggeber und Fremdunternehmer abstimmen.

DGUV Vorschrift 1 „Grundsätze der Prävention" – § 6 „Zusammenarbeit mehrerer Unternehmer"

§

„(1) Werden Beschäftigte mehrerer Unternehmer oder selbstständige Einzelunternehmer an einem Arbeitsplatz tätig, haben die Unternehmer hinsichtlich der Sicherheit und des Gesundheitsschutzes der Beschäftigten, insbesondere hinsichtlich der Maßnahmen nach § 2 Absatz 1, entsprechend § 8 Absatz 1 Arbeitsschutzgesetz zusammenzuarbeiten. Insbesondere haben sie, soweit es zur Vermeidung einer möglichen gegenseitigen Gefährdung erforderlich ist, eine Person zu bestimmen, die die Arbeiten aufeinander abstimmt; zur Abwehr besonderer Gefahren ist sie mit entsprechender Weisungsbefugnis auszustatten."

In der Praxis hat es sich bewährt, Koordinatoren zu bestellen, die die festgelegten Schutzmaßnahmen aufeinander abstimmen und überprüfen.

GefStoffV – § 15 „Zusammenarbeit verschiedener Firmen"

§

„(4) Besteht bei Tätigkeiten von Beschäftigten eines Arbeitgebers eine erhöhte Gefährdung von Beschäftigten anderer Arbeitgeber durch Gefahrstoffe, ist durch die beteiligten Arbeitgeber ein Koordinator zu bestellen. […]"

Besteht bei der Verwendung von Arbeitsmitteln eine erhöhte Gefährdung von Beschäftigten anderer Arbeitgeber, fordert auch die BetrSichV bei der Zusammenarbeit mehrerer Arbeitgeber, dass für die Abstimmung der jeweils erforderlichen Schutzmaßnahmen ein Koordinator schriftlich zu bestellen ist.

BetrSichV – § 13 „Zusammenarbeit verschiedener Arbeitgeber"

§

„(3) Besteht bei der Verwendung von Arbeitsmitteln eine erhöhte Gefährdung von Beschäftigten anderer Arbeitgeber, ist für die Abstimmung der jeweils erforderlichen Schutzmaßnahmen durch die beteiligten Arbeitgeber ein Koordinator/eine Koordinatorin schriftlich zu bestellen. […]"

Bei Tätigkeiten mit erhöhter Gefährdung, die sich aus der Zusammenarbeit ergeben können, handelt es sich um Arbeitssituationen, bei denen ein Schaden ohne zusätzliche Schutzmaßnahmen sehr wahrscheinlich ist oder sein Eintritt nicht mehr abgewendet werden kann und der Schaden nach Art und Umfang besonders schwer ist. Dies ist bei Explosionsgefährdungen immer der Fall.

C 1.3 Aufgaben des Koordinators

Der Koordinator übernimmt bei seiner Bestellung die Unternehmerpflichten, um Tätigkeiten aufeinander abzustimmen und dadurch eine mögliche gegenseitige Gefährdung zu verhindern. Dazu muss er ausreichende Kenntnisse im Explosionsschutz besitzen, mit den betrieblichen Verhältnissen (Organisation, Arbeitsabläufe, Ansprechpartner usw.) vertraut sein und für die Koordination Weisungsbefugnisse bekommen. In der Praxis wird daher der Auftraggeber den Koordinator stellen und dem Fremdunternehmer (z. B. in der „Fremdfirmenerklärung“) bekanntgeben.

Der Koordinator hat im Wesentlichen nachfolgende Aufgaben.

C 1.3.1 Aufstellen des Arbeitsablaufplans

Damit sich Mitarbeitende verschiedener Auftragnehmer an der gleichen Arbeitsstelle in ihrer Ausführung nicht gegenseitig gefährden oder behindern, ist vor Arbeitsaufnahme eine gegenseitige Abstimmung unter Einbeziehung des Koordinators herbeizuführen. Grundlage für die Koordination ist ein zeitlich gegliederter Arbeitsablaufplan, in dem Arbeitsumfang, -beginn und -ende, Arbeitsweise und Personenzahl der beteiligten Firmen und selbstständigen Einzelunternehmer festgelegt werden. Wird der Arbeitsablauf geändert oder verzögert, muss der Arbeitsablaufplan entsprechend geändert werden.

C 1.3.2 Gemeinsame Gefährdungsbeurteilung

Kann bei Tätigkeiten von Beschäftigten eines Arbeitgebers eine Gefährdung von Beschäftigten anderer Arbeitgeber durch Gefahrstoffe nicht ausgeschlossen werden, so haben alle betroffenen Arbeitgeber bei der Durchführung ihrer Gefährdungsbeurteilungen zusammenzuwirken und die Schutzmaßnahmen abzustimmen. Der Koordinator ermittelt und beurteilt dabei mögliche gegenseitige Gefährdungen, trifft die Festlegung von Gefahrenbereichen und veranlasst die erforderlichen Schutzmaßnahmen. Hierzu soll der Koordinator alle erforderlichen Unterlagen der Fremdfirmen erhalten.

C 1.3.3 Abstimmung der Sicherheitsmaßnahmen

Vor Aufnahme der Arbeiten werden die erforderlichen Sicherheitsmaßnahmen der eigenen und der fremden Mitarbeitenden aufeinander abgestimmt. Der Arbeitgeber als Auftraggeber hat die Fremdfirmen über Gefahrenquellen und spezifische Verhaltensregeln zu informieren. Der Koordinator führt vor Beginn der Arbeiten ein Abstimmungsgespräch mit den Verantwortlichen der Fremdfirmen. Ergänzend zur allgemeinen Unterweisung müssen die Mitarbeiter der Fremdfirma über Gefährdungen, die während der Ausführung eines Arbeitsauftrages entstehen können, und über die festgelegten Sicherheitsmaßnahmen sowie über das Verhalten im Gefahrenfall unterwiesen werden.

C 1.3.4 Überwachung durch aufsichtführende Person

Der beauftragende Unternehmer hat sicherzustellen, dass besonders gefährliche Tätigkeiten durch eine aufsichtsführende Person (siehe B 1.1.4) überwacht und die Tätigkeiten der Fremdmitarbeiter in angemessener Weise kontrolliert werden. Hierzu muss der Koordinator eine aufsichtsführende Person benennen und kontrollieren, dass die Arbeiten durch diese überwacht werden.

GefStoffV – Anhang I (zu § 8 Absatz 8, § 11 Absatz 3) „Besondere Vorschriften für bestimmte Gefahrstoffe und Tätigkeiten" – Nr. 1 „Brand- und Explosionsgefährdungen"

„1.4 Organisatorische Maßnahmen [...]
(3) Werden in Arbeitsbereichen, in denen Tätigkeiten mit Gefahrstoffen ausgeübt werden, die zu Brand- oder Explosionsgefährdungen führen können, Beschäftigte tätig und kommt es dabei zu einer besonderen Gefährdung, sind zuverlässige, mit den Tätigkeiten, den dabei auftretenden Gefährdungen und den erforderlichen Schutzmaßnahmen vertraute Personen mit der Aufsichtsführung zu beauftragen. [...]"

Die aufsichtführende Person ist eine zuverlässige, mit der Arbeit vertraute und weisungsbefugte Person. Durch die Aufsicht ist insbesondere sicherzustellen, dass

- mit den Arbeiten erst begonnen wird, wenn die in der Arbeitsfreigabe bzw. in der Betriebsanweisung festgelegten Maßnahmen getroffen sind,
- erforderlichenfalls eine Freimessung durchgeführt wurde,
- die Beschäftigten während der Arbeit die festgelegten Schutzmaßnahmen einhalten,
- ein schnelles Verlassen des gefährdeten Bereiches gewährleistet ist,
- Unbefugte von der Arbeitsstelle ferngehalten werden.

Die Überwachung durch den Aufsichtführenden setzt in der Regel dessen Anwesenheit vor Ort sowie Weisungsbefugnis voraus. Als Aufsichtführender darf nur bestellt werden, wer ausreichende Kenntnisse und Erfahrungen für den jeweiligen Aufgabenbereich hat. Hierzu gehören z. B.

- Kenntnisse und Erfahrungen in Bezug auf die technische Durchführung der erforderlichen Arbeiten,
- Kenntnisse und Erfahrungen in Bezug auf den Umgang mit den verwendeten Gefahrstoffen,
- Kenntnisse über die betriebsinterne Organisation,
- Kenntnisse über die Arbeitsmethoden und mögliche Gefahren,
- Kenntnisse über die anzuwendenden Schutzmaßnahmen sowie einschlägigen Vorschriften und technischen Regeln.

C 1.3.5 Festlegung von Maßnahmen für den Störungsfall

Es müssen spezielle Anweisungen für das Verhalten beim Auftreten von Unregelmäßigkeiten und Störungen vorhanden und dem Personal bekannt sein. Der Koordinator erstellt einen Maßnahmenkatalog für den Störungsfall und legt ggf. die erforderlichen Flucht- und Rettungswege fest. Jede Störung und Gefährdung bei der Ausführung von Arbeiten sind dem Auftragsverantwortlichen oder dem Koordinator unverzüglich zu melden.

C 1.3.6 Festlegung von notwendigen ergänzenden Sicherheitsmaßnahmen

Die Arbeit darf nur unter Einhaltung des abgestimmten Arbeitsablaufplans aufgenommen werden. Der Auftragsverantwortliche bzw. Koordinator überprüft, ob die Fremdfirmenmitarbeiter die festgelegten Sicherheitsmaßnahmen umsetzen und einhalten. Planabweichungen sind frühzeitig zu melden. Kann durch eine Planabweichung oder Störung eine gegenseitige Gefährdung eintreten, muss die mit der Koordination betraute Person unverzüglich benachrichtigt werden. Sind die Maßnahmen unzureichend bzw. garantieren sie nicht den sicheren Zustand über eine längere Zeit, müssen neue Maßnahmen festgelegt werden, und zwar gemeinsam mit

- dem Verantwortlichen der Fremdfirma,
- der örtlich zuständigen Führungskraft des Auftraggebers und
- ggf. unter Einbeziehung von Fachkräften (Fachkraft für Arbeitssicherheit, Betriebsarzt).

Auftraggeber und Fremdunternehmer sind über die Planänderungen zu informieren. Die Arbeiten sind solange einzustellen und dürfen erst wieder aufgenommen werden, wenn die Voraussetzungen des geänderten Plans erfüllt sind oder die beauftragte Person ihr Einverständnis gegeben hat.

C 1.3.7 Überprüfung der Einhaltung des aufgestellten Arbeitsablaufplans und der Sicherheitsmaßnahmen

Die festgelegten Schutzmaßnahmen dürfen erst aufgehoben werden, wenn die Instandhaltungsarbeiten vollständig abgeschlossen sind, der ordnungsgemäße Zustand der Anlage wiederhergestellt ist und keine Gefährdungen für die Beschäftigten und Dritte mehr bestehen. Der Koordinator muss eingreifen, wenn eine gegenseitige Gefährdung besteht oder Verstöße gegen den Arbeitsschutz und Mängel vorliegen, die zu einer Gefährdung führen können. Grundsätzlich hat ein Eingreifen des Koordinators über die Vorgesetzten der betroffenen Mitarbeiter zu erfolgen, wenn Sicherheitsbestimmungen offensichtlich missachtet werden, die Mitarbeiter unvorhergesehene Situationen – in denen sie selbst oder Dritte gefährdet werden – nicht allein meistern können oder die Fremdfirma ihrer Aufgabe offensichtlich nicht gewachsen ist. Der Verantwortliche der Fremdfirma muss danach in Zusammenarbeit mit dem Auftragsverantwortlichen bzw. dem Koordinator festlegen, ob unverzüglich neue oder angepasste Sicherheitsmaßnahmen möglich sind, ohne die Tätigkeit zu unterbrechen.

C 1.3.8 Arbeitsunterbrechung bei unmittelbarer Gefährdung

Bei unmittelbarer Gefährdung von Mitarbeitenden oder von Dritten sind die Arbeiten durch den Koordinator unverzüglich direkt zu unterbrechen. Hierzu ist dem Koordinator, soweit dies für einen sicheren Arbeitsablauf erforderlich ist, Weisungsbefugnis gegenüber eigenen und fremden Mitarbeitenden zu erteilen. In diesem Fall sind die Vorgesetzten der beteiligten Mitarbeiter umgehend zu informieren.

Musterformular zur Bestellung eines (Fremdfirmen-)Koordinators nach § 15 Abs. 4 ArbSchG

Firmenlogo	**Bestellung zum Koordinator/zur Koordinatorin von gefährlichen Arbeiten**	**verfasst von:** **Stand:**

Herrn/Frau

wird für

Name und Anschrift des Unternehmens, Betriebsteil, Arbeitsbereich

☐ für den Zeitraum von: bis:

☐ für das Projekt:

☐ für die Zusammenarbeit der Firmen:

als **Koordinator/in** benannt.

Der Koordinator/die Koordinatorin soll die Arbeiten der Beschäftigten der beteiligten Unternehmen aufeinander abstimmen, wenn diese sich gegenseitig gefährden können. Zur Abwehr besonderer Gefahren hat er/sie Weisungsbefugnis gegenüber den am Einsatzort tätigen Personen der oben genannten Firmen.

Insbesondere gehört zu den Aufgaben:

☐ Koordinierung der Maßnahmen aus den allgemeinen Grundsätzen nach § 4 Arbeitsschutzgesetz bei der Planung und der Ausführung.

☐ Aufstellen von projektbezogenen Betriebsanweisungen, die Erstellung von einzelnen Arbeitsfreigaben sowie deren Anpassung an den Projektstand.

☐ Einweisung der am Einsatzort tätigen Personen in die ortsspezifischen (Explosions-)Gefährdungen und die erforderlichen Schutzmaßnahmen.

☐ Überwachen der in Betriebsanweisung(en) und Arbeitsfreigaben festgelegten Forderungen auf deren Einhaltung.

☐ Abstimmung der zeitlichen Abfolge der Arbeiten und Bewertung ihrer Auswirkungen hinsichtlich arbeitsschutzrelevanten Wechselwirkungen zwischen den Arbeiten und anderen betrieblichen Tätigkeiten (insbesondere bei Arbeiten mit Explosionsgefährdungen/potentiellen Zündquellen).

Die Verpflichtung und die Verantwortung der für den Arbeitsschutz Verantwortlichen in den oben genannten beteiligten Firmen werden hierdurch weder eingeschränkt noch aufgehoben.

Der Koordinator/Die Koordinatorin erhält die für den Bereich/das Projekt relevanten Gefährdungsbeurteilungen aller oben genannten beteiligten Firmen.

Datum und Unterschrift des/der Koordinators/-in	Datum und Unterschrift des Unternehmers

Musterdokumente müssen stets an die konkreten betrieblichen Gegebenheiten angepasst werden!

C 2 Explosionsgefährdungen bei Instandhaltungsarbeiten

Zur Gewährleistung von Sicherheit und Gesundheit aller Beschäftigten sowie zur Vermeidung von Schäden an Einrichtungen, die zu Gefährdungen der Beschäftigten führen können, muss für jede ausgeübte Tätigkeit und für jeden Arbeitsplatz eine Gefährdungsbeurteilung durchgeführt werden – auch für die Instandhaltung (Wartung, Inspektion, Instandsetzung, Verbesserung). Instandhaltungsarbeiten und eine damit ggf. verbundene In- und Außerbetriebnahme von Sicherheitseinrichtungen weichen von den Arbeitsbedingungen im Normalbetrieb erheblich ab. Diese Betriebszustände machen gesonderte Maßnahmen erforderlich. Da nicht alle Instandhaltungsarbeiten und die daraus resultierenden Gefährdungen im Explosionsschutzdokument berücksichtigt werden können, sind diese stets getrennt zu beurteilen.

Entsprechend Art, Umfang und Abfolge der Instandhaltungsmaßnahmen sind vor ihrem Beginn mögliche Gefährdungen zu ermitteln und zu beurteilen, um die räumliche Ausdehnung des gefährdeten Bereiches und die erforderlichen Schutzmaßnahmen festlegen zu können.

Gefährdete Bereiche: Bereiche, in denen aufgrund der örtlichen Gegebenheiten, ihrer Einrichtungen oder der in ihnen befindlichen bzw. eingebrachten Stoffe, Zubereitungen oder Verunreinigungen im Rahmen von Instandhaltungsarbeiten zusätzliche Explosionsgefahren entstehen können.

C 2.1 Gefährdungen durch instand zu haltende Arbeitsmittel

Gefährdungen durch instand zu haltende Arbeitsmittel gehen z. B. aus von Arbeitsstoffen, geöffneten Maschinenteilen, sich in Betrieb befindlichen angrenzenden Arbeitsmitteln oder Betriebs- und Schaltzuständen. Daher sind Instandhaltungsarbeiten und Produktionsbetrieb nach Möglichkeit zeitlich oder räumlich zu trennen. Dies ist jedoch bei der Durchführung von ungeplanten Instandhaltungsarbeiten nicht immer möglich. Dabei können sich insbesondere aufgrund mangelhafter organisatorischer oder technischer Vorbereitungen, deaktivierten/überbrückten Sicherheitsvorrichtungen, laufender Maschinen, mangelhafter/fehlender Arbeitsanweisungen oder des Arbeitens unter Zeitdruck erhöhte Gefährdungen ergeben.

C 2.1.1 An- und Abfahren von explosionsgefährdeten Anlagen

Um Gefahren auszuschließen, die vom Betrieb einer Anlage ausgehen, muss diese Anlage bzw. müssen Teile davon außer Betrieb genommen werden. Für das erstmalige und wiederholte An- und Abfahren einer Anlage muss gesondert entschieden werden, ob und mit welcher Wahrscheinlichkeit gefährliche explosionsfähige Atmosphären auftreten können. Dies hängt von den individuellen Umständen ab und muss stets im Einzelfall betrachtet werden.

Um eine explosionsfähige Atmosphäre in Anlagen oder Anlagenteilen zu verhindern, wird die Konzentration an brennbaren Bestandteilen im Gemisch so gesteuert, dass sich diese außerhalb der Explosionsgrenzen bewegt (siehe A 4.1). Liegt die Konzentration des brennbaren Stoffes in der Luft unter dem Mindestwert (UEG) oder überschreitet die Konzentration den maximalen Wert (OEG), ist eine Explosion nicht möglich. Beim An- und Abfahren der Anlage kann der Explosionsbereich jedoch durchfahren werden.

- **Abfahren von Anlagen (Außerbetriebnahme):** Werden zum Stillsetzen von Anlagen die explosionsfähigen Stoffe aus Anlagenteilen entleert, verringert sich die Konzentration der Atmosphäre. Bis durch das weitere Entleeren die UEG unterschritten ist, ist die Atmosphäre explosionsfähig und kann gezündet werden.
- **Anfahren von Anlagen ([Wieder-]Inbetriebnahme):** Bei der (Wieder-) Inbetriebnahme werden die Anlagenteile wieder mit explosionsfähigen Stoffen gefüllt, sodass die untere Explosionsgrenze überschritten wird. Die Atmosphäre ist dann zündfähig, bis durch die zunehmende Füllung die OEG durch den Mindestfüllstand wieder überschritten ist und die Anlage sicher betrieben werden kann.

C 2.1.2 Fehlersuche im laufenden Betrieb

Normalerweise muss sich vor Beginn der Instandhaltungsarbeiten das instand zu setzende Arbeitsmittel in einem gefahrlosen Zustand befinden Wenn jedoch z. B. ein vermuteter Fehler nur in eingeschaltetem Zustand erkennbar ist, kann der gefahrlose Zustand dieses Arbeitsmittels ausnahmsweise nicht realisiert werden. Die Fehlersuche im laufenden Betrieb von Maschinen, Anlagen und Anlagenteilen dient als Teil der Instandhaltung der Überprüfung von Funktionen und Eigenschaften sowie der Erkennung und Beseitigung von Mängeln. Bei solchen Arbeiten können dabei für einen begrenzten Zeitraum Zündquellen auftreten, die im Normalbetrieb der Anlage nicht wirksam sind.

- **Entweichen von Überdruck:** Wird das Eindringen einer explosionsfähigen Atmosphäre in Schaltschränke, Maschinengehäuse und andere Anlagenteile durch einen permanenten Überdruck in der Anlage (Überdruckkapselung) verhindert, strömt dieser Überdruck beim Öffnen von Gehäusetüren, -klappen, -deckeln und ähnlichen Verschlüssen ab. Dadurch kann eine explosionsfähige Atmosphäre in das Innere der Anlage eindringen und dort durch betriebsmäßig vorhandene Zündquellen gezündet werden.

- **Abströmen von Inertisierungsgasen:** In geschlossenen Systemen wird eine gefährliche explosionsfähige Atmosphäre häufig durch Inertisierung vermieden, indem durch das Hinzufügen von Inertstoffen (z. B. Stickstoff, Kohlenstoffdioxid, Edelgase, Wasserdampf) Sauerstoffanteile verdrängt werden. Werden diese Anlagenteile für Instandhaltungsmaßnahmen geöffnet, kann durch das Abströmen des Füllgases und/oder das Eindringen von Luft die zur Vermeidung der Zündfähigkeit notwendige Sauerstoff-Grenzkonzentration überschritten werden.

C 2.1.3 Probebetrieb

Erproben ist ein Teil einer Prüfung, der in Abhängigkeit von der Art des Prüfobjektes und der Funktion seiner Bauteile erforderlich sein kann. Dabei wird durch Betätigen, Belasten oder im Zusammenhang mit dem Betreiben des Prüfobjektes (Funktionsprobe) festgestellt, ob die der Sicherheit dienenden Bauteile bestimmungsgemäß funktionieren.

- **Abschaltung von Explosionsschutzmaßnahmen:** Im Probebetrieb kann es zur Überprüfung von sicherheitstechnischen Funktionen einer Anlage notwendig sein, technische Explosionsschutzmaßnahmen vorübergehend abzuschalten, um bestimmte Arbeits- und Belastungszustände oder die sicherheitstechnische Funktion selbst prüfen zu können. Während eines solchen Probebetriebes muss das Auftreten explosionsfähiger Atmosphäre zuverlässig verhindert oder gleichsam wirksame Ersatzmaßnahmen getroffen werden.

C 2.2 Explosionsfähige Atmosphäre an der Arbeitsstelle

Bei Instandhaltungsarbeiten können für einen begrenzten Zeitraum innerhalb eines gefährdeten Bereiches explosionsfähige Atmosphären entstehen oder vorhanden sein. Es ist daher vor Beginn der Arbeiten festzustellen, welche Stoffe und Zubereitungen in welcher Menge, an welchem Ort und in welcher Konzentration im Verlauf der Arbeiten auftreten können. Die räumliche Ausdehnung des gefährdeten Bereiches ist entsprechend festzulegen.

C 2.2.1 Verwendung von brennbaren Arbeits- und Betriebsstoffen

Bei vielen Instandhaltungstätigkeiten werden explosionsfähige Arbeits- und Betriebsstoffe verwendet, z. B. Kleber, Lösemittel, Korrosionsschutzfarben oder Kraftstoffe. Auch hier gilt es, vorab zu ermitteln, welche Stoffe und Zubereitungen in welcher Menge, an welchem Ort und in welcher Konzentration im Verlauf der Arbeiten auftreten können.

- **Spraydosen:** In nahezu allen Bereichen der Industrie kommen im Bereich der Instandhaltung und Wartung zahlreiche technische Sprays zur Pflege und zum Schutz von Oberflächen beim Reinigen, Entfetten, Schmieren, Lösen und Trennen zum Einsatz und sind unverzichtbarer Bestandteil der täglichen Arbeit. Eine Spraydose oder Aerosoldose ist eine unter Druck stehende Metalldose zum Versprühen von Flüssigkeiten wie Grundierungen, Lacken, Reinigern, Farben, Rostlösern, Kontaktsprays, Ölen, Schmierstoffen oder Korrosionsschutz.

Als Treibgase kommen häufig Gemische niederer Alkane wie Propan (R290), n-Butan (R600), 2-Methylpropan (Isobutan, R600a) oder Gemische daraus zum Einsatz. Diese Treibgase sind hochentflammbar und können mit Luft explosionsfähige Gemische bilden. Sprays ermöglichen selbst an schwer zugänglichen Stellen – auch dank der feinen Düsen der Dosen – ein sparsames, punktgenaues, tropffreies und exakt dosiertes Auftragen und sind jederzeit und überall gebrauchsfertig. Wird der Sprühknopf betätigt, drückt das gasförmige Treibmittel den Inhalt durch das Ventil nach außen. Das Treibmittel verdampft in Bruchteilen von Sekunden und der zurückbleibende Wirkstoff verteilt sich fein und gleichmäßig. Es entsteht unmittelbar nach Austritt der Flüssigkeit abhängig von der Menge des Treibgases ein Aerosol. Da meist auch die eigentlichen Inhaltsstoffe brennbar sind, kann sich ein explosionsfähiges Gas/Luft-Gemisch bilden, das sich ohne Luftzirkulation z. B. in einer Vertiefung oder einem Maschinengehäuse ansammeln kann.

C 2.2.2 Explosionsfähige Atmosphären durch Arbeitsverfahren

In vielen Fällen ist das Auftreten einer gefährlichen explosionsfähigen Atmosphäre schwer einzuschätzen. Sie kann z. B. entstehen durch

- Rückstände oder Reinigungsmittel, die bei Reinigungsarbeiten freigesetzt werden,
- Arbeitsverfahren (z. B. Schweißgase),
- Verdampfung brennbarer Flüssigkeiten,
- Aufwirbeln von Ablagerungen brennbarer Stäube, die aus betriebstechnischen Gründen nicht vollständig vor Beginn der Instandhaltungsarbeiten aus dem Arbeitsbereich entfernt werden können.

C 2.2.3 Ansammlung einer explosionsfähigen Atmosphäre

Die Wirksamkeit von Lüftungsmaßnahmen wird durch verschiedene Parameter bestimmt, z. B. Stärke, Verfügbarkeit und Art der Luftführung (Güte). Die zu erwartende Quellstärke der brennbaren Stoffe während der Instandhaltungsmaßnahmen ist nicht immer abschätzbar. Zudem sind die Verteilung brennbarer Substanzen im Raum, die Strömungsverhältnisse sowie die Verdünnung der explosionsfähigen Atmosphäre zu berücksichtigen. Durch Strömungshindernisse können Toträume entstehen, in denen die Luftbewegung nur schwach oder nicht ausgebildet ist.

In der Regel ist daher aufgrund der örtlichen Gegebenheiten mit einer ungleichmäßigen Verteilung der brennbaren Stoffe in dem gefährdeten Bereich zu rechnen. Dies gilt insbesondere, wenn die Lüftung des Arbeitsbereiches im Hinblick auf die Instandhaltungsarbeiten nicht ausreichend ist oder brennbare Stoffe (z. B. Stäube) vor Beginn der Arbeiten nicht in ausreichendem Maße entfernt werden können. Mit schlechten Lüftungsverhältnissen muss insbesondere in Räumen, Behältern oder luftaustauscharmen Bereichen (z. B. aufgrund der räumlichen Enge, ihrer Einrichtungen oder teilweise bestehender fester Wandungen) gerechnet werden.

- **Explosionsfähige Atmosphären aus Gasen und Dämpfen:** Mit dem Vorhandensein von brennbaren Stoffen oder Gemischen ist insbesondere in Bereichen zu rechnen, die von der Lüftung nicht erfasst sind, z. B. unbelüftete tief liegende Bereiche wie Gruben, Kanäle und Schächte, aber auch Maschinengehäuse oder -abdeckungen.
- **Explosionsfähige Atmosphären bei Flüssigkeiten:** Bei Instandhaltungsarbeiten können sich beim Einsatz brennbarer Flüssigkeiten abhängig von der Größe der Verdunstungsfläche, der Verarbeitungstemperatur oder dem Arbeitsverfahren durch Versprühen oder Verspritzen von Flüssigkeiten gefährliche explosionsfähige Atmosphären bilden.
- **Explosionsfähige Atmosphären durch Stäube:** Durch die Aufwirbelung von bevorzugt auf waagerechten oder schwachgeneigten Flächen abgelagerten brennbaren Stäuben oder die Freisetzung von brennbaren Stäuben durch Reinigungs- und/oder stauberzeugende Arbeitsverfahren (z. B. Schleifen, Polieren) können explosionsfähige Staubwolken entstehen. Infolge einer ersten Staubexplosion können größere Mengen von abgelagertem Staub aufgewirbelt werden und zu weiteren Folgeexplosionen führen.

C 2.3 Gefährdungen durch Verwendung von Arbeitsmitteln

Bei Instandhaltungsarbeiten können für einen begrenzten Zeitraum Tätigkeiten erforderlich sein, die durch die im Explosionsschutzdokument beschriebenen Schutzmaßnahmen nicht oder nicht hinreichend berücksichtigt sind. Im Rahmen der Gefährdungsbeurteilung sind daher auch die Arbeitsverfahren und Tätigkeiten sowie deren Auswirkungen auf den Betrieb zu beachten.

Für die Instandhaltung von Arbeitsmitteln können bestimmte zusätzliche Arbeitsmittel und technische Einrichtungen notwendig sein. Zusätzliche Explosionsgefährdungen können bei Instandhaltungsarbeiten auftreten, wenn Werkzeuge und andere Arbeitsmittel, durch die Zündgefahren entstehen, in explosionsgefährdeten Bereichen eingesetzt werden. Zur Vermeidung der Entzündung einer gefährlichen explosionsfähigen Atmosphäre sind mögliche Zündquellen zu identifizieren und Maßnahmen gegen das Wirksamwerden von Zündquellen zu treffen.

> **Zündquelle:** Bedingt durch einen physikalischen, chemischen oder technischen Vorgang, Zustand oder Arbeitsablauf, der geeignet ist, die Entzündung einer explosionsfähigen Atmosphäre auszulösen.

Die Wirksamkeit von Zündquellen, d. h. die Fähigkeit, eine explosionsfähige Atmosphäre zu entzünden, hängt u. a. von der Energie der Zündquelle und von den Eigenschaften der explosionsfähigen Atmosphäre ab. Nicht jede Zündquelle ist energiereich genug, um alle Arten explosionsfähiger Gemische zu entzünden, d. h. nicht jede Zündquelle ist in einer gegebenen Situation auch eine wirksame Zündquelle.

Wirksame Zündquelle: Zündquelle, die in der zu betrachtenden explosionsfähigen Atmosphäre eine Entzündung auslösen kann.

Zündquellen, die bei Instandhaltungsarbeiten auftreten oder aus benachbarten Bereichen eingetragen werden können, sind im Rahmen der Gefährdungsbeurteilung zu berücksichtigen und hinsichtlich ihrer Wirksamkeit, der Dauer des Auftretens und der Abschaltbarkeit zu bewerten.

TRBS 2152 Teil 3
„Gefährliche explosionsfähige Atmosphäre – Vermeidung der Entzündung gefährlicher explosionsfähiger Atmosphäre"

konkretisiert die Anforderungen zur Vermeidung der Entzündung gefährlicher explosionsfähiger Atmosphären infolge des Wirksamwerdens von Zündquellen.

Während der Durchführung mancher Instandhaltungsarbeiten kann eine gefährliche explosionsfähige Atmosphäre (z. B. durch Freisetzung von Gasen oder Dämpfen in angrenzenden Bereichen) nicht ausgeschlossen werden. Dann ist vor Beginn der Arbeiten dafür zu sorgen, dass im Gefahrenfall rechtzeitig hinreichende Schutzmaßnahmen gegen die Entzündung einer gefährlichen explosionsfähigen Atmosphäre durch sofortige Unwirksammachung aller Zündquellen getroffen werden. Alle Einwirkungen von möglichen Zündquellen, die einzeln oder in Kombination auftreten können, sind zu betrachten. Bei Arbeiten mit Zündgefahr, die einen erweiterten Wirkungsbereich haben können (z. B. Schweiß-, Schleif-/Trennarbeiten, Arbeiten mit offenen Flammen [z. B. durch Schweißperlen oder Funkenflug]), ist der erweiterte Wirkungsbereich zu berücksichtigen.

C 2.3.1 Thermische Zündquellen

Wirksame Zündquellen können z. B. durch heiße Oberflächen, Gase und Flammen und die damit verbundene Wärmestrahlung entstehen. Kommt explosionsfähige Atmosphäre mit heißen Oberflächen in Berührung, kann es zu einer Entzündung kommen.

- **Flammen** sind das Ergebnis exothermer chemischer Reaktionen, die bei Temperaturen von etwa 1.000 °C und mehr schnell ablaufen. Sowohl die Flammen selbst als auch die heißen Reaktionsprodukte können eine explosionsfähige Atmosphäre entzünden.
- **Wärmeerzeugende Arbeitsmittel** (z. B. Heizstrahler bzw. Heißluftgeräte zum Erwärmen oder Trocknen von Oberflächen oder Verbrennungsmotoren) können Oberflächen mit einer unzulässigen Erwärmung erzeugen.
- **Arbeitsverfahren mit offener Flamme oder Funkenbildung** (z. B. Schweißen, thermisches Trennen von metallischen Werkstoffe und verwandte Verfahren, insbesondere Löten, thermisches Spritzen, Flammwärmen, Flammrichten, Flammhärten und Widerstandswärmen)

können Explosionen verursachen, z. B. durch offene Flammen, Lichtbogen, heiße Gase, Wärmeleitung, Funken (heiße Metall- oder Schlacketeilchen) oder durch eine Widerstandserwärmung bei Fehlern im Schweißstromkreis. Beim Schweißen und Schneiden entstehende Schweißperlen sind Funken mit sehr großer Oberfläche, sie gehören zu den besonders wirksamen Zündquellen. Ähnliche Funken entstehen auch beim Schleifen oder Trennen.

C 2.3.2 Elektrische Zündquellen

- **Elektrische Ausgleichströme** (Streu-/Leckströme) können in elektrischen Anlagen oder anderen leitfähigen Anlagenteilen zeitweise oder dauernd zu einer gefährlichen Potentialverschiebung führen. Daher sind alle leitenden, auch ortsveränderlichen Anlagenteile in den Potentialausgleich einbezogen. Werden derartige Anlagenteile getrennt, verbunden oder überbrückt, kann selbst bei geringen Potentialdifferenzen durch elektrische Funken eine explosionsfähige Atmosphäre entzündet werden. Vor dem Öffnen und Schließen der Verbindungen von leitfähigen Anlagenteilen (z. B. beim Ausbau von Armaturen und Rohrteilen) sind Überbrückungen durch Verbindungsleitungen mit ausreichendem Querschnitt erforderlich.
- **Blitzschläge** können durch einen direkten Einschlag, aber auch durch die Auswirkungen eines Einschlags in größerer Entfernung eine explosionsfähige Atmosphäre entzünden. In erstem Fall wird durch den Blitz die Atmosphäre unmittelbar entzündet. Daneben besteht eine Zündgefahr durch starke Erwärmung der Ableitwege des Blitzes (z. B. über Baugerüste). Von Blitzeinschlagstellen fließen starke Ströme, die auch in größerer Entfernung von der Einschlagstelle zündfähige Funken auslösen können. Auswirkungen durch Blitzschlag können infolge von Überspannungen auch in größerer Entfernung von der Einschlagstelle auftreten (z. B. nicht blitzgeschützte Baustromversorgung). Bei Blitzschlag außerhalb der Zonen können Rückwirkungen auf die explosionsgefährdeten Bereiche auftreten (nicht überspannungsgeschützte Arbeits- und Betriebsmittel) (siehe auch B 3.6).

C 2.3.3 Mechanische Zündquellen

Eine nicht zu unterschätzende Zündquelle sind mechanisch erzeugte Funken, welche beim kurzzeitigen Berühren von funkenerzeugenden Werkzeugen oder Schlagvorgängen unter Beteiligung von Rost und Leichtmetallen entstehen. Typische Beispiele hierfür sind das Öffnen von Behältern, mechanische Trennarbeiten und Schleifvorgänge.

- **Mechanische Funken** sind durch mechanisch erzeugte Reib-, Schlag- und Abtragvorgänge aus festen Materialien abgetrennte Teilchen (z. B. beim Schleifen), die eine erhöhte Temperatur aufgrund der beim Trennvorgang aufgewandten Energie annehmen. Bestehen die Teilchen aus oxidierbaren Stoffen (z. B. Eisen, Stahl), können sie einen Oxidationsprozess durchlaufen und sich dabei weiter erhitzen. Diese Funken können brennbare Gase und Dämpfe sowie Staub-/Luft-Gemische (insbesondere Metallstaub-/Luft-Gemische) entzünden.

- **Reibung** durch mechanische Vorgänge können im Bereich der beanspruchten Oberflächen zu gefährlichen Temperaturen führen (z. B. durch spanabhebende Verfahren wie Drehen, Bohren, Fräsen, Schleifen). Beim Zerspanen dringt eine Schneide des Zerspanungswerkzeugs in das Werkstück ein und trennt Späne ab. In industriellen Fertigungsmaschinen werden wegen der großen Reibung und hohen Temperatur häufig Kühlschmiermittel verwendet, die jedoch bei handgeführten Werkzeugen in der Instandhaltung vor Ort nicht immer einsetzbar sind.

C 2.3.4 Chemische Zündquellen

Eine chemische Reaktion ist ein Vorgang, bei dem eine oder meist mehrere chemische Verbindungen in andere umgewandelt werden und Energie freigesetzt oder aufgenommen wird. Damit eine Stoffumwandlung durch eine chemische Reaktion stattfinden kann, muss oft erst Energie als sogenannte Aktivierungsenergie zugefügt werden. Bei vielen chemischen Reaktionen wird bei der weiteren Reaktion Energie freigesetzt.

- **Chemische Reaktionen mit Wärmeentwicklung (exotherme Reaktionen):** Die Aktivierungsenergie ist kleiner als die frei werdende Energie, also die Wärmeproduktionsrate größer als die Wärmeverlustrate zur Umgebung. Dies geschieht z. B. durch
  - Oxidation (z. B. ölverschmutzte Putzwolle),
  - Zersetzung von organischen Peroxiden,
  - biologische Prozesse,
  - spontane exotherme Reaktion beim Zusammentreffen starker Oxidationsmittel oder anderer besonders reaktionsfreudiger Stoffe (z. B. Salpetersäure, Chlorate, Fluor) mit brennbaren Stoffen,
  - langsame Selbsterwärmung mit anschließender Selbstentzündung.

  Die entstehende hohe Temperatur kann Stoffe oder Stoffsysteme erhitzen und als Zündquelle zur Entzündung explosionsfähiger Atmosphären oder zur Entstehung von Glimmnestern und Bränden führen.
- **Chemische Zündquellen:** Werden z. B. bei feinverteilten Stoffkombinationen wie Aluminium und Rost oder durch Schlageinwirkung oder Reibung aktiviert. In Stoßwellen und bei adiabatischer Kompression können so hohe Temperaturen auftreten, dass eine explosionsfähige Atmosphäre (auch abgelagerter Staub) entzündet werden kann.

C 2.3.5 Physikalische Zündquellen

Physikalische Zündquellen sind z. B. hochfrequente elektromagnetische Felder, elektromagnetische Strahlung im optischen Spektralbereich, ionisierende Strahlung oder Ultraschall.

- **Elektromagnetische Felder:** Gehen von allen Anlagen aus, die hochfrequente elektrische Energie (Frequenzen von 9×10^3 Hz bis 3×10^{11} Hz) erzeugen und benutzen (Hochfrequenzanlagen). Dazu gehören Funksender (z. B. für Mobilfunk) und medizinische, wissenschaftliche und industrielle Hochfrequenzgeneratoren zum Erwärmen, Trocknen, Härten, Schweißen oder Schneiden. Sämtliche im Strahlungsfeld befindlichen leitfähigen Teile wirken als Empfangsantennen (sogenannte

„Empfangsgebilde“). Die vom Empfangsgebilde aufgenommene Energie hängt von seinem Abstand zum Strahler und seinen Abmessungen ab. Bei ausreichender Stärke des Feldes und genügender Größe kann eine explosionsfähige Atmosphäre entzündet werden.

- **Strahlung im optischen Spektralbereich:** Frequenzen von 3×10^{11} Hz bis 3×10^{15} Hz bzw. Wellenlängen von 1.000 µm bis 0,1 µm können – insbesondere bei Fokussierung – durch Absorption in explosionsfähigen Atmosphären oder an festen Oberflächen zur Zündquelle werden. So kann bereits Sonnenlicht eine Zündung auslösen, wenn Gegenstände eine Bündelung der Strahlung herbeiführen (z. B. gefüllte Spritzflasche, Hohlspiegel). Die Strahlung von Blitzlichtquellen (z. B. Stroboskop) wird u. U. durch Staubpartikel so stark absorbiert, dass diese Partikel zur Zündquelle werden. Bei Laserstrahlung kann auch noch in großer Entfernung die Energie- bzw. Leistungsdichte selbst unfokussierter Strahlen so groß sein, dass Zündung möglich ist.
- **Ionisierende Strahlung:** Hierzu gehört jede Teilchen- oder elektromagnetische Strahlung, die durch Stoßprozesse Elektronen aus Atomen oder Molekülen entfernen kann, sodass positiv geladene Ionen oder Molekülreste zurückbleiben (Ionisation). Dadurch können chemische Verbindungen aufgebrochen und durch Radiolyse oder chemische Zersetzung bzw. Umwandlung explosionsfähige Stoffe und Gemische erzeugt werden und damit weitere Explosionsgefahren entstehen. Ionisierende Strahlungen gehen von radioaktiven Stoffen aus, können aber auch künstlich als Röntgenstrahlung erzeugt werden und finden technische Anwendung z. B. beim zerstörungsfreien Prüfen von Schweißnähten an Rohrleitungen mit Röntgen- oder Gammastrahlen.
- **Ultraschall** sind Schallwellen mit Frequenzen oberhalb des Hörfrequenzbereichs des Menschen. Er umfasst Frequenzen ab 16 kHz, aber auch Schall für technische Anwendung im Frequenzbereich über etwa 1 kHz, der nicht zum Hören bestimmt ist. Ultraschall findet diverse Anwendungen, z. B.
  - in Ultraschall-Durchflusssensoren für Rohre und Kanäle, die die Geschwindigkeit eines strömenden Mediums (Gas, Flüssigkeit) mithilfe akustischer Wellen messen,
  - bei der kontinuierlichen, berührungslosen Füllstandsmessung bei flüssigen und festen Medien unterschiedlichster Konsistenz und Oberflächenbeschaffenheit,
  - zur Werkstoffprüfung mit Ultraschallprüfgeräten, um ungewünschte Einschlüsse, Lunker oder Risse zu entdecken,
  - bei der Schichtdickenmessung von Beschichtungen, besonders auf nichtmetallischen Untergründen und bei mehrschichtigen Systemen,
  - zur Teilereinigung in Ultraschall-Reinigungsgeräten sowie
  - beim Ultraschallschweißen zum Fügen von thermoplastischen Kunststoffen und metallischen Werkstoffen in der Technik.

Ultraschallwellen werden von einem Schallwandler abgegeben, dessen Energie von festen oder flüssigen Stoffen absorbiert wird. Im beschallten Stoff tritt dabei infolge innerer Reibung eine Erwärmung auf, die in Extremfällen bis über die Zündtemperatur führen kann.

C 3 Besondere Schutzmaßnahmen bei Arbeiten an Behältern und in engen Räumen

In Behältern, Rohrleitungen und schlechtbelüfteten Räumen können besondere Explosionsgefährdungen durch brennbare Gase, Dämpfe, Nebel oder Stäube bestehen bzw. entstehen. Eine gefährliche explosionsfähige Atmosphäre kann z. B. entstehen

- durch Rückstände, die bei Reinigungsarbeiten freigesetzt werden,
- durch Arbeitsverfahren, z. B. Schweißgase, Reinigungsmittel, Schleifstaub,
- durch Nachverdampfung brennbarer Dämpfe aus Verkrustungen oder Verunreinigungen in einem schlecht gereinigten Behälter,
- durch Stoffe und Zubereitungen, die durch undichte Auskleidungen oder undichte Absperreinrichtungen eindringen können,
- wenn aus betriebstechnischen Gründen brennbare Stoffe nicht aus den Behältern, Silos oder engen Räumen entfernt werden können,
- durch Aufwirbeln von Ablagerungen von Stäuben mit brennbarem Anteil.

Behälter: Allseits von festen Wandungen umgebene Bereiche wie Tanks, Kessel, Silos und Bunker, aber auch Tankcontainer bzw. ortsbewegliche Tanks, Tankfahrzeuge und Eisenbahnkesselwagen.

Auch Ausrüstungsgegenstände und Armaturen von Befüll- und Entnahmeeinrichtungen, dazugehörigen Füll- und Entleerstellen sowie die zugehörigen Rohr- und Schlauchleitungen können hierzu gehören.

Schlecht belüftete Bereiche sind Räume, die nicht ausreichend natürlich belüftet werden können, z. B. kleine Kellerräume, Stollen und fensterlose Bauwerke sowie Hohlräume in Bauwerken und Maschinen. Als enger Raum gilt ein Raum ohne natürlichen Luftabzug und mit einem Luftvolumen von weniger als 100 m^3 oder einer Abmessung (Länge, Breite, Höhe, Durchmesser) unter 2 m. Bei der Betrachtung, ob es sich um einen „engen Raum“ handelt, sollte nicht nur die Raumgröße herangezogen werden, sondern stets auch potenzielle besondere Gefährdungen.

Enge Räume: Luftaustauscharme Bereiche, in denen aufgrund ihrer räumlichen Enge oder der in ihnen befindlichen bzw. eingebrachten Stoffe, Zubereitungen, Verunreinigungen oder Einrichtungen besondere Gefährdungen bestehen oder entstehen können, die über das üblicherweise an Arbeitsplätzen herrschende Gefahrenpotenzial deutlich hinausgehen.

Schächte oder Kanäle sind immer als enge Räume anzusehen, falls das Auftreten von Gefahrstoffen nicht sicher ausgeschlossen werden kann. Unter den Begriff „Kanäle“ fallen u. a. Trink-, Brauch- und Abwasserkanäle, Rauchgas- und Abluftanlagen oder enge Leitungskanäle für Energie. Unter die Begriffe „Schächte und Gruben“ fallen u. a. Brunnenschächte, verrohrte Bohrungen, Sickerschächte, Abwassersammler, Schieberschächte, Abscheider u. Ä. Auch Bereiche, die nur teilweise von festen Wandungen umgeben sind (z. B. Tanktassen, Pumpensümpfe, Baugruben, Regenbecken, Faulgruben), in denen sich aber aufgrund der örtlichen Gegebenheiten oder der Konstruktion explosionsfähige Stoffe ansammeln können, sind als enge Räume anzusehen.

C 3.1 Entleeren und Reinigen von Behältern und Rohrleitungen

Auch bei Instandhaltungsarbeiten ist die Bildung daraus resultierender gefährlicher explosionsfähiger Atmosphären soweit wie möglich zu verhindern. Hierzu sind brennbare Stoffe in ausreichendem Maße zu beseitigen.

Die Bildung gefährlicher explosionsfähiger Atmosphären durch Instandhaltungsarbeiten kann vermieden werden, indem die in dem Anlagenteil befindlichen brennbaren Stoffe in ausreichendem Maße beseitigt werden. Apparate, Rohrleitungen oder Geräte sind vor Aufnahme der Arbeiten bei Anwesenheit von brennbaren Stoffen soweit wie möglich zu entleeren und zu reinigen, z. B. durch Freispülen (bei brennbaren Flüssigkeiten) oder Beseitigung von brennbaren Stäuben. Dabei sind Toträume, angrenzende Behälter, enge Räume und sonstige Bereiche mit einzubeziehen. Werden Behälter von brennbaren Inhalten entleert, bleiben immer Reststoffe aus Ablagerungen (bei brennbaren Stäuben) sowie durch eine Nachverdampfung zurück. Schon bei geringen Mengen besteht Explosionsgefahr. Daher muss die Wirksamkeit der Maßnahmen z. B. durch Messungen vor Beginn der Instandhaltungsarbeiten kontrolliert werden.

C 3.1.1 Entleeren

Apparate, Rohrleitungen oder Geräte sind vor Aufnahme der Arbeiten bei Anwesenheit von brennbaren Stoffen soweit wie möglich zu entleeren, z. B. durch Ablassen, Absaugen, Abpumpen, Abziehen oder durch Fördereinrichtungen. Nach Möglichkeit soll das Füllgut aus dem Behälter, Silo oder engen Raum entfernt werden, ohne dass sich dazu Personen darin aufhalten müssen. Es muss gewährleistet sein, dass im Zuge des Entleerens Stoffe, Zubereitungen oder Rückstände gefahrlos gelagert, abgeleitet oder entfernt werden.

C 3.1.2 Spülen und Reinigen

Reststoffe sollen durch wiederholtes Füllen und Entleeren des Behälters mit Wasser, durch Ausspritzen oder Ausspülen mit geeigneten Reinigung- und Spülflüssigkeiten – ggf. unter gleichzeitigem Durchrühren eventuell vorhandener schlammartiger Rückstände oder durch Verdrängen mit geeigneten Gasen oder Spülen mit Luft – entfernt werden.

Bei Reinigungsarbeiten ist auf die Eignung des Reinigungsverfahrens (z. B. Entfernung von Staubablagerungen durch Absaugen mit geeigneten Staubsaugern statt mit Druckluft) und den Einsatz geeigneter Spülmittel zu achten (z. B. die Verwendung von Wasser als Spülmedium bei wasserlöslichen Stoffen). Zusätzlich entstehende Explosionsgefahren durch organische Lösungs- bzw. Reinigungsmittel sind dabei zu berücksichtigen.

C 3.1.3 Ausdämpfen

Rückstände können auch durch Ausdämpfen beseitigt werden. Das Ausdämpfen ist ein Verfahren zum Entgasen von leichtflüchtigen Stoffen, bei dem heißer (Wasser-)Dampf in den Behälter gespült wird und die leichtflüchtigen Stoffe aufnimmt und verdrängt. Die austretenden Dämpfe sind dabei gefahrlos abzuführen.

C 3.1.4 Inertisieren

Beim Inertisieren wird Luft und der darin enthaltene Sauerstoff durch ein Inertgas verdrängt. Als Inertgase werden Gase eingesetzt, die sehr reaktionsträge sind, z. B. Stickstoff und Kohlenstoffdioxid sowie sämtliche Edelgase. Bei der zeitweisen Inertisierung wird der Sauerstoffgehalt in der Atmosphäre soweit abgesenkt, dass kein brennbares Gemisch mehr vorliegt. Um Explosionsgefahren beim Umgang mit leicht entzündlichen und explosionsgefährdeten Flüssigkeiten durch brennbare Dämpfe auszuschließen, werden die gefährlichen Dämpfe vor Wartungsarbeiten mit Stickstoff aus den Anlagen gespült.

C 3.2 Wirksame Unterbrechung des Medienflusses

Um Behälter oder Rohrleitungen in überwachungsbedürftigen Anlagen warten zu können, müssen diese vorher abgesperrt, entspannt und entleert werden. Hierzu sind z. B. Zu- und Abgänge wirksam zu unterbrechen, durch die Stoffe in den instand zu haltenden Anlagenteil ein- oder rückfließen und während der Instandhaltungsarbeiten gefährliche explosionsfähige Atmosphären in dem Arbeitsbereich bilden können. Folgende prinzipielle Schritte müssen vor Arbeiten an solchen Anlagenteilen durchgeführt werden:

- Allseitige Absperrung,
- Sicherung der Absperrarmaturen,
- Entleeren und Belüften der Anlagen,
- Sicherung der Armaturen gegen unbefugtes Betätigen,
- evtl. ausreichendes Spülen und
- Entleerung und Drucklosigkeit oder Feststellung der Konzentration.

Geschlossene Absperrarmaturen gelten nicht als gasdichte Verschlüsse. Absperreinrichtungen ohne Zwischenentspannung, auch mit zwei hintereinanderliegenden Absperreinrichtungen sowie Zu- und Ableitung mit einfachen Absperreinrichtungen (z. B. Hahn, Ventil, Hilfsabsperrungen wie Blasen, Pfropfen aus Eis oder andere Stoffe) dürfen nur genutzt werden, wenn der Stoff in der Rohrleitung ungefährlich ist, sodass die Mitarbeitenden bei auftretenden Undichtigkeiten nicht gefährdet sind. Dieses ist bei brennbaren Stoffen, die explosionsfähige Atmosphären bilden können, nicht der Fall.

Für die Bedienung und Instandhaltung von Anlagen und Anlagenteilen müssen Einrichtungen vorhanden sein, die eine sichere Durchführung dieser Arbeiten gewährleisten. Damit nach dem Entleeren keine Gefahrstoffe oder gefährdende Medien in den Behälter gelangen können, müssen vor Arbeitsbeginn alle Zu- und Abgänge wirksam unterbrochen werden. Je nach Bauart und Rahmenbedingung können die zu- und abführenden Leitungen auf unterschiedliche Art und Weise abgetrennt werden.

C 3.2.1 Blindflansche

Blindflansche sind die sicherste Art, Leitungen abzutrennen. Ein Flansch ist ein zerstörungsfrei lösbares Verbindungselement zum dichten, aber lösbaren Dichten, Verbinden oder Schließen von Rohren, Maschinenteilen oder Gehäusen mit Schrauben und Muttern. Flansche sind in der Regel mit dem Rohr verschweißt. Blindflansche werden zum Verschließen von z. B. zusätzlichen Stutzen an Druckbehältern oder von Rohrleitungsenden verwendet. Hierfür wird aus der Leitung das dafür vorgesehene Zwischenstück entfernt und stattdessen ein Blindflansch eingesetzt. Diese wird mit Schrauben aufgebracht, die durch Bohrungen in den Flanschblättern gesteckt sind. Entscheidend für die Dichtheit ist der Anpressdruck der kreisringförmigen Dichtflächen auf die dazwischen liegende Dichtung.

C 3.2.2 Steckscheiben

Eine Steckscheibe dient der provisorischen Trennung einer Rohrleitung. Mit Steckscheiben kann ein Abschnitt einer Rohrleitung oder ein Behälter vom Rest einer chemischen Anlage oder eines Rohrleitungsnetzes abgetrennt (isoliert) werden. Sie sind für den Einsatz zwischen Flanschverbindungen in Rohrleitungen und an Behälterstutzen vorgesehen und werden zur Absperrung von Rohrleitungen bei Druckproben oder Wartungsarbeiten in die dafür vorgesehene Flanschverbindung eingebaut.

Steckscheiben sind immer in Kombination mit den für den Einsatz vorgesehenen Dichtungen einzubauen. Sie müssen dicht abschließen, deutlich erkennbar sein und in ihrer Abmessung und Werkstoffzusammensetzung den auftretenden Temperaturen, stofflichen Beanspruchungen und Drücken angepasst sein. Hier sind insbesondere auch Stoffe mit gefährlichen Temperaturen oder Drücken zu berücksichtigen.

C 3.2.3 Absperreinrichtungen mit Zwischenentspannung

Eine weitere Möglichkeit sind zwei hintereinanderliegende Absperreinrichtungen mit Zwischenentspannung. Die Zwischenentspannung sorgt als Verbindung zur Außenluft für die nötige Druckentlastung. Hierzu werden zwei Absperrventile über ein T-Stück verbunden, wobei ein drittes Absperrventil den noch freien Anschluss am T-Stück abschließt. Während des normalen Betriebes sind die Ventile der Anlage geöffnet und das dritte als Entspannungsventil geschlossen. Vor Wartungsarbeiten werden zuerst die Ventile der durchgehenden Rohrleitung geschlossen und danach das

Entspannungsventil geöffnet. Hierbei ist natürlich sicherzustellen, dass die aus dem Entspannungsventil nachfolgende Entspannungsleitung an einen sicheren Ort geführt wird. Nun wird das Ventil der arbeitsseitigen Rohrleitung geöffnet, und das unter Druck stehende Medium kann sich über das Entspannungsventil entspannen. Ist Drucklosigkeit erreicht, wird dieses Ventil wieder geschlossen. Die doppelt gesicherte Anlage kann nun gefahrlos instandgesetzt werden.

C 3.2.4 Sicherung vor unbeabsichtigter Inbetriebnahme

Die Einrichtung muss gegen unbeabsichtigtes und unbefugtes Öffnen gesichert sein. Während Wartungs- oder Instandhaltungsarbeiten an Maschinen und Anlagen durchgeführt werden, sorgen z. B. eine Kette mit Schloss und ein Warnschild, das auf die mögliche Gefährdung hinweist, für die nötige Sicherung zum sicheren Absperren und Kennzeichnen. Andere Sicherheitsverriegelungen wie Schlösser, Blockiersysteme, Absperrungen, Verriegelungen, Schließsysteme für Ventile und Kugelhähne mit dazugehörigen Sicherheits- und Warnanhängern dienen der systematischen Absperrung und einer geordneten Wiederinbetriebnahme.

Diese Arbeitsmittel können dann sicher gewartet und repariert werden, ohne dass Personen- oder Sachschäden entstehen.

C 3.3 Zusätzliche Lüftungsmaßnahmen gegen Ansammlungen brennbarer Stoffe

An Arbeitsplätzen muss die Luft so beschaffen sein, dass sie im Arbeitsbereich mit brennbaren Luftverunreinigungen keine Brand- und Explosionsgefahr bildet. Wenn durch gefährliche Gase, Dämpfe, Nebel oder Stäube eine explosionsfähige Atmosphäre auftreten kann, müssen Behälter und enge Räume vor und während der Arbeit be- bzw. entlüftet werden.

> **Lüftung:** Erneuerung der Raumluft durch direkte oder indirekte Zuführung von Außenluft. Die Lüftung erfolgt durch freie Lüftung oder mithilfe technischer Lüftung.

Durch Lüftungsmaßnahmen soll, soweit möglich, die Bildung gefährlicher explosionsfähiger Atmosphären verhindert oder eingeschränkt werden. Eine explosionsfähige Atmosphäre wird verhindert, wenn die Konzentration der Gase, Nebel, Dämpfe oder Stäube im Gemisch mit Luft 50 % der unteren Explosionsgrenze nicht überschreiten kann. Wenn durch die Art der Luftführung gewährleistet ist, dass sich an keiner Stelle und zu keiner Zeit eine gefährliche explosionsfähige Atmosphäre bildet, kann auf Schutzmaßnahmen zum Vermeiden wirksamer Zündquellen verzichtet werden.

C 3.3.1 Freie Lüftung

Die freie Lüftung von Räumen kann als Stoßlüftung oder kontinuierliche Lüftung erfolgen, z. B. Fenster-, Schacht-, Dachaufsatzlüftung und Lüftung durch sonstige Lüftungsöffnungen.

Freie Lüftung: Lüftung durch Wind oder Druck- und Temperaturdifferenzen zwischen außen und innen.

Bei freier Lüftung kann auf die Qualität der Zuluft kein Einfluss genommen werden, d. h. Zuluft entspricht der Außenluft. Die freie (natürliche) Lüftung ist nur dann ausreichend, wenn bei Arbeiten mit kleinen Mengen oder bei Arbeiten in Räumen mit großem Raumvolumen keine explosionsfähige Atmosphäre entstehen kann. Vor Arbeiten in Behältern oder in engen Räumen ist messtechnisch zu prüfen, ob ausreichend Frischluft vorhanden ist und keine Stoffe in der Umgebungsluft in gefährlicher Konzentration vorhanden sind.

Querschnitte von Zuluft- und Abluftöffnungen sind so zu wählen, dass ein ausreichender Austausch der Raumluft auch bei ungünstigen Voraussetzungen stattfindet und die Wirksamkeit der freien Lüftung gewährleistet ist. Bauliche Gegebenheiten, z. B. tiefe Gruben, enge Räume, Behälter oder Arbeitsverfahren können die freie Lüftung in ihrer Wirksamkeit einschränken. Sie ist in den allermeisten Fällen nicht ausreichend, da schwere Gase und Dämpfe am Boden von Behältern und engen Räumen nicht erfasst werden.

Eine ständige konstante Belüftung von Betriebsräumen kann die Bildung gefährlicher explosionsfähiger Atmosphären nur dort sicher vermeiden, wo eine Abschätzung der maximalen Menge (Quellstärke) eventuell austretender explosionsfähiger Gase und Dämpfe möglich ist und die Lage der Quelle sowie die Ausbreitungsbedingungen ausreichend bekannt sind. Bei Stäuben bieten Lüftungsmaßnahmen im Allgemeinen nur dann einen ausreichenden Schutz, wenn der Staub an der Entstehungsstelle abgesaugt und zusätzlich gefährliche Staubablagerungen sicher verhindert werden. Deshalb muss bei Instandhaltungsarbeiten, die vom Normalbetrieb abweichen, grundsätzlich eine technische Lüftung mit Luftzufuhr bzw. Luftabfuhr eingesetzt werden.

C 3.3.2 Technische Lüftung

Wenn eine freie Lüftung nicht ausreicht, sind Maßnahmen zur technischen Lüftung erforderlich. Gründe dafür können Abmessungen und Lage der Räume sein (z. B. Tieflage [Fußboden tiefer als 1 m unter der umgebenden Geländeoberfläche]), eine besondere Nutzung (z. B. Arbeitsräume ohne öffenbare Fenster) oder die Menge der explosionsfähigen Atmosphäre, die mit einer freien Lüftung nicht beherrscht werden kann.

Technische Lüftung: Einsatz von motorbetriebenen Lüftungsanlagen zur Be- und Entlüftung zur Absaugung von Gefahrstoffen in Räumen und am Arbeitsplatz.

Zu- und Abluftöffnungen müssen so angeordnet sein, dass durch die Luftführung alle durch Luftverunreinigungen belasteten Bereiche erfasst und die Lasten auf möglichst kurzem Wege abgeführt werden. Wichtige Kenngrößen für die Dimensionierung sind

- Fördermenge (m^3/h),
- Luftwechselrate (Fördermenge im Verhältnis zum Raumvolumen),
- Luftgeschwindigkeit (m/s),
- Auslegung auf das Medium und/oder explosionsfähige Atmosphäre (Positionierung der Zu- und Abluftöffnungen).

Anlagen zur Absaugung brennbarer Luftverunreinigungen und explosionsfähiger Gemische müssen aus leitfähigen oder elektrostatisch ableitfähigen Werkstoffen hergestellt, geerdet und explosionsgeschützt sein. Ventilatoren müssen so bemessen und ausgewählt sein, dass abhängig von der Dichte des Fördermediums und den Strömungswiderständen der Anlagenteile (z. B. Luftleitungen, Krümmer, Drosseleinrichtungen, Abscheider) der erforderliche Luftvolumenstrom und Unterdruck sichergestellt werden.

Während der Arbeiten muss die Wirksamkeit der Lüftung durch Messgeräte regelmäßig überwacht und für die Lüfterbedienung eine Zugriffssicherung vor dem Zugriff Unbefugter sichergestellt sein. Sobald eine unwirksame Lüftung erkannt wird, müssen die Arbeiten eingestellt werden.

a) Belüftung
In umschlossenen Arbeitsräumen muss gesundheitlich zuträgliche Atemluft in ausreichender Menge vorhanden sein. In der Regel entspricht dies der Außenluftqualität. Zur technischen Belüftung muss Frischluft benutzt werden, die den gesamten Raum durchspült. Die Frischluft sollte möglichst der freien Außenluft entnommen werden. Nur wenn dies nicht möglich ist, können Räume als Quelle genutzt werden. Diese Räume müssen mit der Außenluft durch größere Öffnungen in Verbindung stehen und Luft ohne gesundheitsgefährliche oder brennbare Verunreinigungen enthalten. Die Mitarbeitenden sollten dabei möglichst im Frischluftstrom arbeiten. Auf die gute Durchlüftung von Senken, Kanälen oder Vertiefungen ist besonders zu achten.

Die Luftführung beschreibt in der Lüftungstechnik den Strömungsweg der Luft durch den Aufenthaltsbereich des Raumes. Maßgebend sind dabei Art und Anordnung der Luftdurchlässe im Raum. Durch eine größere Zuluftöffnung wird ein laminarer, uneffektiver Luftstrom verursacht. Eine turbulente, effektive Strömung durchlüftet auch gut die Randbereiche. Durch die Erzeugung von turbulenten Luftströmungen wird die Raumluft mit der frischen Außenluft vermischt, um Schadstoffe zu verdünnen. Die Luft wird daher nicht großflächig, sondern punktuell und mit 2 bis 5 m/s, in sehr großen Räumen auch bis zu 15 m/s Einblasgeschwindigkeit eingeblasen. Bei Behältern mit mehreren Öffnungen sollte der Durchmesser der Zuluftöffnung genauso groß sein wie der Durchmesser der Absaugöffnung.

b) Entlüftung

Die Erfassung der Gase, Dämpfe, Nebel oder Stäube sollte möglichst durch das unmittelbare Absaugen der Luftverunreinigungen an der Entstehungs- oder Austrittsstelle (Emissionsquelle) mit Hilfe von Erfassungseinrichtungen und einem Luftstrom erfolgen. Die abgesaugte, verunreinigte Luft ist so abzuführen, dass niemand gefährdet wird. Das Eindringen von belasteter Abluft in unbelastete Arbeitsräume ist zu vermeiden (z. B. durch Luftführung, Schleusen oder Abtrennungen). Beim Absaugen verunreinigter Luft muss genügend Frischluft nachströmen.

C 3.4 Überwachung der Konzentration brennbarer Stoffe

Werden die Instandhaltungsarbeiten in Bereichen durchgeführt, in denen eine gefährliche explosionsfähige Atmosphäre nicht ausgeschlossen ist und können hierbei Zündquellen nicht vermieden werden, müssen die Instandhaltungsarbeiten unter Überwachung der Konzentration brennbarer Stoffe durchgeführt werden. Eine wichtige Schutzmaßnahme bei Arbeiten in Behältern, Silos und engen Räumen stellt daher das Freimessen dar.

Freimessen: Ermitteln einer möglichen Gefahrstoffkonzentration vor bzw. während der Arbeiten zur Feststellung, ob die Atmosphäre ein sicheres Arbeiten ermöglicht. Die Freigabe nach der Messung erfolgt durch den Verantwortlichen vor Ort.

Mit dem Freimessen wird die momentane Situation in einer konkreten Arbeitssituation hinsichtlich einer Explosionsgefahr festgestellt. Beim Freimessen wird mit geeigneten Messverfahren die Gefahrstoffkonzentration ermittelt, um die Umgebungsatmosphäre für die Mitarbeitenden als sicher einzustufen oder weitere Schutzmaßnahmen einzuleiten.

C 3.4.1 Zuverlässige Feststellung der Konzentration

Die Messungen müssen an geeigneten Stellen zur zuverlässigen Feststellung der Konzentration der brennbaren Stoffe erfolgen. Wichtig ist, dass an repräsentativer Stelle gemessen wird. Bei der Auswahl der richtigen Messstelle muss bekannt sein, ob die explosionsfähige Atmosphäre leichter oder schwerer als Luft ist und wo sich der Arbeitsbereich des Mitarbeitenden befinden wird. Auch die Art und Form des Behälters oder engen Raumes muss berücksichtigt werden, ebenso wie Ausbeulungen, Einbauten usw.

- Leichte Gase steigen in den höchstgelegenen Bereich und vermischen sich schnell mit Luft, das Wolkenvolumen nimmt rasch zu. Messungen in freier Atmosphäre sollten also nahe am Leck erfolgen. In Behältern kommt es zu Konzentrationserhöhungen in den hochgelegenen Punkten.
- Schwere Gase fließen am Boden wie eine Flüssigkeit, umströmen Hindernisse oder bleiben daran hängen, haben eine geringe Vermischung mit der Umgebungsluft, eine hohe Reichweite und sammeln sich dort, wo der Boden niedriger liegt. Die Messung erfolgt am besten am Boden im Fließbereich.

C 3.4.2 Auswahl des Messverfahrens

Zur Überwachung sind geeignete Messverfahren anzuwenden. Entscheidend für die Auswahl des Messverfahrens sind auch die Verhältnisse des Arbeitsbereiches. Die Überwachung kann, in Abhängigkeit von der Wahrscheinlichkeit des Auftretens der gefährlichen explosionsfähigen Atmosphäre, entweder vor oder während der Durchführung der Instandhaltungsarbeiten erfolgen.

a) Einzelmessungen
In Räumen und Behältern, die vollständig entleert, gespült und gereinigt sind und in die ein Eindringen von brennbaren Stoffen ausgeschlossen ist, ist eine einmalige Freimessung zeitnah vor Beginn der Arbeiten ausreichend. Im Rahmen der Gefährdungsbeurteilung muss bewertet werden, ob nach größeren Arbeitsunterbrechungen (Wirksamkeitskontrolle) und bei plötzlicher Gefährdung auch während der Arbeit weitere Einzelmessungen erforderlich sind.

b) Wiederholte Einzelmessungen
Wiederholte Einzelmessungen z. B. mit Prüfröhrchen sind erforderlich, wenn Arbeitsbereiche in Räumen und Behältern sind und

- Verunreinigungen oder Rückstände aufweisen, die zur Bildung explosionsfähiger Atmosphären führen können (z. B. aufgrund von Ansammlungen brennbarer Flüssigkeiten hinter beschädigten Beschichtungen, nicht lösbare Rückstände, Toträume),
- nicht vollständig abgetrennt sind und daher ein Eindringen von explosionsfähigen Atmosphären möglich ist,
- durch herandriftende Gas-, Dampf- oder Staubwolken eine Bildung explosionsfähiger Atmosphären möglich ist.

c) Kontinuierliche Messungen
Kontinuierliche Messungen mit direktanzeigenden Messgeräten sind zu bevorzugen, wenn der Behälter Verunreinigungen oder Rückstände aufweist, die Gefahrstoffe freisetzen können, oder der Behälter nicht vollständig abgetrennt werden kann und Gefahrstoffe eindringen können.

In einigen Fällen kann es zu einem plötzlichen Gefahrstoffausstoß in einer sonst sicheren Arbeitsatmosphäre kommen. Deshalb sollte der einfahrende Mitarbeiter ein direktanzeigendes Gerät mit sich führen, das ihn sofort vor erhöhter Gefahrstoffkonzentration warnt. Bei Veränderung sind in der Regel die Arbeiten zu unterbrechen und weitere Maßnahmen einzuleiten.

C 3.4.3 Geeignete und funktionssichere Messeinrichtungen

Transportable oder tragbare Warneinrichtungen und -geräte für brennbare Gase werden verwendet, wenn die Möglichkeit einer Gefährdung durch die Ansammlung von brennbaren Gas/Luft-Gemischen besteht.

Die Eignung einer Gaswarneinrichtung einschließlich Auswahl und Anordnung der Messstellen, der Messbereiche, der Alarmschwellen und der Ansprechzeit muss hinsichtlich der speziellen Anwendung beurteilt werden. Die zur Feststellung gefährlicher explosionsfähiger Atmosphären verwendeten Messeinrichtungen müssen für diesen Einsatzzweck nachweislich geeignet, funktionssicher und hinreichend genau sein. Gaswarngeräte sind im Rahmen von Explosionsschutzmaßnahmen hinsichtlich der messtechnischen Funktionsfähigkeit und der funktionalen Sicherheit für den vorgesehenen Einsatzfall geeignet auszuwählen.

DGUV Information 213-057
„Gaswarneinrichtungen und -geräte für den Explosionsschutz – Einsatz und Betrieb"

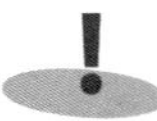

gibt Anleitungen für Auslegung, Erstinbetriebnahme, Einsatz, Wartung und Instandhaltung von elektrisch betriebenen Geräten der Gruppe II, die vorgesehen sind für den Einsatz in industriellen und gewerblichen Sicherheitsanwendungen zur Detektion und Messung von brennbaren Gasen und Dämpfen oder Sauerstoff.

Die Gaswarngeräte müssen als elektrische Betriebsmittel für den Einsatz in explosionsgefährdeten Bereichen hinsichtlich ihrer Sicherheit zulässig und entsprechend gekennzeichnet sein.

Zusätzlich muss bei Geräten, die eine Messfunktion für den Explosionsschutz wahrnehmen sollen, die messtechnische Funktionsfähigkeit für die vorgesehene Anwendung nachgewiesen sein. Der Konzeption von Geräten mit einer Messfunktion muss ein Sicherheitsfaktor zugrunde liegen, der gewährleistet, dass die Alarmschwelle genügend weit außerhalb der Explosions- und/oder Zündgrenzen der zu erfassenden Atmosphären liegt, insbesondere unter Berücksichtigung der Betriebsbedingungen der Einrichtung und etwaiger Abweichungen des Messsystems.

Die Anforderungen an die messtechnische Funktionsfähigkeit von Gaswarngeräten sind in Anhang II Abschnitte 1.5.5 bis 1.5.7 der Richtlinie 2014/34/EU beschrieben.

„Liste funktionsgeprüfter Gaswarngeräte"

Die in der von der Berufsgenossenschaft Rohstoffe und chemische Industrie veröffentlichten **„Liste funktionsgeprüfter Gaswarngeräte"** aufgeführten Gaswarngeräte gelten als geeignet im Sinne ihrer bestimmungsgemäßen Verwendung zum Zeitpunkt der Aufnahme in die Liste.

Bei der Auswahl der Messverfahren sind die speziellen Eigenschaften der zu messenden Stoffe zu berücksichtigen. Eine Gaswarneinrichtung darf nur für solche Gase und Dämpfe und in solchen Umgebungsbedingungen (Druck, Temperatur, Feuchte) eingesetzt werden, für die die Gaswarneinrichtung gemäß den Angaben des Herstellers geeignet ist. Hinweise in der Betriebsanleitung des Herstellers sind zu beachten. Auf Grundlage der

Benutzerinformationen der Hersteller für die Messgeräte sind Betriebsanweisungen zu erstellen.

Der zu messende Gefahrstoff kann einem anderen Stoff sehr ähnlich sein, sodass die Messung gegenüber beiden empfindlich reagiert und kein sicheres Ergebnis liefert (Querempfindlichkeit). Hinweise hierzu finden sich in den Herstellerangaben der Messgeräte. Besonderes Augenmerk muss auf eventuell an der Messstelle vorhandene störende Gase gerichtet werden, die die Funktion der Gaswarngeräte beeinträchtigen können. Dazu gehört auch eine für die Sensorfunktion ausreichende Sauerstoffkonzentration. Diese Einwirkung kann je nach Messprinzip, Art des Gases und seiner am Messort vorhandenen Konzentration Störungen bewirken, die von einer mehr oder weniger stetigen, langfristigen Abnahme bis zu einem plötzlich einsetzenden starken Abfall der Empfindlichkeit reichen können.

Messgeräte, die zur Überwachung der Konzentration brennbarer Stoffe in der Gasphase eingesetzt werden, müssen vor Beginn der Arbeiten (arbeitstäglich) auf ihre Funktion getestet werden (z. B. Sichtkontrolle des äußeren Zustandes, Ladezustand des Akkumulators oder der Batterien).

C 3.4.4 Mit der Überwachung der Konzentration beauftragte Personen

Die GefStoffV verlangt vom Unternehmer, dass er mit Arbeitsplatzmessungen – auch zur Überwachung der Konzentration brennbarer Stoffe – nur Mitarbeiter betraut, die über die erforderliche Fachkunde verfügen.

GefStoffV –
§ 7 „Grundpflichten"

§

„(10) Wer Arbeitsplatzmessungen von Gefahrstoffen durchführt, muss fachkundig sein und über die erforderlichen Einrichtungen verfügen."

Die Fachkunde bezieht sich auf

- die verwendeten Messgeräte bzw. Messverfahren,
- die Eigenschaften der zu messenden Stoffe,
- die angewendeten Arbeitsverfahren,
- die betrieblichen Verhältnisse, z. B. die Beschaffenheit der Räume und Behälter oder mögliche Einbauten, welche die Probenahme beeinflussen können.

DGUV Grundsatz 313-002
„Auswahl, Ausbildung und Beauftragung von Fachkundigen zum Freimessen nach DGUV Regel 113-004"

!

findet Anwendung auf die Auswahl, Ausbildung und Beauftragung von Personen zum Freimessen für Arbeiten in Behältern, Silos und engen Räumen.

Mit diesem Grundsatz soll den Unternehmen ein Werkzeug zur Verfügung gestellt werden, welches ihnen ermöglicht, Mitarbeitende auszubilden und ihnen damit das Rüstzeug zu geben, Freimessung fachkundig durchzuführen. Im Grundsatz werden zunächst Aussagen über die Auswahl der Personen gemacht, die mit dem Freimessen beauftragt werden. Für die Auswahl der Fachkundigen ergeben sich somit folgende Kriterien:

- Mindestalter 18 Jahre,
- geistige und charakterliche Eignung, um zuverlässig, verantwortungsbewusst und umsichtig zu handeln,
- körperliche Eignung, sofern dies für das Messverfahren zutreffend ist (z. B. Farbsehen),
- abgeschlossene Berufsausbildung in einem technischen Beruf oder eine vergleichbare Qualifikation,
- Kenntnisse über Grundlagen zu Gefahrstoffen, die Eigenschaften der zu messenden Stoffe und die erforderliche Messtaktik,
- Kenntnisse zur Gasmesstechnik, z. B. für das Verständnis für Zusammenhänge zwischen Gefahrstoffen und den jeweiligen Messmethoden (u. a. Querempfindlichkeiten),
- Kenntnisse über die betrieblichen Verhältnisse und die damit verbundenen Gefährdungen, um diese zutreffend beurteilen zu können.

Neben der Theorie sollen die Fähigkeiten durch praktische Übungen zum Umgang mit den Geräten und Verfahren (z. B. Frischluftabgleich, Funktionskontrolle, Kalibrierung) der eingesetzten Messgeräte und durch Beispielmessungen vermittelt werden. Die Befähigung schließt eine Prüfung und eine Unterweisung über die unternehmensspezifische Situation ein. Hierzu ist die Ausbildung mindestens durch eine theoretische Prüfung abzuschließen. Die Prüfung kann auch einen praktischen Teil beinhalten.

Die Beauftragung hat schriftlich zu erfolgen. Ein Muster einer Beauftragung ist als Anhang im oben genannten Grundsatz zu finden.

C 3.4.5 Dokumentation der Messergebnisse

Das Ergebnis der Messung ist geeignet zu dokumentieren. Das Protokoll muss nachvollziehbar machen, welcher Raum oder Behälter unter welchen Voraussetzungen und zu welchem Zeitpunkt freigemessen wurde. Unverzichtbare Angaben sind daher:

- Datum und Uhrzeit bzw. Zeitraum,
- Behälternummer und Messpunkt am Behälter, falls mehrere Messpunkte vorhanden sind,
- gemessene Gefahrstoffe,
- Verantwortlichkeiten (Name der freimessenden Person, Aufsichtsführender) und
- die für die Freimessung verwendeten Geräte, damit diese im Nachhinein eindeutig zuzuordnen sind.

Aus dem Messergebnis, das im Erlaubnisschein dokumentiert wird, werden die erforderlichen Schutzmaßnahmen abgeleitet.

C 4 Arbeitsfreigabesystem

Bei Instandhaltungsarbeiten können für einen begrenzten Zeitraum innerhalb eines gefährdeten Bereiches explosionsfähige Atmosphären entstehen bzw. vorhanden sein. Zudem können Tätigkeiten erforderlich sein, die durch die im Explosionsschutzdokument beschriebenen Explosionsschutzmaßnahmen nicht oder nicht hinreichend berücksichtigt sind. Das gilt auch für Arbeitsvorgänge, die sich mit anderen Arbeiten überschneiden und dadurch Gefährdungen verursachen können.

Zur sicheren Ausführung von Instandhaltungsarbeiten müssen ggf. über die Einhaltung der Vorschriften und Regeln des Arbeitsschutzes hinaus ergänzende Anweisungen gegeben und auf ihre Befolgung geachtet werden. Insbesondere bei Wartungs- und Instandsetzungsarbeiten ist hierfür die Anwendung eines Arbeitsfreigabesystems sinnvoll. Für Arbeiten in explosionsgefährdeten Bereichen ist ein solches schriftliches Arbeitsfreigabesystem für gefährliche Tätigkeiten und für Tätigkeiten, die durch Wechselwirkung mit anderen Arbeiten gefährlich werden können, vorgeschrieben.

GefStoffV – Anhang I (zu § 8 Absatz 8, § 11 Absatz 3) „Besondere Vorschriften für bestimmte Gefahrstoffe und Tätigkeiten" – Nr. 1 „Brand- und Explosionsgefährdungen"

„1.4 Organisatorische Maßnahmen
[...]
(2) In Arbeitsbereichen mit Gefahrstoffen, die zu Brand- oder Explosionsgefährdungen führen können, ist bei besonders gefährlichen Tätigkeiten und bei Tätigkeiten, die durch eine Wechselwirkung mit anderen Tätigkeiten Gefährdungen verursachen können, ein Arbeitsfreigabesystem mit besonderen schriftlichen Anweisungen des Arbeitgebers anzuwenden. Die Arbeitsfreigabe ist vor Beginn der Tätigkeiten von einer hierfür verantwortlichen Person zu erteilen."

C 4.1 Arbeitserlaubnis

Werden in einem explosionsgefährdeten Bereich oder in dessen Nähe Arbeiten ausgeführt, die möglicherweise zu einer Explosion führen können, so ist diese Arbeit durch die für diesen Betrieb verantwortliche Person zu genehmigen. Die Gefährdungsbeurteilung und die Festlegung notwendiger Sicherheitsmaßnahmen ist der wichtigste Teil des Erlaubnisscheins und hat durch den Betreiber zu erfolgen.

Auf dem Freigabeschein sind alle durchzuführenden Arbeiten zu beschreiben und hinsichtlich ihrer Gefährdung zu beurteilen. Zudem müssen alle zusätzliche PSA definiert werden. Es dürfen nur die im Freigabeschein aufgeführten Arbeiten durchgeführt werden. Bei zusätzlichen Arbeiten muss der Aufsichtsführende informiert und die Gefährdung neu beurteilt werden.

Auf dem Freigabeschein sollten u. a. folgende Mindestangaben vermerkt sein:

- Wo genau im Betrieb die Arbeiten durchgeführt werden,
- klare Benennung der durchzuführenden Arbeiten,
- Benennung der Gefahren,
- erforderliche Vorkehrungen und Bestätigung mit Unterschrift durch die für diese Vorkehrungen zuständigen Person, dass sie getroffen wurden,
- erforderliche PSA,
- Beginn und voraussichtliche Beendigung der Arbeiten,
- Annahme zur Bestätigung des Verstehens,
- Verlängerung/Übergabeverfahren bei Schichtwechsel,
- Rückgabe der Anlage zur Prüfung und Wiederinbetriebnahme,
- Aufhebung, Anlage getestet und wieder in Betrieb genommen,
- Bericht über während der Arbeit festgestellte Anomalien.

C 4.2 Freigabeverfahren

Um die Umsetzung, Vollständigkeit und Wirksamkeit der angeordneten Sicherheitsmaßnahmen gewährleisten zu können, sind die Abläufe von Übergabe, Außerbetriebnahme, Instandhaltungsarbeiten, Erprobung, Wiederinbetriebnahme und Rückgabe in Abhängigkeit der Gefährdungsbeurteilung ggf. schriftlich festzulegen.

Mit der Durchführung der Arbeiten darf nur begonnen werden, wenn die festgelegten Maßnahmen umgesetzt und auf ihre Wirksamkeit überprüft wurden. Eine diesbezügliche Arbeitsfreigabe ist dann durch den Arbeitgeber oder einer von ihm nach § 13 Abs. 2 ArbSchG beauftragten Person zu erteilen. Für derartige Fälle hat sich ein Arbeitsfreigabesystem als vorteilhaft erwiesen.

Die Arbeitsfreigabe muss folgende Bedingungen sicherstellen:

- Vor Beginn der Instandhaltungsarbeiten muss der den Auftrag erteilende Arbeitgeber dafür sorgen, dass sich das instand zu setzende Arbeitsmittel in einem gefahrlosen Zustand befindet.
- Während der Durchführung der Instandhaltungsarbeiten hat der die Instandhaltung durchführende Arbeitgeber die Umsetzung und Wirksamkeit der getroffenen Maßnahmen zu kontrollieren.
- Nach Abschluss der Arbeiten ist dafür Sorge zu tragen, dass sich das instandgesetzte Arbeitsmittel wieder in einem sicheren und funktionsfähigen Zustand befindet und alle Arbeits- und Hilfsmittel entfernt werden.

Nach Beendigung der Arbeiten muss überprüft werden, ob die Sicherheit der Anlage weiter besteht bzw. wiederhergestellt wurde. Alle Beteiligten müssen über das Ende der Arbeiten in Kenntnis gesetzt werden.

Dies kann z. B. durch einen Freigabeschein realisiert werden, den alle zuständigen Beteiligten erhalten und unterschreiben müssen:

- Der Anlagenverantwortliche für die Einhaltung der anlagenspezifischen Maßnahmen,
- der Arbeitsverantwortliche für die Einhaltung der arbeitsbezogenen Maßnahmen,
- der Aufsichtsführende für den Empfang der Genehmigung mit den anzuwendenden Sicherheitsmaßnahmen und die Überwachung der Einhaltung der Sicherungsmaßnahmen während der Durchführung der Arbeiten.

Erfolgt die Information bzw. Abstimmung mit den von den Sicherheitsmaßnahmen berührten Betrieben und Abteilungen und liegen alle Unterschriften vollständig vor, sorgt der Aufsichtsführende für die Umsetzung der Maßnahmen zur Anlagen- bzw. Arbeitsvorbereitung.

Musterformular zur Freigabe von gefährlichen Arbeiten mit Explosionsgefahr nach Anhang I Nr. 1 Punkt 1.4 Abs. 2 GefStoffV und TRBS 1112 Teil 1

Firmenlogo	**Freigabe-/Erlaubnisschein für Arbeiten mit Explosionsgefahr**	**verfasst von:** **Stand:**

Arbeitsauftrag, Arbeitsverfahren, eingesetzte Arbeitsmittel, verwendete Stoffe

z.B. Betreiben nicht Ex-geschützter Maschinen und Geräte im Explosionsbereich

in

Name und Anschrift des Unternehmens, Betriebsteil, Arbeitsbereich

dürfen nur unter Beachtung der nachfolgenden Schutzmaßnahmen durchgeführt werden:

Vermeiden explosionsfähiger Atmosphäre

☐ Entfernen explosionsfähiger Stoffe – ggf. auch Staubablagerungen

☐ Behälter und Rohrleitungen mit gefährlichem Inhalt oder mit dessen Resten ...

☐ entleeren ☐ reinigen ☐ spülen ☐ ausdämpfen ☐ nertisieren

☐ Rohrleitungen und Behälter vom Prozess zuverlässig abtrennen durch ...

☐ Blindflansche ☐ Steckscheibe ☐ Absperrung ☐ ____________

... und gegen unbeabsichtigte Wiederinbetriebnahme sichern.

Lufttechnische Maßnahmen

☐ Arbeitsbereich ausreichend be- und entlüften durch ...

☐ Natürliche Lüftung ☐ Objektabsaugung ☐ Maschinelle Lüftung ☐ ____________

Überwachung der Wirksamkeit

☐ Messtechnische Überwachung durch...

☐ einmalige Messung vor Beginn ☐ mehrmalige Messungen während der Arbeiten ☐ kontinuierliche Messungen mit Messgerät

Typ, Senor(en)

☐ Sonstige/weitere Sicherheitsmaßnahmen:

☐ Siehe Anlage(n), Skizzen:

Musterdokumente müssen stets an die konkreten betrieblichen Gegebenheiten angepasst werden!

Firmenlogo	**Freigabe-/Erlaubnisschein für Arbeiten mit Explosionsgefahr**	**verfasst von:** **Stand:**

Aufsichtsführende Person	
Durch die Aufsicht ist insbesondere sicherzustellen, dass mit den Arbeiten erst begonnen wird, 1. wenn die in der Arbeitsfreigabe festgelegten Maßnahmen getroffen sind, 2. erforderlichenfalls eine Freimessung durchgeführt wurde, 3. die Beschäftigten während der Arbeit die festgelegten Schutzmaßnahmen einhalten, 4. ein schnelles Verlassen des gefährdeten Bereichs gewährleistet ist, 5. Unbefugte von der Arbeitsstelle ferngehalten werden.	
Name der aufsichtsführenden Person	Unterschrift der aufsichtsführenden Person

Gültigkeit	
Dieser Erlaubnisschein gilt	
von Datum und Uhrzeit	bis Datum und Uhrzeit
Es dürfen keine Arbeiten vor dem Beginn der Gültigkeit und nach Ablauf durchgeführt werden.	

Aufhebung der Schutzmaßnahmen			
Die Schutzmaßnahmen dürfen erst aufgehoben werden, wenn die Arbeiten vollständig abgeschlossen sind, der ordnungsgemäße Zustand der Anlage wieder hergestellt ist und keine Gefährdungen für die Beschäftigten und Dritte mehr bestehen.			
Art der Prüfung	um	durch aufsichtführende Person	
z. B. Dichtheitsprüfung	Datum, Uhrzeit	Name	Unterschrift

Arbeitsfreigabe	
Mit den Arbeiten darf erst begonnen werden, wenn die in dieser Arbeitsfreigabe festgelegten Maßnahmen getroffen sind.	Die Arbeitsfreigabe ist vor Beginn der Arbeiten von der hierfür verantwortlichen Person zu erteilen.
Datum und Unterschrift des Ausführenden	Datum und Unterschrift des Verantwortlichen

Musterdokumente müssen stets an die konkreten betrieblichen Gegebenheiten angepasst werden!

Teil D: Prüfungen

In explosionsgefährdeten Bereichen installierte Geräte, Schutzsysteme oder Sicherheits-, Kontroll- oder Regeleinrichtungen im Sinne der Richtlinie 2014/34/EU dürfen nur in Betrieb genommen werden, wenn sie in explosionsgefährdeten Bereichen sicher verwendet werden können. Zum sicheren Betreiben überwachungsbedürftiger Anlagen gehören Prüfungen zu den notwendigen Maßnahmen, um die sichere Bereitstellung und Benutzung der Arbeitsmittel sowie die Einhaltung des ordnungsgemäßen Zustandes zu gewährleisten.

Die Prüfungen und Überprüfungen einer überwachungsbedürftigen Anlage umfassen die Ermittlung des Ist-Zustandes, den Vergleich des Ist-Zustandes mit dem Soll-Zustand sowie die Bewertung der Abweichung des Ist-Zustandes vom Soll-Zustand.

Ist-Zustand: Umfasst den durch die Prüfung festgestellten Zustand des Prüfgegenstandes.

Durch Prüfungen ist insbesondere sicherzustellen, dass Arbeitsmittel den Anforderungen der Verordnungen entsprechen. Entsprechendes gilt für den Betrieb überwachungsbedürftiger Anlagen. Für die einzelnen Prüfungen sind Prüfart, Prüfumfang und ggf. Prüffristen unter Berücksichtigung der jeweiligen Beanspruchung festzulegen.

Soll-Zustand: Vom Arbeitgeber bzw. Betreiber festgelegter sicherer Zustand des Prüfgegenstandes, welcher sich bei Arbeitsmitteln aus dem Ergebnis der Gefährdungsbeurteilung ergibt.

Der Arbeitgeber bzw. der Betreiber legt den Soll-Zustand gemäß den Anforderungen der BetrSichV für die sichere Bereitstellung und Benutzung des Arbeitsmittels, für den sicheren Betrieb der überwachungsbedürftigen Anlage sowie für die Überprüfungen fest.

Bei der Festlegung des Soll-Zustandes werden z. B. berücksichtigt:

- **Informationen des Herstellers zum Prüfgegenstand**, z. B. müssen Geräte anhand der Betriebsanleitung, Installations- sowie Prüf- und Wartungsvorgaben der jeweiligen Hersteller bestimmungsgemäß installiert, betrieben und nach ihren Vorgaben geprüft und gewartet werden, um die zugesicherten Eigenschaften der Produkte zu garantieren.
- **Rechtsvorschriften und technische Regeln** mit Anforderungen an Arbeitsmittel und überwachungsbedürftige Anlagen ergeben sich aus

den gemeinsamen europäischen Richtlinien des Arbeitsschutzes als einheitliche Mindestvorschriften zum Schutz der Beschäftigten bei Explosionsgefahren durch die Richtlinie 1999/92/EG. Ihre Umsetzung in nationales Recht erfolgt in Deutschland durch die BetrSichV. Deren Vorgaben werden durch die TRBS konkretisiert.

- **Betriebsbedingungen** wie Herstellerspezifikationen, Sicherheitsabstände, Umgebungsbedingungen wie Klima und Beleuchtung Leistungsaufnahme, zulässige Abnutzungsraten und erforderliche Schutzeinrichtungen, da Belastungen in Abhängigkeit von den vorliegenden Umgebungsbedingungen wie dem Aufstellungsort (im Freien oder in Innenräumen), der Anwesenheit von korrosiven Atmosphären oder der Verschmutzung mit aggressiven Substanzen mehr oder weniger stark beeinflusst werden.
- **Grenzbedingungen**, z. B. die Überwachung und Steuerung von maximalen Drehzahlen, Geschwindigkeiten, Lasten und Temperaturen zur Einhaltung maßgeblicher Sicherheitsparameter durch PLT-Schutzeinrichtungen (z. B. Temperaturüberwachungen), Leckageüberwachungen, Überfüllsicherungen oder Pumpensteuerungen. Für mögliche Abweichungen sind Grenzwerte festzulegen, die durch geeignete Prüfverfahren zu überwachen sind. Bei erkannten Abweichungen ist der bestimmungsgemäße sichere Anlagenbetrieb unverzüglich wiederherzustellen.
- **Betriebsabläufe**, um die Prüfungen an die speziellen Belastungen im jeweiligen Betrieb anzupassen.

TRBS 1201 Teil 1
„Prüfung von Anlagen in explosionsgefährdeten Bereichen"

gilt für die Ermittlung und die Durchführung der besonderen Prüfungen zum Explosionsschutz an überwachungsbedürftigen Anlagen, anderen Arbeitsmitteln sowie Einrichtungen und Verbindungselementen auch außerhalb explosionsgefährdeter Bereiche, sofern diese den explosionssicheren Betrieb der überwachungsbedürftigen Anlagen beeinflussen.
Nr. 5 dieser TRBS befasst sich mit der Überprüfung der Explosionssicherheit von Arbeitsplätzen in explosionsgefährdeten Bereichen.

D 1 Schäden und beeinträchtigende Einflüsse

Zur Vermeidung der Entzündung einer gefährlichen explosionsfähigen Atmosphäre werden Maßnahmen gegen das Wirksamwerden von Zündquellen getroffen bei Arbeitsmitteln einschließlich Anlagenteilen und Verbindungsvorrichtungen sowie Sicherheits-, Kontroll- und Regelvorrichtungen für den Einsatz innerhalb von explosionsgefährdeten Bereichen.

Grundsätzlich können Betriebsmittel als Zündquelle in explosionsgefährdeter Umgebung durch **vier Schutzprinzipien** ausgeschlossen werden.

- **Verhinderung der Explosionsübertragung:** Explosionsfähige Gemische können in das Betriebsmittel, in dem sich eine Zündquelle befinden kann, eindringen und gezündet werden. Die Übertragung der im Inneren ablaufenden Explosion auf den umgebenden Raum muss ausgeschlossen werden.
- **Kapselung potenzieller Zündquellen:** Das Betriebsmittel besitzt eine Kapselung, die das Eindringen des explosionsfähigen Gemisches und/oder den Kontakt mit den funktionsbedingten möglichen inneren Zündquellen verhindert.
- **Verhinderung einer Zündung:** Explosionsfähige Gemische können in das Gehäuse des Betriebsmittels eindringen, dürfen aber nicht gezündet werden. Funken und zündfähige Temperaturen müssen verhindert werden.
- **Vermeidung einer Zündung:** Funken und erhöhte Temperaturen dürfen nur begrenzt auftreten, damit in das Gehäuse des Betriebsmittels eindringende explosionsfähige Gemische nicht gezündet werden.

Hierzu werden elektrische und nichtelektrische explosionsgeschützte Betriebsmittel in verschiedenen Zündschutzarten ausgeführt.

Zündschutzart: Verschiedene Konstruktionsprinzipien im Explosionsschutz, um das Risiko des gleichzeitigen Vorhandenseins einer explosionsfähigen Atmosphäre und von Zündquellen zu minimieren.

Für die verschiedenen Anwendungen werden zum einen Zündschutzarten für Gas- und Staubatmosphären und zum anderen für elektrische und mechanische Betriebsmittel unterschieden. Die Kennzeichnung der bei der Konstruktion zugrundeliegenden Zündschutzart(en) erfolgt durch kleine Buchstaben in der Explosionsschutzkennzeichnung auf dem Typenschild.

Geräte, Schutzsysteme, Sicherheits-, Kontroll- und Regelvorrichtungen nach Richtlinie 2014/34/EU sowie Verbindungseinrichtungen und Wechselwirkungen zu anderen Anlagenteilen sind wiederkehrend zu prüfen, um diese auf ihre Funktionstüchtigkeit und die sicherheitstechnischen Eigenschaften des Explosionsschutzes zu untersuchen. Für einen sicheren Betrieb sind bei Installation, Betrieb, Wartung, Prüfung und Instandsetzung funktionsbeeinträchtigende Einflüsse zu ermitteln (z. B. Korrosion, Alterung, Abrasion, Prozessführung oder Umwelteinflüsse).

D 1.1 Materialermüdung (Betriebsfestigkeit)

Materialermüdung ist meist ein langwieriger Prozess oder das Ergebnis von Überbeanspruchung. Sie beschreibt einen langsam voranschreitenden Schädigungsprozess in einem Werkstoff unter Umgebungseinflüssen wie wechselnder mechanischer Belastung, wechselnder Temperatur, UV-Strahlung, eventuell unter zusätzlicher Einwirkung eines korrosiven Mediums. Materialermüdung bedeutet, dass auch eine an sich unkritische Belastung zu einer Funktionsuntüchtigkeit oder zum Totalausfall durch Rissbildung oder Bruch eines Bauteils führt, wenn sie lange genug bzw. oft genug wiederholt einwirkt. Belastete Teile haben daher nur eine begrenzte Lebensdauer. Die Beanspruchungen, denen Werkstoffe während des Gebrauchs zeitweilig oder auch ständig ausgesetzt sein können, sind sehr verschiedenartig. Sie können einzeln oder auch kombiniert auftreten.

a) Statische Ermüdung
Durch äußere Kräfte werden in Bauteilen mechanische Spannungen, Dehnungen oder Verschiebungen hervorgerufen, durch die der Werkstoff einer ruhenden konstanten Belastung unterliegt. Zusätzlich können bei der Herstellung und Verarbeitung der Werkstoffe oder beim Zusammenfügen von Bauteilen z. B. durch Maßabweichungen oder beim Schweißen Eigenspannungen im Material entstehen.

b) Dynamische Ermüdung
Die Ermüdung des Bauteils, die letztendlich zum Versagen oder Bruch des Bauteils führt, ist bei einer wechselnden Belastung abhängig von Belastungsdauer und -intensität. Lastwechselbeanspruchungen (z. B. zyklisch wechselnde Belastungen oder Vibrationen) führen zu Schwingungsbrüchen, auch als Dauer-, Ermüdungs- oder Schwingbruch bezeichnet (Wechselermüdung). Sie treten umso früher ein, je höher die Frequenz der Wechselbelastung und je größer die Schwingungsamplitude sind.

c) Kriechermüdung
Eine weitere Art der kontinuierlichen Materialschädigung ist die Kriechermüdung durch eine zeit- und temperaturabhängige plastische Verformung eines Werkstoffes unter konstanter Last. Während bei der herkömmlichen Materialermüdung die zyklische, mechanische Belastung des Materials bei konstanter Temperatur zum Verlust von Festigkeit und zum Materialversagen durch Bruch führt, kann eine zyklische Belastung des Materials durch

Temperaturänderungen ohne Krafteinwirkung zur thermischen Ermüdung führen.

Das Konzept der Verhinderung einer Explosionsübertragung beruht im Wesentlichen auf dem Einschluss potenziell zündfähiger Vorgänge in ein druckfest konstruiertes Gehäuse. In dieses können zwar explosionsfähige Gemische eindringen und dort auch gezündet werden, eine Übertragung der im Inneren ablaufenden Explosion auf den umgebenden Raum wird jedoch verhindert.

Druckfeste Kapselung (Ex d): Teile elektrischer und nichtelektrischer Geräte, die eine explosionsfähige Atmosphäre zünden können, sind in ein Gehäuse eingeschlossen, das bei der Explosion eines explosionsfähigen Gemisches im Inneren deren Druck aushält und eine Übertragung der Explosion auf die das Gehäuse umgebende Atmosphäre verhindert.

Der durch eine Explosion entstehende Druck muss durch das druckfeste Gehäuse sicher eingeschlossen bleiben. Das Gehäuse eines druckfest gekapselten elektrischen Gerätes muss daher sorgfältig verschlossen und die Deckelbefestigungsschrauben des Druckraumdeckels müssen bis zum Anschlag eingedreht und fest angezogen sein. Es darf keinerlei sichtbare äußere Beschädigungen wie Risse, Verformungen, Versprödungen, Korrosionsstellen oder ähnliches aufweisen.

D 1.2 Korrosion

Korrosion ist die chemische oder elektrochemische Reaktion eines meist metallischen Werkstoffes mit Stoffen aus seiner Umgebung in einem Korrosionselement, wobei eine messbare meist negative Veränderung der Oberflächeneigenschaften durch die Veränderung am Werkstoff eintritt.

Korrosion: Im technischen Sinn die Reaktion eines Werkstoffes mit seiner Umgebung, die eine messbare Veränderung des Werkstoffes bewirkt (Korrosionserscheinung) und zu einer Beeinträchtigung der Funktion eines Bauteils oder Systems führen kann (Korrosionsschaden).

Die Korrosions- oder Abtragrate gibt die Geschwindigkeit der Materialveränderung bzw. des Materialabtrags an. Die Geschwindigkeit der Korrosionsreaktion hängt von den Konzentrationen der beteiligten Stoffe, dem pH-Wert, der Temperatur und weiteren Parametern ab. Die Korrosionsrate ist daher stark vom Standort abhängig. Je nach Bedingungen treten zudem unterschiedliche Formen der Korrosion auf.

- **Flächenkorrosion:** Sie betrifft die ganze Oberfläche eines Werkstücks oder Bauteils in gleichem Maß. Flächenkorrosion kommt nur bei Eisenmetallen vor, die nicht selbst eine schützende Oxidschicht bilden. Bei Edelstahl gibt es in der Regel keine Flächenkorrosion.

- **Kontaktkorrosion:** Diese Form kommt immer dann vor, wenn unterschiedliche Metalle nebeneinander liegen oder miteinander verbunden werden. Die Korrosion betrifft immer das unedlere der beiden Metalle. Ein Sonderfall ist die sogenannte selektive Korrosion von bestimmten Legierungen (z. B. Messing).
- **Spaltkorrosion:** Sie findet in Spalten statt, die nicht ausreichend groß dimensioniert sind. In vielen Fällen treten Spaltkorrosion und Kontaktkorrosion gemeinsam auf.
- **Spannungsrisskorrosion:** Diese Form tritt nur bei Werkstoffen auf, die zur inter- oder transkristallinen Korrosion neigen. Außerdem muss eine ausreichend hohe Spannung vorliegen. In den meisten Fällen sind dabei auch noch entsprechende Korrosionsmittel notwendig, die auf das Metall einwirken.

Das Konstruktionsprinzip des druckfesten Gehäuses bedingt zusätzlich, eine vorhandene Spalte (z. B. an Öffnungsstellen und Kabeleinführungen) so zu gestalten, dass eine Durchzündung durch diese Spalte sicher verhindert wird. Dazu müssen die Öffnungen so lang und eng gestaltet sein, dass heiße Gase beim Austreten ihre Zündfähigkeit außerhalb des Gehäuses verlieren.

Grenzspaltweite (MESG): Eine vom jeweiligen explosiven Stoff abhängige sicherheitstechnische Kenngröße für das Durchschlagverhalten einer heißen Flamme durch einen engen Spalt.

Zünddurchschlagsichere Grenzspaltweiten können ihre sichere Funktion verlieren, z. B. durch Korrosion und eine damit verbundene Oberflächenveränderung an den Dichtflächen. Daher müssen sich alle zünddurchschlagsicheren Spalten (Flach-, Zylinder-, Gewindespalte) in einem optisch einwandfreien Zustand befinden und es dürfen keine Korrosionserscheinungen sichtbar sein. Alle zünddurchschlagsicheren Spalten müssen durch Verwendung eines korrosionshemmenden Fettes vor Korrosion geschützt sein. An Gewindespalten dürfen die Gewindegänge nicht beschädigt sein. Zusätzlich müssen die Kabel- und Leitungseinführungen mit einer für die druckfeste Kapselung zugelassenen Kabelverschraubung und Kabeleinführung verschlossen sein, in der die einzelnen Adern mit einer Vergussmasse abgedichtet sind.

Bei der Zündschutzart **Vergusskapselung** werden Bauteile, die eine explosionsfähige Gasatmosphäre durch Funkenbildung oder Erwärmung entzünden könnten, so in einer Vergussmasse eingeschlossen, dass ein Eindringen der explosionsfähigen Atmosphäre in das Gehäuse unter den zulässigen Betriebs- oder Installationsbedingungen verhindert wird.

Vergusskapselung (Ex m): Teile elektrischer Geräte, die eine explosionsfähige Atmosphäre zünden können, sind in eine Vergussmasse eingebettet, sodass die explosionsfähige Atmosphäre nicht gezündet werden kann

Gehäuse (z. B. von Schaltgeräten für kleine Leistungen, Befehls- und Meldegeräten, Anzeigegeräten und Sensoren) müssen eine ausreichende mechanische Festigkeit aufweisen und gegen die Stoffe, in deren Umgebung sie eingesetzt werden sollen, chemisch resistent sein. Die Vergussmasse darf sich auch während zulässiger Temperaturschwankungen nicht von der Gehäusewand lösen.

D 1.3 Undichtigkeiten und Leckagen

Bei der Kapselung potenzieller Zündquellen verhindert eine Kapselung des Betriebsmittels das Eindringen des explosionsfähigen Gemisches und/oder den Kontakt mit den funktionsbedingten potenziellen Zündquellen. Zur Aufrechterhaltung müssen die Gehäuse eine ausreichende Dichtigkeit aufweisen, um die Geräteteile innerhalb des Gehäuses zuverlässig, ggf. auch in unterschiedlichen Einbaulagen, dauerhaft zu überdecken. Für die Dichtheit einer Gesamtkonstruktion sind dabei immer die Materialeigenschaften des Werkstoffes sowie die Qualitätseigenschaften des Aufbaus (Fugen, Risse, Einschlüsse usw.) entscheidend.

Dichtigkeit: Zurückhalten eines Gases, einer Flüssigkeit oder eines Feststoffes bestimmter Körnung gegenüber einem Stoff bis zu einem gewissen Innendruck mit einer zulässigen Leckrate.

Je nach Anforderung müssen Gehäuse zusätzlich eine bestimmte Dichtigkeit aufweisen, um ihre Schutzfunktion zu erfüllen.

Leckagerate/Leckrate: Erfasst quantitativ Undichtigkeiten. Sie entspricht einer Änderung der Gasmenge pro Zeiteinheit und ist ein Maß für die aus einem Körper austretenden Volumen- oder Masse-Einheiten.

Bei der Zündschutzart **Sandkapselung** wird das Gehäusevolumen mit sehr feinkörnigen Quarz-Kügelchen ausgefüllt, damit fest installierte Bauteile, die eine explosionsfähige Gasatmosphäre zünden könnten, vollständig vom Füllgut umgeben sind. Damit wird das Eindringen der explosionsfähigen Atmosphäre stark reduziert. Gleichzeitig wird eine entstehende Flamme innerhalb des Granulates verlöschen, bevor sich die äußere explosionsfähige Atmosphäre durch Flammen oder erhöhte Temperaturen an der Gehäuseoberfläche entzünden kann.

Sandkapselung (Ex q): Als potenzielle Zündquellen vorhandene gefährliche Geräteteile (z. B. Transformatoren, Kondensatoren, Heizleiter-Anschlusskästen) werden in einem Gehäuse eingeschlossen und mit einem feinkörnigen Füllgut (Sandgranulat) bedeckt.

Bei der Zündschutzart **Ölkapselung** befinden sich die potenziellen Zündquellen in einem Gehäuse, das durch eine Füllung mit einer Schutzflüssigkeit so gesichert, dass die explosionsfähige Atmosphäre von der Zündquelle ferngehalten wird. Eine auftretende explosionsfähige Gasatmosphäre oberhalb des Flüssigkeitspegels oder außerhalb des Gehäuses kann nicht gezündet werden. Die Füllhöhe der Schutzflüssigkeit muss daher in jeder zulässigen Einbaulage sicherstellen, dass sich die Zündquellen dauerhaft unterhalb des Flüssigkeitspegels befinden.

Ölkapselung (Ex o): Elektrische Betriebsmittel oder Teile von elektrischen Betriebsmitteln sind in eine Schutzflüssigkeit (z. B. Öl) eingetaucht, sodass eine explosionsfähige Atmosphäre über der Oberfläche oder außerhalb der Kapselung nicht gezündet werden kann.

Überdruckkapselung (Ex p): Die Bildung einer explosionsfähigen Atmosphäre im Inneren eines Gehäuses von elektrischen und nichtelektrischen Geräten wird verhindert, indem durch ein Zündschutzgas ein innerer Überdruck gegenüber der umgebenden Atmosphäre aufrechterhalten wird.

Wenn notwendig, wird das Innere des Gehäuses kontinuierlich mit Zündschutzgas versorgt, sodass eine ständige Verdünnung brennbarer Gemische erreicht wird. Hierbei darf eine bestimmte Leckagerate nicht überschritten werden, damit eine ausreichende Nachströmung des Zündschutzgases gewährleistet ist.

D 1.4 Elektrische Fehler

Wenn explosionsfähige Gemische konstruktivbedingt in das Gehäuse von Betriebsmitteln eindringen können, dürfen diese nicht gezündet werden. Konstruktionsprinzipien zur Verhinderung einer Zündung unterbinden zuverlässig Funken und zündfähige Temperaturen innerhalb des Gehäuses.

D 1.4.1 Erhöhter elektrischer Widerstand

Elektrische Kontakte dienen in der Elektrotechnik dazu, zwischen elektrischen Bauelementen, zwischen oder innerhalb von Stromkreisen oder innerhalb von Bauteilen (z. B. Schützen, Relais, Tastern bzw. Schaltern) eine elektrische Verbindung herzustellen. Drähte, Adern und Leitungen werden über Klemmen vom lösbaren Anschluss (z. B. Klemm-, Schraubverbindung) zum Anschluss an Stromschienen, Anschrauben von Kabelschuhen oder der festen Verbindung angeschlossen (z. B. Lötverbindung auf Leiterplatten, mit Lötstützpunkten sowie mit Lötösen oder Pressverbindung mit Presshülsen und Kabelschuhen an Leitungen). Im angeklemmten Zustand muss ein dauerhafter, sicherer Kontakt gewährleistet sein. Das wird durch mechanische Fixierung (Schraube oder Feder) der angeschlossenen Leiter in einem leitfähigen Körper erreicht.

Dem Fluss des elektrischen Stromes durch einen elektrischen Leiter wird je nach Material ein mehr oder weniger großer Widerstand entgegengesetzt.

Elektrischer Widerstand: In der Elektrotechnik Maß dafür, welche elektrische Spannung erforderlich ist, um eine bestimmte elektrische Stromstärke durch einen elektrischen Leiter (Bauelement, Stromkreis) fließen zu lassen.

Durchfließt der elektrische Strom einen Widerstand (z. B. hohe Übergangswiderstände an Kontaktstellen), wird elektrische Energie in thermische Energie umgesetzt. Mit der Änderung der Temperatur des Materials ändert sich wiederum der elektrische Widerstand. Defekte in elektrischen Geräten und Anlagen können so mit einer Temperaturerhöhung einhergehen, die oberhalb der zulässigen Betriebstemperaturen liegt. Sie gehören zu den häufigsten Zündquellen im Brand- und Explosionsschutz.

Erhöhte Sicherheit (Ex e): Hier werden für elektrische Geräte zusätzliche Maßnahmen getroffen, um mit einem erhöhten Grad an Sicherheit die Möglichkeit unzulässig hoher Temperaturen und das Entstehen von Funken und Lichtbögen im Inneren oder an äußeren Teilen elektrischer Betriebsmittel, bei denen diese im normalen Betrieb nicht auftreten, zu verhindern.

Die Zündschutzart der **erhöhten Sicherheit** verhindert sowohl im bestimmungsgemäßen Betrieb als auch unter festgelegten bestimmungswidrigen Betriebsbedingungen mit einem erhöhten Grad an Sicherheit unzulässig hohe Temperaturen und das Entstehen von Funken oder Lichtbögen. Eine Überdimensionierung (z. B. eine verstärkte Isolierung der Motorwicklungen) sowie eine besondere mechanische Festigkeit des Gehäuses und der Befestigung von Anschlusskabeln (Schutz gegen Selbstlockern) verhindern, dass Funken entstehen oder das Gerät unzulässig heiß wird.

Ursachen für mangelhafte Kontaktstellen können z. B. unzureichend angezogene Schraubverbindungen, unzureichender Kontaktdruck (z. B. bei Klemmkontakten) oder verschmutzte oder korrodierte Kontaktflächen sein.

Zur sicheren und dauerhaften Übertragung größerer Ströme müssen Schraubklemmen mit einer definierten Mindestkraft angezogen werden, da sich sonst die Klemme erhitzt und die Isolierung schmelzen und umliegende Materialien entzünden kann.

Gehäuse z. B. von Klemmen- und Anschlusskästen, Steuerkästen zum Einbau von Explosionsschutz-Bauteilen (die in einer anderen Zündschutzart geschützt sind), Leuchten, Installationsmaterialien, induktive Vorschaltgeräte und Transformatoren müssen vor dem Eindringen von Feuchtigkeit und Schmutz durch Löcher bzw. Risse oder durch Öffnen des Gerätes geschützt werden. An dem Dichtungssystem dürfen weder an der Dichtung Fehlstellen oder Versprödungen noch an der Dichtlippe mechanische Beschädigungen vorhanden sein.

D 1.4.2 Schaltfunken und Schaltlichtbögen

Funken entstehen bei elektrischen Spannungen zwischen zwei elektrischen Leitern oder Elektroden, wenn die Schlagweite unterschritten wird. Die Schlagweite ist die Entfernung zwischen zwei Leitern, bei deren Unterschreitung bei gegebener Spannung zwischen ihnen ein Überschlag (Funkenentladung) stattfindet.

Beim Öffnen und Schließen elektrischer Schalter entstehen Schalt- oder Abreißfunken bzw. Schaltlichtbögen, weil der elektrische Strom nach Öffnen der Kontakte in Form einer Funkenentladung oder einer Bogenentladung weiterfließt. Je höher Stromstärke und Spannung sind, desto energiereicher wird der dabei entstehende Lichtbogen.

Besonders problematisch ist das Abschalten induktiver Lasten (Motoren, Schützspulen, Elektromagnete, Transformatoren). Hier bewirkt die im magnetischen Feld der Induktivität gespeicherte Energie einen Weiterfluss des Stromes. Die Spannung über den Kontakten steigt dann beim Öffnen augenblicklich auf sehr hohe Werte an. Daher kann beim Trennen zweier stromdurchflossener elektrischer Kontakte auch dann ein Schaltlichtbogen auftreten, wenn die Betriebsspannung weit unterhalb der Brenn- bzw. Zündspannung des Bogens liegt.

Schaltkontakte in Schützen, Relais, Tastern bzw. Schaltern sind sehr anspruchsvolle elektrische Kontakte, die ihre mechanischen und elektrischen Eigenschaften oft über viele Millionen Schaltspiele aufrechterhalten müssen. Ein stabiler Kontaktwiderstand ist ein wichtiges Merkmal für eine elektrische Verbindung und darf durch hohe Übergangswiderstände, Oxidation der Kontaktflächen, Kontaktabbrand bei hohen Leistungen oder durch Verschweißen der Trennstelle nicht beeinträchtigt werden.

D 1.4.3 Fehlerströme

In eigensicheren Stromkreisen werden elektrische Ströme und Spannungen sicher begrenzt und liegen damit unter dem Grenzwert, der eine Zündung entweder durch Funkenbildung oder Wärmeeinwirkungen verursachen kann. Das bezieht sich sowohl auf den Bereich innerhalb der Geräte als auch auf die verbindenden Kabel und Leitungen, die einer explosionsfähigen Atmosphäre ausgesetzt sind. Darüber hinaus erfolgt eine sichere Begrenzung der Energiespeicher (Spulen und Kondensatoren).

Eigensicherheit (Ex i): Die im explosionsgefährdeten Bereich eingesetzten elektrischen Betriebsmittel enthalten nur eigensichere Stromkreise, bei denen unter festgelegten Prüfungsbedingungen kein Funke und kein thermischer Effekt auftreten und die Zündung einer bestimmten explosionsfähigen Atmosphäre verursachen kann.

Bei eigensicheren Betriebsmitteln handelt es sich nicht um Einzelgeräte oder Bauteile, die für sich gesehen explosionsgeschützt sind, sondern immer um geschlossene Stromkreise, die sicher gegen nicht eigensichere Stromkreise und auch gegen andere eigensichere Stromkreise getrennt sein müssen.

Daraus resultieren die Anforderungen an die Trennung durch getrennte Leitungsverlegung, erhöhten Abstand bei den Klemmen für den äußeren Anschluss, Abschirmung und die erdfreie Errichtung oder besondere Anforderungen an die Erdung. Eigensichere Stromkreise werden durchgehend gekennzeichnet. Sie sind vor jeglicher Energie-Einkopplung zu schützen und auch beim Zusammenschalten mit zugehörigen Betriebsmitteln muss die Eigensicherheit sichergestellt sein.

Trotz guter Elektroinstallation und Verwendung sicherer Betriebsmittel kann es an elektrischen Geräten oder Anlagen durch mechanische Einwirkungen (z. B. durch Nägel, Schrauben oder Tierbisse, aber auch durch Alterung der Isolierung, Nässe, Wärme, Kälte oder Überspannungen bzw. durch eine Kombination dieser Einflüsse) zu Isolationsschäden kommen. Sie verursachen durch ungewollten Stromfluss einen Fehlerstrom.

Fehlerstrom: Strom, der über eine fehlerhafte Isolierung eines Betriebsmittels zur Erde oder zu einem fremden leitfähigen Teil fließt; er kann auch durch fehlerhafte Beschaltungen verursacht werden.

- **Körperschluss:** Leitende Verbindung zwischen einem Körper (z. B. Metallgehäuse eines elektrischen Betriebsmittels) und einem aktiven Teil (spannungsführender Leiter).
- **Erdschluss:** Eine durch einen Fehler oder auch einen Lichtbogen entstandene leitende Verbindung zwischen einem Außenleiter oder betriebsmäßig isolierten Mittelleiter und Erde oder geerdeten Teilen, über die der Strom abfließt. Ein Erdschluss tritt z. B. auf, wenn eine Zuleitung am Maschinengehäuse anliegt und dort mechanischen Einwirkungen ausgesetzt ist, die die Isolation beschädigen. Einer der Leiter in der Zuleitung kann dann Kontakt zum geerdeten Maschinengehäuse bekommen und einen Erdschluss herstellen. Den übermäßigen Stromfluss schaltet eine Sicherung ab.
- **Kurzschluss:** Eine durch einen Fehler (z. B. mechanische Einwirkung) entstandene leitende Verbindung zwischen betriebsmäßig untereinander unter Spannung stehenden Leitern, ohne dass ein Nutzwiderstand dazwischen liegt. Durch den direkten Kontakt zwischen zwei stromführenden Leitern tritt ein großer Kurzschlussstrom auf, der im Regelfall von einer vorgeschalteten Sicherung erkannt und abgeschaltet wird.
- **Leiterschluss:** Eine durch einen Fehler entstandene leitende Verbindung zwischen betriebsmäßig unter Spannung stehenden Leitern, wobei sich im Fehlerstromkreis jedoch noch ein Nutzwiderstand befindet (z. B. Überbrückung eines Schalters). Im Gegensatz zu den anderen Fehlerarten tritt hierbei kein übermäßiger Stromfluss auf, es fließt nur der normale Betriebsstrom weiter. Ein überbrückter Schalter führt dazu, dass ein Gerät oder eine Maschine nicht mehr abgeschaltet werden kann.

D 1.5 Verschleiß

Auch betriebsmäßig mechanische Vorgänge können durch Reibung im Bereich der beanspruchten Oberflächen zu gefährlichen Temperaturen führen. So können z. B. drehende Teile in Lagern, Wellendurchführungen, Stopfbuchsen usw. bei ungenügender Schmierung zu Zündquellen werden. Auch an Arbeitsmitteln, die mechanische Energie in Verlustwärme überführen, kann es deshalb zu heißen Oberflächen kommen, d. h. an allen Arten von Reibungskupplungen und mechanisch wirkenden Bremsen (z. B. an Fahrzeugen und Zentrifugen).

Zündquellenüberwachung (Ex h [alt b]): Durch eine Überwachung mithilfe von Mess- und Regeleinrichtungen kann bei sich anbahnenden gefährlichen Bedingungen in nichtelektrischen Geräten (z. B. erwärmte Teile oder mechanische Funken in Getrieben oder Gleitringdichtungen) bei Normalbetrieb oder einer (seltenen) Störung in kritischen Situationen reagiert werden und diese Zündquellen abgeschaltet (z. B. durch Temperatur-, Niveau-, Drehzahl-, Schwingungswächter), bevor sie wirksam werden können.

Verschleiß ändert die Geometrie von Bauteilen, sodass diese ihre Funktion verändern. Diese meist unerwünschte Veränderung der Oberfläche tritt z. B. an Lagern, Kupplungen, Getrieben, Düsen und Bremsen auf.

Verschleiß: Durch mechanische Ursachen hervorgerufener fortschreitender Materialverlust auf der Oberfläche eines festen Körpers, d. h. Oberflächenabtrag einer Stoffoberfläche durch schleifende, rollende, schlagende, kratzende, chemische und thermische Beanspruchung.

Es folgt dadurch eine Bauteilschädigung und der damit verbundene Ausfall von Maschinen und Geräten. Das Verschleißverhalten kann häufig vorausgesagt werden. Verschleiß wird hauptsächlich durch vier unterschiedliche Verschleißmechanismen bestimmt.

a) Adhäsiver Verschleiß
Adhäsiver Verschleiß tritt bei mangelnder Schmierung auf. Liegen sich berührende Bauteile bei hoher Flächenpressung fest aufeinander, so haften die Berührungsflächen infolge Adhäsion (Anhangskraft) aneinander. Beim Gleiten werden dann Randschichtteilchen abgeschert. Es entstehen so Löcher und schuppenartige Materialteilchen, die oft an der Gleitfläche des härteren Partners haften bleiben.

b) Abrasiver Verschleiß
Wenn harte Teilchen eines Schmierstoffes oder Rauheitsspitzen eines der Reibungspartner in die Randschicht eindringen, kommt es zu Ritzung und Mikrozerspanen. Man bezeichnet diesen Verschleiß als abrasiven Verschleiß, Furchverschleiß oder Erosionsverschleiß – letzterer kann auch durch Flüssigkeiten erfolgen. Den durch die Abrasion entstandenen Materialverlust nennt man Abrieb. Besonders relevant ist abrasiver Verschleiß in Anlagen, in denen

Medien gefördert werden, die kantige, harte Teilchen enthalten. So spielt abrasiver Verschleiß z. B. in Rohrleitungen und Pumpen eine Rolle, durch die Wasser mit Schwebstoffen (Sand), Putz und Beton (Zuschlagstoffe) oder gefüllte Kunststoffmassen (Füllstoffe, z. B. in Vergussanlagen) zu fördern sind.

c) Oberflächenzerrüttung
Oberflächenzerrüttung ist ein Verschleißmechanismus, der durch wechselnde oder schwellende mechanische Spannungen hervorgerufen wird. Folge ist eine Zerrüttung der Oberfläche, d. h., es entstehen und wachsen Mikrorisse in den oberflächennahen Werkstoffschichten. Oberflächenzerrüttung tritt z. B. in Wälzlagern durch das ständige Überrollen auf.

d) Tribooxidation
Die Bildung von Zwischenschichten (z. B. Oxidschichten) infolge chemischer Reaktionen und ihre Zerstörung durch Bewegung der Bauteile nennt man Tribooxidation (Reaktionsschichtverschleiß). Er tritt fast immer zusammen mit adhäsivem Verschleiß auf. Dieser Verschleißmechanismus entsteht infolge chemischer Reaktionen und mechanischer Zerstörung der Reaktionsschicht.

Die Toleranz bezeichnet den Zustand eines Systems, in dem eine von einer störenden Einwirkung verursachte Abweichung vom Normalzustand (noch) keine Gegenregulierung oder Gegenmaßnahme notwendig macht oder zur Folge hat.

Toleranz: Diese zulässige Abweichung vom Nennmaß ist eine konstruktions- und fertigungsbedingte Maßgröße. Sie bezeichnet die Differenz zwischen dem oberen und dem unteren Grenzmaß, also dem Höchst- und dem Mindestmaß.

Im engeren Sinn ist Toleranz die Abweichung einer Größe vom Normzustand bzw. Normmaß, die die Funktion eines Systems gerade noch nicht gefährdet. Innerhalb der Toleranz darf das Ist-Maß eines Werkstücks bzw. Bauteils vom jeweiligen Nennmaß (Null-Linie) abweichen. Maßtoleranzen begrenzen somit die zulässige Abweichung der Bauteilabmessungen.

D 1.6 Mechanische Fehler

Ein technischer Defekt ist eine Fehlfunktion von Geräten oder Maschinen und führt zu einer unerwünschten Veränderung bzw. zu einem Schaden innerhalb eines geplanten Ablaufes.

Konstruktive Sicherheit (Ex h [alt c]): Bei dieser Explosionsschutzart für nichtelektrische Geräte (z. B. Rührwerke, Rohrförderschnecken, Kupplungen, Bremsen, Getriebe, hydrostatische Einrichtungen, pneumatische Einrichtungen, Riemenantriebe, Ventilatoren) werden bauliche Maßnahmen angewendet, die den Schutz gegen eine mögliche Entzündung durch bewegte Teile, erzeugte heiße Oberflächen, Funken und adiabatische Kompressionen gewährleisten.

Wenn Schwingungen einer Maschine unerkannt bleiben, können sie den Verschleiß beschleunigen (z. B. geringere Lebensdauer der Lager) und die Anlage beschädigen.

a) Unwucht

Eine Unwucht tritt bei rotierenden Körpern auf, deren Masse nicht rotationssymmetrisch verteilt ist. Mit zunehmender Maschinendrehzahl steigen die Kräfte durch die Auswirkungen der Unwucht quadratisch an. Eine Unwucht kann die Lebensdauer eines Arbeitsmittels erheblich verkürzen sowie übermäßige Maschinenschwingungen verursachen.

b) Falsche Ausrichtung von drehenden Wellen

Eine falsche Ausrichtung von Antriebs- und Verbindungswellen kann im Lauf der Zeit aufgrund von wärmebedingter Ausdehnung, sich verschiebenden Teilen oder nicht ordnungsgemäßem Zusammenbau nach der Instandhaltung entstehen. Die sich dadurch ergebenden Schwingungen können radial, axial (parallel zur Achse der Maschine) oder beides sein.

c) Eindringende Fremdkörper

Wenn sich Teile in engen Gehäusen drehen, können auch durch Eindringen von Fremdkörpern in den Spalt zwischen drehendem Teil und Gehäuse oder durch Achsverlagerungen Reibvorgänge stattfinden, die unter Umständen schon in kurzer Zeit sehr hohe Oberflächentemperaturen hervorrufen. Kommt explosionsfähige Atmosphäre mit heißen Oberflächen in Berührung, kann es zu einer Entzündung kommen. Daher muss ein Eindringen von Fremdmaterialien (z. B. von Steinen oder Metallstücken) in Anlagenteile als Ursache von Funken berücksichtigt werden.

d) Lockerung

Schraubverbindungen sind lösbare Verbindungen, die zwei oder mehrere Bauteile unter allen vorkommenden Betriebskräften zusammenfügen. Von entscheidender Bedeutung für die Betriebssicherheit ist eine ausreichende Vorspannkraft (Klemmkraft). Die Schrauben müssen so angezogen werden, dass die zu übertragende Betriebskraft (z. B. Antriebs- oder Bremsmomente einer Maschinenwelle) über die Reibung in der Verbindung sicher übertragen werden können. Der Schraubenschaft wird dabei gedehnt und die Werkstücke gestaucht. Die Schraubenverbindung wirkt wie eine gespannte harte Feder, die den Kraftschluss erzeugt.

Die Sicherheit einer Schraubverbindung ist nur gewährleistet, wenn die Vorspannkraft dauerhaft erhalten bleibt. Schraubenverbindungen können versagen, wenn die Betriebskraft zu einer Überschreitung der statischen

Vorspannung führt, z. B. wenn eine Schraube zu stark angezogen wird oder die Belastung zu hoch für sie ist. Ist dies der Fall, besteht die Gefahr des selbsttätigen Lockerns. Hierbei können Scherbeanspruchungen entstehen, wenn sich zwei zusammengeschraubte Teile lockern und quer bewegen.

Biegebeanspruchungen entstehen, wenn die Fläche unter dem Kopf (oder/ und der Mutter) nicht rechtwinklig zum Schaft steht. Die Schraube wird dann zusätzlichen Kräften ausgesetzt, sodass die Schrauben sich je nach Betriebsbelastung lösen oder sogar brechen können. Weitere Ursachen hierfür können u. a. und sein:

- **Setzen der Schraube:** Unter dem Schraubenkopf bzw. der Schraubenmutter können aufgrund der Flächenpressung an Materialien, Dichtungen, Farbe usw. in der Trennfuge Setzerscheinungen auftreten.
- **Kriechen:** Durch diese langsame plastische Verformung der Materialien kann die kraftschlüssige Verbindung verloren gehen.
- **Vibrationen:** Schwingungen können Schäden verursachen, wenn das Lager des schwingenden Teils nicht mehr einwandfrei fixiert oder zu locker befestigt ist. Durch Vibrationen kann es zum selbsttätigen Lösen kommen, weshalb in solchen Fällen meistens eine Schraubensicherung (formschlüssig gegen Drehen) nötig ist.
- **Temperaturänderungen:** Die Tragfähigkeit von Schraubenverbindungen kann durch Änderungen von Festigkeit, Elastizität und thermischer Ausdehnung bei Temperaturänderungen beeinträchtigt werden. Ein dadurch verursachter Abfall der Vorspannkraft kann zum Versagen der Schraubenverbindung führen.

D 2 Prüfkonzept

Die Organisation der Prüfungen liegt – wie alle Schritte des Explosionsschutzes – in der Verantwortung des Arbeitgebers. Für die einzelnen Prüfungen sind Prüfart, Prüfumfang und ggf. Prüffristen unter Berücksichtigung der jeweiligen Beanspruchung festzulegen. Diese Aufgabe erfordert es, alle für die Prüfungen relevanten Aspekte wie Anforderungen an das Prüfpersonal, Prüffristen, Prüfarten und Prüfumfang zu ermitteln und in einem Prüfkonzept zusammenzuführen.

TRBS 1201
„Prüfungen und Kontrollen von Arbeitsmitteln und überwachungsbedürftigen Anlagen"

konkretisiert die Ermittlung und Festlegung von
- Art, Umfang und Fristen erforderlicher Prüfungen,
- die Verfahrensweise zur Bestimmung der mit der Prüfung zu beauftragenden Person oder zugelassenen Überwachungsstelle,
- die Durchführung der Prüfungen und
- die Erstellung erforderlicher Aufzeichnungen oder Bescheinigungen.

Zur Erhaltung des ordnungsgemäßen Zustandes der überwachungsbedürftigen Anlage kann ein Prüfkonzept aus einer geeigneten Kombination der aufgeführten Prüfarten technischer Prüfungen mit der geeigneten Festlegung von Prüfumfang, Prüfregeln und der Befähigung des Prüfers erstellt werden.

Grundsätzlich setzen sich Prüfungen nach § 14 Abs. 1 und 2 BetrSichV und Anhang 4 Abschnitt A Nr. 3.8 BetrSichV als auch nach § 15 BetrSichV aus Ordnungsprüfungen und technischen Prüfungen zusammen.

D 2.1 Ordnungsprüfung

Die Ordnungsprüfung beschränkt sich bei wiederkehrenden Prüfungen auf das Prüfen der notwendigen Unterlagen auf Vorhandensein und Vollständigkeit für die zu prüfenden Anlagen oder Anlagenteile und auf Änderungen im Vergleich zur Prüfung vor Inbetriebnahme.

Bei der Ordnungsprüfung wird insbesondere festgestellt, ob

- die erforderlichen Unterlagen vollständig sind,
- die Geräte gemäß dem Ergebnis der Gefährdungsbeurteilung bzw. sicherheitstechnischen Bewertung eingesetzt sind,

- die von der Behörde im Erlaubnis- oder Genehmigungsbescheid geforderten Auflagen eingehalten sind,
- die erforderlichen Prüfparameter definiert und eingehalten sind (Prüffrist, Prüfumfang, Prüftiefe),
- die Übereinstimmung zwischen Dokumentation und Ist-Zustand gegeben ist und
- die Beschaffenheit oder der Betrieb seit der letzten Prüfung geändert wurde.

Bei der Ordnungsprüfung werden diverse Unterlagen herangezogen, soweit sie aufgrund der Vorschriften für das Prüfobjekt gefordert sind.

Dazu können z. B. gehören:

- Sicherheitstechnische Bewertung bzw. Gefährdungsbeurteilung, Explosionsschutzdokument, Betriebsanleitungen und Schaltpläne,
- EG-Konformitätserklärungen und Konformitätsbescheinigungen,
- Betriebsanleitungen des Herstellers,
- Bescheinigung für eine Sonderanfertigung,
- Ausnahmegenehmigungen,
- Bescheinigungen über den ordnungsgemäßen Einbau von Anlageteilen (Errichterbestätigungen), sofern der ordnungsgemäße Einbau bei der technischen Prüfung nicht oder nur teilweise feststellbar ist,
- Prüfbücher,
- Aufzeichnung der Prüfergebnisse, Prüfbescheinigung bzw. -bericht der letzten wiederkehrenden Prüfung,
- Erlaubnisse oder Genehmigungsauflagen.

Bei der wiederkehrenden Prüfung müssen die Unterlagen, die bei der Prüfung vor erstmaliger Inbetriebnahme, nach einer wesentlichen Veränderung oder nach Änderung der Geräte und Einrichtungen vorlagen, nur in dem Umfang herangezogen werden, wie es für die Durchführung der technischen Prüfung erforderlich ist.

Im Rahmen der Ordnungsprüfung hat sich die befähigte Person davon zu überzeugen, dass innerhalb der festgelegten Prüffrist alle erforderlichen Prüfungen an der Anlage durchgeführt wurden. Andernfalls sind diese innerhalb der Prüffrist nachzuholen.

D 2.2 Technische Prüfung

Bei der technischen Prüfung werden die sicherheitstechnisch relevanten Merkmale eines Prüfgegenstandes auf Zustand, Vorhandensein und ggf. Funktion am Objekt selbst mit geeigneten Verfahren geprüft.

Hierzu gehören z. B.

- äußere oder innere Sichtprüfung,
- Funktions- und Wirksamkeitsprüfung,
- Prüfung mit Mess- und Prüfmitteln,
- labortechnische Untersuchung,
- zerstörungsfreie Prüfung und

- Prüfung mit datentechnisch verknüpften Messsystemen (z. B. Online-Überwachung).

D 2.2.1 Prüfarten

Bei der Festlegung der Prüfarten werden die für die Feststellung des ordnungsgemäßen Zustandes erforderlichen Prüfschritte berücksichtigt: Sicht-, Nah- und Detailprüfungen sowie Prüfung der sicheren Funktion. Die Prüfarten sind den speziellen Belastungen im jeweiligen Betrieb anzupassen und werden durch die Gefährdungsbeurteilung oder durch die sicherheitstechnische Bewertung ermittelt.

a) Sichtprüfung
Die Sichtprüfung beinhaltet eine durch äußere Begutachtung (ohne Eingriffe in Geräte, Einrichtungen, Installation und Montage) erzielte rechtzeitige Feststellung von optisch zu erkennenden Mängeln. Darüber hinaus erfolgt dabei auch die Feststellung von Mängeln durch Wahrnehmungen über andere Sinnesorgane (Tast-, Gehör-, Geruchsinn, z. B. übermäßige Vibration, Lagergeräusche an einer Maschine, Korrosion an einem druckfesten Gerät, Undichtigkeiten).

b) Nahprüfung
Die Nahprüfung beinhaltet die rechtzeitige Feststellung von nicht unmittelbar sicht- oder hörbaren Mängeln und wird analog zur Sichtprüfung durchgeführt, jedoch unter Verwendung von Zugangseinrichtungen (z. B. Leitern) und anderen Hilfsmitteln, falls erforderlich. Eingriffe in die Prüfobjekte (z. B. die Öffnung eines Gehäuses) sind üblicherweise für eine Nahprüfung nicht erforderlich.

c) Detailprüfung
Die Detailprüfung beinhaltet zusätzlich zu den Aspekten der Sicht- und Nahprüfungen die Feststellung solcher Fehler, die nur durch Eingriffe, z. B. das Öffnen von Gehäusen und/oder (falls erforderlich) unter Verwendung von Werkzeugen und Prüfeinrichtungen zu erkennen sind.

- **Thermographie:** Nahezu jedes Betriebsmittel, das Strom verbraucht oder mechanische Leistung überträgt, wird heiß, bevor eine Störung auftritt. Mit der Thermografie können Probleme bereits im Vorfeld effektiv, schnell und sicher erkannt und das Auftreten unzulässig hoher Oberflächentemperaturen verhindert werden.
  Sie wird zur Inspektion und Überwachung elektrotechnischer und mechanischer Komponenten eingesetzt. Die Thermographie liefert auf dieses Weise wichtige Informationen über den Zustand der elektrischen Anlagen und Betriebsmittel und kann dem Betreiber wichtige Entscheidungshilfen geben, um notwendige Maßnahmen (z. B. Instandsetzung, Nachrüstung oder Modernisierung) abzuleiten.

Thermografie: Messmethode zur berührungslosen Messung von Oberflächentemperaturen und bildgebendes Verfahren zur Anzeige der Oberflächentemperatur von Objekten. Jeder Körper mit einer Temperatur oberhalb des absoluten Nullpunktes sendet Wärmestrahlung aus. Mit steigender Temperatur verschiebt sich das ausgesandte Spektrum zu kürzeren Wellenlängen. Dabei wird die Intensität der Infrarotstrahlung, die von einem Punkt ausgeht, als Maß für dessen Temperatur gedeutet.

Zur Konkretisierung der technischen Prüfungen können die einschlägig bekannten und unter Fachleuten akzeptierten technischen Regeln, Richtlinien und Normen dienen. Die Mess- und Prüfangaben in der Betriebsanleitung der Hersteller für Geräte und Einrichtungen sind zu berücksichtigen. Besondere Anforderungen können sich aus dem besonderen Betrieb oder den Genehmigungsbescheiden für die überwachungsbedürftige Anlage ergeben.

d) Sichere Funktion
Für den Explosionsschutz beschreibt dieser Begriff folgende Aspekte:

- Für Geräte die der Kategorie entsprechende Zündquellenfreiheit,
- für Schutzsysteme die vorgesehene technische Wirksamkeit,
- für Sicherheits-, Kontroll- und Regelvorrichtungen die der Zone entsprechende Wirksamkeit der Schutzfunktion (zur Vermeidung von wirksamen Zündquellen),
- für sonstige technische Einrichtungen für Explosionssicherheit die vorgesehene technische Wirksamkeit.

D 2.2.2 Prüfumfang

Der Prüfumfang umfasst sowohl die Auswahl der Prüfgegenstände (z. B. Komponenten, Stichproben) als auch die Tiefe der jeweiligen Prüfung. Er ist im Bedarfsfall durch den Arbeitgeber bzw. Betreiber unter Hinzuziehung von internen oder externen fachkundigen Stellen spezifisch auf Basis der Gefährdungsbeurteilung bzw. sicherheitstechnischen Bewertung festzulegen.

Bei den Prüfungen gemäß § 15 Abs. 15 BetrSichV sind grundsätzlich zu prüfen:

- Elektrische Geräte, Schutzsysteme und Sicherheits-, Kontroll- oder Regelvorrichtungen im Sinne der Richtlinie 94/9/EG auf ihren ordnungsgemäßen Zustand und ihre ordnungsgemäße Zusammenschaltung,

- mechanische Geräte im Sinne der Richtlinie 94/9/EG, wenn sie schädigenden Einflüssen ausgesetzt sind (z. B. durch mechanische Belastungen, starke Verschmutzung, Chemikalien, Feuchtigkeit, Kälte oder Hitze) und Einfluss auf die Explosionssicherheit haben, auf ihren ordnungsgemäßen Zustand und ihre ordnungsgemäße Zusammenschaltung,
- Sicherheits-, Kontroll- oder Regelvorrichtungen auf ihre ordnungsgemäße Funktion entsprechend der ausgeführten Kategorie,

- Wechselwirkungen von Geräten, Schutzsystemen, Sicherheits-, Kontroll- oder Regelvorrichtungen und deren Verbindungselementen – untereinander und anderen Anlagenteilen,
- mechanische Lüftungs- und Absauganlagen auf ihre Wirksamkeit,
- Gaswarnanlagen auf ihre Funktionsfähigkeit,
- Inertisierungseinrichtungen gemäß TRBS 2152 Teil 2 auf ihre Funktionsfähigkeit nach den Maßgaben der Gefährdungsbeurteilung bzw. sicherheitstechnischen Bewertung.

Sofern andere Arbeitsmittel, Anlagenteile oder Anlagen schädigenden Einflüssen ausgesetzt sind, die Einfluss auf die Explosionssicherheit haben (z. B. mechanische Belastungen, starke Verschmutzung, Chemikalien, Feuchtigkeit, Kälte oder Hitze), unterliegen diese ebenso der Pflicht zur wiederkehrenden Prüfung. Dies geschieht nach den auf der Grundlage der Gefährdungsbeurteilung bzw. sicherheitstechnischen Bewertung festgelegten Maßnahmen.

Die Prüfung erstreckt sich auf ihren ordnungsgemäßen Zustand sowie ihre ordnungsgemäße Zusammenschaltung und umfasst:

- Die Ermittlung des Ist-Zustandes eines Arbeitsmittels, einer überwachungsbedürftigen Anlage oder eines Arbeitsplatzes in explosionsgefährdeten Bereichen,
- den Vergleich des Ist-Zustandes mit dem Soll-Zustand,
- die Bewertung der Abweichung des Ist-Zustandes vom Soll-Zustand.

Der Ist-Zustand umfasst den durch die Prüfung festgestellten Zustand des Prüfgegenstandes. Der Soll-Zustand ist bei Arbeitsmitteln der durch die Gefährdungsbeurteilung festgelegte sichere Zustand für die weitere Benutzung und bei überwachungsbedürftigen Anlagen der durch die sicherheitstechnische Bewertung festgelegte ordnungsgemäße Zustand für den weiteren Betrieb.

Bei der Festlegung des Soll-Zustandes werden berücksichtigt:

- Informationen des Herstellers,
- standardisierte oder vereinbarte Betriebsbedingungen (z. B. Herstellerspezifikationen, Sicherheitsabstände, Umgebungsbedingungen Leistungsaufnahme, zulässige Abnutzungsraten),
- Bedingungen mit definierter Überlast und sonstige Grenzbedingungen (z. B. Drehzahl, Geschwindigkeiten, Lasten, Bearbeitungsräume),
- Betriebsabläufe.

D 2.2.3 Prüfregeln

Prüfregeln sind alle Festlegungen zur Durchführung der Prüfung selbst und der erforderlichen Randbedingungen. Der Betreiber berücksichtigt bei der Ermittlung von Prüfart und Prüfumfang den Stand der Technik. Prüfungen der Explosionssicherheit an Arbeitsplätzen in explosionsgefährdeten Bereichen nach Anhang 4 Abschnitt A Nr. 3.8 BetrSichV sind in TRBS 1201 Teil 1 geregelt.

D 2.2.4 Instandhaltungsbegleitende Prüfung

Wenn Arbeitsmittel Schäden verursachenden Einflüssen unterliegen, die zu gefährlichen Situationen führen können, können die Sicht-, Nah- und Detailprüfungen auch als Prüfungen im Rahmen der Instandhaltung durchgeführt oder durch eine ständige Überwachung erfüllt werden.

Ständige Überwachung: Arbeitsmittel gelten als ständig überwacht, wenn sie unter verantwortlicher Einbeziehung der befähigten Person durch qualifiziertes Fachpersonal laufend instand gehalten und durch messtechnische Maßnahmen überwacht werden. Dabei muss sichergestellt sein, dass Schäden rechtzeitig entdeckt und behoben werden können.

Zur Erhaltung des ordnungsgemäßen Zustandes der überwachungsbedürftigen Anlage kann ein Prüfkonzept erstellt werden, nach dem durch qualifiziertes Fachpersonal insbesondere instandhaltungsbegleitende Prüfungen durchgeführt werden. Vorbeugende Instandhaltungsmaßnahmen sollen den betriebstechnischen Soll-Zustand erhalten bzw. wiederherstellen und mängelfreie Anlagen gewährleisten. Unter den Oberbegriff der Instandhaltung fallen neben der Prüfung auch Wartung, Inspektion und Instandsetzung.

Sofern dieses Prüfkonzept sicherheitstechnische Anforderungen der Prüfung vor Inbetriebnahme bzw. vor Wiederinbetriebnahme nach prüfpflichtigen Änderungen berücksichtigt, können die Ergebnisse der instandhaltungsbegleitenden Prüfungen durch die zu diesen Prüfungen befähigte Person bewertet werden. Die Ergebnisse der instandhaltungsbegleitenden Prüfungen können zur Erfüllung der Anforderungen nach § 15 BetrSichV herangezogen werden, sofern mit ihnen eine klare Aussage über den Anlagenzustand möglich ist. Im Rahmen der technischen Prüfung ist dann durch die befähigte Person nur noch eine stichprobenartige Kontrolle von Anlagenteilen erforderlich.

D 2.3 Dokumentation der Prüfungen

Die Ergebnisse der Prüfungen sind nach Vorgabe der BetrSichV aufzuzeichnen. Dies kann in Papierform oder in elektronischen Systemen erfolgen. Die Prüfdokumentationen sind am Betriebsort verfügbar zu halten.

D 2.3.1 Umfang

Aus diesen Bescheinigungen oder Aufzeichnungen muss hervorgehen, dass das Gerät, das Schutzsystem oder die Sicherheits-, Kontroll- oder Regelvorrichtung in den für den Explosionsschutz wesentlichen Merkmalen nach der Instandsetzung den Anforderungen der BetrSichV entspricht.

D 2.3.2 Inhalt

Zur Dokumentation von Prüfungs- und Instandhaltungsmaßnahmen zählen sowohl Vorbereitung als auch Ausführung, Auswertung und Nachweis der damit verbundenen Arbeiten. Darunter fallen z. B. Kennzeichnungen der Betriebsmittel, Betriebsanleitungen, Baumusterprüfbescheinigungen und Konformitätserklärungen der Hersteller. Unerlässlich ist, dass alle produktbezogenen Unterlagen lückenlos und aktuell dokumentiert sind. Hierzu zählen auch die gültigen Rechtsvorschriften und technischen Regelwerke.

Der Arbeitgeber legt fest, dass und wie das Ergebnis der Prüfung aufgezeichnet wird. Die Aufzeichnungen müssen der Art und dem Umfang der Prüfung angemessen sein und können folgende Angaben enthalten:

- Datum der Prüfung,
- Art der Prüfung,
- Prüfgrundlagen,
- Was wurde im Einzelnen geprüft,
- Ergebnis der Prüfung,
- Bewertung festgestellter Mängel und Aussagen zum Weiterbetrieb,
- Name des Prüfers.

Prüfungen können auch in Form einer Prüfplakette oder in elektronischen Systemen dokumentiert werden.

D 2.3.3 Aufbewahrung

Aus den rechtlichen Grundlagen der BetrSichV ergibt sich die Notwendigkeit, Aufzeichnungen über die durchgeführten Prüfungen zu führen. Die Dokumentationen zu den Prüfungen vor erstmaliger Inbetriebnahme, den anschließenden wiederholenden Prüfungen und Prüfungen nach einer wesentlichen Änderung sind über den gesamten Lebenszyklus des Gerätes, des Schutzsystems oder der Sicherheits-, Kontroll- oder Regelvorrichtung aufzubewahren.

BetrSichV –
§ 17 „Prüfaufzeichnungen und -Bescheinigungen"

§

„(1) Der Arbeitgeber hat dafür zu sorgen, dass das Ergebnis der Prüfung nach den §§ 15 und 16 aufgezeichnet wird. […] Aufzeichnungen und Prüfbescheinigungen sind während der gesamten Verwendungsdauer am Betriebsort der überwachungsbedürftigen Anlage aufzubewahren und der zuständigen Behörde auf Verlangen vorzulegen."

Diese dienen bei der wiederkehrenden Prüfung im Rahmen der Ordnungsprüfung der Kontrolle, dass alle erforderlichen Prüfungen an der Anlage innerhalb der festgelegten Prüffristen durchgeführt wurden. So kann der Betreiber explosionsgefährdeter Anlagen nachweisen, dass den Prüfverpflichtungen gewissenhaft nachgekommen wurde und die Anlagen bzw. Betriebsmittel in ordnungsgemäßem Zustand gehalten werden. Auch die Prüfpersonen können nachweisen, dass sie geprüft haben und dass ihre

Entscheidungen nachvollziehbar sind, insbesondere wenn Abweichungen vom normalen Prüfablauf aufgrund von Besonderheiten aufgetreten sind. Anhand der Prüfergebnisse lassen sich auch Veränderungen des Zustandes durch schädigende Einflüsse feststellen. Mit diesen Informationen können Prüffristen bestätigt oder angepasst werden.

Musterformular zur Dokumentation der Prüfung explosionsgefährdeter Arbeitsmittel nach § 14 Abs. 7 BetrSichV

Firmenlogo	**Prüfplan** **zur Prüfung im Explosionsschutz**	**verfasst von:** **Stand:**

			Prüfergebnisse im Prüfprotokoll, Prüfbuch oder der Betriebsmittelkartei vermerken		Prüffristen regelmäßig anhand der aktuellen Gefährdungsbeurteilung (u. a. unter Berücksichtigung aktueller Regelwerke und der Schadensverläufe) aktualisieren		
Arbeitsmittel/ Standort	Gerätenr./ Kennzeichen	Aufbewahrungsort Prüfunterlagen	Prüfart und -umfang/ Prüfverfahren und Prüfgeräte	Prüfer (Name/Institution) Qualifikation	Prüffrist (Jahre)	Letzte Prüfung	Nächste Prüfung

Prüfplan erstellt:

....
zur Prüfung befähigte Person

Prüfplan genehmigt:

....
Unternehmensleitung

Musterdokumente müssen stets an die konkreten betrieblichen Gegebenheiten angepasst werden!

D 3 Prüfungsanlässe und Prüffristen

Anlagen in explosionsgefährdeten Bereichen, d. h. explosionsschutzrelevante Arbeitsmittel einschließlich der Verbindungselemente sowie der explosionsschutzrelevanten Gebäudeteile, sind überwachungsbedürftige Anlagen. Als solche stellen sie betrieblich besondere Anlagen dar, da von ihnen eine der besonderen Gefährdungen ausgeht. Während der gesamten Verwendungsdauer müssen sie den für sie geltenden Sicherheits- und Gesundheitsschutzanforderungen entsprechen, der sichere Zustand muss erhalten werden. Daher unterliegen überwachungsbedürftige Anlagen während ihrer gesamten Verwendungsdauer entsprechenden Prüfungen auf ihren sicheren Zustand.

D 3.1 Prüfung vor Inbetriebnahme

Geräte, Schutzsysteme oder Sicherheits-, Kontroll- oder Regeleinrichtungen im Sinne der Richtlinie 2014/34/EU, die in einer Anlage oder einem Arbeitsmittel in explosionsgefährdeten Bereichen installiert sind, müssen vor der erstmaligen Inbetriebnahme geprüft werden. Dies gilt ebenfalls für die vorgesehenen Arbeitsmittel, die Arbeitsumgebung sowie für die Maßnahmen zum Schutz von Dritten. Durch Prüfungen an überwachungsbedürftigen Anlagen in explosionsgefährdeten Bereichen wird der ordnungsgemäße Zustand vor Inbetriebnahme der Anlagen festgestellt.

BetrSichV – § 15 „Prüfung vor Inbetriebnahme und vor Wiederinbetriebnahme nach prüfpflichtigen Änderungen"

„(1) Der Arbeitgeber hat sicherzustellen, dass überwachungsbedürftige Anlagen vor erstmaliger Inbetriebnahme [...] geprüft werden."

Diese zwingend notwendige Erstprüfung der Anlage vor Aufnahme der Betriebsphase dient dem Nachweis, dass Planung und Errichtung der Anlage so durchgeführt wurden, dass die Soll-Zustände des bestimmungsgemäßen Betriebes und deren zulässigen Grenzwerte eingehalten sind.

Hierbei ist Folgendes zu prüfen:

- Korrekte Auswahl,
- fachgerechte Montage und Installation,
- Aufstellungsbedingungen,
- sichere Funktion aller zum Einsatz innerhalb explosionsgefährdeter Bereiche bestimmten oder für die sichere Funktion notwendigen Betriebsmittel.

D 3.1.1 Prüfung einzelner Geräte und Einrichtungen

Bei der Prüfung vor Inbetriebnahme von Geräten und Einrichtungen werden im Rahmen der technischen Prüfung die ordnungsgemäße Montage, Installation, die Aufstellungsbedingungen sowie die sichere Funktion überprüft. Dazu gehören z. B.

- Prüfung auf die vorgesehene Zündquellenfreiheit der Geräte,
- Prüfung der technischen Wirksamkeit der Schutzsysteme,
- Prüfung von Sicherheits-, Kontroll- und Regelvorrichtungen,
- Prüfung der Wirksamkeit der Schutzfunktion in Abhängigkeit der Ex-Zone,
- Prüfung sonstiger technischer Einrichtungen für die Explosionssicherheit,
- Prüfung der vorgesehenen technischen Wirksamkeit.

Bei der Prüfung der sicheren Funktion einzelner Geräte und Schutzsysteme im Sinne der Richtlinie 2014/34/EU wird die Einhaltung der Beschaffenheitsanforderungen nicht mehr geprüft, sofern eine EU- bzw. EG-Konformitätserklärung oder eine entsprechende Darstellung im Explosionsschutzdokument vorliegt.

D 3.1.2 Prüfung der Gesamtanlage

Jede Anlage besteht aus einer Vielzahl von Bauteilen, Komponenten, Geräten und Baugruppen, deren Eignung und eventuellen Einschränkungen für die jeweilige Verwendung sicherzustellen sind.

Teile einer Anlage sind u. a.

- Gebäude und Behälter,
- Pumpen, Rührwerke und Hilfsaggregate,
- mechanische Installationen in Form von Flanschen, Dichtungen und Rohrverbindungen,
- elektrische Installationen in Form von Energieleitungen,
- Potenzialausgleichsystemen und
- entsprechende Signalleitungen der Mess-, Steuer- und Regeltechnik.

Gesamtheit der Anlagen in explosionsgefährdeten Bereichen: Gesamtheit der explosionsschutzrelevanten Arbeitsmittel einschließlich der Verbindungselemente sowie der explosionsschutzrelevanten Gebäudeteile.

Vor Inbetriebnahme werden Montage, Installation, Aufstellbedingungen und sichere Funktion unter Berücksichtigung der vorgesehenen Betriebsweise auf den ordnungsgemäßen Zustand überprüft. Die Explosionssicherheit der gesamten Anlage ist vor der ersten Nutzung der Arbeitsplätze in Form einer übergreifenden Betrachtung nachzuweisen. Diese Prüfung ist eine ganzheitliche Systembetrachtung zum Nachweis der Richtigkeit des gesamten Explosionsschutzkonzeptes. Neben der Überprüfung der fachgerechten Montage und der Installation sowie der Aufstellbedingungen schließt die Prüfung vor Inbetriebnahme auch notwendige Messungen und Prüfungen der sicheren Funktion ein.

D 3.2 Regelmäßig wiederkehrende Prüfung

Unmittelbar nach der Inbetriebnahme der Anlage kann der Betreiber davon ausgehen, dass sich sowohl die einzelnen Komponenten der Anlage als auch das System als Ganzes in einem ordnungsgemäßen und überprüften Zustand befinden. Jedes technische System unterliegt jedoch dem Verschleiß. Um den weiteren sicheren Anlagenbetrieb zu gewährleisten, liegt es in der Verantwortung des Betreibers, den ordnungsgemäßen Zustand der Anlage über die Nutzungsdauer zu erhalten. Sämtliche zur Gewährleistung des Explosionsschutzes erforderlichen Bedingungen sind aufrechtzuerhalten. Bereitgestellte und von Beschäftigten bei der Arbeit benutzte überwachungsbedürftige Anlagen als Arbeitsmittel sind daher regelmäßig wiederkehrend zu prüfen.

BetrSichV –
§ 16 „Wiederkehrende Prüfung"

„(1) Der Arbeitgeber hat sicherzustellen, dass überwachungsbedürftige Anlagen nach Maßgabe der in Anhang 2 genannten Vorgaben wiederkehrend auf ihren sicheren Zustand hinsichtlich des Betriebs geprüft werden."

Wiederkehrende Prüfungen dienen dazu,

- Abweichungen von einem bestimmungsgemäßen Zustand einzelner Komponenten oder Funktionseinheiten möglichst frühzeitig zu erkennen und zu beheben,
- Abweichungen von einem bestimmungsgemäßen Zustand der Installation möglichst frühzeitig zu erkennen und zu beheben,
- den ordnungsgemäßen Zustand der Anlagen hinsichtlich des Betriebes sicherzustellen.

Typische Abweichungen vom bestimmungsgemäßen Zustand sind z. B.

- Stofffreisetzungen und Leckagen durch schadhafte Dichtungen an Rohrverbindungen,
- Zündquellen durch schadhafte Dichtungen an explosionsgeschützten Betriebsmitteln,
- elektrostatische Aufladungen durch fehlerhaften Potenzialausgleich,
- Zündquellen trotz explosionsgeschützter Geräteausführung durch fehlende Kabelverschraubungen,
- elektrische Funken/Lichtbögen durch beschädigte Kabelmantel/Kabelisolation,
- Zündquellen durch heiße Oberflächen bei ungenügender Lagerschmierung,
- unerlaubte Anlagenveränderungen oder Umbauten mit der Gefahr von Freisetzungen und/oder aktiven Zündquellen durch nicht bestimmungsgemäße Verwendung,
- unkontrolliert freigesetzte Explosionsenergie durch Korrosion an Einrichtungen zur Druckentlastung.

D 3.2.1 Fristen wiederkehrender Prüfungen

Die Ermittlung notwendiger Zeitabstände zwischen Prüfungen ist Aufgabe des Betreibers. Dies sollte möglichst exakt erfolgen und auch die tatsächlichen Prüferfordernisse spiegeln. Die Prüffrist muss so festgelegt werden, dass der Prüfgegenstand nach allgemein zugänglichen Erkenntnisquellen und betrieblichen Erfahrungen im Zeitraum zwischen zwei Prüfungen sicher benutzt werden kann.

Der Fälligkeitstermin von wiederkehrenden Prüfungen wird jeweils mit dem Monat und dem Jahr angegeben. Die Frist für die nächste wiederkehrende Prüfung beginnt mit dem Fälligkeitstermin der letzten Prüfung. Wird eine Prüfung vor dem Fälligkeitstermin durchgeführt, beginnt die Frist für die nächste Prüfung mit dem Monat und Jahr dieser Durchführung. Für Arbeitsmittel mit einer Prüffrist von mehr als zwei Jahren gilt dies nur, wenn die Prüfung mehr als zwei Monate vor dem Fälligkeitstermin durchgeführt wird.

Ist ein Arbeitsmittel zum Fälligkeitstermin der wiederkehrenden Prüfung außer Betrieb gesetzt, so darf es erst wieder in Betrieb genommen werden, nachdem diese Prüfung durchgeführt worden ist. In diesem Fall beginnt die Prüffrist mit dem Termin dieser Prüfung. Eine wiederkehrende Prüfung gilt als fristgerecht durchgeführt, wenn sie spätestens zwei Monate nach dem Fälligkeitstermin durchgeführt wurde.

Die Prüffristen sind so festzulegen, dass feststellbare Abweichungen vom Soll-Zustand rechtzeitig erkannt werden. Die Einschätzung von Prüffristen erfolgt objektbezogen unter Einbeziehung aller Aufzeichnungen über den vorangegangenen Betrieb, z. B. Betriebs-, Wartungs- und Prüfbücher. Auch Betriebserfahrungen und Angaben der Hersteller zu Prüffristen sind zu berücksichtigen. Bei der wiederkehrenden Prüfung ist zudem zu prüfen, ob die Frist für die nächste Prüfung zutreffend festgelegt wurde.

Die Prüfungsbewertung trifft eine Aussage darüber, ob und unter welchen Bedingungen das Arbeitsmittel weiterhin sicher benutzt werden kann bzw. ob sich die überwachungsbedürftige Anlage in einem ordnungsgemäßen Zustand befindet. Ist die Abweichung (positiv oder negativ) unzulässig groß, kann dies ein Anlass zur Anpassung der bislang festgelegten Prüffristen (Verlängerung, Verkürzung) sein. Der Gesetzgeber verpflichtet den Betreiber jedoch zur Einhaltung bestimmter Mindestintervalle für wiederkehrende Prüfungen:

- **Prüfintervall 6 Jahre:** Anlagen in explosionsgefährdeten Bereichen sind mindestens alle sechs Jahre auf Explosionssicherheit zu prüfen.
- **Prüfintervall 3 Jahre:** Geräte, Schutzsysteme, Sicherheits-, Kontroll- und Regelvorrichtungen im Sinne der Richtlinie 2014/34/EU mit ihren Verbindungseinrichtungen sind wiederkehrend mindestens alle drei Jahre zu prüfen. Dies gilt ebenso, wenn sie Bestandteil von Anlagen in explosionsgefährdeten Bereichen nach Nummer 2 sind, und unter Berücksichtigung von Wechselwirkungen mit anderen Anlagenteilen.
- **Prüfintervall jährlich:** Lüftungsanlagen, Gaswarneinrichtungen und Inertisierungsanlagen müssen wiederkehrend jährlich geprüft werden.

D 3.2.2 Verzicht auf wiederkehrende Prüfungen

Auf die wiederkehrenden Prüfungen von Anlagen in explosionsgefährdeten Bereichen sowie von Geräten, Schutzsystemen, Sicherheits-, Kontroll- und Regelvorrichtungen im Sinne der Richtlinie 2014/34/EU einschließlich ihrer Verbindungseinrichtungen kann verzichtet werden. Dafür muss jedoch im Rahmen der Dokumentation der Gefährdungsbeurteilung ein **Instandhaltungskonzept** gleichwertig sicherstellen, dass ein sicherer Zustand der Anlagen aufrechterhalten wird und die Explosionssicherheit dauerhaft gewährleistet ist.

Der Betreiber muss das Instandhaltungskonzept als Teil der Gefährdungsbeurteilung und ggf. als Teil des Explosionsschutzdokumentes sinnvollerweise schon bei der Anlagenplanung erstellen, da vor erstmaliger Inbetriebnahme bereits Prüfanlässe, -fristen und -tiefen sowie die zur Prüfung befähigten Personen festlegelegt werden müssen. Die Eignung des Instandhaltungskonzeptes ist im Rahmen der Prüfung vor der erstmaligen Inbetriebnahme und vor der Wiederinbetriebnahme zu bewerten. Die im Instandhaltungskonzept dokumentierte sicherheitstechnische Gleichwertigkeit der anstelle der abweichenden gesetzlich geregelten wiederkehrenden Prüfungen wird auf ihre Plausibilität geprüft. Der Gleichwertigkeitsnachweis ist mindestens nach dem Stand der Technik gegeben, wenn die vorgeschlagenen Ersatzmaßnahmen geeignet sind, die gleiche Sicherheit auf andere Weise (hier den dauerhaften Explosionsschutz) herzustellen.

Ein Instandhaltungskonzept trägt mit einer regelmäßigen Wartung von Maschinen und Anlagen durch die verlässliche Erhaltung der Funktionsfähigkeit und der Gewährleistung der Sicherheitsanforderungen zu einem reibungslosen Betriebsablauf bei. Die Instandhaltungsplanung ist die systematische Vorbereitung und Festlegung aller Aktionen, die erforderlich sind, um die Funktionsfähigkeit der Anlagen bis zum Ende der Nutzungsdauer vor Beeinträchtigungen zu schützen bzw. bei Verschleiß und Störungen wiederherzustellen (vorbeugende Instandhaltung). Die im Rahmen des Instandhaltungskonzeptes durchgeführten Arbeiten und Maßnahmen an der Anlage sind zu dokumentieren und der Behörde auf Verlangen darzulegen.

- **Vorausbestimmte Instandhaltung:** Vorbeugende Instandhaltungsmaßnahmen (z. B. Inspektionen und Wartungen) werden nach einem festen Zeitintervall oder anderen Kriterien (z. B. Laufzeiten, Stückzahlen) durchgeführt, um bereits vor Auftritt eines Fehlers Maßnahmen zu ergreifen.
- **Zustandsorientierte Instandhaltung:** Diese vorbeugende Instandhaltungsmaßnahmen werden nach verschleißbezogenen Zuständen vorgenommen. Der Verschleißzustand wird dabei entweder permanent und automatisch durch Sensoren oder durch Inspektionen durch Menschen erfasst. Dabei werden die tatsächlichen Abnutzungsvorräte erfasst und mit den erforderlichen Abnutzungsvorräten für den sicheren Anlagenbetrieb verglichen. Wenn hierbei ein Mindestwert unterschritten wird, erfolgt die Wartungsmaßnahme der jeweiligen Komponente.
- **Prospektive Instandhaltung:** Diese Instandhaltungsstrategie setzt bereits in der Planungsphase ein und ermittelt vorausschauend (prospektiv) den optimalen Zeitpunkt für vorzusehende Instandhaltungsmaßnahmen.

D 3.3 Prüfung nach wesentlichen Änderungen

Wird aufgrund von Änderungen oder Instandsetzungen an einer explosionsgefährdeten Anlage (Ex-Anlage) eine Anpassung des Explosionsschutzkonzeptes oder die Ableitung sicherheitstechnischer Maßnahmen erforderlich, so sind diese Änderungen bzw. Instandsetzungen prüfpflichtig, da sie wesentlichen Einfluss auf die Sicherheit der Ex-Anlage haben.

BetrSichV – § 15 „Prüfung vor Inbetriebnahme und vor Wiederinbetriebnahme nach prüfpflichtigen Änderungen"

§

„(1) Der Arbeitgeber hat sicherzustellen, dass überwachungsbedürftige Anlagen […] vor Wiederinbetriebnahme nach prüfpflichtigen Änderungen geprüft werden."

Die Bewertung, ob die Änderungen sich auf die Explosionssicherheit der Ex-Anlage auswirken, erfolgt im Rahmen einer Gefährdungsbeurteilung und vor dem Hintergrund des bestehenden Explosionsschutzkonzeptes, den vorhandenen sicherheitstechnischen Maßnahmen und ob eine prüfpflichtige Änderung vorliegt. Eine Prüfung vor der Wiederinbetriebnahme ist erforderlich, wenn die zur Gewährleistung des Explosionsschutzes erforderlichen Bedingungen soweit verändert wurden, dass die Explosionssicherheit der Arbeitsplätze und der Arbeitsumgebung sowie der Maßnahmen zum Schutz von Dritten beeinträchtigt wurde.

TRBS 1123 „Prüfpflichtige Änderungen von Anlagen in explosionsgefährdeten Bereichen – Ermittlung der Prüfnotwendigkeit gemäß § 15 Absatz 1 BetrSichV"

konkretisiert für Anlagen in explosionsgefährdeten Bereichen, was als prüfpflichtige Änderung im Sinne von § 15 BetrSichV g lt.

- **Änderungen an Ex-Anlagen:** Änderungen sind prüfpflichtig, soweit sie Einfluss auf die Sicherheit der Ex-Anlage haben. Dies ist gegeben, wenn aufgrund der Änderungen eine Anpassung des Explosionsschutzkonzeptes oder die Ableitung sicherheitstechnischer Maßnahmen erforderlich sind.
- **Maßnahmen an Geräten, Schutzsystemen, Sicherheits-, Kontroll- oder Regelvorrichtungen:** Eine Anlage in explosionsgefährdeten Bereichen darf nach einer prüfpflichtigen Änderung nur in Betrieb genommen werden, wenn die von der Änderung betroffenen Anlagenteile entsprechend den Anforderungen der BetrSichV errichtet sind und sich auch unter Berücksichtigung der Aufstellbedingungen in einem sicheren Zustand befinden.

D 3.4 Prüfungen nach Instandsetzungen für den Explosionsschutz relevanter Teile

Zum ordnungsgemäßen Betrieb überwachungsbedürftiger Anlagen gehört auch die ordnungsgemäße Instandsetzung zur Wiederherstellung des Soll-Zustandes von Geräten, Schutzsystemen und Sicherheits-, Kontroll- oder Regelvorrichtungen im Sinne der Richtlinie 2014/34/EU. Werden durch die Instandsetzungsarbeiten im explosionsgefährdeten Bereich Eigenschaften eines Gerätes, die den Explosionsschutz beeinflussen, berührt, muss das instandgesetzte Arbeitsmittel vor der Wiederinbetriebnahme überprüft werden.

BetrSichV – Anhang 2 (zu den §§ 15 und 16) „Prüfvorschriften für überwachungsbedürftige Anlagen" – Abschnitt 3 „Explosionsgefährdungen"

„4. Prüfung vor Inbetriebnahme, nach prüfpflichtigen Änderungen und nach Instandsetzung
[…]
4.2 Geräte, Schutzsysteme und Sicherheits-, Kontroll- oder Regelvorrichtungen im Sinne der Richtlinie 2014/34/EU dürfen nach einer Instandsetzung hinsichtlich eines Teils, von dem der Explosionsschutz abhängt, erst wieder in Betrieb genommen werden, nachdem im Rahmen einer Prüfung festgestellt wurde, dass das Teil in den für den Explosionsschutz wesentlichen Merkmalen den gestellten Anforderungen entspricht."

Eine Prüfung nach Instandsetzungen von für den Explosionsschutz relevanter Teile soll gewährleisten, dass das instandgesetzte Gerät, Schutzsystem oder die Sicherheits-, Kontroll- oder Regelvorrichtung in den für den Explosionsschutz notwendigen Eigenschaften wieder den Anforderungen der BetrSichV entspricht.

Als prüfpflichtige Änderung gilt auch jede Instandsetzung an der explosionsgefährdeten Anlage, die in diesem Sinne eine Anpassung des Explosionsschutzkonzeptes oder die Ableitung sicherheitstechnischer Maßnahmen erfordert.

D 3.4.1 Instandsetzung ohne Relevanz für den Explosionsschutz

Stellt der Betreiber fest, dass die Instandsetzung von Geräten, Schutzsystemen oder Sicherheits-, Kontroll- und Regelvorrichtungen im Sinne der Richtlinie 2014/34/EU keine Relevanz für den Explosionsschutz hat, ist eine Prüfung nicht erforderlich.

TRBS 1201 Teil 3
„Instandsetzung an Geräten, Schutzsystemen, Sicherheits-, Kontroll- und Regelvorrichtungen im Sinne der Richtlinie 2014/34/EU"

„2.4 Instandsetzung
[…] Die Instandhaltung kann entweder durch den Austausch einzelner Teile erfolgen oder durch Instandsetzungsmaßnahmen an den Teilen selbst, wobei die Maßnahmen zum Zündschutz von Geräten sowie die Funktion von Schutzsystemen, Sicherheits-, Kontroll- oder Regelvorrichtungen unberührt bleiben."

Bei einem Austausch baugleicher Geräte, Schutzsysteme oder Sicherheits-, Kontroll- oder Regelvorrichtungen im Sinne der Richtlinie 2014/34/EU ist eine Prüfung nicht erforderlich, wenn die Montage durch fachkundige Personen erfolgt und sowohl die Montage-, Installations- und Aufstellbedingungen als auch die sichere Funktion unverändert bleiben.

Baugleich: Explosionsschutzrelevante Arbeitsmittel sind baugleich, wenn sie sowohl hinsichtlich ihrer verfahrenstechnischen Funktion als auch hinsichtlich ihrer sicherheitstechnischen Kennwerte den zu ersetzenden Arbeitsmitteln entsprechen.

TRBS 1201 Teil 3
„Instandsetzung an Geräten, Schutzsystemen, Sicherheits-, Kontroll- und Regelvorrichtungen im Sinne der Richtlinie 2014/34/EU"

„2.4 Instandsetzung
[…] Die Instandhaltung kann entweder durch den Austausch einzelner Teile erfolgen oder durch Instandsetzungsmaßnahmen an den Teilen selbst, wobei die Maßnahmen zum Zündschutz von Geräten sowie die Funktion von Schutzsystemen, Sicherheits-, Kontroll- oder Regelvorrichtungen unberührt bleiben."

Original-Ersatzteil: Im Sinne von TRBS 1201 (Teil 3 Punkt 2.6) ein Bauteil, das für den Anwendungsfall in allen technischen Anforderungen dem zu ersetzenden Bauteil entspricht.

D 3.4.2 Instandsetzung mit Relevanz für den Explosionsschutz

Wenn ein Gerät, ein Schutzsystem oder eine Sicherheits-, Kontroll- oder Regelvorrichtung im Sinne der Richtlinie 2014/34/EU instandgesetzt wird, hat der Betreiber sicherzustellen, dass die Relevanz für den Explosionsschutz erkannt wird.

Instandsetzung mit Relevanz für den Explosionsschutz: Instandsetzung mit Eingriff in Geräte, Schutzsysteme, Sicherheits-, Kontroll- oder Regelvorrichtungen im Sinne der Richtlinie 2014/34/EU mit Einfluss auf den Schutz vor wirksamen Zündquellen oder mit Eingriff in ein Schutzsystem oder in eine Sicherheits-, Kontroll- oder Regelvorrichtung mit Einfluss auf deren Funktion oder deren Funktionssicherheit.

Bei der Beurteilung von Instandsetzungen müssen verschiedene Kriterien berücksichtigt werden:

- Kategorie der Geräte oder Komponenten im Sinne der Richtlinie 2014/34/EU,
- Komplexität der Instandsetzung, d. h. mehrere voneinander abhängige Instandsetzungsschritte,
- Bedeutung des von der Instandsetzung betroffenen Teils für den Explosionsschutz,
- Einfluss der Art der Instandsetzung auf die Zündschutzmaßnahmen,
- Umfang der erforderlichen Kenntnisse zur Beurteilung der für den Explosionsschutz wesentlichen Merkmale (z. B. Herstellerunterlagen).

Eine Prüfung nach Anhang 2 Abschnitt 3 Nr. 4.2 BetrSichV ist grundsätzlich nach Instandsetzungen von Geräten und Komponenten der Gerätekategorien 1 und 2 erforderlich. Ausnahmen gelten, wenn die Instandsetzung hinsichtlich Art und instand gesetzter Geräte oder Komponenten keine Prüfung erfordert. Bei Instandsetzungen von Geräten und Komponenten der Gerätekategorie 3 gilt der Explosionsschutz nur dann als betroffen, wenn die Komplexität der spezifischen Zündschutzmaßnahmen des Gerätes und die Komplexität der hiermit verbundenen Instandsetzung (z. B. Einsatz von Spezialeinrichtungen, spezielle handwerkliche Fähigkeiten) es erforderlich machen. Dann wird für diese Geräte und Komponenten eine Prüfung nach Anhang 2 Abschnitt 3 Nr. 4.2 BetrSichV erforderlich.

D 3.4.3 Erhebliche Modifikation

Die Prüfung nach Instandsetzungen für den Explosionsschutz relevanter Teile gilt nicht bei einer erheblichen Modifikation eines Gerätes, eines Schutzsystems oder einer Sicherheits-, Kontroll- oder Regelvorrichtung im Sinne der Richtlinie 2014/34/EU. Eine erhebliche Modifikation berührt eine oder mehrere grundlegende Gesundheits- oder Sicherheitsanforderungen des Anhangs II der Richtlinie 2014/34/EU (z. B. Temperatur) oder die Integrität einer Zündschutzart. Das erheblich modifizierte Produkt ist wie ein neues Produkt zu behandeln und einem Konformitätsbewertungsverfahren nach Richtlinie 2014/34/EU zu unterziehen.

D 3.5 Prüfung von Lüftungs-, Gaswarn- und Inertisierungseinrichtungen

Lüftungsanlagen, Gaswarneinrichtungen und Inertisierungsanlagen müssen hinsichtlich ihrer Eignung, Funktionsfähigkeit, Zusammenschaltung, Aufstellungsbedingungen, Installation bzw. Montage und ihres ordnungsgemäßen Zustandes erstmalig bei Inbetriebnahme sowie wiederkehrend geprüft werden. Ziel dieser Prüfungen ist die Feststellung der ordnungsgemäßen Funktionsfähigkeit der Einrichtungen und Anlagen einschließlich ihrer zugehörigen Mess-, Steuer- und Regeleinrichtungen, soweit sie nach dem Explosionsschutzdokument erforderlich sind.

D 3.5.1 Lüftungsanlagen

Lüftungsanlagen, die als technische Schutzmaßnahme zur Verhinderung des Entstehens einer explosionsfähigen Atmosphäre eingesetzt werden, sind so zu betreiben, dass sie dauerhaft einen wirksamen, sicheren und störungsfreien Betrieb gewährleisten. Daher sind Funktion und Wirksamkeit dieser Anlagen zu prüfen.

DGUV Regel 109-002 „Arbeitsplatzlüftung – Lufttechnische Maßnahmen“

fasst die wichtigsten allgemeinen Forderungen an die Auswahl und den Betrieb von geeigneten Einrichtungen als Maßnahmen zur Beseitigung von Luftverunreinigungen in der Atemluft an Arbeitsplätzen (Arbeitsplatzlüftung) zusammen und gibt Hinweise und Beispiele, wie Anlagen zur Arbeitsplatzlüftung konzipiert, gebaut und betrieben werden können.

Vor der erstmaligen Inbetriebnahme müssen lufttechnische Anlagen durch eine Vollständigkeits-, Funktions- bzw. Wirksamkeitsprüfung sowie eine Funktionsmessung abgenommen werden. Die Funktions- und Wirksamkeitsprüfungen sind anschließend regelmäßig, mindestens jährlich zu wiederholen, wobei ergänzende Prüfungen durch Funktionsmessungen empfohlen werden. Auch nach wesentlichen Änderungen müssen diese Prüfungen erfolgen (z. B. nach Austausch nicht gleichartiger Anlagenteile, Veränderungen von Luftöffnungen, Erfassungselementen und Leitungsführungen oder Erweiterung oder Verkleinerung einer Anlage).

- **Vollständigkeitsprüfung:** Mit einer Vollständigkeitsprüfung wird kontrolliert, ob die Absauganlage dem vertraglich vereinbarten Umfang entspricht und die Bauelemente den Anforderungen der technischen Normen und Richtlinien entsprechen.
- **Funktionsprüfung (Wirksamkeitsprüfung):** Die Absauganlage ist vor der Funktionsprüfung u. a. durch das Einstellen des Gesamtvolumenstromes und der Teilvolumenströme, der Schutzeinrichtungen sowie der Einrichtungen zum Schutz vor Brand und Explosionen auf die erforderlichen Betriebszustände einzustellen. Im anschließenden Probebetrieb wird in einer Funktionsprüfung kontrolliert, ob die einzelnen Bauelemente der Anlage funktionsgerecht eingebaut und wirksam sind (z. B. Erfassungselemente, Rohrleitungen, Absperreinrichtungen, Abscheider,

Filter, Reinigungseinrichtung, Ventilatoren, Differenzdrucküberwachung, Staubsammelbehälter).

- **Funktionsmessung:** Nach Beendigung des Probebetriebes wird durch die Funktionsmessung sichergestellt, dass die Sollwerte (Volumenstrom, Differenzdruck, Temperatur usw.) bei den eingestellten Betriebszuständen erreicht werden.

D 3.5.2 Gaswarneinrichtungen

Die Funktion von Gaswarneinrichtungen ist nach ihrer Errichtung und in angemessenen Zeitabständen zu kontrollieren.

BGI 518 (T 023)
„Gaswarneinrichtungen und -geräte für den Explosionsschutz – Einsatz und Betrieb"

ist eine Zusammenstellung praktischer Erfahrungen und gibt u. a. Anleitungen für die
Erstinbetriebnahme, Wartung und Instandhaltung von elektrisch betriebenen Geräten der Gruppe II, die vorgesehen sind für den Einsatz in industriellen und gewerblichen Sicherheitsanwendungen zur Detektion und Messung von brennbaren Gasen und Dämpfen oder Sauerstoff.
Weitergehende Hinweise finden sich in der Norm DIN EN 60079-29-2 (VDE 0400-2) und dem Merkblatt T 055 der Berufsgenossenschaft Rohstoffe und chemische Industrie (BG RCI).

Bei der Prüfung von Gaswarneinrichtungen wird in Sicht-, Funktions- und Systemkontrollen unterschieden:

a) Sichtkontrolle
Bei einer monatlichen Sichtkontrolle werden

- Transmitter und Fernaufnehmer auf mechanische Beschädigungen kontrolliert,
- Gaseintrittsöffnungen z. B. auf Verunreinigungen durch Staub oder Schmutz geprüft,
- das Probenahmesystem z. B. auf mechanische Beschädigungen oder Kondensation von Wasser, Lösemitteln o. Ä. untersucht,
- die Betriebsanzeige und Statusmeldungen (z. B. Alarm- und Störungsanzeigen) ausgelesen.

b) Funktionskontrolle
Bei einer Funktionskontrolle werden neben einer Sichtkontrolle eine Kontrolle und Bewertung der Messwertanzeige und der Ansprechzeit gemäß den Angaben in der Betriebsanleitung des Herstellers durch Aufgabe von Null- und Prüfgas kontrolliert, bewertet (Kalibrierung) und justiert, falls notwendig. Soweit vorhanden, werden auch Einrichtungen zur Messgasförderung und Messgasaufbereitung sowie zugehörige Überwachungseinrichtungen geprüft und Dichtigkeit und Durchflussrate kontrolliert, z. B.

durch Auslösung von gerätespezifischen Testfunktionen für Anzeigeelemente bei laufendem Betrieb. Die Kontrollfristen werden bei gleichen Einsatz- und Umgebungsbedingungen anhand vorliegender Erfahrungen über Zuverlässigkeit und Anzeigegenauigkeit der verwendeten Messverfahren und Gaswarneinrichtungen so festgelegt, dass in aller Regel zwischen den Funktionskontrollen keine unzulässige Verschlechterung zu erwarten ist.

Die Funktionskontrolle erfolgt spätestens alle vier Wochen. Ohne ausreichende Erfahrungen sind nach der Inbetriebnahme zunächst vier Funktionskontrollen in wöchentlichem Abstand durchzuführen. Wenn bei diesen Funktionskontrollen nicht nachjustiert werden muss, folgen drei weitere Funktionskontrollen im Abstand von jeweils vier Wochen. Wenn auch in diesen vier Wochen nicht nachjustiert werden muss, kann ein maximales Prüfintervall von einem Jahr festgelegt werden. Wenn jedoch in den ersten 16 Wochen bereits eine Nachjustierung erforderlich wird, muss die Funktionskontrolle in kürzeren Zeitabständen erfolgen.

c) Systemkontrolle
Bei einer jährlichen Systemkontrolle werden zusätzlich zu Sicht- und Funktionskontrollen alle Sicherheitsfunktionen kontrolliert, einschließlich der Melde- und Aufzeichnungseinrichtungen, der Auslösung von Schaltfunktionen (z. B. Anlaufen einer technischen Lüftung oder anderer im Explosionsschutzdokument aufgeführter Maßnahmen) sowie einer Parametrierung durch Soll-/Ist-Vergleiche. Die Systemkontrolle erfolgt durch eine befähigte Person, insbesondere bei der Überprüfung der Sicherheitsfunktionen, in enger Zusammenarbeit mit dem Betreiber der Anlage. Die Systemkontrolle kann auch in Teilen durchgeführt werden. Hierzu sind Schnittstellen festzulegen und zu dokumentieren, bis zu denen die Systemkontrolle durchgeführt wird. Insgesamt müssen die Teilprüfungen jedoch eine vollständige Systemkontrolle innerhalb der vorgesehenen Fristen ergeben.

D 3.5.3 Inertisierungseinrichtungen

Bei dieser Prüfung ist festzustellen, ob die Inertisierungseinrichtungen die im Explosionsschutzdokument geforderte Sicherheit physikalisch, technisch und organisatorisch erreichen.

- **Zuverlässigkeit:** Abhängig von der Zuverlässigkeit der Inertisierung ist eine Zonenreduzierung für das Innere von Behältern und Anlagenteilen möglich. Bei der Ermittlung der Anforderungen an die Zuverlässigkeit der Inertisierungseinrichtungen spielt das Anlagen- und Betriebskonzept eine wichtige Rolle. Die Anforderungen an die Zuverlässigkeit werden in der TRGS 725 durch Klassifizierungsstufen K1 bis K3 und (Ex-Zonen-)Reduzierungsstufen ausgedrückt. Die Prüfung der Zuverlässigkeit dient dem Nachweis, dass die Inertisierungsmaßnahmen zur resultierenden Anzahl der Reduzierungsstufen passen.

- **Dichtigkeit:** Ein Inertisierungssystem stellt sicher, dass im Gasraum eines Tanks sowohl eine inerte Atmosphäre als auch ein konstanter Druck herrschen. Üblicherweise arbeitet ein Überlagerungssystem unter höheren Drücken als dem atmosphärischen Druck, damit das

Eindringen von Umgebungsluft in einen Behälter verhindert wird. Durch eine Leckage eintretende Luft kann das Inertgas verdünnen und so zu einer ernsthaften Explosionsgefahr werden. Der Druck im Tank muss daher konstant gehalten werden.

- **Druckregelung:** Beim Befüllen oder bei steigenden Temperaturen ist ein unzulässiger Überdruck zu vermeiden. Beim Abpumpen darf unter keinen Umständen ein Vakuum entstehen, das eine Implosion des Tanks zur Folge haben könnte. Über ein Druckreduzierventil oder einen Druckregler kann das Inertgas einströmen, über ein Überströmventil kann es nach außen entweichen.
- **Überwachung:** Wesentliche Voraussetzung für die Wirksamkeit der Inertisierung als Schutzmaßnahme ist ihre Überwachung mit geeigneten Messgeräten (z. B. Überwachung der Sauerstoffkonzentration, der Inertgaskonzentration, des Gesamtdruckes oder der Mengenströme von Inertgas und brennbarem Stoff bzw. Sauerstoff). Unterhalb festgelegter Grenzwerte ist unter Berücksichtigung der Eigenschaften der Überwachungsgeräte (Messtoleranzen, Messzeitverzögerungen) eine Alarmschwelle festzulegen, bei deren Erreichen von Hand oder automatisch weitere Schutzmaßnahmen oder Notfunktionen ausgelöst werden. Zusätzlich zum ordnungsgemäßen Zustand werden Inertisierungseinrichtungen daher z. B. hinsichtlich der Funktionsfähigkeit von Sensoren oder Aktoren oder der Einhaltung von Abschaltwerten geprüft.

D 3.6 Weitere Prüfpflichten

Auch Arbeitsmittel oder Anlagen(teile), die nicht Geräte, Schutzsysteme oder Sicherheits-, Kontroll- oder Regelvorrichtungen im Sinne der Richtlinie 2014/34/EU sind, unterliegen der Pflicht einer wiederkehrenden Prüfung, soweit sie Einfluss auf die Explosionssicherheit haben und schädigenden Einflüssen ausgesetzt sind (z. B. durch mechanische Belastungen, starke Verschmutzung, Chemikalien, Feuchtigkeit, Kälte oder Hitze).

D 3.6.1 Prüfung elektrischer Betriebsmittel

Elektrische Anlagen und Betriebsmittel dürfen nur in ordnungsgemäßem Zustand in Betrieb genommen und müssen in diesem Zustand erhalten werden. Umgebungseinwirkungen (z. B. Staub, Feuchtigkeit, Wärme, mechanische Beanspruchung) können ihre Funktion und Sicherheit nachteilig beeinflussen.

Elektrische Betriebsmittel: Alle Gegenstände, die als Ganzes oder in einzelnen Teilen dem Anwenden elektrischer Energie (z. B. Gegenstände zum Erzeugen, Fortleiten, Verteilen, Speichern, Messen, Umsetzen und Verbrauchen) oder dem Übertragen, Verteilen und Verarbeiten von Informationen (z. B. Gegenstände der Fernmelde- und Informationstechnik) dienen. Elektrischen Betriebsmitteln werden Schutz- und Hilfsmittel gleichgesetzt, soweit an diese Anforderungen hinsichtlich der elektrischen Sicherheit gestellt werden.

Ein sicherer Zustand liegt vor, wenn elektrische Anlagen und Betriebsmittel so beschaffen sind, dass von ihnen bei ordnungsgemäßem Bedienen und bestimmungsgemäßer Verwendung weder eine unmittelbare noch eine mittelbare Gefahr für den Menschen ausgehen kann. Er umfasst auch den notwendigen Schutz gegen zu erwartende äußere Einwirkungen (z. B. mechanische Einwirkungen, Feuchtigkeit, Eindringen von Fremdkörpern). Diese Forderung ist z. B. erfüllt, wenn vor Inbetriebnahme, nach Änderung oder Instandsetzung (Erstprüfung) sichergestellt wird, dass die Anforderungen der elektrotechnischen Regeln eingehalten werden. Hierzu sind Prüfungen nach Art und Umfang der in den elektrotechnischen Regeln festgelegten Maßnahmen durchzuführen und zur Erhaltung des ordnungsgemäßen Zustandes elektrische Anlagen und Betriebsmittel wiederholt zu prüfen.

DGUV Vorschrift 3
„Elektrische Anlagen und Betriebsmittel" – § 5 „Prüfungen"

§

„(1) Der Unternehmer hat dafür zu sorgen, dass die elektrischen Anlagen und Betriebsmittel auf ihren ordnungsgemäßen Zustand geprüft werden
1. vor der ersten Inbetriebnahme und nach einer Änderung oder Instandsetzung vor der Wiederinbetriebnahme […] und
2. in bestimmten Zeitabständen."

Das regelmäßige Überprüfen elektrischer Anlagen und Betriebsmittel soll deren ordnungsgemäßen Zustand sicherstellen. Im Rahmen der Prüfung wird der ordnungsgemäße Zustand, die Funktionsfähigkeit und der Schutz gegen einen Stromschlag und vor elektrisch gezündetem Brand überprüft Dabei wird zwischen ortsveränderlichen (transportablen) und ortsfesten elektrischen Betriebsmitteln unterschieden.

Ortsveränderliche elektrische Betriebsmittel: Betriebsmittel, die während des Betriebes bewegt oder leicht von einem Platz zum anderen gebracht werden können, während sie an den Versorgungsstromkreis angeschlossen sind.

Ortsveränderliche Betriebsmittel sind z. B. handgeführte Elektrowerkzeuge, Leuchten, Verlängerungs- und Geräteanschlussleitungen, Netzgeräte, Ladegeräte, Trenn- bzw. Kleinspannungstransformatoren, EDV- und Fernmeldegeräte, Laborgeräte, Mess-, Steuer- und Regelgeräte.

DGUV Information 203-071
„Wiederkehrende Prüfungen ortsveränderlicher elektrischer Arbeitsmittel – Organisation durch den Unternehmer"

!

beschreibt die rechtlichen Grundlagen und die Notwendigkeit der Prüfungen ortsveränderlicher elektrischer Arbeitsmittel.

Elektrische Betriebsmittel und Anlagen, die Teil der Gebäudeinfrastruktur sind, zählen in der Regel zu fest installierten elektrischen Einrichtungen.

Ortsfeste elektrische Betriebsmittel: Fest angebrachte Betriebsmittel oder solche, die keine Tragevorrichtung haben und deren Masse so groß ist, dass sie nicht leicht bewegt werden können. Dazu gehören auch elektrische Betriebsmittel, die vorübergehend fest angebracht sind und über bewegliche Anschlussleitungen betrieben werden.

Hierzu zählen z. B. Be- und Verarbeitungsmaschinen, Produktionsanlagen, Fertigungszentren, verfahrenstechnische Anlagen, Förderanlagen, Transformatoren, Schaltgeräte und Beleuchtungseinrichtungen. Diese können sowohl fest als auch über Steckvorrichtungen an die elektrische Niederspannungsanlage angeschlossen sein.

DGUV Information 203-072
„Wiederkehrende Prüfungen elektrischer Anlagen und ortsfester Betriebsmittel – Fachwissen für Prüfpersonen"

! gibt Hinweise zur praktischen Durchführung wiederkehrender Prüfungen elektrischer Niederspannungsanlagen und ortsfester elektrischer Betriebsmittel.

Durch den Zusammenschluss elektrischer Betriebsmittel entstehen elektrische Anlagen. Dabei wird unterschieden zwischen

- **stationären Anlagen**, die mit ihrer Umgebung fest verbunden sind (z. B. Installationen in Gebäuden, Baustellenwagen, Containern und auf Fahrzeugen), und
- **nichtstationären elektrischen Anlagen**, die entsprechend ihrem bestimmungsgemäßen Gebrauch nach dem Einsatz abgebaut (zerlegt) und an einem neuen Bestimmungsort aufgebaut (zusammengeschaltet) werden (z. B. Anlagen auf Bau- und Montagestellen).

Die Prüfung umfasst neben den elektrischen Messungen ggf. auch die Kontrolle der Wirksamkeit der mechanischen, pneumatischen, hydraulischen und elektrischen Schutzeinrichtungen sowie der sicheren Funktion der Schalt- und Steuerelemente.

Zu den technischen Prüfungen gehören:

a) Besichtigung
Zur Prüfung muss die elektrische Anlage z. B. auf augenscheinliche Mängel besichtigt werden. Das Besichtigen muss die zusätzlichen Anforderungen für Betriebsstätten, Räume und Anlagen besonderer Art einschließen, z. B. hinsichtlich des Brand- und Explosionsschutzes.

b) Messung
Durch Messungen z. B. der Durchgängigkeit der Schutzleiterverbindungen und des Isolationswiderstandes wird festgestellt, ob die Wirksamkeit der Schutzmaßnahmen gegen elektrischen Schlag sichergestellt ist. Alle Messungen müssen mit geeigneten Geräten zum Prüfen, Messen oder Überwachen von Schutzmaßnahmen durchgeführt werden. Die Auswahl der geeigneten Mess- und Prüfgeräte hängt im Wesentlichen von den durchzuführenden Einzelmessungen ab.

c) Erprobung
Zur wiederkehrenden Prüfung einer elektrischen Anlage gehört auch die Erprobung. Hierbei wird die Wirksamkeit der Schutz- und Meldeeinrichtungen überprüft, z. B. Sicherheitsfunktionen, Verriegelung, Not-Halt- bzw. Not-Aus-Funktion, Prüftaste der Fehlerstrom-Schutzeinrichtung (RCD), Rechtsdrehfeld an Steckvorrichtungen oder Schalt- und Kontrollleuchten, die der Sicherheit dienen.

d) Bewertung
Die Bewertung ist der Vergleich zwischen dem sicheren Soll-Zustand und dem aktuellen Ist-Zustand. Alle beim Besichtigen, Erproben und Messen ermittelten Informationen und Messwerte sowie die Ergebnisse von ggf. durchgeführten Berechnungen müssen von der Prüfperson in die Bewertung einbezogen werden. Diese Bewertung ist das Ergebnis der Prüfung.

Die Prüffristen für elektrische Anlagen und ortsfeste Betriebsmittel sind im Rahmen der Gefährdungsbeurteilung festzulegen. Sowohl nach DGUV-Vorschriften 3 und 4 als auch nach BetrSichV muss nach jeder Prüfung der nächste Prüftermin so festgelegt werden, dass die elektrische Anlage und ortsfesten Betriebsmittel bis zu diesem Zeitpunkt entsprechend den betrieblichen Erfahrungen sicher betrieben und benutzt werden können. Die Gefährdungsbeurteilung zur Ermittlung der Prüfumfänge und -fristen für Betriebsmittel ist zu aktualisieren, wenn die Prüfung der Wirksamkeit der Schutzmaßnahmen ergeben hat, dass die festgelegten Schutzmaßnahmen nicht wirksam oder nicht ausreichend sind. Dies ist sinngemäß auch auf elektrische Anlagen anzuwenden.

D 3.6.2 Prüfung der Ableitfähigkeit von Fußböden

Fußböden in explosionsgefährdeten Bereichen müssen so ausgeführt sein, dass sich Personen beim Tragen ableitfähiger Schuhe nicht gefährlich aufladen. Ein Fußboden ist ableitfähig, wenn sein Ableitwiderstand $10^8\ \Omega$ unterschreitet. Durch Alterung des Bodenbelages bzw. Untergrundes, Abnutzung und weitere Einflüsse (z. B. Verschmutzungen von Farb- bzw. Ölresten, Auftragen von Fußbodenpflegemitteln) können sich die Widerstandswerte erhöhen. Insbesondere wachshaltige Zusätze von Fußbodenpflegemitteln, um den Glanz zu erhöhen oder das Trocknen nach dem Wischen zu beschleunigen, bilden oft einen isolierenden Film oder verändern die Feuchteaufnahme des Fußbodens und damit die Ableitfähigkeit.

Während mechanische Beschädigungen und Verunreinigungen durch eine regelmäßige Sichtkontrolle festgestellt werden können, kann der

Ableitwiderstand des Bodens oder des Bodenbelages nur mit Hilfe einer Widerstandsmessung überprüft werden. Zur Überprüfung, ob sich der Widerstand im Laufe der Zeit ändert, sind angemessene Prüfintervalle festzulegen. Die Intervalle für die wiederkehrenden Prüfungen orientieren sich an den betrieblichen Gegebenheiten. Zur Bestimmung des Ableitwiderstandes von Fußböden können unterschiedliche Prüfnormen mit entsprechenden Prüfverfahren angewendet werden.

Ermittelt wird der Widerstand zwischen Elektrode und einem definierten Erdpunkt. Der Ableitwiderstand hängt unter anderem vom spezifischen Widerstand, vom spezifischen Oberflächenwiderstand der Materialien sowie vom Abstand zwischen den gewählten Messpunkten und Erde ab. Die Messungen können mit geeigneten Widerstandsmessgeräten und verschiedenen Messelektroden (z. B. Dreifußelektrode) durchgeführt werden. Die übliche Form ist eine 20 cm^2 große, elastische Kreisfläche. Die Kontaktierung mit der Oberfläche des zu messenden Gegenstandes erfolgt trocken.

D 3.6.3 Prüfung des Blitz- und Überspannungsschutzes

Wenn Blitzschutz gefordert wird, muss dessen Funktion sichergestellt werden, d. h. nach der Errichtung muss das Blitzschutzsystem regelmäßig gewartet und ggf. instandgesetzt werden. Regelmäßig durchzuführende Wiederholungsprüfungen sollen gewährleisten, dass ein Blitzschutzsystem seine Wirksamkeit dauernd beibehält.

Durch die Prüfung soll die Schutzfunktion des Blitzschutzsystems mit seinen Komponenten des äußeren und inneren Blitzschutzes gegenüber direkten und indirekten Blitzeinwirkungen in Verbindung mit ggf. nachfolgend auszuführenden Instandhaltungsmaßnahmen gewährleistet werden.

Die Prüfung von Blitzschutzanlagen nach VDE 0185 umfasst neben der Kontrolle technischer Unterlagen die Prüfung, die Besichtigung und das Messen des Blitzschutzsystems:

- Prüfung aller Leiter und Bauteile des Blitzschutzsystems,
- Messung des elektrischen Durchganges von Installationen des Blitzschutzsystems,
- Messung des Erdungswiderstandes der Erdungsanlage (Prüfung Erdung),
- Sichtprüfung aller Überspannungsschutzgeräte, ob Beschädigungen oder Auslösungen vorliegen (bezieht sich auf Überspannungsschutzgeräte an den eingeführten Leitungen der Starkstromanlage und des Informationssystems),
- Wiederbefestigung von Bauteilen und Leitern,
- Prüfung der unveränderten Wirksamkeit des Blitzschutzsystems nach zusätzlichen Einbauten oder Änderungen an der baulichen Anlage.

Die Intervalle für die Prüfung der Blitzschutzanlagen richten sich nach dem witterungs- und umgebungsbezogenen Qualitätsverlust, der Einwirkung von direkten Blitzeinschlägen und daraus entstandenen möglichen Schäden sowie der Schutzklasse der betrachteten baulichen Anlage. Sie sollten für explosionsgefährdete bauliche Anlagen alle sechs Monate mit einer

Sichtprüfung sowie einmal im Jahr mit einer elektrischen Messung der Installationen ausgeführt werden.

Die Prüfung des Blitzschutzsystems darf nur von einer Blitzschutzfachkraft vorgenommen werden. Eine Blitzschutzfachkraft ist ein Blitzschutzingenieur, Blitzschutzplaner, Blitzschutzerrichter bzw. Revisionsingenieur, behördlich anerkannter Prüfsachverständiger, Prüftechniker (Sachkundiger) des Fachbereiches Elektrotechnik oder ein von unabhängigen Prüforganisationen und Prüfinstitutionen geschulter Prüfer. Der Prüfer muss umfassende Kenntnisse über Planung, Bau, Prüfung und Instandhaltung von Blitzschutzsystemen haben. Er muss sich laufend über die örtlich geltenden bauaufsichtlichen Vorschriften und einschlägigen, allgemein anerkannten Regeln der Technik informieren. Die Blitzschutzfachkraft muss über eine mehrjährige Berufserfahrung und zeitnahe berufliche Tätigkeiten im Bereich des Blitzschutzes verfügen.

Die Überspannungsschutzmaßnahmen sind als Bestandteil der elektrischen Anlagen wie diese regelmäßig zu prüfen und zu warten. Ableiter sollten nach Blitzschlägen in die elektrische Anlage oder in das EDV-Netz sowie nach intensiver Gewittertätigkeit kontrolliert werden. Die Wirksamkeit der Ableiter wird gewährleistet, wenn Schutzeinrichtungen nach Ansprechen wieder eingeschaltet oder bei Defekt ersetzt werden. Der Hersteller muss in der Produktdokumentation angeben, wie eine Überprüfung der Funktionsbereitschaft des Ableiters vom Betreiber der elektrischen Anlage durchgeführt werden kann (z. B. über eine Betriebszustandsanzeige). Ableiter mit einer Vorrichtung zur Anzeige der Betriebsbereitschaft sind von einer Elektrofachkraft auszuwechseln, wenn diese Anzeige nicht mehr erfolgt.

D 3.6.4 Prüfungen aus weiteren Betriebspflichten

Der Arbeitgeber hat dafür zu sorgen, dass auch Schutz- und Sicherheitseinrichtungen, die dem sicheren Betrieb in explosionsgefährdeten Anlagen dienen, einer regelmäßigen Kontrolle der Funktionsfähigkeit unterzogen werden.

ArbStättV –
§ 4 „Besondere Anforderungen an das Betreiben von Arbeitsstätten"

„(3) Der Arbeitgeber hat die Sicherheitseinrichtungen, insbesondere Sicherheitsbeleuchtung, Brandmelde- und Feuerlöscheinrichtungen, Signalanlagen, Notaggregate und Notschalter sowie raumlufttechnische Anlagen instand zu halten und in regelmäßigen Abständen auf ihre Funktionsfähigkeit prüfen zu lassen."

a) Sicherheitsbeleuchtung

Sicherheitsbeleuchtungen müssen vor Inbetriebnahme und anschließend in regelmäßigen Abständen auf ihre Funktionsfähigkeit überprüft werden. Die Erstprüfung stellt sicher, dass sowohl die Anlage als Ganzes als auch die Bau- und Bestandteile funktionieren und die Voraussetzungen für eine Inbetriebnahme gegeben sind. Die Funktion der Sicherheitsleuchten, der unabhängigen Stromquelle (je nach Ausstattung mit Notstromgenerator oder Batterien) sowie der Schaltanlage bzw. Steuerung der Anlage gehören zum Prüfumfang jeder Sicherheitsbeleuchtung.

Die Prüffristen der einzelnen Elemente der Sicherheitsbeleuchtung bemessen sich dabei nach Verschleißanfälligkeit eines Bauteils, seiner Relevanz für den Betrieb der Anlage und der Aufwendigkeit der jeweiligen Überprüfung. So sind die einzelnen Sicherheitsleuchten z. B. wöchentlich zu testen, die Ladeeinrichtungen der unabhängigen Stromquelle dagegen nur einmal im Jahr.

b) Brandmelde- und Feuerlöscheinrichtungen
Der Arbeitgeber hat Brandmelde- und Feuerlöscheinrichtungen unter Beachtung der Herstellerangaben in regelmäßigen Abständen auf ihre Funktionsfähigkeit prüfen zu lassen.

c) Signalanlagen
Der Arbeitgeber hat durch regelmäßige Kontrolle dafür zu sorgen, dass Einrichtungen für die Sicherheits- und Gesundheitsschutzkennzeichnung wirksam sind. Dies gilt insbesondere für Leucht- und Schallzeichen sowie technische Einrichtungen zur verbalen Kommunikation (z. B. Lautsprecher, Telefone). Die zeitlichen Abstände der Kontrollen sind im Rahmen der Gefährdungsbeurteilung festzulegen.

d) Notaggregate
Zusätzlich zur elektrischen Prüfung ist durch eine Sichtprüfung des äußeren Aufbaus bzw. des Gehäuses insbesondere auf Beschädigungen des Gehäuses, an Anzeigeinstrumenten, auf notwendigen Abdeckungen und Deckeln sowie auf Anzeichen auf thermische Überlastung zu achten.

e) Notschalter
Notbefehlseinrichtungen von kraftbetriebenen Arbeitsmitteln zum sicheren Stillsetzen des gesamten Arbeitsmittels (Not-Aus- oder Not-Halt-Schalter) müssen als Teil des Arbeitsmittels geprüft werden. Art, Umfang und Fristen von Prüfungen sind in der Gefährdungsbeurteilung zu ermitteln und festzulegen.

D 4 Befähigte Personen

Die frist- und fachgerechte Durchführung der Prüfungen liegt in der Verantwortung des Arbeitgebers oder den von ihm beauftragten Vertretern. Bei diesen liegt auch die Verantwortung für die Auswahl geeigneter Personen, die mit der Durchführung beauftragt werden, und deren Bestellung sowie Befähigung.

Befähigte Personen werden mit der Prüfung von solchen Arbeitsmitteln beauftragt, deren Sicherheit von den Montagebedingungen abhängt oder die Einflüssen unterliegen, die Schäden an diesen Arbeitsmitteln verursachen und dadurch zu Gefährdungen der Beschäftigten führen können.

Befähigte Person: Eine durch ihre Berufsausbildung, Berufserfahrung und zeitnahe berufliche Tätigkeit über die erforderlichen Kenntnisse zur Prüfung von Arbeitsmitteln verfügende Person.

Aufgrund der Fachkenntnisse aus Berufsausbildung, Berufserfahrung und zeitnaher beruflicher Tätigkeit muss ein zuverlässiges Verständnis sicherheitstechnischer Belange gegeben sein, damit Prüfungen ordnungsgemäß durchgeführt werden können. Der Arbeitgeber bzw. die beauftragten Vertreter haben die notwendigen Voraussetzungen zu ermitteln und festzulegen, die die Personen erfüllen müssen, die mit der Prüfung oder Erprobung der Arbeitsmittel zu beauftragen sind. Hinsichtlich der erforderlichen Fachkenntnisse einer befähigten Person kann auf die Hinweise in der TRBS 1203 zurückgegriffen werden. Um seiner notwendigen Sorgfaltspflicht nachzukommen, sollte sich der Arbeitgeber von der Eignung und Befähigung des zukünftigen Prüfers überzeugen.

TRBS 1203
„Zur Prüfung befähigte Personen"

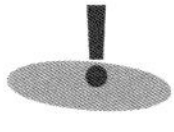

konkretisiert die Anforderungen an die Befähigung einer zur Prüfung befähigten Person entsprechend § 2 Absatz 6 BetrSichV. Abschnitt 2 enthält allgemeine Anforderungen, die alle zur Prüfung befähigten Personen erfüllen müssen.

Eine befähigte Person wird vom Arbeitgeber benannt und schriftlich bestellt. Er muss sich vergewissern, dass die befähigte Person die ihr übertragenen Aufgaben durchführen kann. Beauftragt werden können Institutionen, externe Unternehmen bzw. Personen oder das eigene Personal, das eine entsprechende Qualifikation nachweist. Grundsätzlich richtet sich die erforderliche Qualifikation einer zur Prüfung befähigten Person nach der Schwierigkeit und Komplexität der Prüfaufgabe (Prüfumfang, Prüfart, Nutzung bestimmter Messgeräte).

Eine befähigte Person führt die Prüftätigkeit gewissenhaft, zuverlässig und in eigener Fachverantwortung durch und unterliegt hinsichtlich ihres Prüfergebnisses keinerlei Weisungen (z. B. durch disziplinarische Vorgesetzte). Sie darf wegen ihrer Prüftätigkeit insbesondere durch den Arbeitgeber keine Benachteiligungen erfahren. Ist sie für die Prüfung nicht ausreichend qualifiziert oder kann die Durchführung der Prüfungen nicht mit der notwendigen Objektivität durchführen, darf sie den Prüfauftrag nicht annehmen.

BetrSichV –
§ 14 „Prüfung von Arbeitsmitteln"

§

„(6) Zur Prüfung befähigte Personen nach § 2 Absatz 6 unterliegen bei der Durchführung der nach dieser Verordnung vorgeschriebenen Prüfungen keinen fachlichen Weisungen durch den Arbeitgeber. Zur Prüfung befähigte Personen dürfen vom Arbeitgeber wegen ihrer Prüftätigkeit nicht benachteiligt werden."

Über die allgemeinen Anforderungen zu Berufsausbildung, Berufserfahrung und zeitnaher beruflicher Tätigkeit zur Prüfung von Arbeitsmitteln hinaus müssen befähigte Personen für die Prüfung von Explosionsgefährdungen zusätzliche Anforderungen erfüllen.

BetrSichV – Anhang 2 (zu den §§ 15 und 16)
„Prüfvorschriften für überwachungsbedürftige Anlagen" –
Abschnitt 3 „Explosionsgefährdungen"

!

beschreibt die Anforderungen an Berufsausbildung, Berufserfahrung, zeitnaher beruflicher Tätigkeit und die notwendigen Fachkenntnisse zur Prüfung von Arbeitsmitteln und für Prüfungen der Maßnahmen in explosionsgefährdeten Bereichen nach § 2 Absatz 14 der GefStoffV.

Der Arbeitgeber muss befähigte Personen mit der Prüfung von Arbeitsmitteln und überwachungsbedürftigen Anlagen auf Grundlage der Gefährdungsbeurteilung beauftragen, wenn Bestimmungen der §§ 14, 15 und 17 BetrSichV zu überwachungsbedürftigen Anlagen in explosionsgefährdeten Bereichen zur Anwendung kommen.

D 4.1 Berufsausbildung

Die Prüfperson trägt die fachliche Verantwortung für die ordnungsgemäße Durchführung der Prüfung. Sie legt die Art und den Umfang der Prüfung fest und trifft die Auswahl der geeigneten Mess- und Prüfgeräte. Zur Durchführung von Prüfungen von Arbeitsmitteln muss die befähigte Person eine technische Berufsausbildung abgeschlossenen haben oder eine andere für die vorgesehenen Prüfaufgaben ausreichende technische Qualifikation besitzen, deren Abschluss es ermöglicht, die beruflichen Kenntnisse anhand von Berufsabschlüssen oder vergleichbaren Nachweisen nachvollziehbar festzustellen. Dieses kann durch den Abschluss eines einschlägigen Studiums oder einer einschlägigen Berufsausbildung bzw. einer vergleichbaren technischen Qualifikation erfolgen.

Grundsätzlich sind die Anforderungen an die Qualifikation der befähigten Person vom zu prüfenden Arbeitsmittel abhängig. In der Gefährdungsbeurteilung müssen daher u. a. die notwendigen Fachkenntnisse der befähigten Person für die Prüfung des jeweiligen Arbeitsmittels festgelegt werden.

Die Anforderungen an die Qualifikation ergeben sich z. B. durch

- Komplexität des Arbeitsmittels,
- Übersichtlichkeit und Funktionsweisen,
- erforderlichen Prüfumfang,
- beinhaltete Prüfschritte und
- zum Einsatz kommende Prüfmittel.

Die abgeschlossene einschlägige Berufsausbildung soll gewährleisten, dass die befähigte Person mit der Funktion der zu prüfenden Betriebsmittel und Anlagenteile sowie mit den für die Prüfung einzusetzenden Prüfmitteln vertraut ist, um die Prüfung fachgerecht durchführen zu können.

a) Prüfung von elektrischen Betriebsmitteln:
Sind elektrische Betriebsmittel dem Anwendungsbereich der BetrSichV zuzuordnen, müssen diese durch eine zur Prüfung befähigten Person geprüft werden. Diese verfügt durch ihre elektrotechnische Fachausbildung über die erforderlichen Fachkenntnisse im Bereich der durchzuführenden Prüfungen sowie über aktuelle Kenntnisse der einschlägigen Vorschriften und Bestimmungen zur Prüfung von elektrischen Arbeitsmitteln. Eine mit der Prüfung von elektrischen Anlagen beauftragte Person muss die Anforderungen nach § 2 Abs. 3 DGUV Vorschrift 3 oder 4 an eine Elektrofachkraft erfüllen.

Elektrofachkraft (EFK): Person, die aufgrund ihrer fachlichen Ausbildung, Kenntnisse und Erfahrungen sowie ihrer Kenntnis der einschlägigen Bestimmungen die ihr übertragenen Arbeiten beurteilen und mögliche Gefahren erkennen kann.

Die fachliche Qualifikation als EFK wird im Regelfall durch den erfolgreichen Abschluss einer Ausbildung nachgewiesen (z. B. als Elektroingenieur, Elektrotechniker, Elektromeister, Elektrogeselle). Elektrotechnisch unterwiesene Personen und Elektrofachkräfte für festgelegte Tätigkeiten erfüllen nicht die vorgenannten Anforderungen an Prüfpersonen, um die Prüfungen eigenverantwortlich durchführen zu können. Sie können jedoch bei der Durchführung der Prüfungen unterstützen.

Darüber hinaus können sich weitergehende Anforderungen ergeben, z. B. für Prüfsachverständige nach Baurecht für die Prüfung von elektrischen Anlagen in Versammlungsstätten oder VdS-anerkannte Sachverständige für das Prüfen elektrischer Anlagen nach VdS-Richtlinien.

b) Prüfung von Blitzschutzsystemen:
Die Prüfung des Blitzschutzsystems darf nur von einer Blitzschutzfachkraft vorgenommen werden. Die prüfende Person muss umfassende Kenntnisse über Planung, Bau, Prüfung und Instandhaltung von Blitzschutzsystemen haben. Eine Blitzschutzfachkraft ist ein Blitzschutzingenieur, Blitzschutzplaner, Blitzschutzerrichter bzw. ein Revisionsingenieur, behördlich anerkannter Prüfsachverständiger oder ein Prüftechniker (Sachkundiger) des Fachbereiches Elektrotechnik oder ein von unabhängigen Prüforganisationen bzw. -institutionen geschulter Prüfer. Er muss sich laufend über die örtlich geltenden bauaufsichtlichen Vorschriften und einschlägigen, allgemein anerkannten Regeln der Technik informieren. Die Blitzschutzfachkraft muss über eine mehrjährige Berufserfahrung und zeitnahe berufliche Tätigkeiten im Bereich des Blitzschutzes verfügen.

c) Prüfung mechanischer Arbeitsmittel:
Als Grundlage für die Prüfung mechanischer Arbeitsmittel sind abgeschlossene technische Berufsausbildungen im maschinentechnischen Bereich notwendig, in denen Kenntnisse über Betrieb, Überwachung und Wartung an Maschinen, Betriebsanlagen und technischen Systemen und anderen mechanischen Einrichtungen vermittelt werden (z. B. Maschinenbau-Ingenieur, staatlich geprüfter Techniker, Meister oder Geselle z. B. der Fachrichtungen Industriemechanik oder Mechatronik).

Industriemechaniker überwachen und optimieren Fertigungsprozesse, übernehmen Reparatur- und Wartungsaufgaben und sorgen dafür, dass Maschinen und Fertigungsanlagen betriebsbereit sind. Industriemechaniker, die im Bereich Instandhaltung tätig sind, inspizieren Betriebseinrichtungen nach Inspektions- und Wartungsplänen und wählen dafür Prüfmittel aus, stellen Störungsursachen fest und tauschen z. B. defekte Bauteile oder Verschleißteile aus. Mechatroniker montieren Maschinen und bauen mechanische, elektrische und elektronische Komponenten zu mechatronischen Systemen (d. h. mechanische und elektronische Systeme) zusammen. Weiterhin installieren sie die zur Steuerung notwendige Software und warten die Systeme.

D 4.2 Berufserfahrung

Eine ausreichende Berufserfahrung soll sicherstellen, dass nach der Berufsausbildung im Berufsleben eine nachgewiesene Zeit praktisch mit den zu prüfenden Arbeitsmitteln umgegangen wurde. Zudem sollen genügend Anlässe bekannt sein, die Prüfungen aus dem Ergebnis der Gefährdungsbeurteilung oder aus arbeitstäglicher Beobachtung erfordern. Die befähigte Person muss durch Teilnahme an Prüfungen von Arbeitsmitteln über genügend Erfahrungen zur Durchführung anstehender oder vergleichbarer Prüfungen verfügen.

- **Betriebserfahrung:** Die befähigte Person muss mit der vorschriftsmäßigen Montage oder Installation und der sicheren Funktion des zu prüfenden Arbeitsmittels und insbesondere von dessen Schutzeinrichtungen vertraut sein, um den ordnungsgemäßen Soll-Zustand zu kennen.
- **Schadenserfahrung:** Die befähigte Person muss Schäden verursachende Einflüsse, denen das Arbeitsmittel bei der Verwendung ausgesetzt sein kann, kennen und typische Schäden sowie sich daraus ergebende Gefährdungen erkennen und bewerten können. Auch außergewöhnliche Ereignisse, die das zu prüfende Arbeitsmittel betreffen und schädigende Auswirkungen auf dessen Sicherheit haben können, gehören dazu. Sie benötigt daher ausreichende Erfahrungen zu Betriebsbedingungen und Belastungen des Arbeitsmittels, um bei der Bewertung des Ist-Zustandes den Schutz vor Gefährdungen durch Explosionen und Brände mindestens bis zur nächsten Prüfung sicherstellen zu können.
- **Prüferfahrung:** Die befähigte Person muss beurteilen können, ob ein vorgeschlagenes Prüfverfahren für die durchzuführende Prüfung des Arbeitsmittels geeignet ist. Dies beinhaltet Kenntnisse im Umgang mit Prüfmitteln sowie zur Bewertung von Prüfergebnissen. Dazu gehört auch, dass die Gefährdungen durch die Prüftätigkeit und das zu prüfende Arbeitsmittel erkannt werden können. Zur zuverlässigen Durchführung der Prüfungen benötigt sie daher ausreichende Erfahrungswerte aus der Prüfung vergleichbarer Arbeitsmittel.

D 4.3 Zeitnahe berufliche Tätigkeit

Befähigte Personen müssen mit den zu prüfenden Arbeitsmitteln und ihrem Betriebsumfeld vertraut sein. Eine zeitnahe berufliche Tätigkeit im Umfeld der anstehenden Prüfung des Prüfgegenstandes und eine angemessene Weiterbildung sind daher unabdingbar. Ebenso sollte sie zur Erhaltung der Prüfpraxis mehrere Prüfungen pro Jahr durchführen sowie über Kenntnisse zum Stand der Technik hinsichtlich des zu prüfenden Arbeitsmittels und der zu betrachtenden Gefährdungen verfügen. Bei längerer Unterbrechung der Prüftätigkeit müssen durch die Teilnahme an Prüfungen Dritter erneut Erfahrungen gesammelt und die notwendigen fachlichen Kenntnisse erneuert werden.

D 4.4 Notwendige Fachkenntnisse im Explosionsschutz

Der Arbeitgeber darf nur Arbeitsmittel zur Verfügung stellen und verwenden lassen, die den für sie geltenden Rechtsvorschriften über Sicherheit und Gesundheitsschutz entsprechen. Zu diesen Rechtsvorschriften gehören nicht nur solche, mit denen Gemeinschaftsrichtlinien in deutsches Recht umgesetzt wurden und die für die Arbeitsmittel zum Zeitpunkt des Bereitstellens auf dem Markt gelten. Bei der Festlegung der Schutzmaßnahmen sind auch aktuelle Vorschriften der BetrSichV einschließlich ihrer Anhänge sowie die relevanten TRGS und TRBS zu beachten.

a) Fachkenntnisse für wiederkehrende Prüfungen
Die Fachkenntnisse der befähigten Person müssen den aktuellen Erfordernissen aus den sich ggf. ändernden Gesetzen, Vorschriften und technischen Regelwerken entsprechen. Daher muss die befähigte Person für die wiederkehrenden Prüfungen zum Explosionsschutz ihre Kenntnisse hierzu auf aktuellem Stand halten, z. B. durch die regelmäßige Teilnahme an Schulungen oder Unterweisungen.

b) Fachkenntnisse für Prüfungen vor Inbetrieb- oder Wiederinbetriebnahme
Darüber hinaus muss die befähigte Person für die Prüfung von Anlagen in explosionsgefährdeten Bereichen vor der erstmaligen Inbetriebnahme und vor der Wiederinbetriebnahme nach prüfpflichtigen Änderungen auf Explosionssicherheit umfassende Kenntnisse des Explosionsschutzes einschließlich des zugehörigen Regelwerkes besitzen. Zudem muss sie sich durch regelmäßige Teilnahmen an einem einschlägigen Erfahrungsaustausch auf dem Gebiet des Explosionsschutzes fortbilden.

c) Fachkenntnisse für Prüfungen nach Instandsetzung explosionsschutzrelevanter Teile
Für Prüfungen von Geräten, Schutzsystemen oder Sicherheits-, Kontroll- oder Regelvorrichtungen im Sinne der Richtlinie 2014/34/EU nach einer Instandsetzung explosionsschutzrelevanter Teile muss die zur Prüfung befähigte Person über eine behördliche Anerkennung verfügen. Dies setzt voraus, dass sie über die für die Prüfaufgabe erforderlichen Qualifikationen und Zuverlässigkeit sowie über die notwendigen Prüfeinrichtungen verfügt. Die Anerkennung erfolgt nicht pauschal, sondern gilt nur für beantragte Prüfaufgaben, die im Unternehmen tatsächlich nach der Instandsetzung eines Teils, von dem der Explosionsschutz abhängt, anfallen. Eine behördliche Anerkennung als befähigte Person ist daher unternehmensbezogen und gilt nur für die Prüfungen von solchen Geräten, Schutzsystemen, Sicherheits-, Kontroll- und Regelvorrichtungen, die dieses Unternehmen instandgesetzt hat.

Die Verfahrensbeschreibung zur behördlichen Anerkennung von befähigten Personen, ihre fachlichen Voraussetzungen sowie die betrieblichen Anforderungen und der Inhalt der erforderlichen Antragsunterlagen sind in einer Antragsmappe zusammengefasst, die bundesweit über den Länderausschuss für Arbeitsschutz und Sicherheitstechnik (LASI) abgestimmt wurde. Für die Überwachung der Vorschriften der BetrSichV sind in den jeweiligen Bundesländern die staatlichen Arbeitsschutzbehörden (Gewerbeaufsichtsamt oder Staatliches Amt für Arbeitsschutz) zuständig.

Musterformular zur Bestellung einer zur Prüfung im Explosionsschutz befähigten Person nach § 14 Abs. 1 BetrSichV

Firmenlogo	**Bestellung der befähigten Person zur Prüfung im Explosionsschutz**	**verfasst von:** **Stand:**

Herrn/Frau

wird als **zur Prüfung befähigte Person** für die

☐ elektrische Prüfung ☐ mechanische Prüfung ☐ ....

nach Betriebssicherheitsverordnung (BetrSichV)
Anhang 2 – Prüfvorschriften für überwachungsbedürftige Anlagen
Abschnitt 3 Explosionsgefährdungen

Name und Anschrift des Unternehmens, Betriebsteil, Arbeitsbereich, Arbeitsmittel/Anlagen oder Anlageteile:

zur Durchführung der

☐ **Prüfungen nach 4.1:**
Anlagen in explosionsgefährdeten Bereichen vor der erstmaligen Inbetriebnahme und vor der Wiederinbetriebnahme nach prüfpflichtigen Änderungen auf Explosionssicherheit

☐ **Prüfungen nach 4.2:**
Geräte, Schutzsysteme oder Sicherheits-, Kontroll- oder Regelvorrichtungen im Sinne der Richtlinie 2014/34/EU nach einer Instandsetzung hinsichtlich eines Teils, von dem der Explosionsschutz abhängt

☐ **Wiederkehrende Prüfungen nach 5.1:**
Anlagen in explosionsgefährdeten Bereichen

☐ **Wiederkehrende Prüfungen nach 5.2:**
- ☐ Lüftungsanlagen
- ☐ Gaswarneinrichtungen
- ☐ Inertisierungseinrichtungen
- ☐ Geräte, Schutzsysteme, Sicherheits-, Kontroll- und Regelvorrichtungen im Sinne der Richtlinie 2014/34/EU

bestellt.

Die zur Prüfung befähigte Person nach § 14 Absatz 6 BetrSichV unterliegt bei der Durchführung der vorgeschriebenen Prüfungen keinen fachlichen Weisungen durch den Arbeitgeber. Zur Prüfung befähigte Personen dürfen vom Arbeitgeber wegen ihrer Prüftätigkeit nicht benachteiligt werden.

Datum und Unterschrift der befähigten Person	Datum und Unterschrift des Unternehmers

Musterdokumente müssen stets an die konkreten betrieblichen Gegebenheiten angepasst werden!

Literatur und Quellen

EU-Richtlinien

Richtlinie 1999/92/EG des Europäischen Parlaments und des Rates vom 16. Dezember 1999 über Mindestvorschriften zur Verbesserung des Gesundheitsschutzes und der Sicherheit der Arbeitnehmer, die durch explosionsfähige Atmosphären gefährdet werden können (Fünfzehnte Einzelrichtlinie im Sinne von Artikel 16 Absatz 1 der Richtlinie 89/391/EWG)

Richtlinie 2014/34/EU des Europäischen Parlaments und des Rates vom 26. Februar 2014 zur Harmonisierung der Rechtsvorschriften der Mitgliedstaaten für Geräte und Schutzsysteme zur bestimmungsgemäßen Verwendung in explosionsgefährdeten Bereichen (Neufassung) (Text von Bedeutung für den EWR)

ATEX 2014/34/EU Leitlinien: Leitlinie zur Anwendung der Richtlinie 2014/34/EU des Europäischen Parlaments und des Rates vom 26. Februar 2014 zur Angleichung der Rechtsvorschriften der Mitgliedstaaten für Geräte und Schutzsystemen zur bestimmungsgemäßen Verwendung in explosionsgefährdeten Bereichen

Nicht verbindlicher Leitfaden für bewährte Verfahren im Hinblick auf die Durchführung der Richtlinie 1999/92/EG über Mindestvorschriften zur Verbesserung des Gesundheitsschutzes und der Sicherheit der Arbeitnehmer, die durch explosionsfähige Atmosphären gefährdet werden können, 2005

Verordnung (EG) Nr. 1272/2008 des Europäischen Parlaments und des Rates vom 16. Dezember 2008 über die Einstufung, Kennzeichnung und Verpackung von Stoffen und Gemischen, zur Änderung und Aufhebung der Richtlinien 67/548/EWG und 1999/45/EG und zur Änderung der Verordnung (EG) Nr. 1907/2006 (Text von Bedeutung für den EWR)

Gesetze und Verordnungen

Gesetz über die Durchführung von Maßnahmen des Arbeitsschutzes zur Verbesserung der Sicherheit und des Gesundheitsschutzes der Beschäftigten bei der Arbeit (Arbeitsschutzgesetz – ArbSchG), Fassung vom 07.08.1996, zuletzt geändert am 31.08.2015

Verordnung zum Schutz vor Gefahrstoffen (Gefahrstoffverordnung – GefStoffV), Fassung vom 26.11.2010, zuletzt geändert am 29.03.2017

Verordnung über Sicherheit und Gesundheitsschutz bei der Verwendung von Arbeitsmitteln (Betriebssicherheitsverordnung – BetrSichV), Fassung vom 03.02.2015, zuletzt geändert am 30.04.2019

Gesetz über die Bereitstellung von Produkten auf dem Markt (Produktsicherheitsgesetz – ProdSG), Fassung vom 08.11.2011, zuletzt geändert am 31.08.2015

Elfte Verordnung zum Produktsicherheitsgesetz (Explosionsschutzprodukteverordnung – 11. ProdSV), Fassung vom 06.01.2016

Gesetz über Ordnungswidrigkeiten (OWiG), Fassung vom 24.05.1968, zuletzt geändert am 21.06.2019

Technische Regeln

TRGS 201 „Einstufung und Kennzeichnung bei Tätigkeiten mit Gefahrstoffen“, Februar 2017

TRGS 400 „Gefährdungsbeurteilung für Tätigkeiten mit Gefahrstoffen“, Juli 2017

TRGS 407 „Tätigkeiten mit Gasen – Gefährdungsbeurteilung“, Februar 2016

TRGS 460 „Vorgehensweise zur Ermittlung des Standes der Technik“, Juli 2018

TRGS 509 „Lagern von flüssigen und festen Gefahrstoffen in ortsfesten Behältern sowie Füll- und Entleerstellen für ortsbewegliche Behälter“, September 2014, zuletzt geändert am 06.04.2017

TRGS 510 „Lagerung von Gefahrstoffen in ortsbeweglichen Behältern“, Januar 2013, zuletzt geändert am 30.11.2015

TRGS 520 „Errichtung und Betrieb von Sammelstellen und Zwischenlagern für Kleinmengen gefährlicher Abfälle“, Januar 2012

TRGS 526 „Laboratorien“, Februar 2008

TRGS 555 „Betriebsanweisung und Information der Beschäftigten“, Februar 2017

TRGS 600 „Substitution“, August 2008

TRGS 610 „Ersatzstoffe und Ersatzverfahren für stark lösemittelhaltige Vorstriche und Klebstoffe für den Bodenbereich“, Januar 2011

TRGS 617 „Ersatzstoffe für stark lösemittelhaltige Oberflächenbehandlungsmittel für Parkett und andere Holzfußböden“, Februar 2017

TRGS 725 „Gefährliche, explosionsfähige Atmosphäre – Mess-, Steuer- und Regeleinrichtungen im Rahmen von Explosionsschutzmaßnahmen“, Januar 2016, zuletzt geändert am 03.04.2018

TRGS 727 „Vermeidung von Zündgefahren infolge elektrostatischer Aufladungen“, Januar 2016, zuletzt geändert am 29.07.2016

TRBS 1112 Instandhaltung, März 2019

TRBS 1112 Teil 1 „Explosionsgefährdungen bei und durch Instandhaltungsarbeiten – Beurteilung und Schutzmaßnahmen“, März 2010

TRBS 1203 „Zur Prüfung befähigte Person“, März 2019

TRBS 1203 Teil 1 „Befähigte Person – Besondere Anforderungen – Explosionsgefährdungen“, November 2004

TRBS 2152 / TRGS 720 „Gefährliche explosionsfähige Atmosphäre – Allgemeines“, Juni 2006

TRBS 2152 Teil 1 / TRGS 721 „Gefährliche explosionsfähige Atmosphäre – Beurteilung der Explosionsgefährdung“, Juni 2006

TRBS 2152 Teil 2 / TRGS 722 „Vermeidung oder Einschränkung gefährlicher explosionsfähiger Atmosphäre“, März 2012

TRBS 2152 Teil 3 „Gefährliche explosionsfähige Atmosphäre – Vermeidung der Entzündung gefährlicher explosionsfähiger Atmosphäre“, November 2009 bzw.

TRGS 723 „Gefährliche explosionsfähige Gemische – Vermeidung der Entzündung gefährlicher explosionsfähiger Gemische“ (noch nicht veröffentlicht)

TRBS 2152 Teil 4 „Gefährliche explosionsfähige Atmosphäre – Maßnahmen des konstruktiven Explosionsschutzes, welche die Auswirkung einer Explosion auf ein unbedenkliches Maß beschränken“, Neufassung, Februar 2012 bzw.

TRGS 724 „Gefährliche explosionsfähige Gemische – Maßnahmen des konstruktiven Explosionsschutzes“ (noch nicht veröffentlicht)

TRBS 2154 „Explosionsschutzdokument“, in Vorbereitung

TRBS 3145 / TRGS 745 „Ortsbewegliche Druckgasbehälter – Füllen, Bereithalten, innerbetriebliche Beförderung, Entleeren“, Februar 2016

TRBS 3146 / TRGS 746 „Ortsfeste Druckanlagen für Gase“, September 2016

ASR A1.3 „Sicherheits- und Gesundheitsschutzkennzeichnung“, Februar 2013

ASR A2.3 „Fluchtwege und Notausgänge, Flucht- und Rettungsplan“, August 2007

ASR A3.4/7 „Sicherheitsbeleuchtung, optische Sicherheitsleitsysteme“, Mai 2009

DGUV-Regelwerk

DGUV Vorschrift 1 „Grundsätze der Prävention – Unfallverhütungsvorschrift", Oktober 2014

DGUV Vorschrift 3 „Elektrische Anlagen und Betriebsmittel – Unfallverhütungsvorschrift" (BGV A3), Januar 1997

DGUV Vorschrift 79 „Verwendung von Flüssiggas – Unfallverhütungsvorschrift" (BGV D34), Januar 1997

DGUV Regel 100-500 „Betreiben von Arbeitsmitteln", Kapitel 2.29 „Verarbeiten von Beschichtungsstoffen" (BGR 500 2.29), April 2008

DGUV Regel 109-001 „Schleifen, Bürsten, Polieren von Aluminium" (BGR 109), Februar 2008

DGUV Regel 109-011 „Umgang mit Magnesium" (BGR 204), August 2005

DGUV Regel 113-001 „Explosionsschutz-Regeln (EX-RL) – Sammlung technischer Regeln für das Vermeiden der Gefahren durch explosionsfähige Atmosphäre mit Beispielsammlung zur Einteilung explosionsgefährdeter Bereiche in Zonen" (BGR 104), April 2018

DGUV Information 203-071 „Wiederkehrende Prüfungen ortsveränderlicher elektrischer Arbeitsmittel – Organisation durch den Unternehmer" (BGI 5190), Februar 2012

DGUV Information 203-072 „Wiederkehrende Prüfungen elektrischer Anlagen und ortsfester Betriebsmittel – Fachwissen für Prüfpersonen", Dezember 2017

DGUV Information 209-046 „Lackierräume und -einrichtungen für flüssige Beschichtungsstoffe – Bauliche Einrichtungen, Brand- und Explosionsschutz, Betrieb" (BGI 740), August 2016

DGUV Information 209-083 „Silos für das Lagern von Holzstaub und -spänen – Bauliche Gestaltung, Betrieb", Juni 2015

DGUV Information 213-034 „GHS – Global Harmonisiertes System zur Einstufung und Kennzeichnung von Gefahrstoffen – Hilfe zur Umsetzung der CLP-Verordnung", März 2015

DGUV Information 213-057 „Gaswarneinrichtungen und -geräte für den Explosionsschutz – Einsatz und Betrieb" (Merkblatt T 023), Februar 2016

DGUV Grundsatz 313-002 „Auswahl, Ausbildung und Beauftragung von Fachkundigen zum Freimessen nach DGUV Regel 113-004", Januar 2016

BG RCI Merkblatt T 055 „Gaswarneinrichtungen und -geräte für den Explosionsschutz – Antworten auf häufig gestellte Fragen", Februar 2016

Normen

DIN EN 1127-1:2011-10 „Explosionsfähige Atmosphären – Explosionsschutz – Teil 1: Grundlagen und Methodik“

DIN EN 1839:2017-04 „Bestimmung der Explosionsgrenzen von Gasen und Dämpfen und Bestimmung der Sauerstoffgrenzkonzentration (SGK) für brennbare Gase und Dämpfe“

DIN EN 13237:2013-01 „Explosionsgefährdete Bereiche – Begriffe für Geräte und Schutzsysteme zur Verwendung in explosionsgefährdeten Bereichen“

DIN EN 14034-1:2011-04 „Bestimmung der Explosionskenngrößen von Staub/Luft-Gemischen – Teil 1: Bestimmung des maximalen Explosionsdruckes p_{max} von Staub/Luft-Gemischen“

DIN EN 14034-2:2011-04 „Bestimmung der Explosionskenngrößen von Staub/Luft-Gemischen – Teil 2: Bestimmung des maximalen zeitlichen Druckanstiegs $(dp/dt)_{max}$ von Staub/Luft-Gemischen“

DIN EN 14034-3:2011-04 „Bestimmung der Explosionskenngrößen von Staub/Luft-Gemischen – Teil 3: Bestimmung der unteren Explosionsgrenze UEG von Staub/Luft-Gemischen“

DIN EN 14034-4: 2011-04 „Bestimmung der Explosionskenngrößen von Staub/Luft-Gemischen – Teil 4: Bestimmung der Sauerstoffgrenzkonzentration SGK von Staub/Luft-Gemischen“

DIN EN 14373:2006-01 „Explosions-Unterdrückungssysteme“

DIN EN 14460:2018-04 „Explosionsfeste Geräte“

DIN EN 14522:2005-12 „Bestimmung der Zündtemperatur von Gasen und Dämpfen“

DIN EN 14797:2007-03 „Einrichtungen zur Explosionsdruckentlastung“

DIN EN 14994:2007-05 „Schutzsysteme zur Druckentlastung von Gasexplosionen“

DIN EN 15089:2009-07 „Explosions-Entkopplungssysteme“

DIN EN 15198:2007-11 „Methodik zur Risikobewertung für nicht-elektrische Geräte und Komponenten zur Verwendung in explosionsgefährdeten Bereichen“

DIN EN 15233:2007-11 „Methodik zur Bewertung der funktionalen Sicherheit von Schutzsystemen für explosionsgefährdete Bereiche“

DIN EN 15794:2010-02 „Bestimmung von Explosionspunkten brennbarer Flüssigkeiten“

DIN EN 50495:2010-10 „Sicherheitseinrichtungen für den sicheren Betrieb von Geräten im Hinblick auf Explosionsgefahren“, VDE 170-18:2010-10

DIN EN 60079 „Explosionsgefährdete Bereiche“, Teile 0 bis 31

DIN EN 60079-14:2014-10 „ Explosionsgefährdete Bereiche – Teil 14: Projektierung, Auswahl und Errichtung elektrischer Anlagen“, VDE 0165-1:2014-10

DIN EN 62305-1:2011-10 „Blitzschutz – Teil 1: Allgemeine Grundsätze“, VDE 0185-305-1:2011-10

Sonstige Informationen

Empfehlungen für die Beförderung gefährlicher Güter – Handbuch über Prüfungen und Kriterien, Vereinte Nationen, Hrsg.: Bundesanstalt für Materialforschung und -prüfung (BAM), 6. überarbeitete Ausgabe, 2018

LASI-Leitfaden LV 12 „Ersatzstoffe und Verwendungsbeschränkungen in der Reinigungstechnik im Offsetdruck“, Länderausschuss für Arbeitsschutz und Sicherheitstechnik (LASI), 1997, 2015 zurückgezogen, wird nicht mehr veröffentlicht

VdS 2031:2010-09 „Blitz- und Überspannungsschutz in elektrischen Anlagen – Unverbindliche Richtlinien zur Schadenverhütung“

VdS 2010:2015-04 „Risikoorientierter Blitz- und Überspannungsschutz“

VDSI Information 7/2002 „Hinweise zum Erstellen eines Explosionsschutzdokumentes“

Internetadressen

GESTIS-Stoffdatenbank, Gefahrstoffinformationssystem der Deutschen Gesetzlichen Unfallversicherung,
URL: www.dguv.de/ifa/gestis/gestis-stoffdatenbank

GESTIS-STAUB-EX, Datenbank Brenn- und Explosionskenngrößen von Stäuben, IFA, URL: www.dguv.de/ifa/gestis/gestis-staub-ex/

GisChem, Gefahrstoffinformationssystem Chemikalien der BG RCI und der BGHM, URL: www.gischem.de

WINGIS online, Gefahrstoff-Informationssystem der BG BAU – GISBAU,
URL: www.wingis-online.de

Bundesanstalt für Arbeitsschutz und Arbeitsmedizin, URL: www.baua.de

EXINFO, Explosionsschutzportal der BG RCI, URL: www.exinfo.de

Stichwortverzeichnis